U0947251

"十二五"普通高等教育本科国家级规划教材

材料力学学习指导与题解

第2版

王永廉　汪云祥　方建士　编

机 械 工 业 出 版 社

本书是与王永廉主编的《材料力学》配套的教学与学习指导书。

本书按主教材的章节顺序编写，每章分为知识要点、解题方法、难题解析与习题解答四个部分。其中，“知识要点”部分提纲挈领地对该章的基本概念、基本理论和基本公式进行归纳总结，以方便读者复习、记忆和查询；“解题方法”部分深入细致地介绍解题思路、解题方法和解题技巧，以提高读者分析问题和解决问题的能力；“难题解析”部分精选若干在主教材的例题与习题中没有涉及的典型难题进行深入分析，以拓展读者视野、满足读者深入学习的需要；“习题解答”部分对主教材中该章的全部习题均给出求解思路和答案，但不提供详细解题过程，以期在帮助读者自主学习和练习的同时为他们留出适量的思考空间。

本书继承了主教材的风格特点：结构严谨、层次分明、语言精练、通俗易懂。

本书虽与主教材配套，但其结构体系完整，亦可单独使用。

本书可作为应用型本科院校与独立学院工科各专业学生的学习和应试指导书，同样适合高职高专、自学考试和成人教育的学生使用，对考研者、教师和工程技术人员也是一本很好的参考书。

图书在版编目（CIP）数据

材料力学学习指导与题解/王永廉等编．—2版．—北京：机械工业出版社，2012.12（2024.2重印）

普通高等教育规划教材

ISBN 978-7-111-40005-9

Ⅰ．①材…　Ⅱ．①王…　Ⅲ．①材料力学—高等学校—教学参考资料　Ⅳ．①TB301

中国版本图书馆CIP数据核字（2012）第239356号

机械工业出版社（北京市百万庄大街22号　邮政编码100037）

策划编辑：张金奎　责任编辑：张金奎

版式设计：霍永明　责任校对：陈延翔

封面设计：张　静　责任印制：郜　敏

北京富资园科技发展有限公司印刷

2024年2月第2版第5次印刷

169mm×239mm・18.75印张・360千字

标准书号：ISBN 978-7-111-40005-9

定价：39.80元

电话服务	网络服务
客服电话：010-88361066	机　工　官　网：www.cmpbook.com
010-88379833	机　工　官　博：weibo.com/cmp1952
010-68326294	金　　书　　网：www.golden-book.com
封底无防伪标均为盗版	机工教育服务网：www.cmpedu.com

第 2 版前言

与这本教学参考书对应的主教材已于2011年8月发行了第2版，为了与之配套，在保持定位、体系、风格与特点基本不变的基础之上，编者对本书的第1版作了精心修订，并作为第2版发行。

第2版的主要修订工作有：

1. 将每章的“习题详解”改为“习题解答”。不同于第1版的“习题详解”，第2版的“习题解答”部分仅对主教材中的每一道习题给出求解思路和答案，而不提供详细解题过程，以期在帮助读者自主学习和练习的同时为他们留出适量的思考空间。

2. 对各章的“难题解析”与“习题解答”部分作了适当调整，使之与主教材的第2版完全对应。

3. 在“弯曲内力”一章中，增加了“用叠加法作弯矩图”的内容。

4. 在“压杆稳定”一章中，增加了“压杆稳定计算的折减系数法”的内容。

5. 在“能量法”一章中，删除了“超静定结构与力法”的内容，增加了“互等定理”和“图乘法”的内容。

6. 增加了“超静定结构与力法”一章。

7. 更正了第1版中存在的个别错误，并对全书的文字和插图进一步润色和提炼。

第2版的修订工作由南京工程学院的王永廉负责完成。

本书的姊妹篇——《理论力学学习指导与题解》及《工程力学（静力学与材料力学）学习与指导题解》均已由机械工业出版社出版发行，可供有关读者选用。

本书虽经修订，但疏漏与欠妥之处在所难免，欢迎读者批评指正。有建议者请与南京工程学院材料工程系王永廉联系（E-mail：ylwang0606@163.net）。谢谢。

编　者

第 1 版前言

王永廉主编的主要适用于国内应用型本科院校与独立学院的《材料力学》教材自 2008 年 8 月出版发行以来，受到这一层面上师生的普遍欢迎。应读者要求，我们精心编写了这本与之配套的教学与学习指导书。

本书按主教材的章节顺序编写，每章分为知识要点、解题方法、难题解析与习题详解四个部分。其中，“知识要点”部分提纲挈领地对该章的基本概念、基本理论和基本公式进行归纳总结，以方便读者复习、记忆和查询；“解题方法”部分深入细致地介绍解题思路、解题方法和解题技巧，以提高读者的分析问题和解决问题的能力；“难题解析”部分精选若干在主教材的例题与习题中没有涉及的典型难题进行深入分析，以拓展读者视野、满足读者深入学习的需要；“习题详解”部分对主教材中该章的全部习题逐一作出详细的解答，以帮助读者自主学习和练习。

本书继承了主教材的风格特点，尽力做到结构严谨、层次分明、语言精练、通俗易懂。

本书的主要对象是使用主教材的学生。编者相信，这本指导书与主教材的结合，能够使学生更深入地理解材料力学的基本概念和基本理论，更牢固地掌握材料力学的解题方法和工程应用，同时拓展他们的知识面，提高他们分析问题和解决问题的能力。

本书虽与主教材配套，但其结构体系完整，可以单独使用。

本书可作为应用型本科院校与独立学院工科各专业学生的学习和应试指导书，同样适合高职高专、自学考试和成人教育的学生使用，对考研者、教师和工程技术人员也是一本很好的参考书。

本书的编写者为南京工程学院的王永廉、汪云祥和方建士。其中，王永廉负责全书的统稿定稿。

本书的姊妹篇——《理论力学学习指导与题解》，与本书同时由机械工业出版社出版发行，可供有关读者选用。

编者期望，这本书能使所有读者满意。尽管编者为此付出了最大努力，但因其能力有限，难免会存在不足之处，衷心希望读者批评指正。有建议者请与南京工程学院材料工程系王永廉联系（E-mail：ylwang0606@163.net）。谢谢。

编　者

目　录

第十三章 超静定结构与力法

第十四章 电测法简介

第一章 绪　论

知识要点

一、材料力学的任务

强度：构件抵抗破坏的能力。

刚度：构件抵抗变形的能力。

稳定性：构件保持原有平衡形态的能力。

材料力学的任务：研究材料在外力作用下的变形和破坏规律，为合理设计构件提供强度、刚度和稳定性方面的基本理论和计算方法。

二、材料力学的基本假设

对变形固体的基本假设——

连续性假设：组成固体的物质毫无空隙地充满了固体所占有的整个几何空间。

均匀性假设：固体的力学性能在固体内处处相同。

各向同性假设：固体在各个方向上的力学性能完全相同。

对构件变形的基本假设——

小变形假设：构件受力产生的变形量远小于构件的原始尺寸。

三、材料力学的研究对象

材料力学的研究对象：杆件。

杆件：纵向尺寸远大于横向尺寸的构件。

杆件的几何要素：横截面与轴线。

横截面：杆件的横向截面。

轴线：杆件横截面形心的连线，为杆件的纵向几何中心线。

四、杆件的基本变形

杆件的基本变形：轴向拉伸（压缩）、剪切、扭转、弯曲。

第二章
轴向拉伸与压缩

知识要点

一、基本概念

1. 轴向拉伸（压缩）特点

受力特点：杆件所受外力或外力合力的作用线与杆的轴线重合。

变形特点：杆件沿着轴线方向伸长（缩短）。

2. 内力与截面法

内力：外力引起的构件内部相连部分之间的相互作用力。

截面法：分析确定构件内力的基本方法，其基本思路为

(1) 沿待求内力的截面，假想地将构件截开，选取其中一部分为研究对象；

(2) 对所选取的部分进行受力分析，根据平衡原理确定，在暴露出来的截面上有哪些内力；

(3) 建立平衡方程，求出未知内力。

3. 轴力

轴力：轴向拉伸（压缩）杆件横截面上的内力，其作用线与杆的轴线重合，记作 F_N。

轴力正负号规定：以拉力为正、压力为负。

轴力图：表示轴力随横截面位置变化规律的图线。

4. 应力

应力定义：截面上分布内力的集度。

应力单位：国际单位制中，应力的单位为 Pa，1 Pa＝1 N/m^2；工程中，应力常用单位为 MPa，1 MPa＝10^6 Pa。

正应力：法向应力分量，记作 σ。

正应力正负号规定：以拉应力为正、压应力为负。

切应力：切向应力分量，记作 τ。

切应力正负号规定：以围绕所取分离体顺时针转向的切应力为正、反之为负。

5. 拉（压）杆的变形

轴向变形：拉（压）杆的轴向伸长（缩短）量，定义为 $\Delta l = l_1 - l$，其中 l 为拉（压）杆原长，l_1 为拉（压）杆变形后的长度。

线应变：简称应变，定义为 $\varepsilon = \dfrac{\Delta l}{l} = \dfrac{l_1 - l}{l}$，其中 l 为某线段的原始长度，l_1 为该线段伸长（缩短）后的长度。线应变的量纲为一。

6. 材料的拉伸与压缩试验

弹性变形：卸载后会消失的变形。

塑性变形：卸载后不会消失的变形，塑性变形又称为残余变形。

标距：拉伸试样试验段的原始长度。国家标准规定，对于试验段直径为 d 的圆截面试样，标距 $l=10d$ 或 $l=5d$；对于试验段横截面面积为 A 的矩形截面试样，标距 $l=11.3\sqrt{A}$或 $l=5.65\sqrt{A}$。

低碳钢拉伸 σ-ε 曲线的四个阶段：

（1）线弹性阶段

产生弹性变形；应力与应变呈线性关系。

（2）屈服阶段

产生塑性变形；发生屈服现象，即应力基本维持不变，而应变却在显著增加，材料暂时丧失了变形抗力。

（3）强化阶段

产生弹塑性变形；发生强化现象，即材料屈服后又恢复了变形抗力，要使其继续变形必须增加载荷。

（4）缩颈阶段

发生缩颈现象，即变形局部化；材料的变形抗力急剧下降，直至断裂。

冷作硬化现象：对材料预加塑性变形，卸载后再重新加载，所呈现出的比例极限提高、塑性降低的现象。

7. 材料的强度指标

比例极限：应力与应变成正比时的最大应力，记作 σ_p。

弹性极限：弹性阶段的最大应力，亦即只发生弹性变形的最大应力，记作 σ_e。材料的弹性极限 σ_e 与比例极限 σ_p 大致相同。

屈服极限：屈服阶段中排除初始瞬时效应后的最小应力（即下屈服点），记作 σ_s。塑性材料拉伸与压缩时的屈服极限大致相同。

名义屈服极限：无屈服阶段的塑性材料产生 0.2%的塑性应变所对应的应

力，记作 $\sigma_{0.2}$。塑性材料拉伸与压缩时的名义屈服极限大致相同。

强度极限：材料拉伸（压缩）断裂前所能承受的最大应力，记作 σ_b。脆性材料压缩时的强度极限 σ_{bc} 要明显大于其拉伸时的强度极限 σ_b。

8. 材料的塑性指标·塑性材料与脆性材料

伸长率：$\delta=\dfrac{l_1-l}{l}\times100\%$，其中 l 为试样标距，即试样试验段的原始长度；l_1 为拉断后试样试验段的长度。

断面收缩率：$\psi=\dfrac{A-A_1}{A}\times100\%$，其中 A 为试样试验段的原始横截面面积；A_1 为拉断后试样断口处的最小横截面面积。

塑性材料：伸长率 $\delta>5\%$ 的材料。

脆性材料：伸长率 $\delta<5\%$ 的材料。

9. 材料的弹性常数

弹性模量：σ-ε 曲线的初始直线段的斜率，记作 E，当 $\sigma\leqslant\sigma_p$ 时，有 $E=\dfrac{\sigma}{\varepsilon}$。国际单位制中，弹性模量的单位为 Pa。

横向变形因数：$\mu=\left|\dfrac{\varepsilon'}{\varepsilon}\right|$，其中 ε、ε' 分别为材料轴向拉伸（压缩）时的轴向应变、横向应变。横向变形因数又称为泊松比。横向变形因数的量纲为一。

10. 强度概念

强度失效的两种形式：在静载荷作用下，对于塑性材料，强度失效的形式一般为塑性屈服；对于脆性材料，强度失效的形式一般为脆性断裂。

极限应力：材料强度失效时所对应的应力，记作 σ_u。对于塑性材料，极限应力一般取为屈服极限 σ_s 或名义屈服极限 $\sigma_{0.2}$；对于脆性材料，极限应力一般取为强度极限 σ_b。

许用应力与安全因数：材料安全工作所容许承受的最大应力，记作 $[\sigma]$。工程中规定 $[\sigma]=\dfrac{\sigma_u}{n}$，其中 n 为大于 1 的因数，称为安全因数。塑性材料的安全因数通常取为 1.5～2.2；脆性材料的安全因数通常取为 2.5～5.0。塑性材料拉伸与压缩时的许用应力大致相同；脆性材料压缩时的许用应力 $[\sigma_c]$ 要明显大于其拉伸时的许用应力 $[\sigma_t]$。

强度条件：保证构件安全可靠工作、不发生强度失效的条件。

11. 圣维南原理

作用于杆端的外力的分布方式，只会影响杆端局部区域的应力分布，影响区至杆端的距离大致等于杆的横向尺寸。

12. 应力集中概念

应力集中现象：由于构件截面形状或尺寸突然变化而引起的局部应力急剧

增大的现象。

理论应力集中因数：$K=\frac{\sigma_{\max}}{\sigma}$，其中 $\sigma_{\max}$ 为应力集中处的最大应力，σ 为同一截面上的名义平均应力。

13. 温度应力与装配应力

温度应力：对于超静定结构，因温度变化而产生的应力。

装配应力：对于超静定结构，因构件尺寸误差强行装配而产生的应力。

二、基本公式

1. 拉（压）杆横截面上正应力计算公式

$$\sigma=\frac{F_N}{A} \tag{2-1}$$

式中，F_N 为轴力；A 为杆件横截面面积。

2. 拉（压）杆斜截面上应力计算公式

$$\sigma_\alpha=\sigma\cos^2\alpha \tag{2-2}$$

$$\tau_\alpha=\frac{\sigma}{2}\sin2\alpha \tag{2-3}$$

式中，σ 为横截面上正应力；α 为斜截面的方位角，定义为斜截面的外法线 n 与杆轴线 x 之间的夹角，并规定以轴线 x 为始边、外法线 n 为终边，逆时针转向的 α 角为正，反之为负。

3. 拉（压）杆轴向变形计算公式·胡克定律

$$\Delta l=\frac{F_N l}{EA} \tag{2-4}$$

或者

$$\varepsilon=\frac{\sigma}{E} \tag{2-5}$$

式中，F_N 为轴力；l 为杆件原始长度；A 为杆件横截面面积；E 为材料弹性模量。

胡克定律的适用范围：单向拉伸（压缩）；线弹性，即 $\sigma\leqslant\sigma_p$。

4. 轴向拉（压）杆的强度条件

$$\sigma=\frac{F_N}{A}\leqslant[\sigma] \tag{2-6}$$

式中，$[\sigma]$ 为材料的许用应力。

解 题 方 法

本章习题的主要类型有下列三种：

一、拉（压）杆的强度计算

根据式（2-6）进行轴向拉（压）杆的强度计算。

强度计算有以下三类问题：

1. 校核强度

已知杆件所受外力、横截面面积和材料许用应力，检验强度条件是否满足。

2. 截面设计

已知杆件所受外力和材料许用应力，根据强度条件确定杆件横截面尺寸。

3. 确定许可载荷

已知杆件横截面面积和材料许用应力，根据强度条件确定杆件容许承受的载荷。

在根据式（2-6）进行拉（压）杆强度计算时，应特别注意以下两点：

1. 式中的 F_N 为拉（压）杆横截面上的轴力，应根据截面法由平衡方程确定。

2. 应综合根据拉（压）杆的轴力图和其截面的削弱情况来判断危险截面，并对可能的危险截面逐一进行强度计算。

二、拉（压）杆的轴向变形计算

根据式（2-4）计算拉（压）杆的轴向变形。

在计算拉（压）杆的轴向变形时，应注意以下几点：

1. 若拉（压）杆的轴力、横截面面积或弹性模量沿杆的轴线为分段常数，则应分段运用式（2-4），然后代数相加，即有

$$\Delta l=\sum_{i=1}^{n}\left(\frac{F_N l}{EA}\right)_i \tag{2-7}$$

2. 若拉（压）杆的轴力、横截面面积沿杆的轴线为连续函数，则应根据积分元素法，化变为常，先在微段 $\mathrm{d}x$ 上运用式（2-4），然后积分，即有

$$\Delta l=\int_l \frac{F_N(x)}{EA(x)}\mathrm{d}x \tag{2-8}$$

3. 计算中要考虑轴力 F_N 的正负号。若最终结果 Δl 为正，则表明杆件伸长；若 Δl 为负，则表明杆件缩短。

三、求解简单拉伸（压缩）超静定问题

运用变形比较法求解简单拉伸（压缩）超静定问题的基本步骤为：

1. 画受力图，列平衡方程；

2. 画变形图，建立变形协调方程；

3. 通过物理关系，将变形协调方程改写为关于未知力的补充方程；

4. 联立补充方程和平衡方程，求解未知力。

求解拉伸（压缩）超静定问题的关键在于变形协调方程的建立。在建立变形协调方程时，一定要作出结构的变形图，并注意利用小变形假设，“以切线代弧线”、“以直代曲”，使问题得到简化。

难题解析

【例题 2-1】 组合结构如图 2-1 所示，竖向载荷 F 可沿水平横梁 AC 和 CB 移动。已知 $a=0.8\,\mathrm{m}$，$l=2\,\mathrm{m}$；杆 1、3、5 均为直径 $d=32\,\mathrm{mm}$ 的圆钢，其许用应力 $[\sigma]=160\,\mathrm{MPa}$。若横梁 AC、CB 与压杆 2、4 足够坚固，试根据拉杆 1、3、5 的强度确定许可载荷 $[F]$。

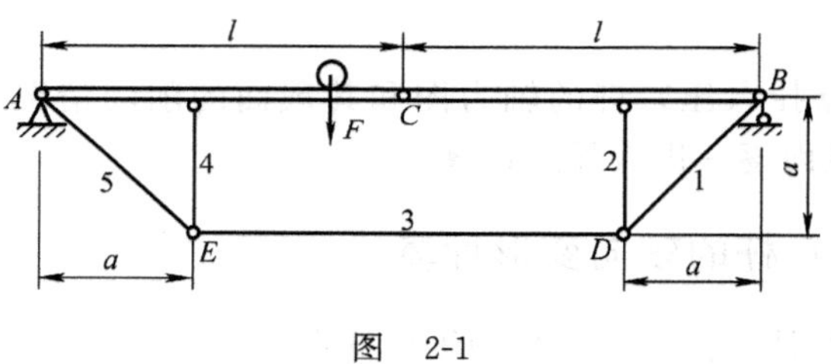

图 2-1

解：(1) 判断载荷 F 的危险位置

分别截取不受载荷 F 作用的右半部分与节点 D 为研究对象（见图 2-2），不难判断，支座反力 F_B 越大，杆 1、2、3 的轴力就越大。故知，当竖向载荷 F 作用于中央铰链 C 上时，拉杆 1、3、5 最危险。

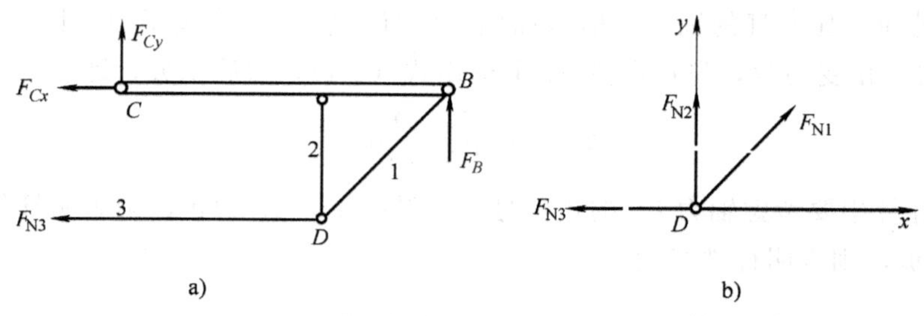

图 2-2

(2) 计算轴力

当 F 作用于铰链 C 上时，

$$F_B=\frac{F}{2}$$

根据图 2-2a，由平衡方程 $\sum M_C=0$，得

$$F_{N3}=1.25F\ （拉）$$

根据图 2-2b，由平衡方程 $\sum F_x=0$，得

$$F_{N1}=\sqrt{2}F_{N3}=1.768F\ （拉）$$

再截取节点 E 为研究对象，易知

$$F_{N5}=F_{N1}=1.768F\ （拉）$$

（3）确定许可载荷

显然，应根据杆 1（5）的强度确定许可载荷，由

$$\sigma_1=\frac{F_{N1}}{\frac{\pi d^2}{4}}=\frac{4\times1.768F}{\pi\times32^2\times10^{-6}\ \mathrm{m}^2}\leqslant160\times10^6\ \mathrm{Pa}$$

解得

$$F\leqslant72.8\times10^3\ \mathrm{N}=72.8\ \mathrm{kN}$$

所以，许可载荷

$$[F]=72.8\ \mathrm{kN}$$

【例题 2-2】　图 2-3a 所示为埋入土中深度为 l 的一根等截面木桩，在顶部承受轴向载荷 F 的作用。假设载荷 F 完全是由沿着木桩分布的摩擦力 F_f 所平衡，F_f 按图 2-3b 所示二次抛物线规律变化。已知木桩的抗拉（压）刚度为 EA，试确定该木桩埋入部分的总缩短量（要求用 F、l、EA 表示）。

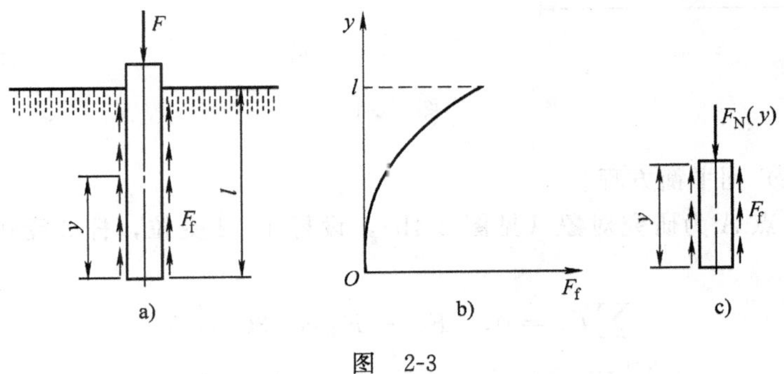

图　2-3

解：（1）计算摩擦力

摩擦力分布规律

$$F_f=ky^2$$

由平衡方程

$$F=\int_0^l F_f \mathrm{d}y=\int_0^l ky^2 \mathrm{d}y$$

得

$$k=3\frac{F}{l^3}$$

(2) 计算轴力

由截面法，得木桩任一截面轴力（见图 2-3c）

$$F_N(y)=\int_0^y F_f \mathrm{d}y=\int_0^y ky^2 \mathrm{d}y=\frac{1}{3}ky^3=\frac{y^3}{l^3}F$$

(3) 计算轴向变形

由式（2-8），得木桩埋入部分的总缩短量

$$\Delta l=\int_0^l \frac{F_N(y)}{EA}\mathrm{d}y=\int_0^l \frac{F}{EAl^3}y^3 \mathrm{d}y=\frac{Fl}{4EA}$$

【例题 2-3】 三杆构架如图 2-4a 所示，已知载荷 $F=40$ kN；三杆的横截面面积分别为 $A_1=200\ \mathrm{mm}^2$，$A_2=300\ \mathrm{mm}^2$，$A_3=400\ \mathrm{mm}^2$；各杆材料相同，弹性模量 $E=200$ GPa。试求各杆轴力。

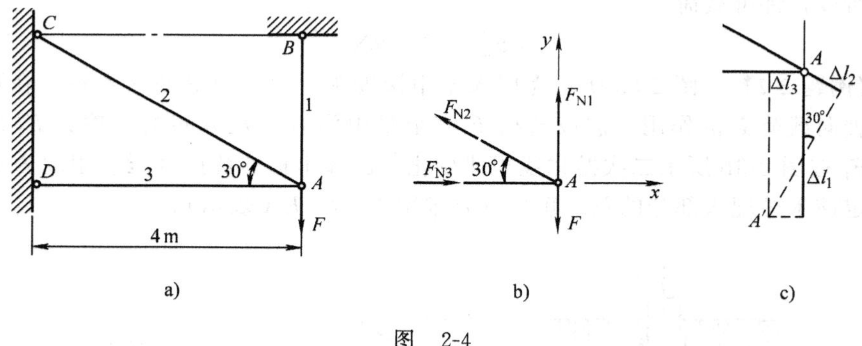

图 2-4

解：(1) 列平衡方程

截取节点 A 为研究对象（见图 2-4b），设杆 1、2 受拉，杆 3 受压，列平衡方程

$$\sum F_x=0,\quad F_{N3}-F_{N2}\cos 30°=0 \tag{a}$$

$$\sum F_y=0,\quad F_{N1}+F_{N2}\sin 30°-F=0 \tag{b}$$

这是一次超静定问题。

(2) 建立变形协调方程

根据小变形假设，采用“以直代曲”的方法来建立变形协调方程。先设想解除节点 A 处约束，各杆将沿轴线自由伸缩，然后在各杆变形后的终点作其轴

线的垂线，由于约束的限制，这些垂线必然相交于一点，其交点 A' 即为节点 A 的新位置。由图 2-4c 所示变形图可得变形协调方程

$$\Delta l_1=\frac{\Delta l_2}{\sin 30^\circ}+\frac{|\Delta l_3|}{\tan 30^\circ}$$

（3）建立补充方程

借助胡克定律，由变形协调方程即得关于未知轴力的补充方程

$$\frac{F_{N1}l_1}{A_1}=\frac{F_{N2}l_2}{A_2\sin 30^\circ}+\frac{F_{N3}l_3}{A_3\tan 30^\circ} \tag{c}$$

（4）求解各杆轴力

联立方程（a）、（b）、（c），代入有关数据，解得各杆轴力依次为

$F_{N1}=35.5\ \text{kN}$（拉），　$F_{N2}=8.96\ \text{kN}$（拉），　$F_{N3}=7.76\ \text{kN}$（压）

【例题 2-4】　图 2-5a 所示结构，已知杆件材料的弹性模量 $E=200$ GPa，线胀系数 $\alpha=12.5\times10^{-6}$ ℃$^{-1}$；两杆的横截面面积同为 $A=10\ \text{cm}^2$。若杆 1 的温度降低 20 ℃，杆 2 的温度没有变化，试求两杆横截面上的温度应力。

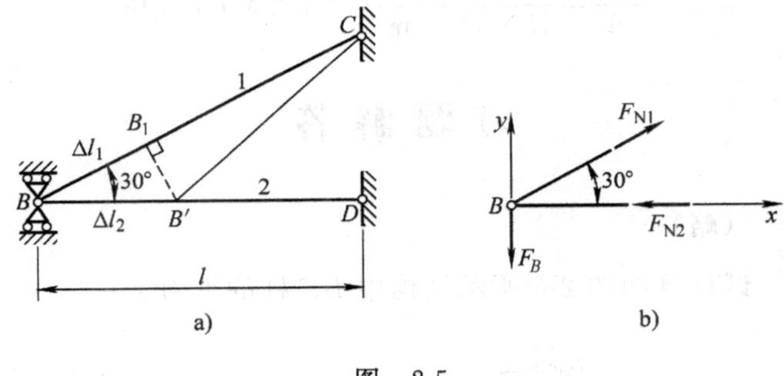

图　2-5

解：（1）列平衡方程

截取节点 B 为研究对象（见图 2-5b），杆 1 受拉，杆 2 受压，其有效平衡方程为

$$\sum F_x=0,\quad F_{N1}\cos 30^\circ-F_{N2}=0 \tag{a}$$

这是一次超静定问题。

（2）建立变形协调方程

设想解除节点 B 处约束，杆 1 沿轴线缩短 Δl_1 至 B_1，由 B_1 作杆 1 轴线的垂线，交杆 2 轴线于 B'，点 B' 即为节点 B 的新位置。由图 2-5a 所示变形图可得变形协调方程

$$|\Delta l_1|=\Delta l_2|\cos 30^\circ$$

（3）建立补充方程

由物理关系知，杆 1、杆 2 的变形量分别为

$$|\Delta l_1| = \alpha l_1 |\Delta T| - \frac{F_{N1} l_1}{EA}$$

$$|\Delta l_2| = \frac{F_{N2} l_2}{EA}$$

代入变形协调方程，即得关于未知轴力的补充方程

$$\alpha l_1 |\Delta T| - \frac{F_{N1} l_1}{EA} = \frac{F_{N2} l_2}{EA}\cos 30° \quad \text{(b)}$$

(4) 求解各杆轴力

联立方程 (a)、(b)，代入有关数据，解得杆1、杆2轴力分别为

$$F_{N1} = 30.3\ \text{kN}\ (\text{拉}),\quad F_{N2} = 26.2\ \text{kN}\ (\text{压})$$

(5) 计算温度应力

杆1、杆2横截面上的温度应力分别为

$$\sigma_1 = \frac{F_{N1}}{A} = \frac{30.3\times10^3\ \text{N}}{10\times10^{-4}\ \text{m}^2} = 30.3\ \text{MPa}\ (\text{拉})$$

$$\sigma_2 = \frac{F_{N2}}{A} = \frac{26.2\times10^3\ \text{N}}{10\times10^{-4}\ \text{m}^2} = 26.2\ \text{MPa}\ (\text{压})$$

习 题 解 答

习题 2-1 (略)

习题 2-2 试计算如图 2-6 所示结构中 BC 杆的轴力。

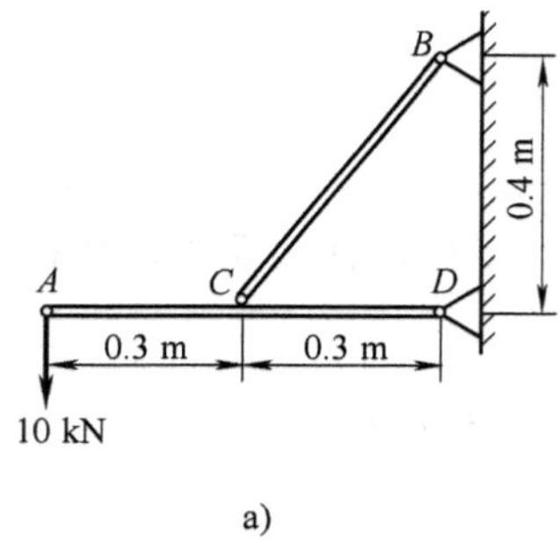

a)

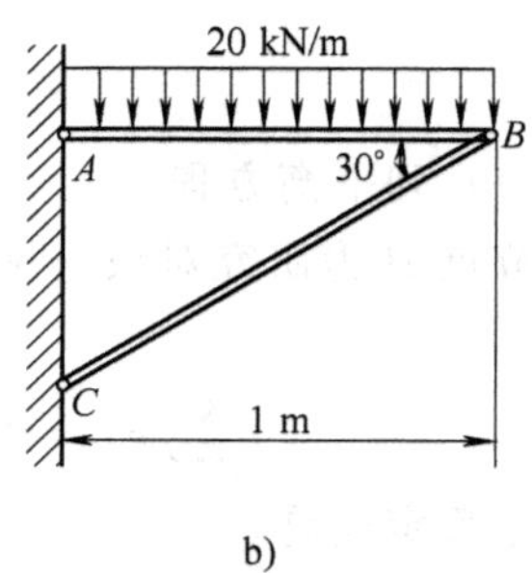

b)

图 2-6

解：(a) 截取图示研究对象并作受力图（见图 2-7a），由平衡方程得 BC 杆的轴力

$$F_N = 25\ \text{kN}\ (\text{拉})$$

(b) 截取图示研究对象并作受力图（见图 2-7b），由平衡方程得 BC 杆的轴力

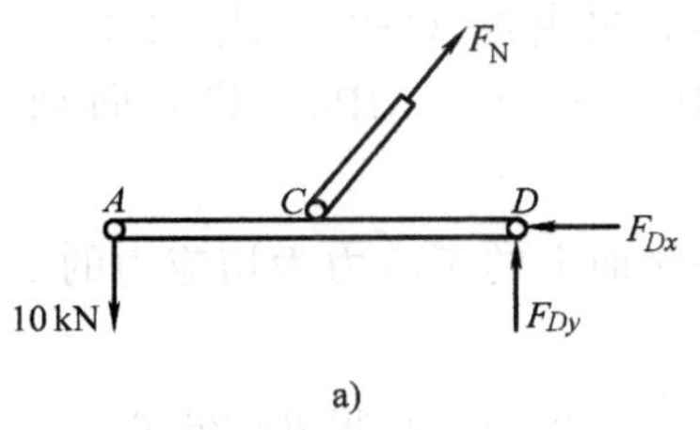

a)

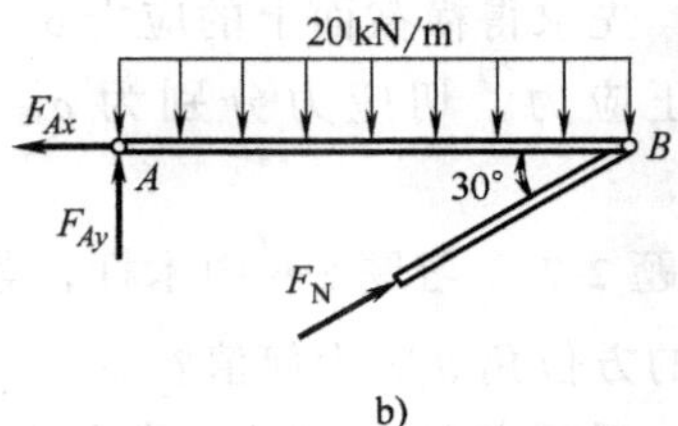

b)

图 2-7

$$F_N = 20\ \text{kN}\ (\text{压})$$

习题 2-3 在图 2-6a 中，若 BC 杆为直径 $d=16$ mm 的圆截面杆，试计算 BC 杆横截面上的正应力。

解：图 2-6a 中 BC 杆的轴力 F_N 已在习题 2-2 中求出，由式（2-1）即得 BC 杆横截面上的正应力 $\sigma_1 = 124.3$ MPa，为拉应力。

习题 2-4 在图 2-6b 中，若 BC 杆由两根 20 mm×20 mm×4 mm 的等边角钢构成，试计算 BC 杆横截面上的正应力。

解：图 2-6b 中 BC 杆的轴力 F_N 已在习题 2-2 中求出，查型钢表可得 BC 杆的横截面面积。由式（2-1）即得 BC 杆横截面上的正应力 $\sigma = 68.5$ MPa，为压应力。

习题 2-5 如图 2-8 所示，钢板受到 14 kN 的轴向拉力，板上有三个对称分布的铆钉圆孔，已知钢板厚度为 10 mm、宽度为 200 mm，铆钉孔的直径为 20 mm，试求钢板危险横截面上的应力（不考虑铆钉孔引起的应力集中）。

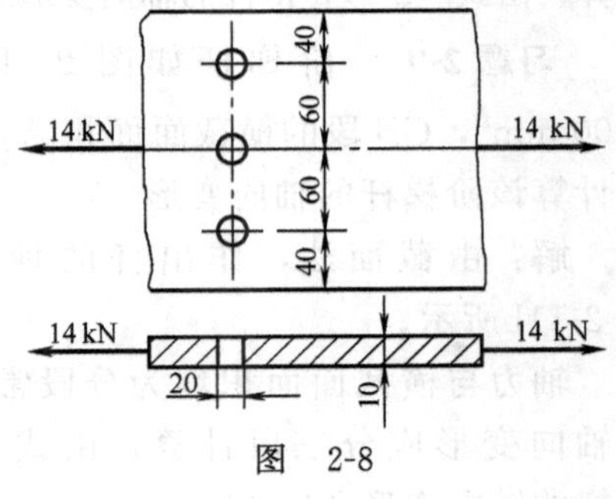

图 2-8

解：开孔截面为危险截面，求得其横截面面积 $A_{min} = 1400\ \text{mm}^2$。由式（2-1）即得钢板危险横截面上的应力 $\sigma = 10$ MPa，为拉应力。

习题 2-6 如图 2-9a 所示，木杆由两段粘接而成。已知杆的横截面面积 $A = 1000\ \text{mm}^2$，粘接面的方位角 $\theta = 45°$，杆所承受的轴向拉力 $F = 10$ kN。试计算粘接面上的正应力与切应力，并作图表示出应力的方向。

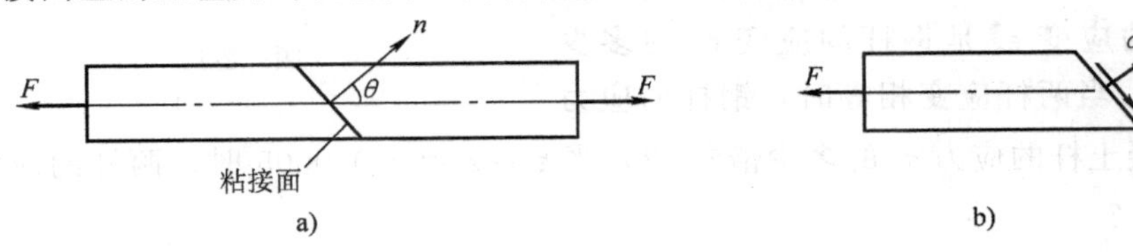

图 2-9

解：先求得横截面上的应力 $\sigma=10$ MPa。再由式（2-2）、式（2-3），得粘接面上的正应力、切应力分别为 $\sigma_{45^\circ}=5$ MPa、$\tau_{45^\circ}=5$ MPa。其方向如图 2-9b 所示。

习题 2-7 习题 2-6 中木杆，若欲使粘接面上的正应力为切应力的 2 倍，则粘接面的方位角 θ 应为何值？

解：据题意有 $\sigma_\theta=2\tau_\theta$，代入式（2-2）、式（2-3），解得 $\theta=26.6^\circ$。

习题 2-8 如图 2-10a 所示，等直杆的横截面面积 $A=40\ \text{mm}^2$，弹性模量 $E=200$ GPa，所受轴向载荷 $F_1=1$ kN、$F_2=3$ kN。试计算杆内的最大正应力与杆的轴向变形。

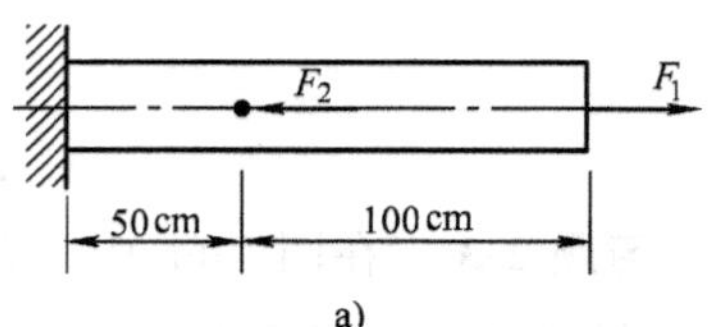

a)

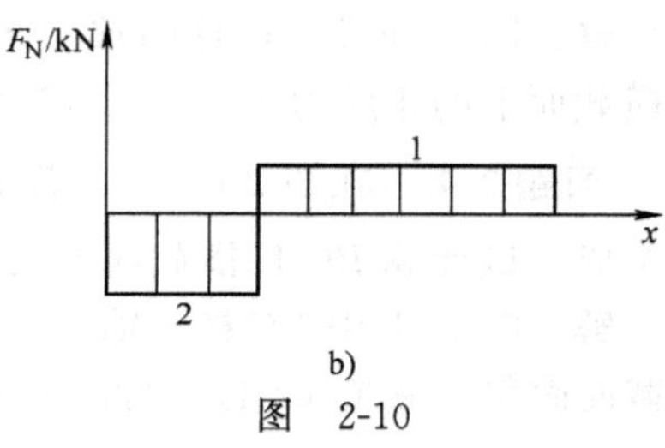

b)

图 2-10

解：由截面法，作出杆的轴力图如图 2-10b所示。

借助轴力图，由式（2-1）即得杆内的最大正应力 $\sigma=50$ MPa，为压应力。

轴力为分段常数，杆的轴向变形应分两段计算，由式（2-7），得杆的轴向变形$\Delta l=0$。

习题 2-9 阶梯杆如图 2-11a 所示，已知 AC 段的横截面面积 $A_1=1000\ \text{mm}^2$，CB 段的横截面面积 $A_2=500\ \text{mm}^2$，材料的弹性模量 $E=200$ GPa，试计算该阶梯杆的轴向变形。

解：由截面法，作出杆的轴力图如图 2-11b所示。

轴力与横截面面积均为分段常数，杆的轴向变形应分三段计算，由式（2-7），得杆的轴向变形 $\Delta l=0.105$ mm。

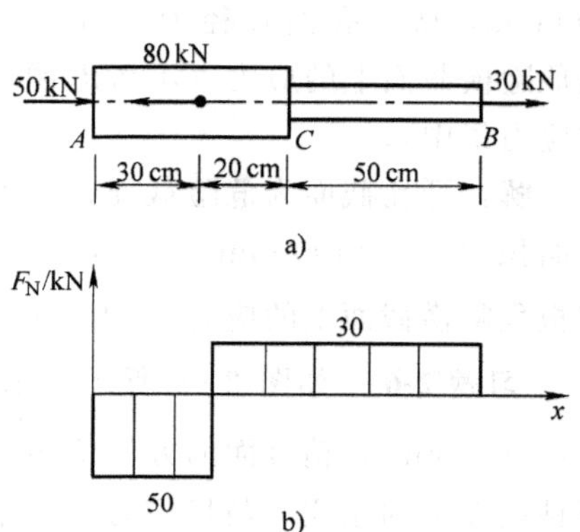

图 2-11

习题 2-10 一钢杆和一混凝土杆分别受轴向压力的作用，已知钢的弹性模量 $E_s=200$ GPa，混凝土的弹性模量 $E_c=28$ GPa。试问：（1）当两杆应力相等时，混凝土杆的应变 ε_c 是钢杆的应变 ε_s 的多少倍？（2）当两杆应变相等时，钢杆的应力 σ_s 是混凝土杆的应力 σ_c 的多少倍？（3）当 $\varepsilon_s=\varepsilon_c=-0.0005$ 时，两杆的应力各等于多少？

解：（1）两杆应力相等，由胡克定律得 $\varepsilon_c=7.14\,\varepsilon_s$。

(2) 两杆应变相等，由胡克定律得 $\sigma_s=7.14\sigma_c$。

(3) 当 $\varepsilon_s=\varepsilon_c=-0.0005$ 时，由胡克定律，得钢杆、混凝土杆的应力分别为 $\sigma_s=-100$ MPa、$\sigma_c=-14$ MPa，均为压应力。

习题 2-11　如图 2-12a 所示，刚性梁 AB 用两根弹性杆 AC 和 BD 悬挂在天花板上。已知 F、l、a、E_1A_1 和 E_2A_2。欲使刚性梁 AB 保持在水平位置，试确定力 F 的作用位置 x。

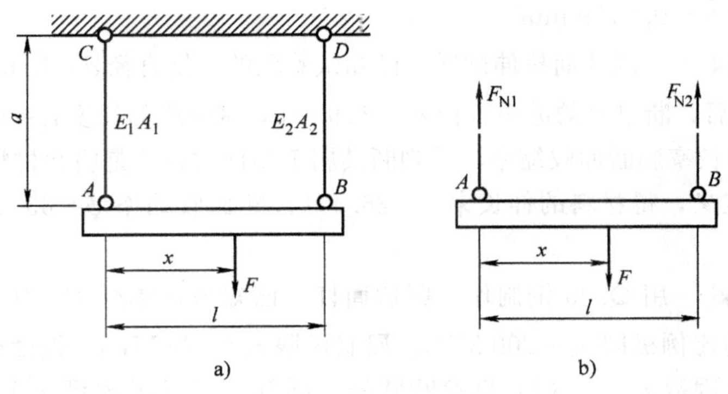

图　2-12

解：截取梁 AB 为研究对象（见图 2-12b），由平衡方程，得两杆轴力

$$F_{N1}=\frac{l-x}{l}F,\qquad F_{N2}=\frac{x}{l}F$$

欲使刚性梁 AB 保持在水平位置，应有 $\Delta l_1=\Delta l_2$，借助胡克定律，即可解得力 F 的作用位置

$$x=\frac{E_2A_2}{E_1A_1+E_2A_2}l$$

习题 2-12　矩形截面的铝合金拉伸试样如图 2-13 所示，已知 $l=70$ mm、$b=20$ mm、$\delta=2$ mm，在轴向拉力 $F=6$ kN 的作用下试样处于线弹性阶段，若测得此时试验段的轴向伸长 $\Delta l=0.15$ mm、横向缩短 $\Delta b=0.014$ mm，试确定铝合金材料的弹性模量 E 和泊松比 μ。

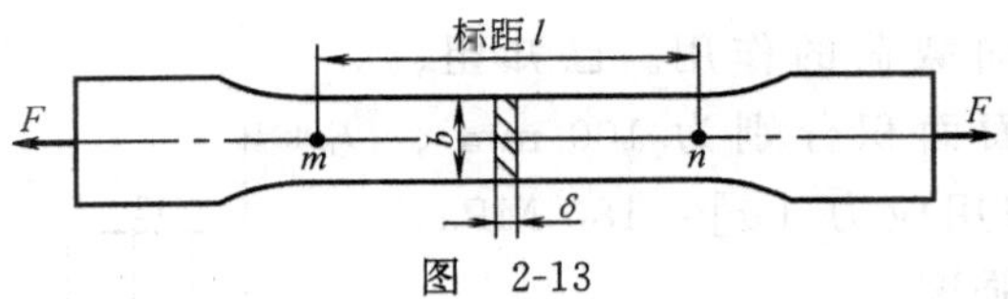

图　2-13

解：试验段的轴向应变 $\varepsilon=0.00214$，横截面上的应力 $\sigma=150$ MPa。利用胡克定律，得铝合金材料的弹性模量 $E=70$ GPa。

试验段的横向应变 $\varepsilon'=-0.0007$。根据泊松比概念，得铝合金材料的泊松

比 $\mu=0.33$。

习题 2-13 一外径 $D=60$ mm、内径 $d=20$ mm 的空心圆截面杆，受到 $F=200$ kN的轴向拉力的作用，已知材料的弹性模量 $E=80$ GPa，泊松比 $\mu=0.3$。试求该杆外径的改变量 ΔD。

解：杆横截面上的正应力 $\sigma=79.6$ MPa。由胡克定律，得轴向应变 $\varepsilon=0.995\times10^{-3}$。利用泊松比，得横向应变 $\varepsilon'=-0.2985\times10^{-3}$。由横向应变，得该杆外径改变量 $\Delta D=-0.0179$ mm。

习题 2-14 一圆截面拉伸试样，已知试验段的原始直径 $d=10$ mm，标距 $l=50$ mm；拉断后，断口处的最小直径 $d_1=5.9$ mm，试验段的长度 $l_1=63.2$ mm。试确定材料的伸长率和断面收缩率，并判断其属于塑性材料还是脆性材料。

解：由定义，得材料的伸长率 $\delta=26.4\%$，断面收缩率 $\psi=65.2\%$。材料为塑性材料。

习题 2-15 用 Q235 钢制作一圆截面杆，已知该杆承受 $F=100$ kN 的轴向拉力，材料的比例极限 $\sigma_p=200$ MPa、屈服极限 $\sigma_s=235$ MPa、强度极限 $\sigma_b=400$ MPa，取安全因数 $n=2$。(1) 欲拉断圆杆，则其直径 d 最大可达多少？(2) 欲使该杆能够安全工作，则其直径 d 最小应取多少？(3) 欲使胡克定律适用，则其直径 d 最小应取多少？

解：(1) 欲拉断圆杆，应满足 $\sigma\geqslant\sigma_b$，解得 $d\leqslant17.8$ mm。

(2) 欲使该杆能够安全工作，应满足 $\sigma\leqslant\dfrac{\sigma_s}{n}$，解得 $d\geqslant32.9$ mm。

(3) 欲使胡克定律适用，应满足 $\sigma\leqslant\sigma_p$，解得 $d\geqslant25.2$ mm。

习题 2-16 用一根粗短的灰铸铁圆管作承压件，已知圆管的外径 $D=130$ mm、内径 $d=100$ mm，材料的许用压应力 $[\sigma_c]=200$ MPa。若圆管承受的轴向压力$F=1000$ kN，试校核其强度。

解：$\sigma=184.5$ MPa$<[\sigma_c]=200$ MPa，该铸铁圆管的强度符合要求。

习题 2-17 一粗短钢制阶梯杆受到图 2-14a所示的轴向载荷的作用。已知粗、细两段杆的横截面面积分别为 100 mm²、50 mm²，材料的许用应力 $[\sigma]=180$ MPa，试校核该阶梯杆的强度。

解：由截面法，作出阶梯杆的轴力图如图 2-14b 所示。

综合阶梯杆的轴力图和横截面面积不难

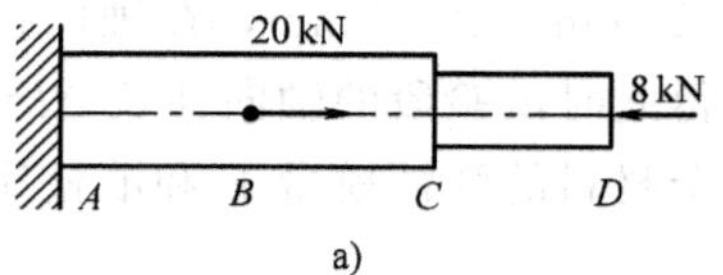

a)

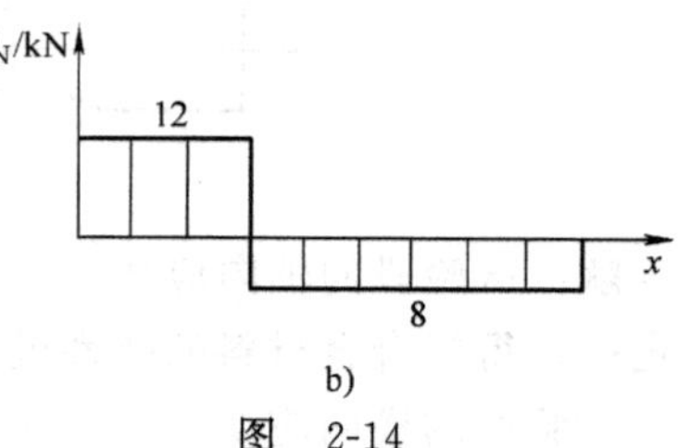

b)

图 2-14

判断，AB 段和 CD 段的任一截面均为可能的危险截面，应分别进行强度校核。

$$\sigma_{AB}=120\ \text{MPa}<[\sigma]=180\ \text{MPa}$$

$$\sigma_{CD}=160\ \text{MPa}<[\sigma]=180\ \text{MPa}$$

该阶梯杆的强度符合要求。

习题 2-18　一液压装置的油缸如图 2-15a 所示，已知油缸内径 $D=560\ \text{mm}$，油压 $p=2.5\ \text{MPa}$，活塞杆由合金钢制作，许用应力 $[\sigma]=300\ \text{MPa}$。试设计该活塞杆的直径 d。

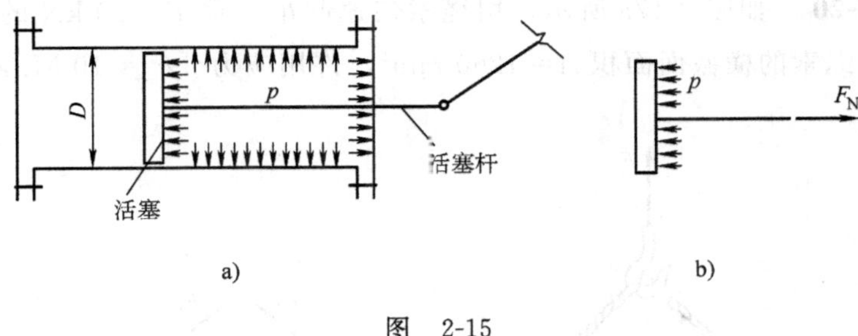

图　2-15

解：截取活塞为研究对象并作出受力图如图 2-15b 所示，由平衡方程，得活塞杆轴力 $F_{\text{N}}=615.75\ \text{kN}$。根据拉（压）杆的强度条件，得该活塞杆直径 $d\geqslant 51.1\ \text{mm}$。

习题 2-19　一正方形截面的粗短阶梯形混凝土立柱如图 2-16a 所示。已知

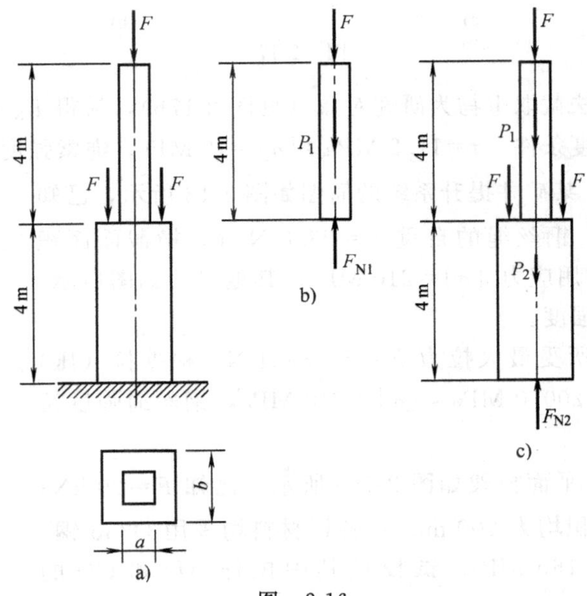

图　2-16

混凝土的质量密度 $\rho=2.04\times10^3\ \text{kg/m}^3$、许用压应力 $[\sigma_c]=2\ \text{MPa}$，载荷 $F=100\ \text{kN}$。试根据强度条件确定截面尺寸 a 与 b。

解：考虑混凝土立柱自重，显然可能的危险截面为上半段立柱的底部（见图 2-16b）和整个立柱的底部（见图 2-16c），其上轴力分别为

$$F_{N1}=F+4a^2\rho g,\qquad F_{N2}=3F+4a^2\rho g+4b^2\rho g$$

对上半段立柱的底部截面进行强度计算，得 $a\geqslant228\ \text{mm}$。对整个立柱的底部截面进行强度计算，得 $b\geqslant398\ \text{mm}$。

习题 2-20 如图 2-17a 所示，用绳索匀速起吊一重 $P=20\ \text{kN}$ 的重物，已知 $\alpha=45°$，绳索的横截面面积 $A=1260\ \text{mm}^2$，许用应力 $[\sigma]=10\ \text{MPa}$。试校核绳索强度。

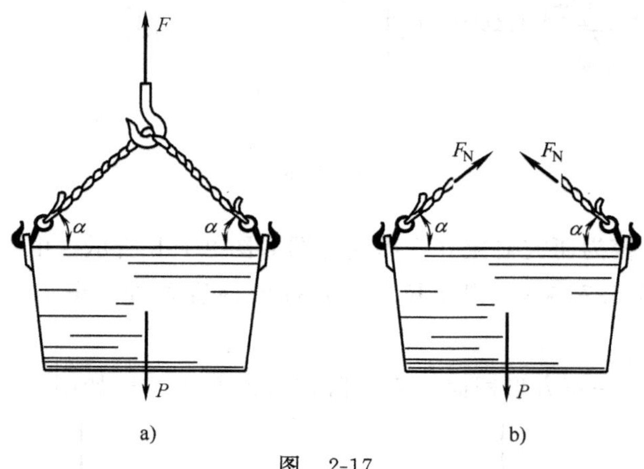

图 2-17

解：用截面法截取重物为研究对象（见图 2-17b），易得 $F_N=10\sqrt{2}\ \text{kN}$。根据拉（压）杆强度条件，$\sigma=11.2\ \text{MPa}>[\sigma]=10\ \text{MPa}$，绳索强度不符合要求。

习题 2-21 某矿井提升系统的简图如图 2-18 所示，已知吊重 $P=45\ \text{kN}$；钢丝绳的自重 $p=23.8\ \text{N/m}$，横截面面积 $A=251\ \text{mm}^2$，许用应力 $[\sigma]=210\ \text{MPa}$。其他尺寸如图所示。试校核钢丝绳的强度。

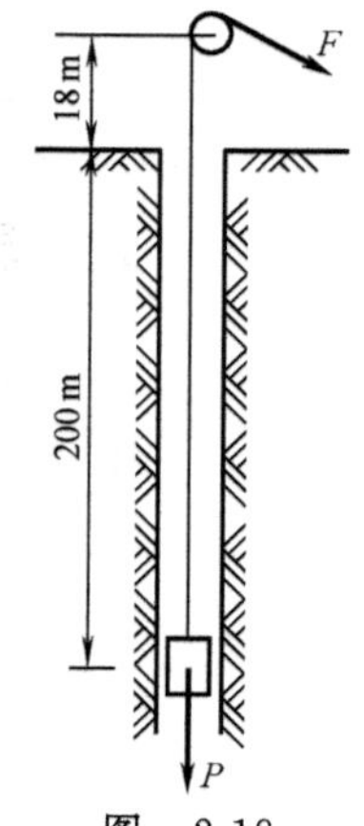

图 2-18

解：钢丝绳所受最大拉力 $F=50188.4\ \text{N}$。根据拉（压）杆强度条件，$\sigma=200.0\ \text{MPa}<[\sigma]=210\ \text{MPa}$，钢丝绳强度符合要求。

习题 2-22 平面桁架如图 2-19a 所示，已知 $F=20\ \text{kN}$；各杆的横截面面积均为 $200\ \text{mm}^2$；各杆材料均采用 Q235 钢，许用应力 $[\sigma]=160\ \text{MPa}$。试校核其中拉杆 AD 和 CD 的强度。

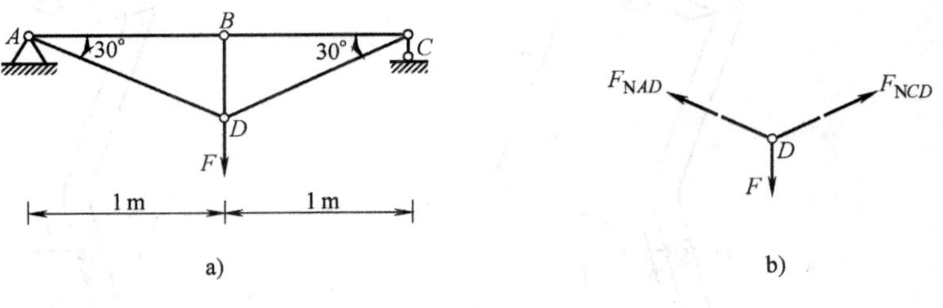

图 2-19

解：BD 杆为零杆。截取节点 D 为研究对象，作受力图（见图 2-19b），由对称性和平衡方程，得两拉杆轴力 $F_{NAD}=F_{NCD}=20$ kN。根据拉（压）杆强度条件，$\sigma=100$ MPa$<[\sigma]=160$ MPa，拉杆 AD 和 CD 的强度符合要求。

习题 2-23 如图 2-20a 所示，油缸的缸盖与缸体用 6 个对称分布的螺栓联接。已知油压 $p=1$ MPa，油缸内径 $D=350$ mm，螺栓材料的许用应力 $[\sigma]=40$ MPa。试确定螺栓直径 d。

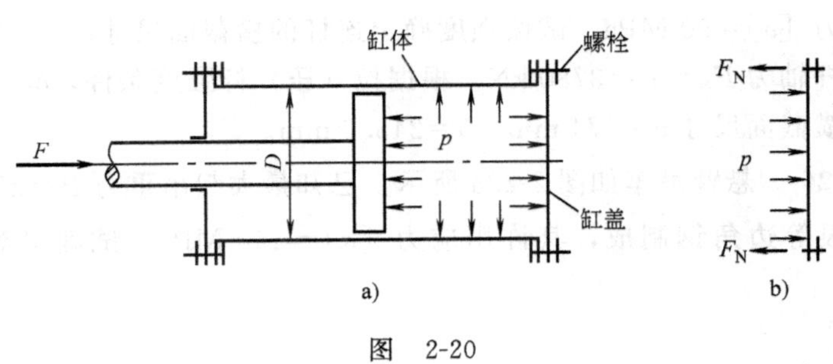

图 2-20

解：截取油缸盖与螺栓为研究对象（见图 2-20b），6 个螺栓对称分布，每个螺栓轴力相等，由平衡方程得单个螺栓轴力 $F_N=16.0$ kN。

根据拉（压）杆强度条件，得螺栓直径 $d\geqslant22.6$ mm。取螺栓直径 $d=23$ mm。

习题 2-24 汽车离合器踏板如图 2-21a 所示。已知 $F_1=400$ N，$L=330$ mm，$l=56$ mm，拉杆 AB 的直径 $d=9$ mm，许用应力 $[\sigma]=50$ MPa，试校核拉杆 AB 的强度。

解：离合器踏板整体的受力图如图 2-21b 所示，由平衡方程得 $F_2=2357.1$ N。拉杆 AB 轴力 $F_N=F_2=2357.1$ N。根据拉（压）杆强度条件，$\sigma=37.1$ MPa$<[\sigma]=50$ MPa，拉杆 AB 的强度符合要求。

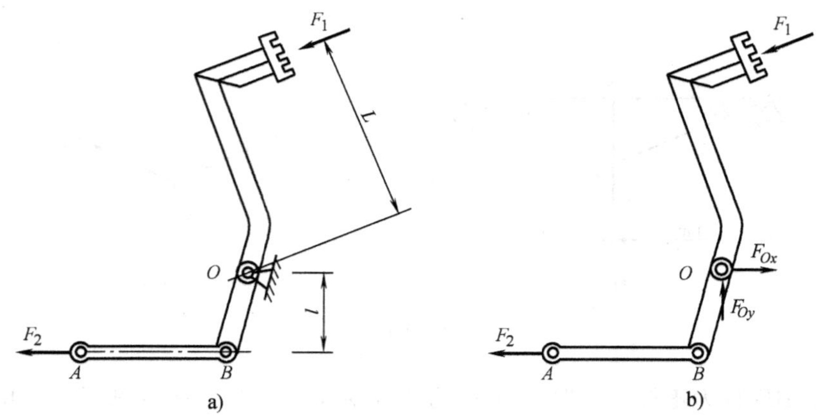

图 2-21

习题 2-25 一冷锻机的连杆如图 2-22 所示，已知其工作时所受的锻压力$F=3780$ kN，连杆的横截面为矩形，规定高宽比$\dfrac{b}{\delta}=1.4$，材料的许用应力 $[\sigma]=90$ MPa。试按强度确定连杆的横截面尺寸。

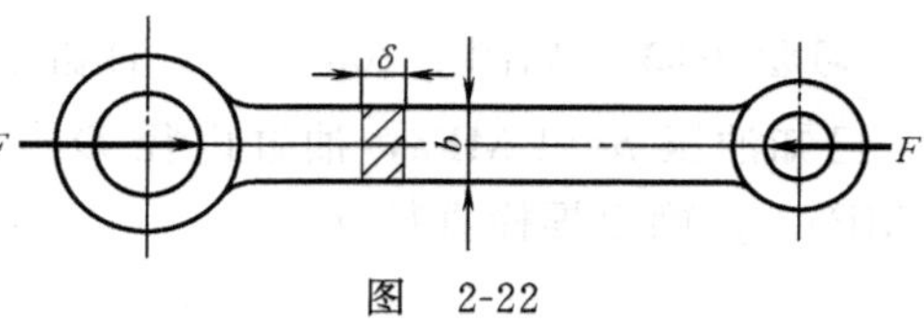

图 2-22

解：连杆轴力 $F_N=F=3780$ kN。根据拉（压）杆强度条件，$\delta\geqslant 173.2$ mm。故取连杆的横截面尺寸 $\delta=174$ mm，$b=243.6$ mm。

习题 2-26 悬臂吊车如图 2-23a 所示，已知最大起吊重力 $P=25$ kN，斜拉杆 BC 用两根等边角钢制成，其许用应力 $[\sigma]=140$ MPa。试确定等边角钢的型号。

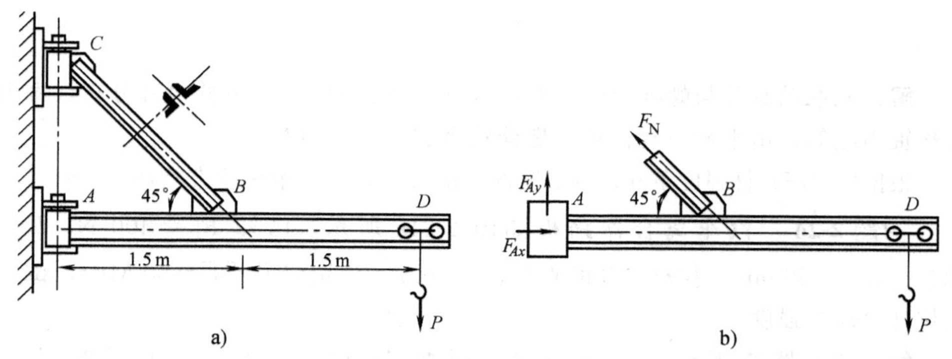

图 2-23

解：截取图示研究对象，作出受力图（见图 2-23b），由平衡方程，得斜拉杆 BC 的轴力 $F_N = 70711\ \text{N}$。设单根角钢的横截面面积为 A，根据拉（压）杆强度条件，解得 $A \geqslant 2.525\ \text{cm}^2$。查型钢表，取等边角钢的型号为 45 mm×45 mm×3 mm。

习题 2-27　三角支架如图 2-24a 所示，已知钢杆 AB 的横截面面积 $A_1 = 600\ \text{mm}^2$，许用应力 $[\sigma_s] = 140\ \text{MPa}$；木杆 AC 的横截面面积 $A_2 = 3\times10^4\ \text{mm}^2$，许用应力 $[\sigma_w] = 3.5\ \text{MPa}$，试根据强度确定许可载荷 $[F]$（暂不考虑压杆 AC 的稳定性）。

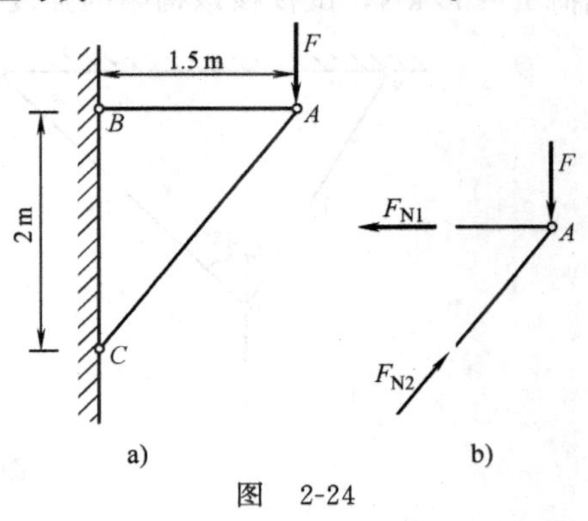

图　2-24

解：截取节点 A 为研究对象，AB 杆受拉、AC 杆受压（见图 2-24b），由平衡方程得两杆轴力分别为 $F_{N1} = 0.75F$、$F_{N2} = 1.25F$。根据钢杆 AB 强度条件，解得 $F \leqslant 112\ \text{kN}$；根据木杆 AC 强度条件，解得 $F \leqslant 84\ \text{kN}$。故许可载荷 $[F] = 84\ \text{kN}$。

习题 2-28　三角支架如图 2-25a 所示，已知 AC 杆由两根 No. 10 槽钢制成，许用应力 $[\sigma]_{AC} = 160\ \text{MPa}$；$BC$ 杆为一根 No. 20a 工字钢，许用应力 $[\sigma]_{BC} = 100\ \text{MPa}$。试根据强度确定许可载荷 $[P]$（暂不考虑压杆 BC 的稳定性）。

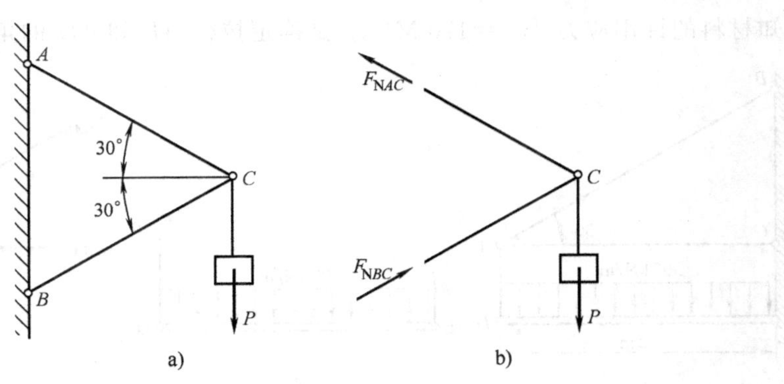

图　2-25

解：截取节点 C 为研究对象，AC 杆受拉、BC 杆受压（见图 2-25b），由平衡方程得两杆轴力 $F_{NAC} = F_{NBC} = P$。

由型钢表，查得 No. 10 槽钢截面面积 $A_1 = 12.748\ \text{cm}^2$，根据 AC 杆强度条件，得 $P \leqslant 407.9\ \text{kN}$；再由型钢表，查得 No. 20a 工字钢截面面积 $A_2 = 35.578\ \text{cm}^2$，根据 BC 杆强度条件，得 $P \leqslant 355.8\ \text{kN}$。所以，许可载荷 $[P] = 355\ \text{kN}$。

习题 2-29 构架如图 2-26a 所示，杆 1 与杆 2 均为圆截面杆，直径分别为 $d_1=30\ \mathrm{mm}$ 与 $d_2=20\ \mathrm{mm}$；两杆材料相同，许用应力 $[\sigma]=160\ \mathrm{MPa}$。若所承受载荷 $F=80\ \mathrm{kN}$，试校核该构架的强度。

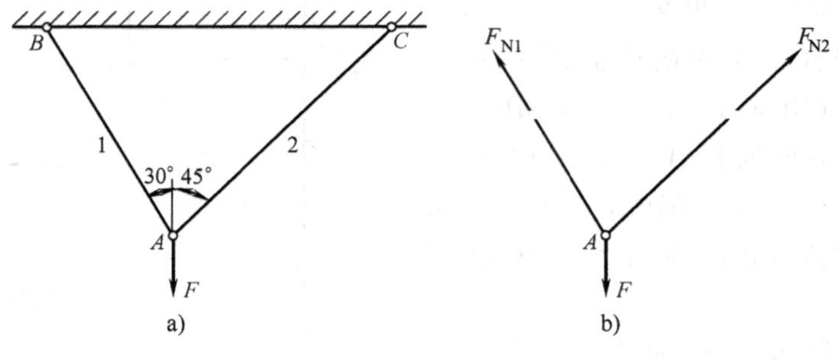

图 2-26

解：截取节点 A 为研究对象，作出受力图（见图 2-26b），杆 1、杆 2 均为拉杆，由平衡方程得两杆轴力分别为 $F_{\mathrm{N1}}=58.56\ \mathrm{kN}$、$F_{\mathrm{N2}}=41.41\ \mathrm{kN}$。

根据拉（压）杆强度条件，分别校核杆 1、杆 2 强度，$\sigma_1=82.8\ \mathrm{MPa}<[\sigma]=160\ \mathrm{MPa}$，$\sigma_2=131.8\ \mathrm{MPa}<[\sigma]=160\ \mathrm{MPa}$。所以，该构架的强度符合要求。

习题 2-30 结构如图 2-27a 所示，拉杆 AB 和 AD 均由两根等边角钢构成，已知材料的许用应力 $[\sigma]=170\ \mathrm{MPa}$。试确定拉杆 AB 和 AD 的角钢型号。

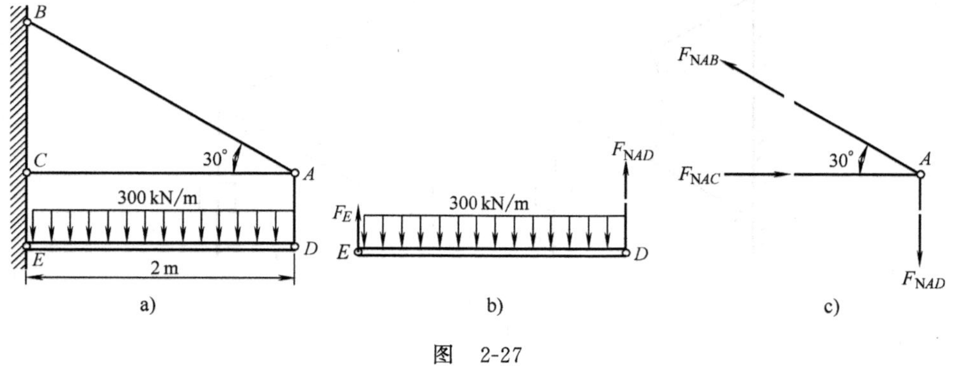

图 2-27

解：依次截取横梁 ED、节点 A 为研究对象，作出受力图分别如图 2-27b、c 所示，得拉杆 AD、AB 轴力分别为 $F_{\mathrm{NAD}}=300\ \mathrm{kN}$、$F_{\mathrm{NAB}}=600\ \mathrm{kN}$。

对于拉杆 AD，设单根角钢的截面面积为 A_1，由强度条件解得 $A_1 \geqslant 8.824\ \mathrm{cm}^2$。查型钢表，可取拉杆 AD 的角钢型号为 80 mm×80 mm×6 mm。

对于拉杆 AB，设单根角钢的截面面积为 A_2，由强度条件解得 $A_2 \geqslant$

17.647 cm^2。查型钢表，可取拉杆 AB 的角钢型号为 100 mm×100 mm×10 mm。

习题 2-31　如图 2-28a 所示，对称结构受载荷 F 作用，已知材料的许用应力为 $[\sigma]$。欲使结构的重量最轻，试确定 θ 角的最佳值。

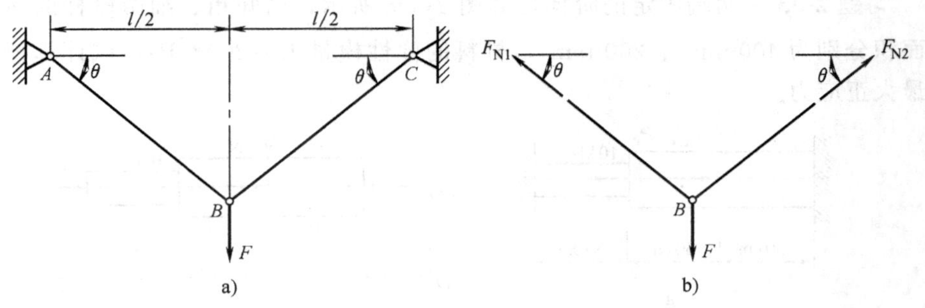

图　2-28

解：截取节点 B 为研究对象，作出受力图（见图 2-28b），由对称性和平衡方程得两杆轴力 $F_{N1}=F_{N2}=\dfrac{F}{2\sin\theta}$。

设杆件的截面面积为 A，根据拉（压）杆强度条件，得两杆的截面面积 $A\geqslant\dfrac{F}{2[\sigma]\sin\theta}$。杆件的长度 $L=\dfrac{l}{2\cos\theta}$。杆件的体积 $V=AL\geqslant\dfrac{Fl}{2[\sigma]\sin2\theta}$。欲使结构的重量最轻，则应使杆件的体积最小，故得 θ 角的最佳值为45°。

习题 2-32　如图 2-29a 所示，抗拉（压）刚度为 EA 的等截面直杆两端固定，承受轴向载荷 $F=30$ kN 的作用。试作出其轴力图。

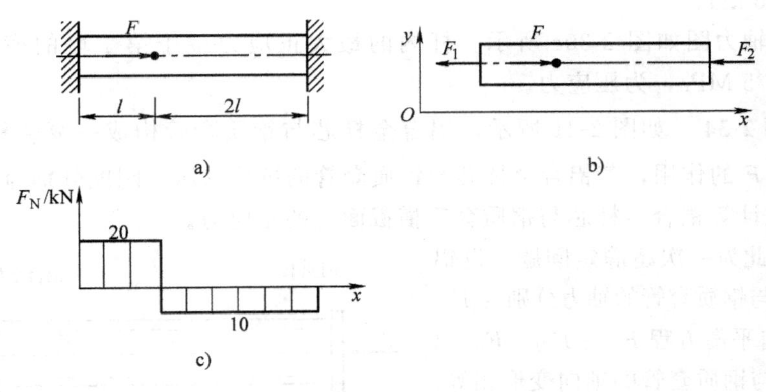

图　2-29

解：此为一次超静定问题。解除杆的两端约束，作受力图如图 2-29b 所示。

平衡方程，$F-F_1-F_2=0$。变形协调方程，$\Delta l=\Delta l_1+\Delta l_2=0$。补充方程，$F_1-2F_2=0$。联立解得两端支座反力分别为 $F_1=20$ kN、$F_2=10$ kN。作出杆的轴力图如图 2-29c 所示。

习题 2-33 两端固定的阶梯杆如图 2-30a 所示，已知粗、细两段杆的横截面面积分别为 400 mm²、200 mm²，材料的弹性模量 $E=200$ GPa，试计算杆内的最大正应力。

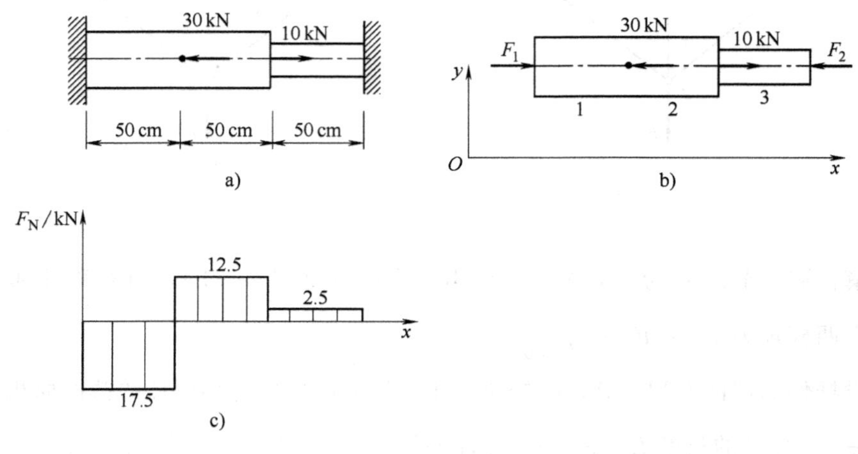

图 2-30

解：此为一次超静定问题。解除杆的两端约束，作受力图如图 2-30b 所示。平衡方程，$-30\text{ kN}+10\text{ kN}+F_1-F_2=0$。变形协调方程，$\Delta l=\Delta l_1+\Delta l_2+\Delta l_3=0$。补充方程，$F_1+F_2=15$ kN。联立解得两端支座反力分别为 $F_1=17.5$ kN、$F_2=-2.5$ kN。

作出轴力图如图 2-30c 所示。杆内的最大正应力位于第 1 段的横截面上，$\sigma_{max}=43.75$ MPa，为压应力。

习题 2-34 如图 2-31 所示，铝合金杆芯与钢质套管构成一复合杆，承受轴向压力 F 的作用，若铝合金杆芯与钢质套管的抗拉（压）刚度分别为 E_1A_1 与 E_2A_2，试计算铝合金杆芯与钢质套管横截面上的正应力。

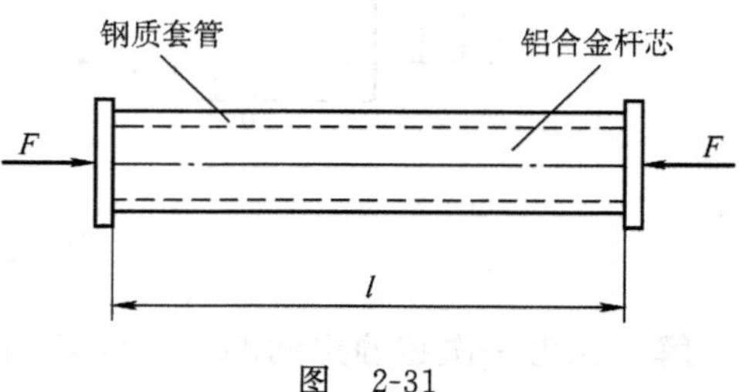

图 2-31

解：此为一次超静定问题。设铝合金杆芯与钢质套管的轴力分别为 F_{N1} 与 F_{N2}，有平衡方程 $F_{N1}+F_{N2}=F$。铝合金杆芯与钢质套管的轴向变形相等，有变形协调方程 $\Delta l_1=\Delta l_2$。补充方程：$\dfrac{F_{N1}}{E_1A_1}=\dfrac{F_{N2}}{E_2A_2}$。联立解得铝合金杆芯与

钢质套管的轴力分别为

$$F_{N1}=\frac{E_1A_1}{E_1A_1+E_2A_2}F\ （压），\quad F_{N2}=\frac{E_2A_2}{E_1A_1+E_2A_2}F\ （压）$$

铝合金杆芯与钢质套管横截面上的正应力分别为

$$\sigma_1=\frac{E_1}{E_1A_1+E_2A_2}F\ （压），\quad \sigma_2=\frac{E_2}{E_1A_1+E_2A_2}F\ （压）$$

习题 2-35　在图 2-32a 所示结构中，假设横梁 BD 是刚性的，两根弹性拉杆 1 与 2 完全相同。已知杆 1、杆 2 的长度为 l，弹性模量为 E，横截面面积 $A=300\ \text{mm}^2$，许用应力 $[\sigma]=160\ \text{MPa}$。若所受载荷 $F=50\ \text{kN}$，试校核两杆强度。

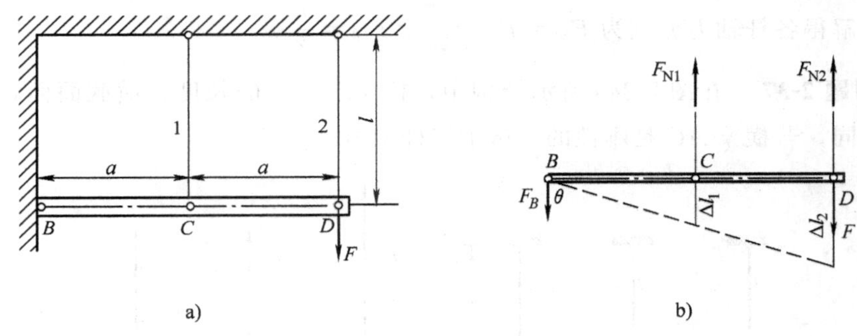

图　2-32

解：此为一次超静定问题。截取横梁 BD 为研究对象，作受力图如图 2-32b 所示，列有效平衡方程，$F_{N1}a+2F_{N2}a-2Fa=0$。据题意作出变形图如图 2-32b 所示，有变形协调方程 $\Delta l_2=2\Delta l_1$。补充方程：$F_{N2}=2F_{N1}$。联立解得两根拉杆轴力分别为 $F_{N1}=20\ \text{kN}$、$F_{N2}=40\ \text{kN}$。根据拉（压）杆强度条件，$\sigma_{max}=133.3\ \text{MPa}<[\sigma]=160\ \text{MPa}$，所以，两杆强度符合要求。

习题 2-36　如图 2-33a 所示，一块刚性平板搁在三根等截面、等长的直杆

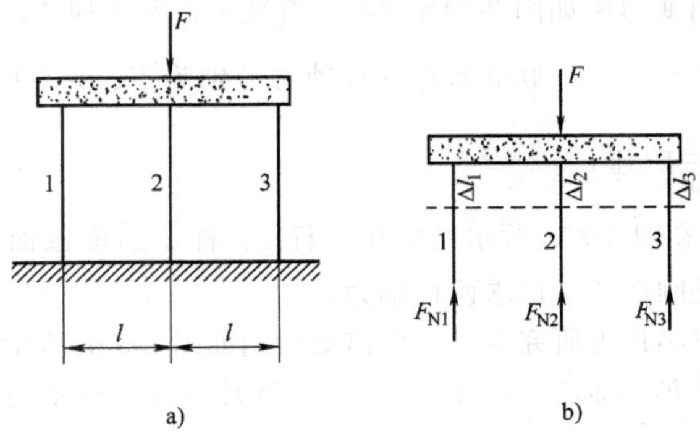

图　2-33

上，其中央受到竖直载荷 F 的作用。试求在下列两种情况下各杆的内力：(1) 各杆材料相同；(2) 杆 2 的弹性模量是杆 1、杆 3 的两倍，即 $E_2=2E_1=2E_3$。

解：(1) 各杆材料相同

截取刚性平板为研究对象，作受力图如图 2-33b 所示，其有效平衡方程为 $F_{N1}+F_{N2}+F_{N3}-F=0$。变形协调方程：$\Delta l_1=\Delta l_2=\Delta l_3$。补充方程：$F_{N1}=F_{N2}=F_{N3}$。解得各杆轴力 $F_{N1}=F_{N2}=F_{N3}=\dfrac{F}{3}$。

(2) 杆 2 的弹性模量是杆 1、杆 3 的两倍

有效平衡方程和变形协调方程同 (1)。此时，补充方程为 $F_{N2}=2F_{N1}=2F_{N3}$。解得各杆轴力分别为 $F_{N1}=F_{N3}=\dfrac{F}{4}$、$F_{N2}=\dfrac{F}{2}$。

习题 2-37 在图 2-34a 所示结构中，杆 1、2、3 的长度、横截面面积、材料均相同，若横梁 AC 是刚性的，试求三杆轴力。

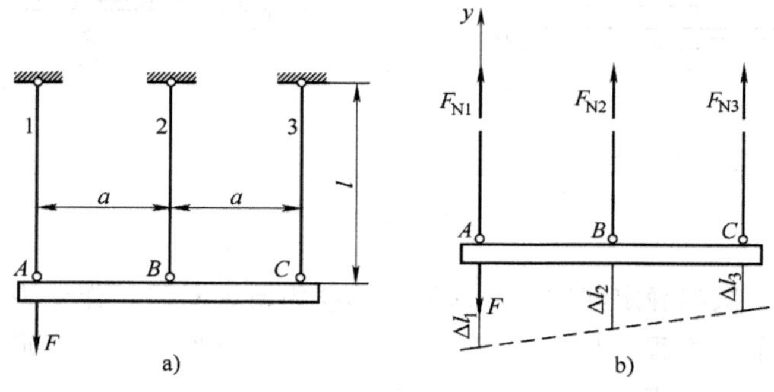

图 2-34

解：截取横梁 AC 为研究对象，假设各杆均受拉，作出受力图如图 2-34b 所示。平衡方程：$F_{N1}+F_{N2}+F_{N3}-F=0$，$F_{N2}\times a+F_{N3}\times 2a=0$。这是一次超静定问题。据题意作出变形图如图 2-34b 所示，有变形协调方程 $2\Delta l_2=\Delta l_1+\Delta l_3$。补充方程：$2F_{N2}=F_{N1}+F_{N3}$。联立解得三杆轴力分别为 $F_{N1}=\dfrac{5}{6}F$ (拉)、$F_{N2}=\dfrac{1}{3}F$(拉)、$F_{N3}=-\dfrac{1}{6}F$(压)。

习题 2-38 在图 2-35a 所示结构中，杆 1、杆 2 的横截面面积、材料均相同，若横梁 AB 是刚性的，试求两杆轴力。

解：截取横梁 AB 为研究对象，作出受力图如图 2-35b 所示，列出其有效平衡方程：$F_{N1}\times a+F_{N2}\cos\alpha\times 2a-F\times 3a=0$。这是一次超静定问题。据题意作出变形图如图 2-35b 所示，有变形协调方程 $2\Delta l_1=\dfrac{\Delta l_2}{\cos\alpha}$。补充方程：$2F_{N1}=\dfrac{F_{N2}}{\cos^2\alpha}$。

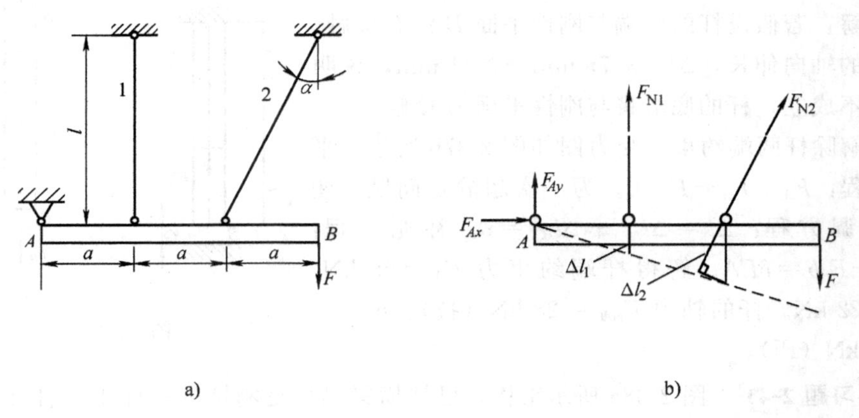

图　2-35

联立解得两杆轴力分别为 $F_{N1}=\dfrac{3}{1+4\cos^3\alpha}F$、$F_{N2}=\dfrac{6\cos^2\alpha}{1+4\cos^3\alpha}F$。

习题 2-39　阶梯钢杆如图 2-36a 所示，在温度 $T_1=5℃$时固定于两刚性平面之间。已知粗、细两段杆的横截面面积分别为 1000 mm²、500 mm²，钢材的弹性模量 $E=200$ GPa、线胀系数 $\alpha=1.2\times10^{-5}℃^{-1}$。试求当温度升高至 $T_2=25℃$时，杆内的最大正应力。

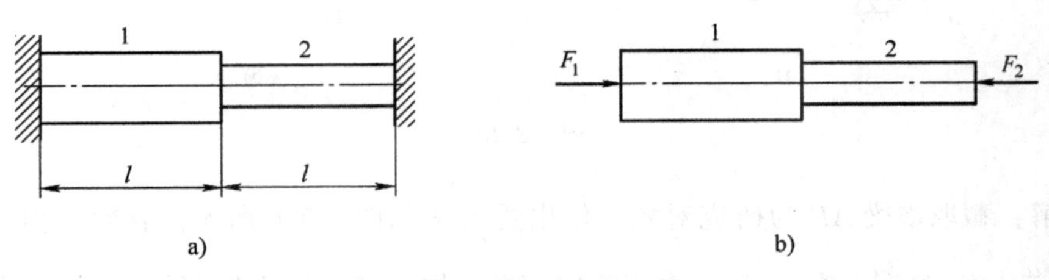

图　2-36

解：解除约束（见图 2-36b），钢杆两端约束力 $F_1=F_2$。这是一次超静定问题。变形协调方程：$\Delta l_T=|\Delta l_F|$，其中，Δl_T、Δl_F 分别表示温度、杆端约束力引起的轴向变形。利用物理关系和胡克定律，由变形协调方程得补充方程 $\alpha 2l(T_2-T_1)=\dfrac{F_1 l}{EA_1}+\dfrac{F_2 l}{EA_2}$。联立解得杆端约束力 $F_1=F_2=32$ kN。杆内的最大正应力 $\sigma_{max}=64$ MPa，为压应力。

习题 2-40　如图 2-37a 所示，等截面直杆在 A 端固定，另一端离刚性平面 B 有 $\delta=1$ mm 的空隙。已知 $a=1.5$ m，$b=1$ m，杆件的横截面面积 $A=200$ mm²，材料的弹性模量 $E=100$ GPa。试求当杆件在 C 截面处受到 $F=50$ kN

的轴向载荷作用时杆的轴力。

解：若假设杆的底端与刚性平面 B 没有接触，则杆的轴向伸长，$\Delta l=3.75\ \text{mm}>\delta=1\ \text{mm}$，说明假设不成立，杆的底端将与刚性平面 B 接触。

解除杆两端约束，受力图如图 2-37b 所示。平衡方程：$F_A+F_B-F=0$。为一次超静定问题。变形协调方程：$\Delta l=\Delta l_{AC}+\Delta l_{BC}=\delta$。补充方程：$F_Aa-F_Bb=\delta EA$。解得杆端约束力 $F_A=28\ \text{kN}$、$F_B=22\ \text{kN}$。杆的轴力 $F_{NAC}=28\ \text{kN}$（拉）、$F_{NBC}=-22\ \text{kN}$（压）。

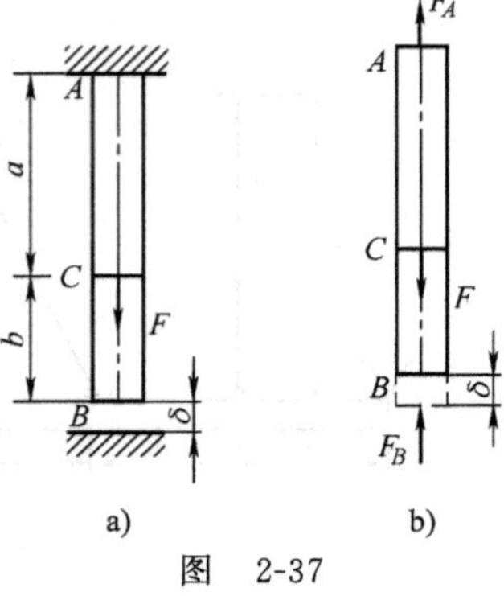

图　2-37

习题 2-41　图 2-38a 所示结构，已知横梁 AB 是刚性的，杆 1 与杆 2 的长度、横截面面积、材料均相同，其抗拉（压）刚度为 EA，线胀系数为 α。试求当杆 1 温度升高 ΔT 时，杆 1 与杆 2 的轴力。

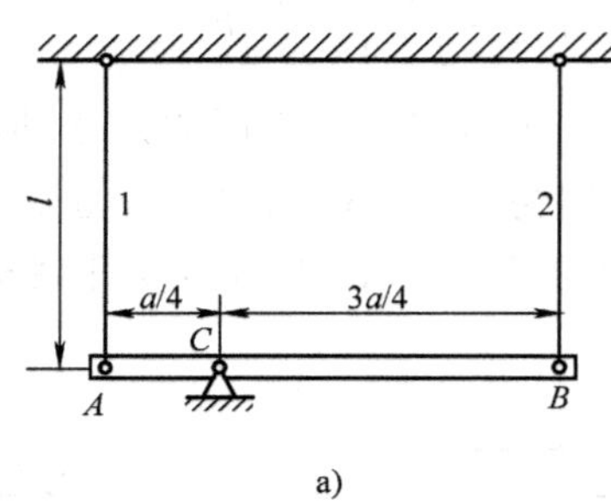

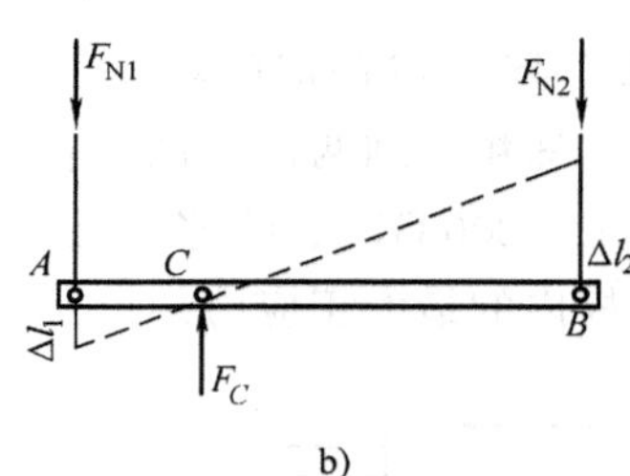

图　2-38

解：截取横梁 AB 为研究对象，作出受力图如图 2-38b 所示。有效平衡方程：$F_{N1}\times\frac{a}{4}-F_{N2}\times\frac{3a}{4}=0$。这是一次超静定问题。据题意作出变形图如图 2-38b 所示，有变形协调方程 $\Delta l_1=\frac{1}{3}|\Delta l_2|$。其中，杆 1 的伸长量 $\Delta l_1=\alpha l\Delta T-\frac{F_{N1}l}{EA}$，杆 2 的缩短量为 $|\Delta l_2|=\frac{F_{N2}l}{EA}$。补充方程：$3\alpha\Delta TEA-3F_{N1}=F_{N2}$。解得杆 1、杆 2 的轴力分别为

$$F_{N1}=\frac{9EA\alpha\Delta T}{10}\ (\text{压}),\quad F_{N2}=\frac{3EA\alpha\Delta T}{10}\ (\text{压})$$

习题 2-42　如图 2-39a 所示，一刚性横梁放在三根混凝土支柱上，中间支柱与横梁之间有 $\delta=1.5\ \text{mm}$ 的间隙。已知三根支柱的横截面面积均为 $A=0.04\ \text{m}^2$，混凝土的弹性模量 $E=14\ \text{GPa}$。若在横梁的正中央作用一集中载荷 $F=720\ \text{kN}$，试计算三根支柱横截面上的正应力。

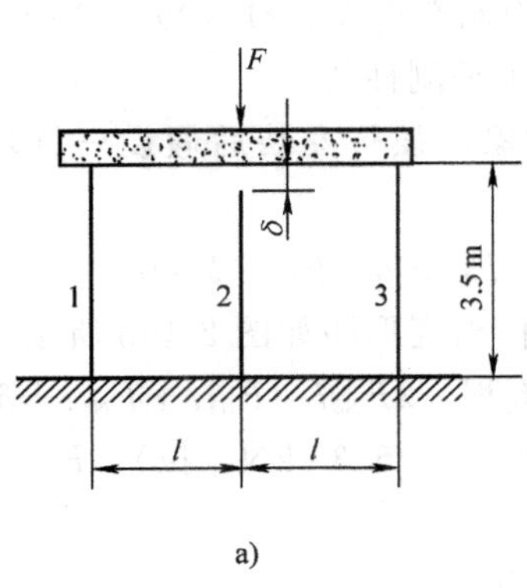

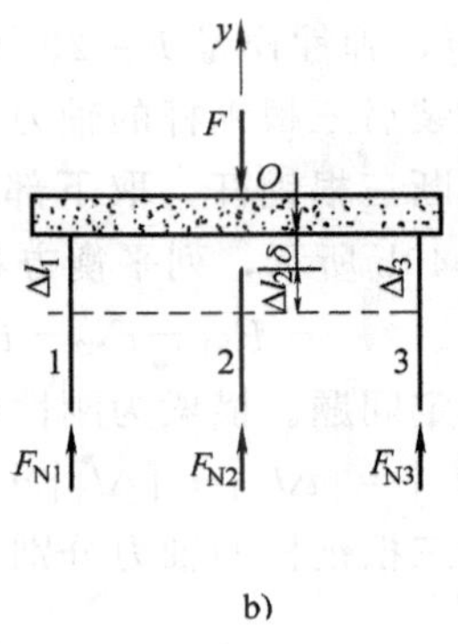

图 2-39

解：若假设中间支柱与梁之间没有接触，则支柱 1、支柱 2 的轴向压缩量 $\Delta l=2.25\ \text{mm}>\delta=1.5\ \text{mm}$，说明假设不成立，中间支柱将与横梁相接触。为一次超静定问题。

截断三根支柱，取上部为研究对象，受力图如图 2-39b 所示，列平衡方程

$$F_{N1}+F_{N2}+F_{N3}-F=0,\qquad -F_{N1}\times l+F_{N3}\times l=0$$

横梁为刚性的，且结构对称，由此作出变形图（见图 2-39b），其变形协调方程为

$$|\Delta l_1|=|\Delta l_3|=|\Delta l_2|+\delta$$

利用胡克定律，由变形协调方程得补充方程

$$3.5F_{N1}=3.5F_{N3}=3.5F_{N2}+\delta EA$$

解得三根支柱的轴力

$$F_{N1}=F_{N3}=320\ \text{kN}\ （压），\quad F_{N2}=80\ \text{kN}\ （压）$$

故得三根支柱横截面上的正应力分别为

$$\sigma_1=\sigma_3=8\ \text{MPa}\ （压），\quad \sigma_2=2\ \text{MPa}\ （压）$$

习题 2-43 如图 2-40a 所示，已知钢杆 1、2、3 的长度 $l=1$ m，横截面面

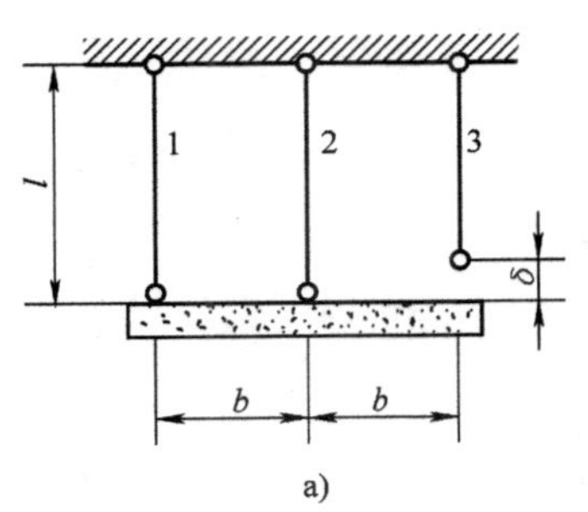

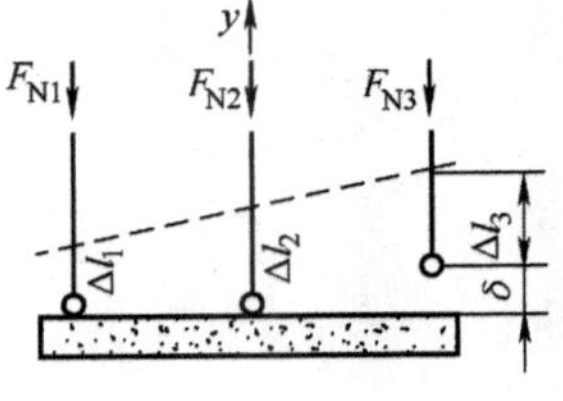

图 2-40

积 $A=2\ \mathrm{cm}^2$，弹性模量 $E=200\ \mathrm{GPa}$。若因制造误差，杆 3 短了 $\delta=0.8\ \mathrm{mm}$，试计算强行安装后三根钢杆的轴力（假设横梁是刚性的）。

解：截断三根钢杆，取下部为研究对象，强行安装后假设三杆均受压，受力图如图 2-40b 所示，列平衡方程

$$-F_{N1}-F_{N2}-F_{N3}=0,\qquad F_{N1}\times b-F_{N3}\times b=0$$

为一次超静定问题。横梁为刚性的，由此作出变形图如图 2-40b 所示。变形协调方程：$2|\Delta l_2|=|\Delta l_1|+|\Delta l_3|+\delta$。补充方程：$2F_{N2}l=F_{N1}l+F_{N3}l+\delta EA$。解得强行安装后三根钢杆的轴力分别为 $F_{N1}=F_{N3}=-5.33\ \mathrm{kN}$（拉）、$F_{N2}=10.67\ \mathrm{kN}$（压）。

第三章
剪切与挤压

知识要点

一、基本概念

1. 剪切

受力特点：构件在两侧面受到一对大小相等、方向相反、作用线相距很近的平行外力（外力合力）的作用。

变形特点：构件沿两侧平行外力的交界面发生相对错动。

剪切面：构件承受剪切变形时，发生错动的截面。

剪力：剪切面上的切向内力，记作 F_S。

双剪：构件承受剪切变形时，同时存在两个剪切面。

2. 挤压

挤压：两构件在局部接触面上互相压紧、传递压力所产生的变形现象。

挤压面：构件承受挤压变形时，传递压力的接触面。

挤压力：构件承受挤压变形时，挤压面上传递的压力，记作 F_{bs}。

挤压应力：构件承受挤压变形时，挤压面上承受的法向接触应力，记作 σ_{bs}。

3. 连接件

连接构件的元件，例如销钉、铆钉、螺栓、键、耳片等。剪切与挤压是连接件的主要变形形式。

二、基本公式

1. 剪切面上切应力的实用计算公式

$$\tau=\frac{F_S}{A_S} \tag{3-1}$$

式中，F_S 为剪切面上的剪力；A_S 为剪切面的面积。

2. 剪切强度条件

$$\tau=\frac{F_S}{A_S}\leqslant[\tau] \tag{3-2}$$

式中，$[\tau]$ 为材料的许用切应力。

3. 挤压应力的实用计算公式

$$\sigma_{bs}=\frac{F_{bs}}{A_{bs}} \tag{3-3}$$

式中，F_{bs}为挤压面上的挤压力；A_{bs}为挤压面的计算面积。当挤压面为平面时，A_{bs}即为挤压面的实际面积；当挤压面为曲面时，A_{bs}取实际挤压面在垂直于挤压力的平面上投影的面积。

4. 挤压强度条件

$$\sigma_{bs}=\frac{F_{bs}}{A_{bs}}\leqslant[\sigma_{bs}] \tag{3-4}$$

式中，$[\sigma_{bs}]$ 为材料的许用挤压应力。

解 题 方 法

本章习题的主要类型是连接件的强度计算。连接件的强度计算一般涉及下列三个方面：

一、连接件的剪切强度计算

根据式（3-2），进行连接件的剪切强度计算。

在进行剪切强度计算时，应注意以下两点：

1. 剪切面是构件发生相对错动的面，解题时要据此作出正确判断；
2. 剪力 F_S 是剪切面上的内力，必须采用截面法计算。

二、连接件与被连接构件的挤压强度计算

根据式（3-4），进行连接件与被连接构件的挤压强度计算。

在进行挤压强度计算时，应注意以下两点：

1. 挤压面是连接件与被连接构件之间传递压力的相互接触面，解题时要据此作出正确判断；
2. 式（3-4）中的 A_{bs}为挤压面的计算面积，即为实际挤压面在垂直于挤压力的平面上投影的面积。

三、被连接构件的拉伸强度计算

根据式（2-6），进行被连接构件的拉伸强度计算。

在对被连接构件进行拉伸强度计算时，应综合根据被连接构件的轴力图和截面的削弱情况来判断危险截面，并对可能的各个危险截面逐一进行强度计算。

难题解析

【例题 3-1】　铆接件如图 3-1 所示，已知铆钉直径 $d=30$ mm，板宽 $b=200$ mm，中间两块主板厚 $t_1=20$ mm，上下两块盖板厚 $t_2=12$ mm，主板所受拉力 $F=400$ kN。试计算：(1) 铆钉切应力 τ；(2) 铆钉与板之间的挤压应力 σ_{bs}；(3) 板的最大拉应力 σ_{max}。

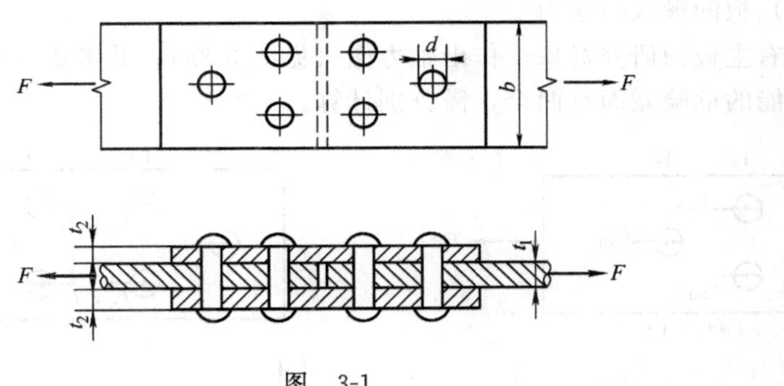

图　3-1

解：(1) 铆钉切应力

左右两块主板分别通过三个铆钉与盖板铆接，故每个铆钉的中段与主板之间的挤压力

$$F_{bs1}=\frac{F}{3}$$

注意到铆钉为双剪，截取铆钉中段为研究对象（见图 3-2a），即得每个剪切面上的剪力

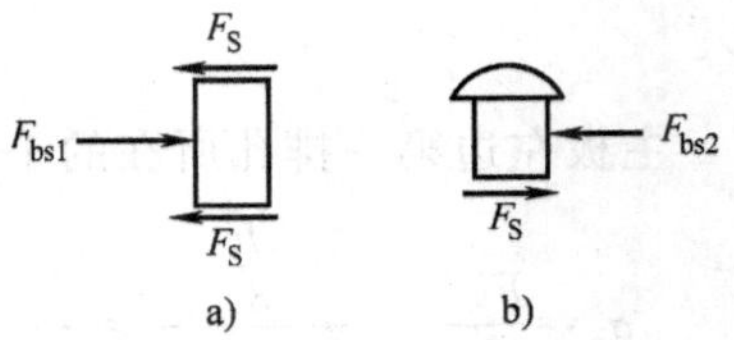

$$F_S=\frac{F_{bs1}}{2}=\frac{F}{6}$$

图　3-2

由式 (3-1)，得铆钉切应力

$$\tau=\frac{F_S}{A_S}=\frac{\frac{F}{6}}{\frac{\pi d^2}{4}}=\frac{4\times400\times10^3\ \text{N}}{6\times\pi\times30^2\times10^{-6}\ \text{m}^2}=94.3\ \text{MPa}$$

(2) 铆钉与板之间的挤压应力

根据式 (3-3)，得铆钉与主板之间的挤压应力

$$\sigma_{bs1}=\frac{F_{bs1}}{A_{bs1}}=\frac{\frac{F}{3}}{dt_1}=\frac{400\times10^3\ \mathrm{N}}{3\times30\times20\times10^{-6}\ \mathrm{m}^2}=222.2\ \mathrm{MPa}$$

截取铆钉上（下）段为研究对象（见图 3-2b），可得每个铆钉的上（下）段与盖板之间的挤压力

$$F_{bs2}=F_S=\frac{F}{6}$$

故得铆钉与盖板之间的挤压应力

$$\sigma_{bs2}=\frac{F_{bs2}}{A_{bs2}}=\frac{\frac{F}{6}}{dt_2}=\frac{400\times10^3\ \mathrm{N}}{6\times30\times12\times10^{-6}\ \mathrm{m}^2}=185.2\ \mathrm{MPa}$$

（3）板的最大拉应力

取右主板为研究对象，作出轴力图（见图 3-3a），并考虑到其截面的削弱情况，可能的危险截面有两个，需分别计算。

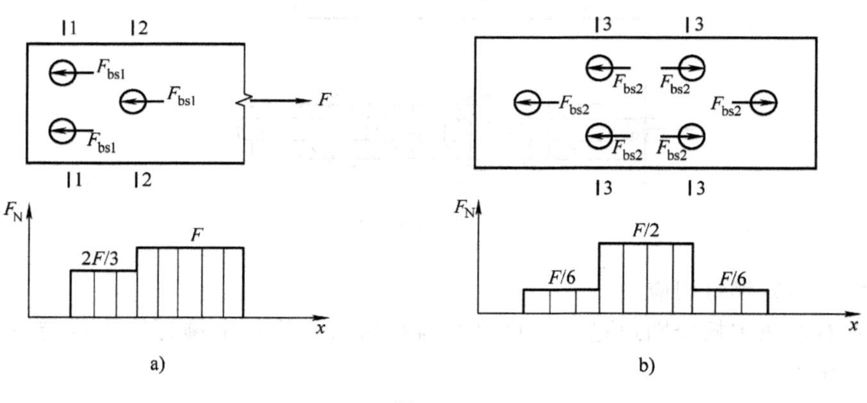

图 3-3

主板左边第一排孔所在的 1—1 截面上的拉应力

$$\sigma_1=\frac{F_{N1}}{A_1}=\frac{\frac{2F}{3}}{(b-2d)t_1}=\frac{2\times400\times10^3\ \mathrm{N}}{3\times(200-2\times30)\times20\times10^{-6}\ \mathrm{m}^2}=95.2\ \mathrm{MPa}$$

主板左边第二排孔所在的 2—2 截面上的拉应力

$$\sigma_2=\frac{F_{N2}}{A_2}=\frac{F}{(b-d)t_1}=\frac{400\times10^3\ \mathrm{N}}{(200-30)\times20\times10^{-6}\ \mathrm{m}^2}=117.6\ \mathrm{MPa}$$

取盖板为研究对象，作出轴力图（见图 3-3b），显然其危险截面为中间两排孔所在的 3—3 截面，该截面上的拉应力

$$\sigma_3=\frac{F_{N3}}{A_3}=\frac{\frac{F}{2}}{(b-2d)t_2}=\frac{400\times10^3\ \mathrm{N}}{2\times(200-2\times30)\times12\times10^{-6}\ \mathrm{m}^2}=119.0\ \mathrm{MPa}$$

综合上述计算结果知，板的最大拉应力位于盖板的中间两排孔所在截面上，大小为

$$\sigma_{max}=\sigma_3=119.0\ \text{MPa}$$

【例题 3-2】 如图 3-4a 所示，一块钢板用 4 个相同的铆钉固定在立柱上。已知铆钉直径 $d=20$ mm，许用切应力 $[\tau]=80$ MPa，力 $F=20$ kN，试校核铆钉的剪切强度。

解：(1) 计算铆钉剪力

将力 F 向铆钉组截面形心 C 平移，得一作用线通过铆钉组截面形心 C 的力 F 和一使钢板绕 C 点转动的矩 $M_e=0.225F$ 的附加力偶（见图 3-4b）。其中，作用线通过铆钉组截面形心 C 的力 F 在每个铆钉上引起的剪力 F'_S 相等（见图 3-5a），即有

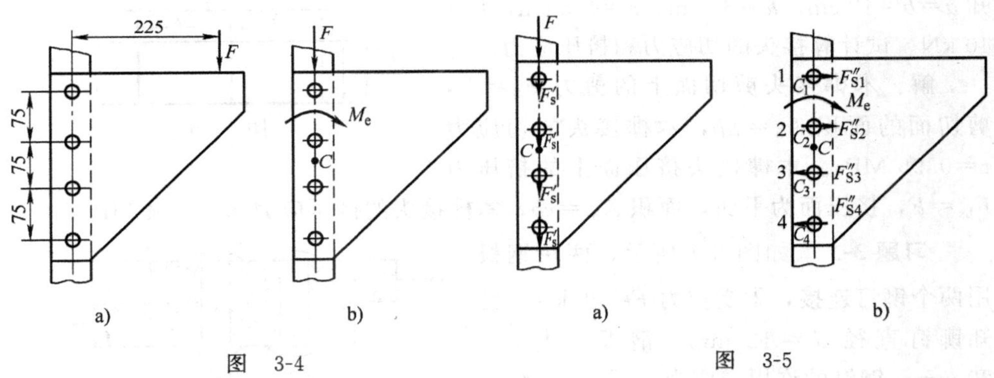

图 3-4　　图 3-5

$$F'_S=\frac{F}{4}=5\ \text{kN}$$

力偶矩 M_e 使钢板绕铆钉组截面形心 C 转动，若视钢板为刚性的，则第 i 个铆钉的平均切应变与该铆钉截面形心 C_i 至 C 点的距离成正比。故可推论，如果铆钉组中每个铆钉完全相同，且在线弹性范围内，则力偶矩 M_e 在第 i 个铆钉上引起的剪力 F''_{Si} 的大小与该铆钉截面形心 C_i 至铆钉组截面形心 C 的距离成正比，F''_{Si} 的方向垂直于 C_i 与 C 的连线（见图 3-5b），即有

$$F''_{S1}=F''_{S4},\qquad F''_{S2}=F''_{S3},\qquad \frac{F''_{S1}}{F''_{S2}}=\frac{0.1125}{0.0375}=3$$

将上述关系式联立平衡方程

$$M_e=2\times(F''_{S1}\times0.1125+F''_{S2}\times0.0375)=0.225F$$

即可解得

$$F''_{S1}=F''_{S4}=18\ \text{kN},\qquad F''_{S2}=F''_{S3}=6\ \text{kN}$$

显然，铆钉 1（4）较危险，其承受剪力

$$F_{S1}=\sqrt{(F'_S)^2+(F''_{S1})^2}=\sqrt{5^2+18^2}\ \mathrm{kN}=18.68\ \mathrm{kN}$$

(2) 校核铆钉剪切强度

对铆钉1(4)进行剪切强度校核，根据式(3-2)，有

$$\tau=\frac{F_{S1}}{\frac{\pi d^2}{4}}=\frac{4\times18.68\times10^3\ \mathrm{N}}{\pi\times20^2\times10^{-6}\ \mathrm{m}^2}=59.5\ \mathrm{MPa}<[\tau]=80\ \mathrm{MPa}$$

所以，铆钉的剪切强度符合要求。

习题解答

习题 3-1 木榫接头如图3-6所示，已知 $a=b=12\ \mathrm{cm}$，$h=35\ \mathrm{cm}$，$c=4.5\ \mathrm{cm}$，$F=40\ \mathrm{kN}$。试计算接头的切应力和挤压应力。

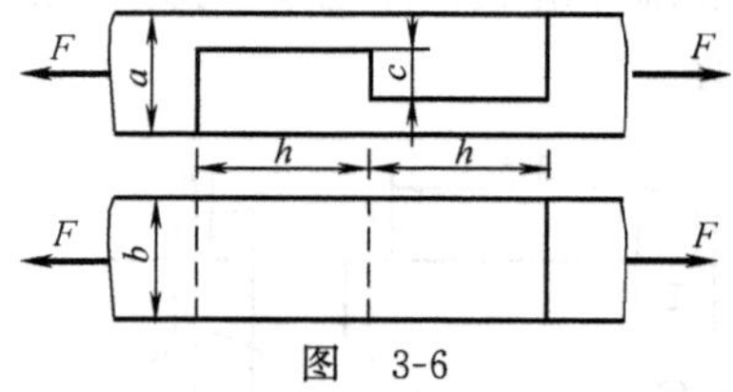

图 3-6

解：木榫接头剪切面上的剪力 $F_S=F$，剪切面的面积 $A_S=hb$，木榫接头的切应力 $\tau=0.95\ \mathrm{MPa}$。木榫接头挤压面上的挤压力 $F_{bs}=F$，挤压面为平面，面积 $A_{bs}=cb$，木榫接头的挤压应力 $\sigma_{bs}=7.4\ \mathrm{MPa}$。

习题 3-2 如图3-7所示，两块钢板用两个铆钉连接，承受拉力 $F=20\ \mathrm{kN}$。已知铆钉直径 $d=12\ \mathrm{mm}$，钢板厚度 $t=20\ \mathrm{mm}$；铆钉的许用切应力 $[\tau]=80\ \mathrm{MPa}$，许用挤压应力 $[\sigma_{bs}]=200\ \mathrm{MPa}$，试校核铆钉强度。

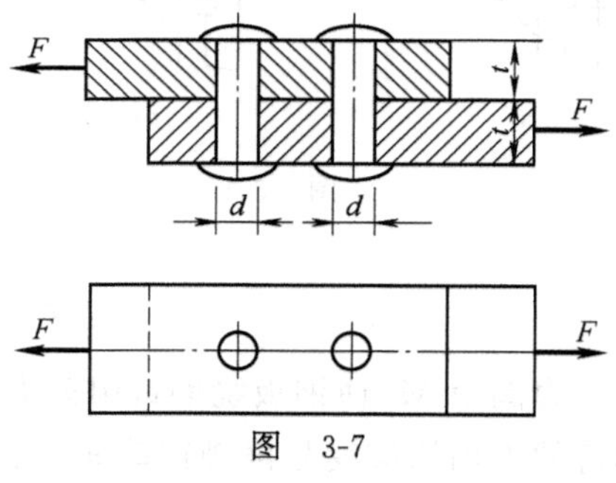

图 3-7

解：每个铆钉剪切面上的剪力 $F_S=F/2$。铆钉实际承受的切应力 $\tau=88.4\ \mathrm{MPa}>[\tau]=80\ \mathrm{MPa}$。由于 $\frac{\tau-[\tau]}{[\tau]}\times100\%=10.5\%>5\%$，故铆钉的剪切强度不符合要求。

由于铆钉的剪切强度已经不符合要求，因此就不必再进行挤压强度校核。

习题 3-3 如图3-8所示，用冲床将钢板冲出直径 $d=20\ \mathrm{mm}$ 的圆孔，已知冲床的最大冲剪力为100 kN，钢板的剪切强度极限 $\tau_b=200\ \mathrm{MPa}$，试确定所能冲剪的钢板的最大厚度 t。

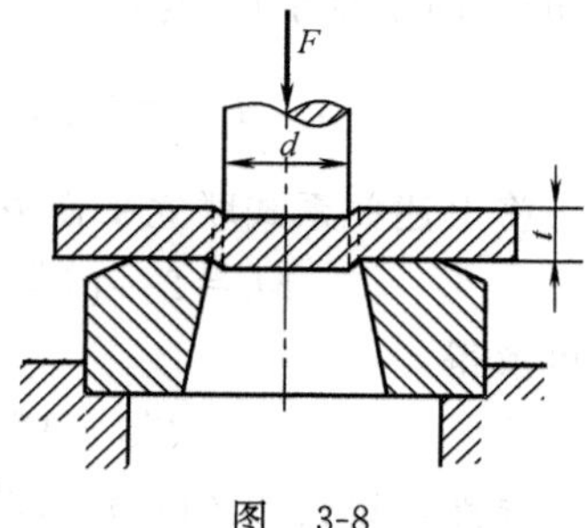

图 3-8

解：钢板的剪切面为圆柱面，面积 $A_S=\pi dt$。

欲将钢板冲出圆孔，剪切面上的切应力应满足条件 $\tau \geqslant \tau_b = 200 \times 10^6$ Pa，解得 $t \leqslant 7.96$ mm。

习题 3-4 如图 3-9 所示，用一个螺栓将一根拉杆与两块盖板相联接，承受 $F=120$ kN 的拉力。已知材料的许用切应力 $[\tau]=60$ MPa，许用挤压应力 $[\sigma_{bs}]=160$ MPa，许用拉应力 $[\sigma]=80$ MPa。若拉杆厚度 $t=15$ mm，盖板厚度 $\delta=8$ mm，试确定拉杆宽度 b 和螺栓直径 d。

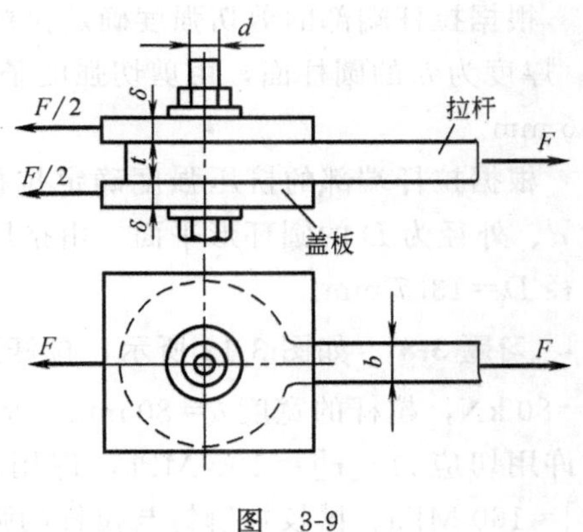

图 3-9

解：螺栓承受双剪，每个剪切面上的剪力 $F_S=F/2$，由剪切强度条件得螺栓直径 $d \geqslant 35.7$ mm。由于两块盖板的总厚度要大于拉杆的厚度，因此螺栓与拉杆之间的挤压应力较大。由挤压强度条件得 $d \geqslant 50$ mm。故取螺栓直径 $d=50$ mm。

由拉杆的拉伸强度条件得 $b \geqslant 100$ mm。故取拉杆宽度 $b=100$ mm。

习题 3-5 如图 3-10 所示，两块厚度 $t=6$ mm 的相同钢板用三个铆钉铆接。已知材料的许用切应力 $[\tau]=100$ MPa，许用挤压应力 $[\sigma_{bs}]=280$ MPa。若 $F=50$ kN，试确定铆钉直径 d。

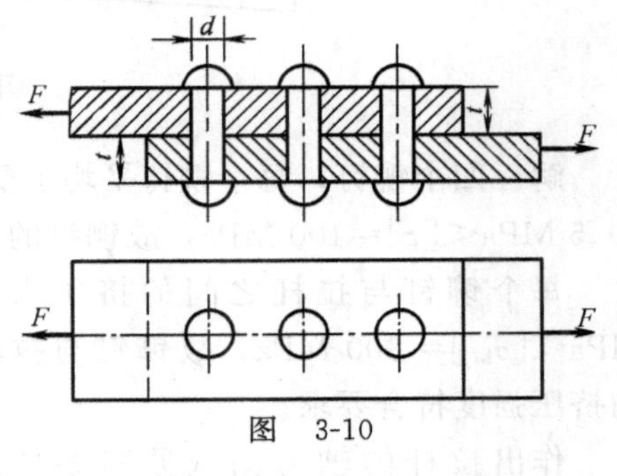

图 3-10

解：每个铆钉所受剪力 $F_S=F/3$，由剪切强度条件，得 $d \geqslant 14.6$ mm。每个铆钉所受挤压力 $F_{bs}=F/3$，由挤压强度条件，得 $d \geqslant 9.9$ mm。故取螺栓直径 $d=15$ mm。

习题 3-6 在上题中，若改用直径 $d=12$ mm 的铆钉，试确定所需要的铆钉数目。

解：设需要 n 个铆钉，则每个铆钉受力为 F/n。由剪切强度条件，得 $n \geqslant 4.4$。由挤压强度条件，得 $n \geqslant 2.5$。故所需要的铆钉数目为 $n=5$。

习题 3-7 如图 3-11 所示，d 为拉杆直径，D、h 分别为拉杆端部的直径、厚度。已知轴向拉力 $F=11$ kN，材料的许用切应力 $[\tau]=90$ MPa，许用挤压应力 $[\sigma_{bs}]=200$ MPa，许用

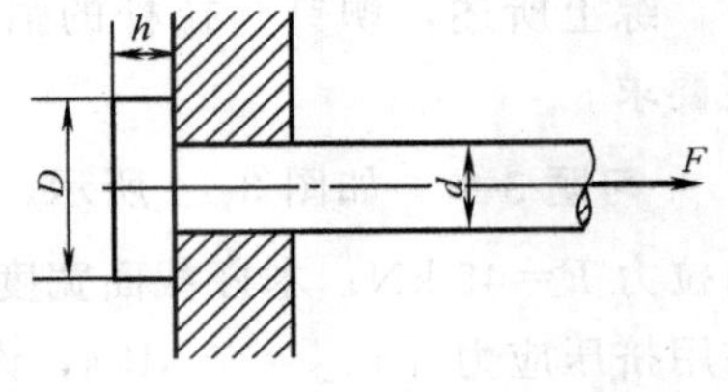

图 3-11

拉应力 $[\sigma]=120\ \text{MPa}$。试确定 d、D 与 h。

解：由拉杆的拉伸强度条件，得 $d \geqslant 10.8\ \text{mm}$。取拉杆直径 $d=10.8\ \text{mm}$。

根据拉杆端部的剪切强度确定拉杆端部厚度 h。拉杆端部的剪切面为直径为 d、厚度为 h 的圆柱面，由剪切强度条件，得 $h \geqslant 3.6\ \text{mm}$。取拉杆端部厚度 $h=3.6\ \text{mm}$。

根据拉杆端部的挤压强度确定拉杆端部直径 D。拉杆端部的挤压面为内径为 d、外径为 D 的圆环形平面，由挤压强度条件，得 $D \geqslant 13.7\ \text{mm}$。取拉杆端部直径 $D=13.7\ \text{mm}$。

习题 3-8 如图 3-12 所示，拉杆用四个铆钉固定在格板上，已知轴向拉力 $F=80\ \text{kN}$，拉杆的宽度 $b=80\ \text{mm}$，厚度 $\delta=10\ \text{mm}$，铆钉直径 $d=16\ \text{mm}$；材料的许用切应力 $[\tau]=100\ \text{MPa}$，许用挤压应力 $[\sigma_{bs}]=300\ \text{MPa}$，许用拉应力 $[\sigma]=160\ \text{MPa}$。试校核铆钉与拉杆的强度。

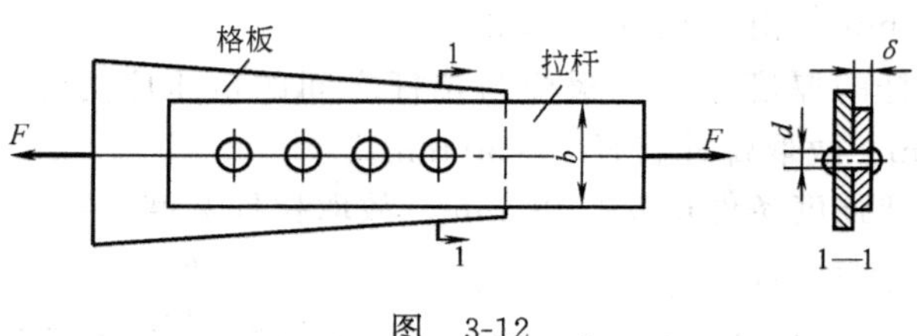

图 3-12

解：四个铆钉，每个铆钉平均承受的剪力 $F_S=F/4$。由剪切强度条件，$\tau=99.5\ \text{MPa}<[\tau]=100\ \text{MPa}$，故铆钉的剪切强度符合要求。

每个铆钉与拉杆之间的挤压力 $F_{bs}=F/4$。由挤压强度条件，$\sigma_{bs}=125\ \text{MPa}<[\sigma_{bs}]=300\ \text{MPa}$，故铆钉与拉杆的挤压强度符合要求。

作出拉杆的轴力图（见图 3-13），可知右边第一排孔所在截面为危险截面，由拉伸强度条件，$\sigma=125\ \text{MPa}<[\sigma]=160\ \text{MPa}$，故拉杆的拉伸强度符合要求。

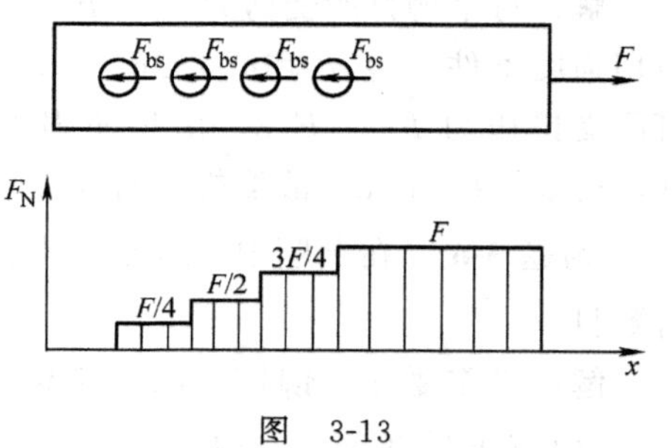

图 3-13

综上所述，铆钉与拉杆的强度均满足要求。

习题 3-9 如图 3-14 所示，两根矩形截面木杆用两块钢板相连接，已知轴向拉力 $F=45\ \text{kN}$；木杆截面宽度 $b=250\ \text{mm}$；木材的许用切应力 $[\tau]=1\ \text{MPa}$，许用挤压应力 $[\sigma_{bs}]=10\ \text{MPa}$，许用拉应力 $[\sigma]=6\ \text{MPa}$。试确定钢板尺寸 δ 与 l，以及木杆截面高度 h。

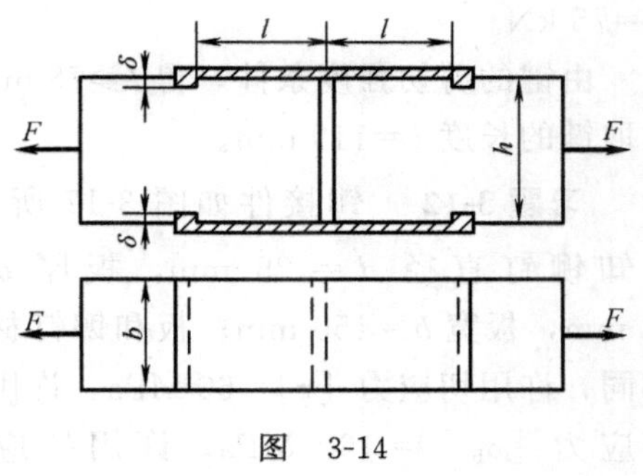

图　3-14

解：根据木杆挤压强度确定δ。木杆上下槽的侧面与钢板弯头的内侧面接触，受到挤压。由木杆的挤压强度条件，得$\delta \geqslant 9$ mm。取钢板尺寸$\delta = 9$ mm。

根据木杆剪切强度确定l。由木杆的剪切强度条件，得$l \geqslant 90$ mm。取钢板尺寸$l = 90$ mm。

根据木杆拉伸强度确定h。木杆承受轴向拉伸，其开槽截面为危险截面。由拉伸强度条件，得$h \geqslant 48$ mm。取木杆截面高度$h = 48$ mm。

习题 3-10　带肩杆件如图 3-15 所示，已知材料的许用切应力$[\tau] = 100$ MPa，许用挤压应力$[\sigma_{bs}] = 320$ MPa，许用拉应力$[\sigma] = 160$ MPa。试确定许可载荷。

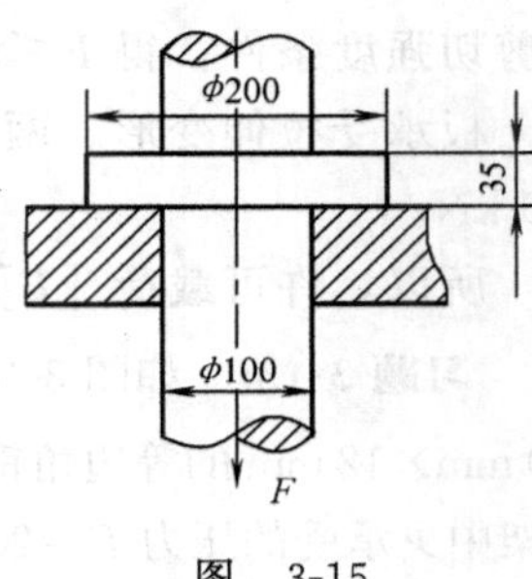

图　3-15

解：由杆件的拉伸强度条件，得$F \leqslant 1256.6$ kN。

杆件凸肩承受剪切和挤压变形。杆件凸肩的剪切面为圆柱面，由剪切强度条件，得$F \leqslant 1099.6$ kN。杆件凸肩的挤压面为圆环形平面，由挤压强度条件，得$F \leqslant 7539.8$ kN。

所以，许可载荷$[F] = 1099.6$ kN。

习题 3-11　如图 3-16 所示，已知轴的直径$d = 80$ mm；键的尺寸$b = 24$ mm，$h = 14$ mm；键的许用切应力$[\tau] = 40$ MPa，许用挤压应力$[\sigma_{bs}] = 90$ MPa。若由轴通过键传递的转矩$M = 3$ kN·m，请确定键的长度l。

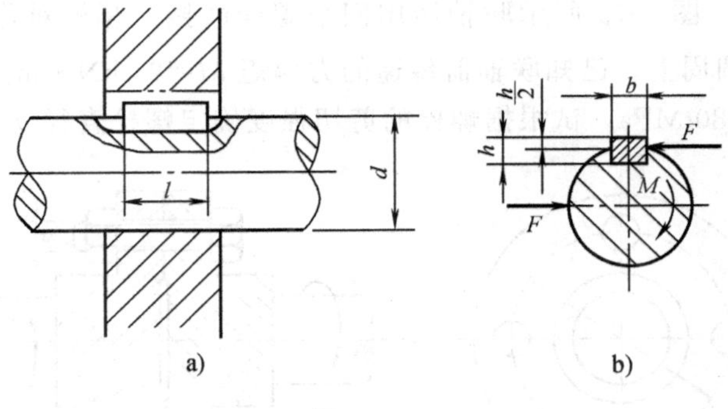

图　3-16

解：取键和轴为研究对象（见图 3-16b），由对轴心的力矩平衡方程得力

$F=75\ \text{kN}$。

由键的剪切强度条件，得 $l\geqslant 78\ \text{mm}$。由键的挤压强度条件，得 $l\geqslant 119\ \text{mm}$。故取键的长度 $l=119\ \text{mm}$。

习题 3-12 铆接件如图 3-17 所示，已知铆钉直径 $d=25\ \text{mm}$，板厚 $\delta=12\ \text{mm}$，板宽 $b=150\ \text{mm}$；板和铆钉材料相同，许用切应力 $[\tau]=60\ \text{MPa}$，许用挤压应力 $[\sigma_{bs}]=160\ \text{MPa}$，许用拉应力 $[\sigma]=100\ \text{MPa}$。试确定许可载荷。

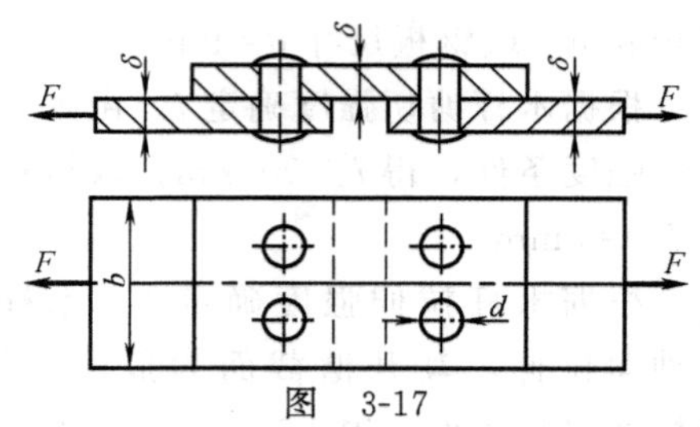

图 3-17

解：每个铆钉平均受力 $F/2$。由铆钉的剪切强度条件，得 $F\leqslant 58.9\ \text{kN}$。由铆钉与板的挤压强度条件，得 $F\leqslant 96\ \text{kN}$。

板承受拉伸变形。两孔所在截面为板的危险截面，由拉伸强度条件，得 $F\leqslant 120\ \text{kN}$。

所以，许可载荷 $[F]=58.9\ \text{kN}$。

习题 3-13 如图 3-18 所示，用两个铆钉将 140 mm×140 mm×12 mm 的等边角钢铆接在立柱上，构成托架。已知托架中央承受的压力 $F=20\ \text{kN}$，铆钉直径 $d=20\ \text{mm}$，铆钉材料的许用切应力 $[\tau]=40\ \text{MPa}$、许用挤压应力 $[\sigma_{bs}]=120\ \text{MPa}$，试校核铆钉强度。

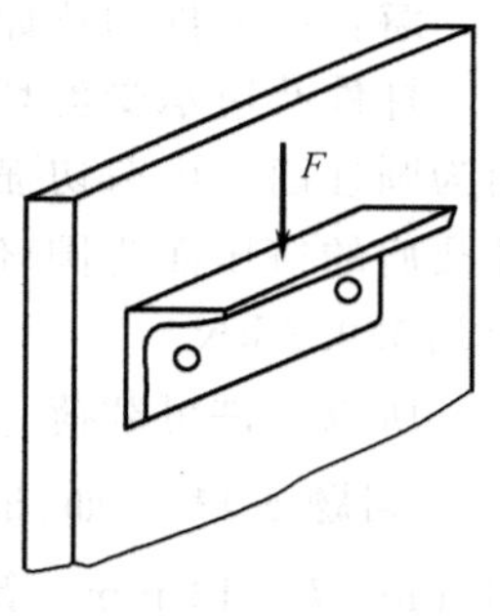

图 3-18

解：两个铆钉，每个铆钉平均受力 $F/2$。由铆钉的剪切强度条件，$\tau=31.8\ \text{MPa}<[\tau]=40\ \text{MPa}$；由铆钉的挤压强度条件，$\sigma_{bs}=41.7\ \text{MPa}<[\sigma_{bs}]=120\ \text{MPa}$，故铆钉的强度符合要求。

习题 3-14 图 3-19 所示联轴器用四个螺栓联接，螺栓对称地分布在直径 $D=480\ \text{mm}$ 的圆周上。已知联轴器传递的力偶矩 $M=24\ \text{kN}\cdot\text{m}$，螺栓材料的许用切应力 $[\tau]=80\ \text{MPa}$，试根据螺栓的剪切强度确定螺栓直径 d。

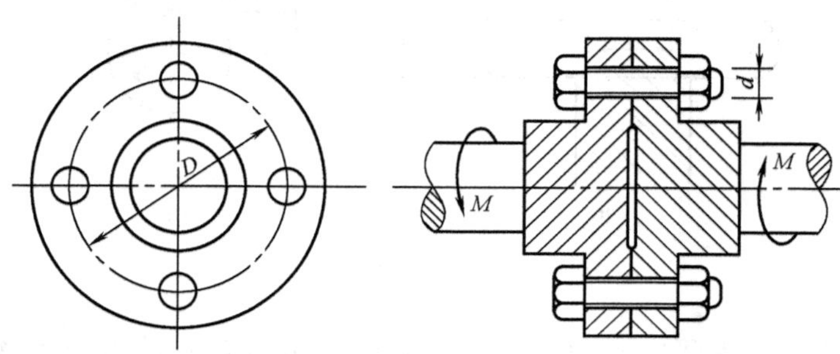

图 3-19

解：由对轴心的力矩平衡方程（见图 3-20），得每个螺栓受力 $F=25\ \text{kN}$。

由螺栓剪切强度条件，得 $d\geqslant 19.9\ \text{mm}$。故取螺栓直径 $d=20\ \text{mm}$。

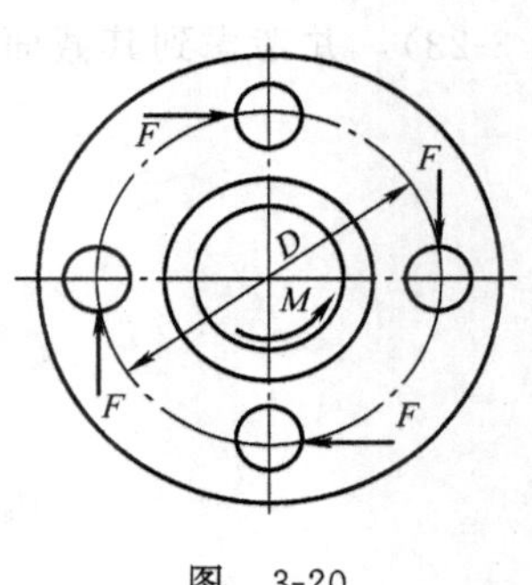

图 3-20

习题 3-15 连接件如图 3-21 所示，已知铆钉直径 $d=20\ \text{mm}$，板宽 $b=100\ \text{mm}$，中央主板厚 $\delta=15\ \text{mm}$，上、下盖板厚 $t=10\ \text{mm}$；板和铆钉材料相同，许用切应力 $[\tau]=80\ \text{MPa}$，许用挤压应力 $[\sigma_{bs}]=220\ \text{MPa}$，许用拉应力 $[\sigma]=100\ \text{MPa}$。若所受轴向载荷 $F=80\ \text{kN}$，试校核该连接件的强度。

解：铆钉为双剪，每个剪切面上的剪力 $F_S=F/4$，由剪切强度条件，$\tau=63.7\ \text{MPa}<[\tau]=80\ \text{MPa}$，故铆钉的剪切强度符合要求。

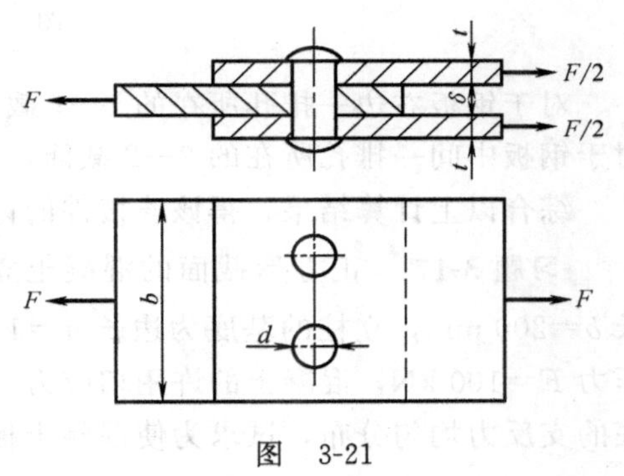

图 3-21

由于上、下盖板的总厚度要大于中央主板的厚度，因此铆钉与中央主板之间的挤压应力较大。由挤压强度条件，$(\sigma_{bs})_{max}=133.3\ \text{MPa}<[\sigma_{bs}]=220\ \text{MPa}$，故铆钉与板的挤压强度符合要求。

板承受拉伸变形，不难判断，中央主板的开孔截面为危险截面，由拉伸强度条件，$\sigma_{max}=88.9\ \text{MPa}<[\sigma]=100\ \text{MPa}$，故板的拉伸强度符合要求。

结论：该连接件的强度符合要求。

习题 3-16 钢螺栓接头如图 3-22 所示，已知螺栓直径 $d=18\ \text{mm}$；钢板宽度 $b=200\ \text{mm}$，厚度 $\delta=6\ \text{mm}$；钢材的许用切应力 $[\tau]=100\ \text{MPa}$，许用挤压应力 $[\sigma_{bs}]=240\ \text{MPa}$，许用拉应力 $[\sigma]=160\ \text{MPa}$。试确定该连接件的许可载荷。

解：七个螺栓对称分布，每个螺栓平均受力 $F/7$。由螺栓的剪切强度条件，得 $F\leqslant 178.1\ \text{kN}$。由螺栓与钢板的挤压强度条件，得 $F\leqslant 181.4\ \text{kN}$

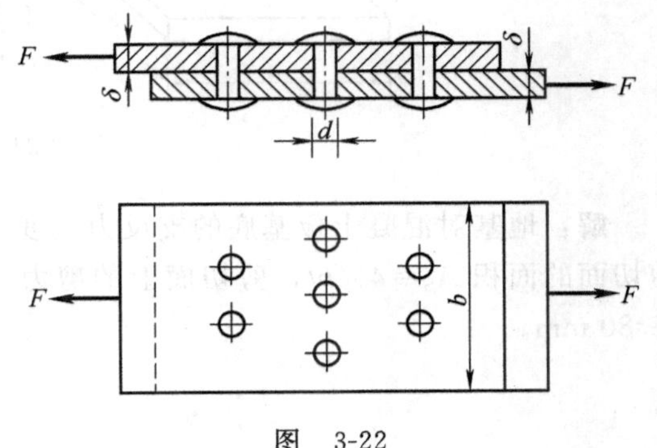

图 3-22

钢板承受拉伸变形。取下方钢板为研究对象，作出其轴力图（见

图 3-23)，并考虑到其截面的削弱情况，可能的危险截面有两个，需分别计算。

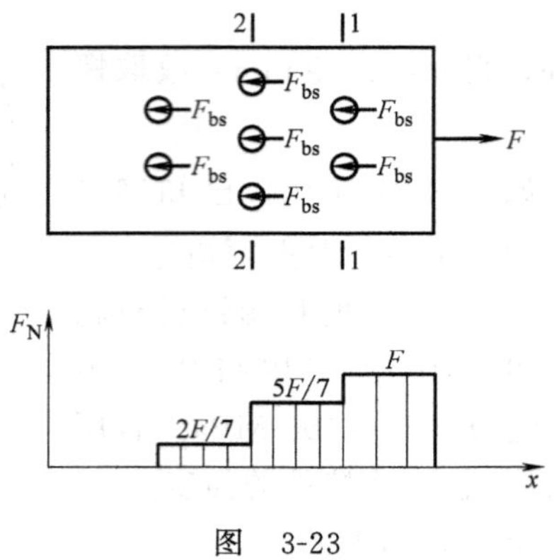

图 3-23

对于钢板右边一排孔所在的 1—1 截面，由拉伸强度条件，得 $F \leqslant 157.4$ kN。对于钢板中间一排孔所在的 2—2 截面，由拉伸强度条件，得 $F \leqslant 196.2$ kN。

综合以上计算结果，得该连接件的许可载荷为 $[F]=157.4$ kN。

习题 3-17 正方形截面的混凝土立柱如图 3-24 所示，已知立柱横截面边长 $b=200$ mm，立柱的基底为边长 $a=1$ m 的正方形混凝土板，立柱承受的轴向压力 $F=100$ kN，混凝土的许用切应力 $[\tau]=1.5$ MPa。假设地基对混凝土板基底的支反力均匀分布，试求为使混凝土板基底不被剪断其厚度 t 的最小值。

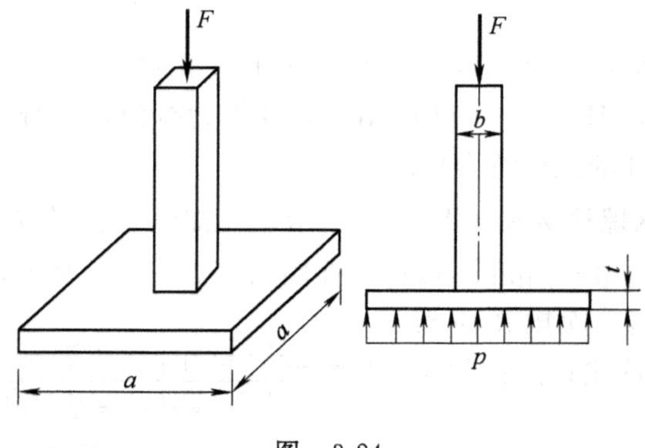

图 3-24

解：地基对混凝土板基底的支反力集度 $p=F/a^2=0.1$ MPa。混凝土板基底剪切面的面积 $A_S=4\times bt$，剪切面上的剪力 $F_S=F-pb^2$。由剪切强度条件，得 $t \geqslant 80$ mm。

第四章 扭　　转

知识要点

一、基础知识

1. 扭转特点

受力特点：承受外力偶作用，外力偶的作用面垂直于杆件轴线。

变形特点：杆件各横截面绕杆件轴线发生相对转动。

2. 外力偶矩与功率、转速之间的换算关系

$$M_e = 9549\,\frac{P}{n} \tag{4-1}$$

式中，M_e 为外力偶矩，单位为 N·m；P 为功率，单位为 kW；n 为转速，单位为 r/min。

3. 扭矩与扭矩图

扭矩：杆件受扭转时横截面上的内力偶矩，其作用面即为所在横截面。扭矩记作 T。

扭矩的正负号：根据右手螺旋法则确定，即以右手四指握向表示扭矩转向，若大拇指指向与截面的外法线方向一致，扭矩为正，反之则为负。

扭矩图：表示扭矩随横截面位置变化规律的图线。

4. 切应力互等定理

在任意两个相互垂直的截面上，切应力必然成对出现，其大小相等，方向均垂直于两截面的交线，且共同指向或共同背离该交线。切应力互等定理也称切应力双生定理。

5. 切应变

在切应力作用下，两互相垂直截面的夹角的改变量，记作 γ。切应变也称角应变。

6. 剪切胡克定律

$$\tau=G\gamma \tag{4-2}$$

式中，G 为材料的弹性常数，称为切变模量或剪切弹性模量，常用单位为GPa。

剪切胡克定律的适用范围：线弹性，即 $\tau\leqslant\tau_p$（τ_p 为剪切比例极限）。

材料的三个弹性常数，即弹性模量 E、切变模量 G 与泊松比 μ，存在下列关系式：

$$G=\frac{E}{2(1+\mu)} \tag{4-3}$$

二、圆轴扭转时的应力与强度计算

1. 薄壁圆管扭转时横截面上的切应力

$$\tau=\frac{T}{2\pi R^2\delta} \tag{4-4}$$

式中，R 为薄壁圆管横截面的平均半径；δ 为壁厚。

式（4-4）为近似公式，当 $\delta/R<1/10$ 时，其误差$<5\%$，可以满足工程要求。

2. 圆轴扭转时横截面上的切应力

$$\tau=\frac{T}{I_p}\rho \tag{4-5}$$

式中，ρ 为点至圆心的距离；I_p 为横截面对圆心的极惯性矩，对于直径为 D 的实心圆轴，极惯性矩

$$I_p=\frac{\pi D^4}{32} \tag{4-6}$$

对于外径为 D、内径为 d 的空心圆轴，极惯性矩

$$I_p=\frac{\pi D^4}{32}(1-\alpha^4) \tag{4-7}$$

式中，$\alpha=d/D$，为空心圆轴内、外径的比值。

结论：圆轴扭转时横截面上的切应力沿径向线性分布，在圆心处为零，在外缘各点处取得最大值。

3. 圆轴扭转时横截面上的最大切应力

$$\tau_{max}=\frac{T}{W_t} \tag{4-8}$$

式中，W_t 为抗扭截面系数，对于直径为 D 的实心圆轴，抗扭截面系数

$$W_t=\frac{\pi D^3}{16} \tag{4-9}$$

对于外径为 D、内径为 d 的空心圆轴，抗扭截面系数

$$W_t=\frac{\pi D^3}{16}(1-\alpha^4) \tag{4-10}$$

4. 扭转圆轴的强度条件

$$\tau_{\max}=\frac{|T|_{\max}}{W_t}\leqslant[\tau] \tag{4-11}$$

式中，$[\tau]$ 为材料的许用扭转切应力。

三、圆轴扭转时的变形与刚度计算

1. 圆轴扭转时两横截面间的相对扭转角

$$\varphi=\frac{Tl}{GI_p} \tag{4-12}$$

式中，l 为两横截面间的距离；GI_p 称为抗扭刚度。在国际单位制中，扭转角 φ 以 rad（弧度）计。

2. 圆轴扭转时的单位长度扭转角

$$\varphi'=\frac{d\varphi}{dx}=\frac{T}{GI_p} \tag{4-13}$$

在国际单位制中，单位长度扭转角 φ' 的单位为 rad/m。

3. 圆轴扭转时的刚度条件

$$|\varphi'|_{\max}=\frac{|T|_{\max}}{GI_p}\leqslant[\varphi'](\text{rad/m}) \tag{4-14}$$

或者

$$|\varphi'|_{\max}=\frac{|T|_{\max}}{GI_p}\times\frac{180^\circ}{\pi}\leqslant[\varphi'](^\circ/\text{m}) \tag{4-15}$$

式中，$[\varphi']$ 为许用单位长度扭转角。

四、矩形截面杆件自由扭转时的主要结论

1. 最大扭转切应力发生在截面长边的中点，计算公式为

$$\tau_{\max}=\frac{T}{\alpha hb^2} \tag{4-16}$$

式中，h、b 分别为长边、短边的长度；α 为与比值 h/b 有关的常数，可从教材中的表 4-1 查到，对于狭长矩形，$\alpha\approx\frac{1}{3}$。

2. 截面短边上的最大切应力 $\tau'_{\max}$ 发生在短边中点，计算公式为

$$\tau'_{\max}=v\tau_{\max} \tag{4-17}$$

式中，v 为与比值 h/b 有关的常数，可从教材中的表 4-1 查到。

3. 两横截面间的相对扭转角

$$\varphi=\frac{Tl}{G\beta hb^{3}} \tag{4-18}$$

式中，β 为与比值 h/b 有关的常数，可从教材中的表 4-1 查到，对于狭长矩形，$\beta\approx\frac{1}{3}$。

解题方法

本章习题的主要类型有下列三种：

一、扭转圆轴的强度计算

根据式（4-11），可解决工程中扭转圆轴的强度计算问题。进行扭转圆轴强度计算时，应注意以下几点：

1. 式（4-11）中的 T 为圆轴横截面上的扭矩，应根据截面法由平衡方程确定。

2. 应综合根据圆轴的扭矩图和截面尺寸变化情况来判断危险截面，并对可能的各个危险截面逐一进行强度计算。

3. 与拉（压）杆的强度计算类似，扭转圆轴的强度计算也包含强度校核、截面设计和确定许可载荷等三类问题。

二、扭转圆轴的刚度计算

根据式（4-14）或式（4-15），可解决工程中扭转圆轴的刚度计算问题。

扭转圆轴刚度计算时的注意点与强度计算时的注意点类似。另外，还需特别注意，最大单位长度扭转角 $|\varphi'|_{max}$ 的单位要与许用单位长度扭转角 $[\varphi']$ 的单位一致。

三、扭转圆轴的变形计算

根据式（4-12），可计算扭转圆轴两截面间的相对扭转角。计算扭转圆轴两截面间的相对扭转角时，应注意以下几点：

1. 在计算中，应考虑扭矩 T 的正负号，即扭转角 φ 的正负号与扭矩 T 的正负号一致。

2. 若圆轴横截面上的扭矩、横截面尺寸沿轴线为分段常数，则应按式(4-12)分段计算各段的扭转角，然后再将其代数相加，即有

$$\varphi=\sum_{i=1}^{n}\left(\frac{Tl}{GI_{p}}\right)_{i} \tag{4-19}$$

3. 若圆轴横截面上的扭矩、横截面尺寸沿轴线为连续函数，则应根据积分

元素法，化变为常，先在微段 dx 上应用式（4-12），然后积分，即有

$$\varphi=\int_l \frac{T}{GI_p}\mathrm{d}x \tag{4-20}$$

难题解析

【例题 4-1】 如图 4-1 所示，圆锥形轴的两端承受转矩 M 的作用。已知轴长为 l，左、右端面的直径分别为 d_1、d_2，材料的切变模量为 G。试计算该轴左、右两端面间的相对扭转角。

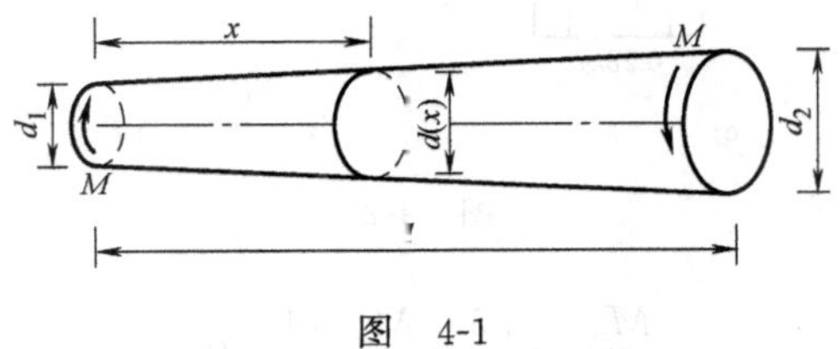

图 4-1

解：如图 4-1 所示，设其任一 x 截面的直径为 $d(x)$，则有

$$d(x)=d_1+\frac{d_2-d_1}{l}x$$

故 x 截面的极惯性矩为

$$I_p(x)=\frac{\pi d^4(x)}{32}=\frac{\pi}{32}\left(d_1+\frac{d_2-d_1}{l}x\right)^4$$

由式（4-20），即得该轴左、右两端面间的相对扭转角

$$\varphi=\int_0^l \frac{T}{GI_p(x)}\mathrm{d}x=\int_0^l \frac{32M}{\pi G\left(d_1+\dfrac{d_2-d_1}{l}x\right)^4}\mathrm{d}x=\frac{32Ml}{3G\pi(d_2-d_1)}\left(\frac{1}{d_1^3}-\frac{1}{d_2^3}\right)$$

【例题 4-2】 如图 4-2a 所示，两端固定的阶梯圆轴在截面 C 处受转矩 M_e 的作用。已知 $D_1=7$ cm，$D_2=5$ cm，$[\tau]=60$ MPa。试求该轴所允许承受的最大转矩 $[M_e]$。

解：(1) 求固定端处的约束力偶矩

这是扭转一次超静定问题。解除约束，作出阶梯圆轴的受力图如图 4-2b 所示，列平衡方程

$$M_A+M_B=M_e \tag{a}$$

建立变形协调方程

$$\varphi_{AB}=\varphi_{AC}+\varphi_{CB}=0$$

利用式（4-12），由上述变形协调方程得补充方程

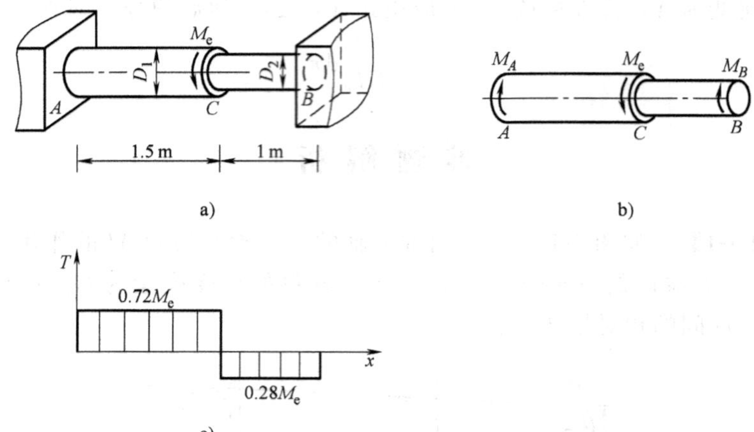

图 4-2

$$\frac{M_A \times 1.5}{D_1^4} - \frac{M_B \times 1}{D_2^4} = 0 \tag{b}$$

联立方程(a)、(b),代入数据,解得固定端处的约束力偶矩

$$M_A = 0.72M_e, \quad M_B = 0.28M_e$$

(2)强度计算

由截面法,作出阶梯圆轴的扭矩图如图 4-2c 所示,AC 段、CB 段轴的扭矩分别为

$$T_{AC} = 0.72M_e, \quad T_{CB} = -0.28M_e$$

由 AC 段的强度条件

$$(\tau_{\max})_{AC} = \frac{T_{AC}}{(W_t)_{AC}} = \frac{0.72M_e}{\frac{\pi}{16} \times 0.07^3 \ \mathrm{m}^3} \leqslant [\tau] = 60 \times 10^6 \ \mathrm{Pa}$$

解得

$$M_e \leqslant 5.6 \ \mathrm{kN \cdot m}$$

由 CB 段的强度条件

$$(\tau_{\max})_{CB} = \frac{|T_{CB}|}{(W_t)_{CB}} = \frac{0.28M_e}{\frac{\pi}{16} \times 0.05^3 \ \mathrm{m}^3} \leqslant [\tau] = 60 \times 10^6 \ \mathrm{Pa}$$

解得

$$M_e \leqslant 5.3 \ \mathrm{kN \cdot m}$$

所以,该轴所允许承受的最大转矩

$$[M_e] = 5.3 \ \mathrm{kN \cdot m}$$

习题解答

习题 4-1 （略）

习题 4-2 如图 4-3a 所示，已知某传动轴的额定转速 $n=200$ r/min，主动轮 B 的输入功率为 60 kW，从动轮 A、C、D、E 的输出功率依次为 18 kW、12 kW、22 kW、8 kW。试作出该传动轴的扭矩图，并确定最大扭矩。

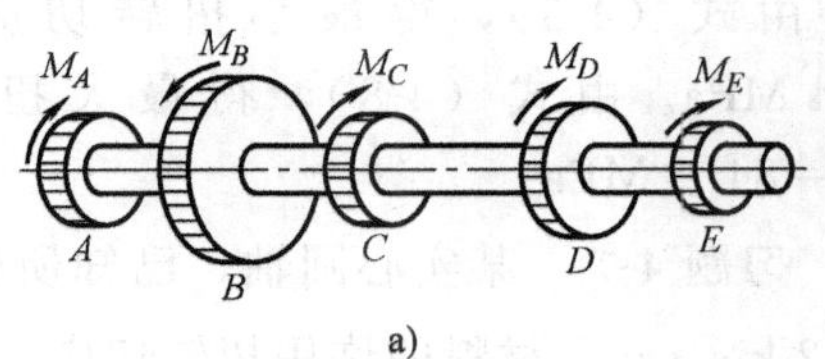

a)

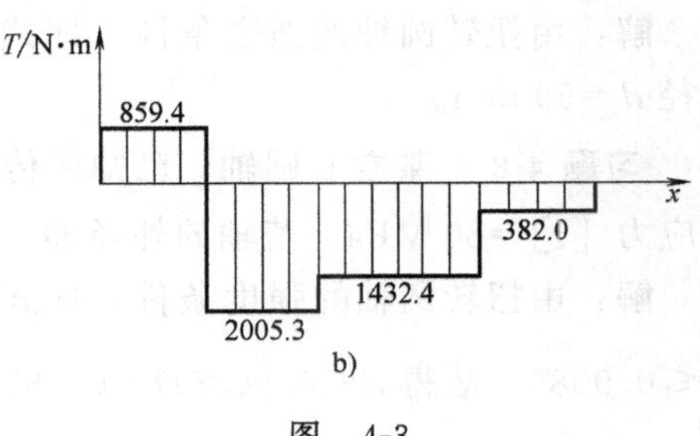

b)

图 4-3

解：由式（4-1），得各外力偶矩分别为 $M_A=859.4$ N·m，$M_B=2864.7$ N·m，$M_C=572.9$ N·m，$M_D=1050.4$ N·m，$M_E=382.0$ N·m。

由截面法，作出该传动轴的扭矩图如图 4-3b 所示，最大扭矩 $|T|_{\max}=2005.3$ N·m。

习题 4-3 某薄壁圆管，外径 $D=44$ mm，内径 $d=40$ mm，横截面上扭矩 $T=750$ N·m，试计算最大扭转切应力。

解：该薄壁圆管的平均半径 $R=21$ mm，壁厚 $\delta=2$ mm。由于 $\delta/R<1/10$，故可用式（4-4）计算最大扭转切应力，得 $\tau_{\max}=135.3$ MPa。

习题 4-4 直径 $d=5$ cm 的实心圆轴，所受扭矩 $T=2.15$ kN·m，试求横截面上距轴心 1 cm 处的扭转切应力以及最大扭转切应力。

解：计算得该轴的极惯性矩 $I_p=61.3\times10^{-8}$ m^4，抗扭截面系数 $W_t=24.5\times10^{-6}$ m^3。

由式（4-5），得横截面上距轴心 1 cm 处的扭转切应力 $\tau=35.0$ MPa。

由式（4-8），得最大扭转切应力 $\tau_{\max}=87.6$ MPa。

习题 4-5 某传动轴的直径 $d=50$ mm，转速 $n=120$ r/min，若测得其最大扭转切应力 $\tau_{\max}=60$ MPa，试求该轴所传递的功率。

解：由式（4-8），得轴所受外力偶矩 $M_e=T=1472$ N·m。再由式（4-1），即得该轴所传递的功率 $P=18.5$ kW。

习题 4-6 如图 4-4 所示，空心圆轴的外径 $D=40$ mm，内径 $d=20$ mm，所受扭矩 $T=1$ kN·m，试计算横截面上 $\rho_A=15$ mm 的点 A 处的扭转切应力 τ_A，以及横截面上的最大与最小扭转切应力。

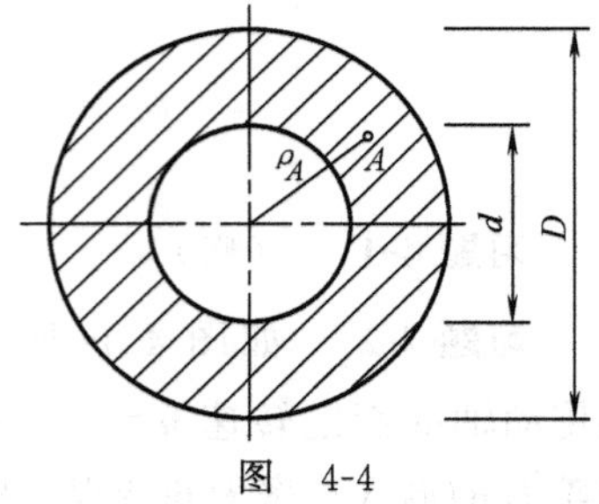

图 4-4

解：计算得该轴的极惯性矩 $I_p = 2.356 \times 10^{-7}\ m^4$，抗扭截面系数 $W_t = 1.178 \times 10^{-5}\ m^3$。

由式（4-5），得点 A 处的扭转切应力 $\tau_A = 63.7\ MPa$。

由式（4-5），得最小扭转切应力 $\tau_{min} = 42.4\ MPa$。由式（4-8），得最大扭转切应力 $\tau_{max} = 84.9\ MPa$。

习题 4-7 某实心圆轴，已知所传递的扭矩 $T = 2\ kN \cdot m$，材料的许用扭转切应力 $[\tau] = 50\ MPa$。试确定轴的直径。

解：由扭转圆轴的强度条件，即式（4-11），解得 $d \geqslant 58.9\ mm$。故取轴的直径 $d = 59\ mm$。

习题 4-8 某空心圆轴，已知所传递的扭矩 $T = 5\ kN \cdot m$，材料的许用扭转切应力 $[\tau] = 80\ MPa$。若轴的外径 $D = 100\ mm$，试确定其内径 d。

解：由扭转圆轴的强度条件，即式（4-11），解得空心圆轴的内外径比 $\alpha = \dfrac{d}{D} \leqslant 0.9085$，故得 $d \leqslant 0.9085D = 90.85\ mm$。可取轴的内径 $d = 90\ mm$。

习题 4-9 如图 4-5a 所示，阶梯圆轴由两段平均半径同为 50 mm 的薄壁圆管焊接而成，受到沿轴长度均匀分布的外力偶作用，已知外力偶矩的分布集度 $m_e = 3500\ N \cdot m/m$，轴的长度 $l = 1\ m$，左段管的壁厚 $\delta_1 = 5\ mm$，右段管的壁厚 $\delta_2 = 4\ mm$，材料的许用扭转切应力 $[\tau] = 50\ MPa$。试校核轴的强度。

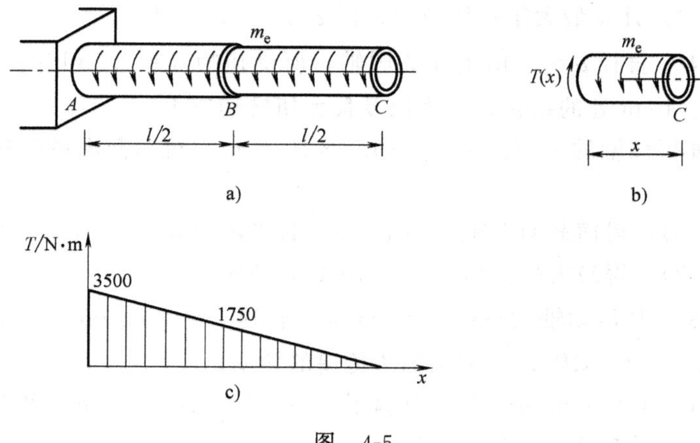

图 4-5

解：由截面法（见图 4-5b），得任一截面 x 处的扭矩 $T(x) = m_e x = 3500x$。由此作出轴的扭矩图如图 4-5c 所示。

综合考虑扭矩图与圆管截面尺寸，截面 A、B 均为可能的危险截面，应分别进行强度校核。由式（4-4），得 $\tau_A=44.6\ \text{MPa}<[\tau]=50\ \text{MPa}$，$\tau_B=27.9\ \text{MPa}<[\tau]=50\ \text{MPa}$，故该阶梯圆轴的强度符合要求。

习题 4-10 现欲以一内外径比 $\alpha=0.6$ 的空心圆轴来代替一直径为400 mm的实心圆轴，使之具有相同的强度，试确定空心圆轴的内、外径，并计算两轴的重量比。

解：根据题意，若要求空心轴与实心轴具有相同的强度，只需其抗扭截面系数 W_t 相等即可。设空心圆轴的内、外径分别为 d、D，据此解得 $d=252\ \text{mm}$，$D=420\ \text{mm}$。

两轴的重量比就等于两轴的横截面面积比，从而得空心轴与实心轴的重量比为 70.6%。

习题 4-11 如图 4-6a 所示，已知阶梯轴 AB 段的直径 $d_1=120\ \text{mm}$，BC 段的直径 $d_2=100\ \text{mm}$，所受外力偶矩 $M_{eA}=22\ \text{kN}\cdot\text{m}$、$M_{eB}=36\ \text{kN}\cdot\text{m}$、$M_{eC}=14\ \text{kN}\cdot\text{m}$，材料的许用扭转切应力 $[\tau]=80\ \text{MPa}$。试校核该轴的强度。

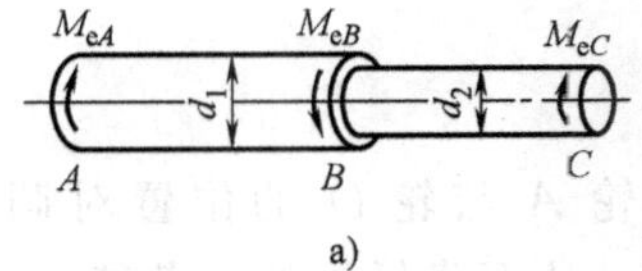

a)

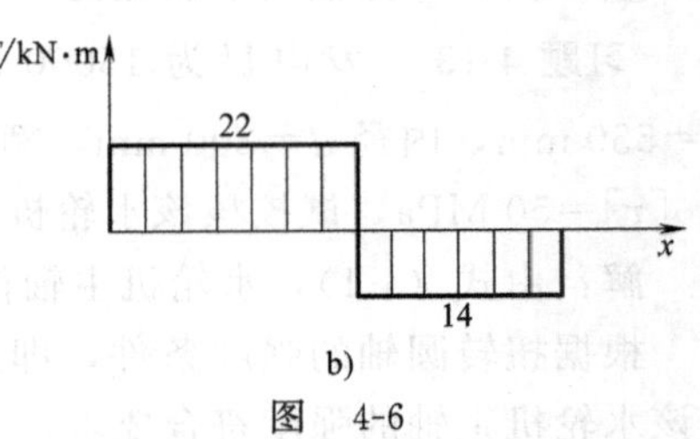

b)

图 4-6

解：由截面法，作出轴的扭矩图如图 4-6b所示。

由于 AB、BC 两段轴的扭矩、直径均不相同，故需分别进行强度校核。根据扭转圆轴的强度条件，即式（4-11），$(\tau_{\max})_{AB}=64.8\ \text{MPa}<[\tau]=80\ \text{MPa}$，$(\tau_{\max})_{BC}=71.3\ \text{MPa}<[\tau]=80\ \text{MPa}$。所以，该轴强度满足要求。

习题 4-12 某传动轴如图 4-7a 所示，已知额定转速 $n=300\ \text{r/min}$，主动轮 A 输入功率 $P_A=36\ \text{kW}$，从动轮 B、C、D 输出功率分别为 $P_B=P_C=11\ \text{kW}$、$P_D=14\ \text{kW}$。（1）作出轴的扭矩图，并确定轴的最大扭矩；（2）若材料的许用扭转切应力 $[\tau]=80\ \text{MPa}$，试确定轴的直径 d；（3）若将轮 A 与轮 D 的位置对调，试问是否合理？为什么？

解：根据式（4-1），得作用在轮 A、B、C、D 上的外力偶矩分别为 $M_{eA}=1146\ \text{N}\cdot\text{m}$、$M_{eB}=M_{eC}=350\ \text{N}\cdot\text{m}$、$M_{eD}=446\ \text{N}\cdot\text{m}$。

由截面法，作出轴的扭矩图如图 4-7b 所示，轴的最大扭矩 $|T|_{\max}=700\ \text{N}\cdot\text{m}$。

根据扭转圆轴的强度条件，即式（4-11），解得 $d\geqslant35.5\ \text{mm}$。故取轴的直径 $d=36\ \text{mm}$。

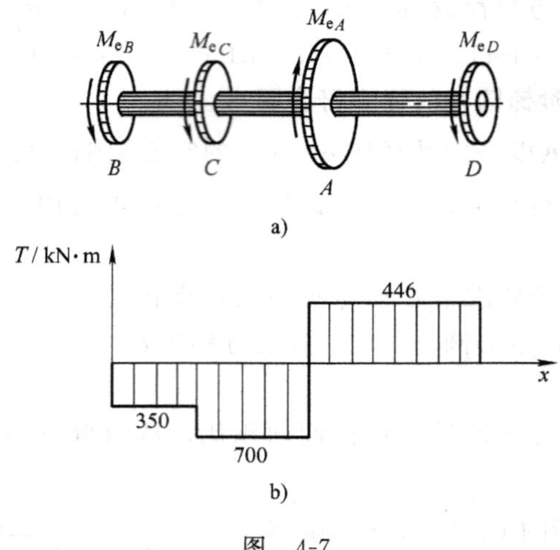

图 4-7

将轮 A 与轮 D 的位置对调是不合理的。因为对调后将会增加最大扭矩 $|T|_{max}$，从而降低轴的承载能力。

习题 4-13 发电量为 15000 kW 的水轮机主轴为空心圆轴，已知其外径 $D=550$ mm，内径 $d=300$ mm，额定转速 $n=300$ r/min，材料的许用扭转切应力 $[\tau]=50$ MPa，试校核该水轮机主轴的强度。

解：由式（4-1），水轮机主轴传递的扭矩 $T=M_e=477.45\times10^3$ N·m。

根据扭转圆轴的强度条件，即式（4-11），$\tau_{max}=16.0$ MPa$<[\tau]=50$ MPa，故该水轮机主轴的强度符合要求。

习题 4-14 如图 4-8a 所示，已知圆轴的直径 $d=150$ mm，长度 $l=500$ mm；外力偶矩 $M_{eB}=10$ kN·m，$M_{eC}=8$ kN·m；材料的切变模量 $G=80$ GPa。（1）作出轴的扭矩图；（2）求轴内的最大切应力；（3）计算 C、A 两截面间的相对扭转角 φ_{AC}。

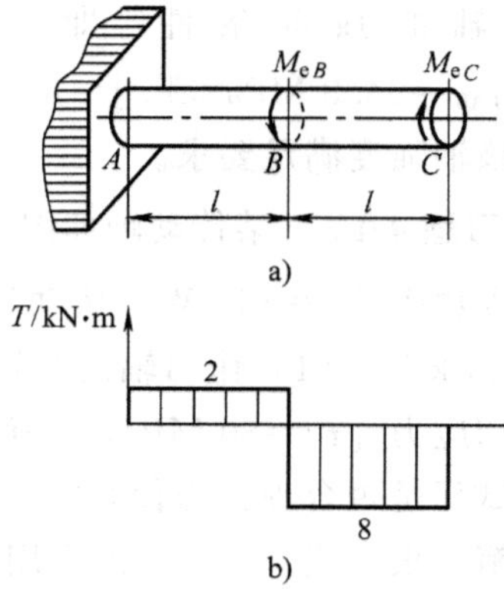

解：由截面法，作出轴的扭矩图如图 4-8b 所示。

根据式（4-8），得轴内的最大切应力 $\tau_{max}=12.1$ MPa。

图 4-8

扭矩沿轴线为分段常数，由式（4-19），得 C、A 两截面间的相对扭转角 $\varphi_{AC}=\varphi_{AB}+\varphi_{BC}=-7.55\times10^{-4}$ rad$=-0.0432°$。

习题 4-15 如图 4-9 所示，实心轴和空心轴通过牙嵌离合器连接。已知轴

的转速 $n=120$ r/min，传递功率 $P=8.5$ kW，材料的许用扭转切应力 $[\tau]=45$ MPa。试确定实心轴的直径 D_1 和内外径比 $\alpha=0.5$ 的空心轴的外径 D_2。

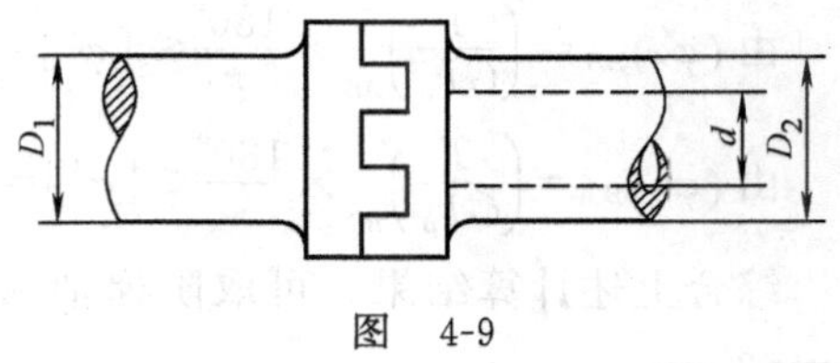

图 4-9

解：由式（4-1），得轴传递的扭矩 $T=M_e=676.4$ N·m。

根据扭转圆轴的强度条件，即式（4-11），解得 $D_1\geqslant 42.2$ mm，$D_2\geqslant 43.1$ mm。故可取实心轴的直径 $D_1=42.2$ mm，内外径比 $\alpha=0.5$ 的空心轴的外径 $D_2=43.1$ mm。

习题 4-16 一圆截面扭转试件，直径 $d=20$ mm，当作用于试样两端的外力偶矩 $M_e=230$ N·m 时，测得标距 $l=100$ mm 范围内轴的扭转角 $\varphi=0.0174$ rad，试确定材料的切变模量 G。

解：由式（4-12），得材料的切变模量 $G=84.2$ GPa。

习题 4-17 图 4-10a 所示阶梯圆轴，AB 与 BC 段的直径分别为 d_1 与 d_2，且 $d_1=4d_2/3$，材料的切变模量为 G。试求轴内的最大扭转切应力与截面 C 的扭转角。

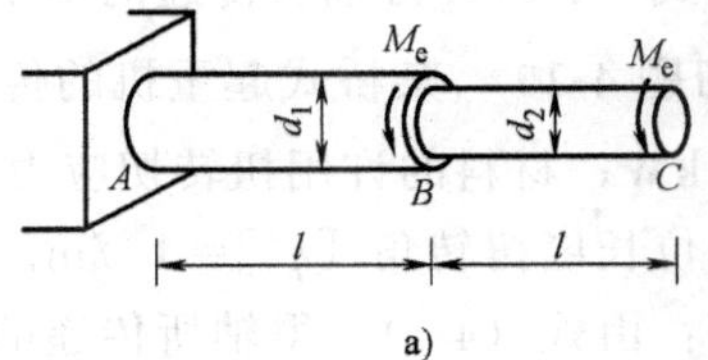

a)

解：由截面法，作出轴的扭矩图如图 4-10b所示。

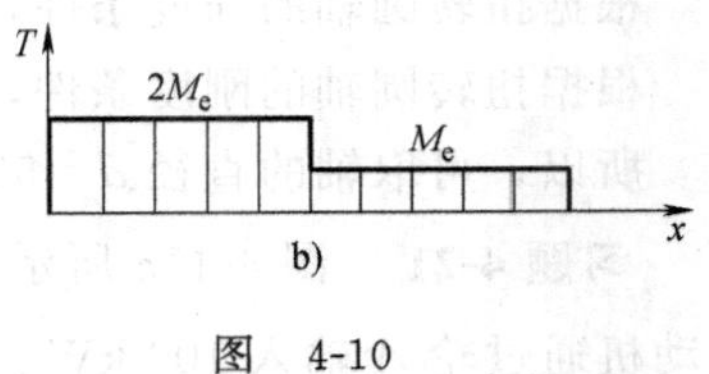

b)

图 4-10

根据式（4-8），AB 段、BC 段内的最大扭转切应力分别为 $(\tau_{\max})_{AB}=\dfrac{27M_e}{2\pi d_2^3}$、$(\tau_{\max})_{BC}=\dfrac{16M_e}{\pi d_2^3}$，故轴内的最大扭转切应力 $\tau_{\max}=(\tau_{\max})_{BC}=\dfrac{16M_e}{\pi d_2^3}$。

由式（4-19），得截面 C 的扭转角 $\varphi_{CA}=\dfrac{32M_e l}{\pi G}\left(\dfrac{2}{d_1^4}+\dfrac{1}{d_2^4}\right)=\dfrac{209M_e l}{4\pi G d_2^4}$。

习题 4-18 在上题中，若外力偶矩 $M_e=1$ kN·m；材料的许用扭转切应力 $[\tau]=80$ MPa，切变模量 $G=80$ GPa；轴的许用单位长度扭转角 $[\varphi']=0.5$ °/m。试确定该阶梯轴的直径 d_1 与 d_2。

解：根据扭矩图和截面尺寸，应分段进行强度计算和刚度计算。

由 $(\tau_{\max})_{AB}=\dfrac{27M_e}{2\pi d_2^3}\leqslant[\tau]=80\times10^6$ Pa，得 $d_2\geqslant 37.7$ mm。

由 $(\tau_{\max})_{BC}=\dfrac{16M_e}{\pi d_2^3}\leqslant[\tau]=80\times10^6$ Pa，得 $d_2\geqslant 39.9$ mm。

由 $(\varphi')_{AB}=\left(\dfrac{T}{GI_{\mathrm{p}}}\right)_{AB}\times\dfrac{180^{\circ}}{\pi}\leqslant[\varphi']=0.5\ ^{\circ}/\mathrm{m}$，得 $d_2\geqslant55.1\ \mathrm{mm}$。

由 $(\varphi')_{BC}=\left(\dfrac{T}{GI_{\mathrm{p}}}\right)_{BC}\times\dfrac{180^{\circ}}{\pi}\leqslant[\varphi']=0.5\ ^{\circ}/\mathrm{m}$，得 $d_2\geqslant61.8\ \mathrm{mm}$。

综合上述计算结果，可取阶梯轴 AB 段、BC 段的直径分别为 $d_1=84\ \mathrm{mm}$、$d_2=63\ \mathrm{mm}$。

习题 4-19 已知空心圆轴的外径 $D=100\ \mathrm{mm}$，内径 $d=50\ \mathrm{mm}$；材料的切变模量 $G=80\ \mathrm{GPa}$。若测得间距 $l=2.7\ \mathrm{m}$ 的两截面间的相对扭转角 $\varphi=1.8^{\circ}$，试求：（1）轴内的最大扭转切应力；（2）当轴以 $n=80\ \mathrm{r/min}$ 的转速转动时所传递的功率。

解：计算得该空心圆轴的极惯性矩 $I_{\mathrm{p}}=920\times10^{-8}\ \mathrm{m}^4$。

由式（4-12），解得轴所传递的扭矩 $T=8560\ \mathrm{N\cdot m}$。

由式（4-8），得轴内的最大扭转切应力 $\tau_{\max}=46.6\ \mathrm{MPa}$。

由式（4-1），得轴所传递的功率 $P=71.7\ \mathrm{kW}$。

习题 4-20 某桥式起重机的传动轴，已知其额定转速为 27 r/min，传递功率为 3 kW；材料的许用扭转切应力 $[\tau]=40\ \mathrm{MPa}$，切变模量 $G=80\ \mathrm{GPa}$；轴的许用单位长度扭转角 $[\varphi']=1\ ^{\circ}/\mathrm{m}$。试选择轴的直径 d。

解：由式（4-1），得轴所传递的扭矩 $T=M_{\mathrm{e}}=1061\ \mathrm{N\cdot m}$。

根据扭转圆轴的强度条件，即式（4-11），解得 $d\geqslant51.3\ \mathrm{mm}$。

根据扭转圆轴的刚度条件，即式（4-15），解得 $d\geqslant52.7\ \mathrm{mm}$。

所以，可取轴的直径 $d=53\ \mathrm{mm}$。

习题 4-21 图 4-11a 所示传动轴的直径为 50 mm，额定转速为 300 r/min，电动机通过轮 A 输入 100 kW 的功率，由轮 B、C 和 D 分别输出 45 kW、25 kW 和 30 kW 的功率以带动其他部件。已知材料的许用扭转切应力 $[\tau]=80\ \mathrm{MPa}$，

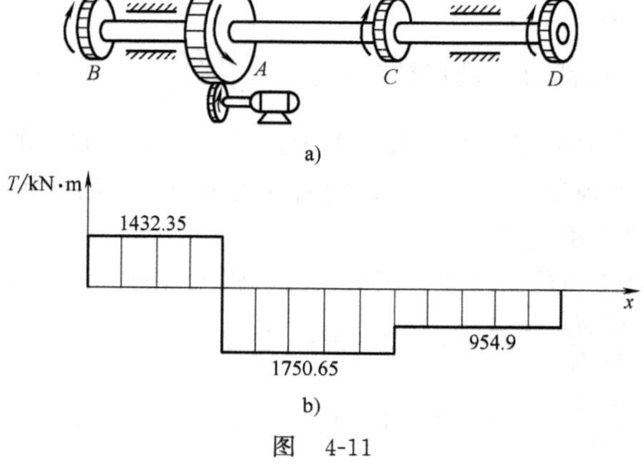

图 4-11

弹性模量 $G=80$ GPa；轴的许用单位长度扭转角 $[\varphi']=1$ °/m。试校核该传动轴的强度和刚度。

解：由式（4-1），得外力偶矩 $M_A=3183$ N·m，$M_B=1432.35$ N·m，$M_C=795.75$ N·m，$M_D=954.9$ N·m。

由截面法，作出轴的扭矩图如图 4-11b 所示，$|T|_{\max}=1750.65$ N·m。

根据扭转圆轴的强度条件，即式（4-11），$\tau_{\max}=71.3$ MPa$\leqslant[\tau]=80$ MPa，该传动轴的强度符合要求。

根据扭转圆轴的刚度条件，式（4-15），$|\varphi'|_{\max}=2.05°/\text{m}>[\varphi']=1°/\text{m}$，该传动轴的刚度不符合要求。

习题 4-22 某传动轴受如图 4-12a所示外力偶矩作用。若材料采用 45 钢，切变模量 $G=80$ GPa，许用扭转切应力 $[\tau]=60$ MPa，轴的许用单位长度扭转角 $[\varphi']=1°/\text{m}$，试设计轴的直径，并计算 A、D 两截面间的相对扭转角 φ_{AD}。

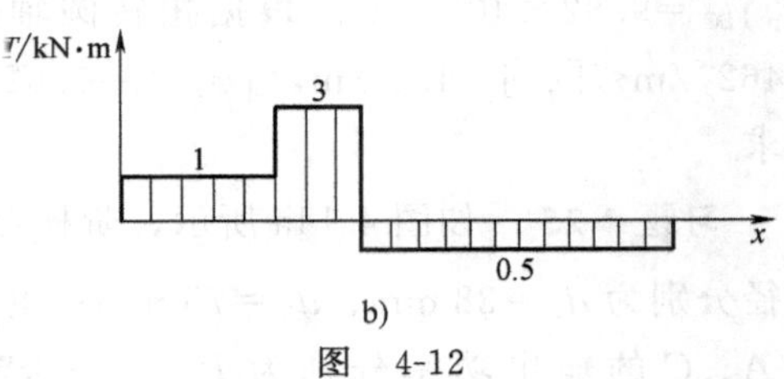

图 4-12

解：由截面法，作出轴的扭矩图如图 4-12b 所示，$|T|_{\max}=3$ kN·m。

根据扭转圆轴的强度条件，即式（4-11），解得 $d\geqslant 63.4$ mm。根据扭转圆轴的刚度条件，即式（4-15），解得 $d\geqslant 68.4$ mm。故取轴的直径 $d=69$ mm。

计算得轴的极惯性矩 $I_p=2.22\times10^{-6}$ m^4。由式（4-12），分三段计算，得 A、D 两截面间的相对扭转角

$$\varphi_{AD}=\varphi_{AB}+\varphi_{BC}+\varphi_{CD}=(5.63+8.45-5.63)\times10^{-3}\ \text{rad}=8.45\times10^{-3}\ \text{rad}$$

习题 4-23 直径 $d=25$ mm 的钢圆杆，受轴向拉力 60 kN 作用时，在标距为 200 mm 的长度内伸长了 0.113 mm；受矩为 0.2 kN·m 的扭转外力偶作用时，在标距为 200 mm 的长度内相对转过了 0.732°。试确定钢材的弹性模量 E、切变模量 G 和泊松比 μ。

解：由胡克定律，得钢材的弹性模量 $E=216$ GPa。

由式（4-12），得钢材的切变模量 $G=81.8$ GPa。

由式（4-3），得钢材的泊松比 $\mu=0.32$。

习题 4-24 阶梯形圆轴如图 4-13a 所示，AE 段为空心，外径 $D=140$ mm，内径 $d=100$ mm；EB 段与 BC 段为实心，BC 段的直径 $d=100$ mm。已知外力偶矩

$M_{eA}=18\ \mathrm{kN\cdot m}$，$M_{eB}=32\ \mathrm{kN\cdot m}$，$M_{eC}=14\ \mathrm{kN\cdot m}$；材料的许用扭转切应力 $[\tau]=80\ \mathrm{MPa}$，切变模量 $G=80\ \mathrm{GPa}$；轴的许用单位长度扭转角 $[\varphi']=1.2°/\mathrm{m}$。试校核轴的强度和刚度。

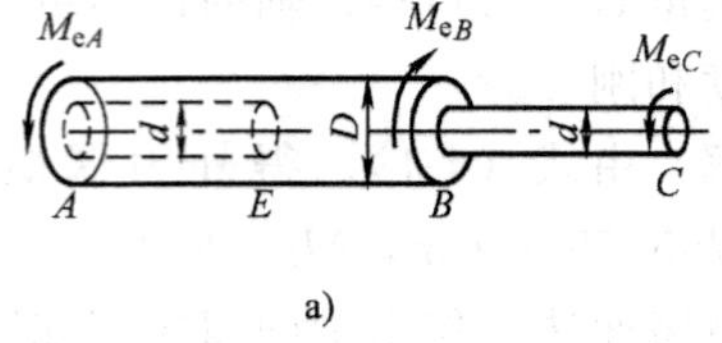

a)

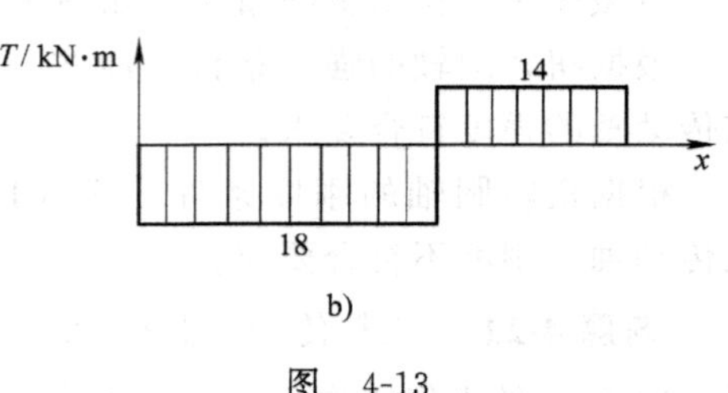

b)

图 4-13

解：由截面法，作出轴的扭矩图如图 4-13b 所示。

由扭矩图和截面尺寸不难判断，轴的 AE 段和 BC 段较危险，应分别进行强度计算和刚度计算。根据扭转圆轴的强度条件，即式（4-11），$(\tau_{max})_{AE}=45.2\ \mathrm{MPa}<[\tau]=80\ \mathrm{MPa}$，$(\tau_{max})_{BC}=71.3\ \mathrm{MPa}<[\tau]=80\ \mathrm{MPa}$，该轴的强度符合要求。

计算得轴的 AE 段、BC 段的极惯性矩分别为 $(I_p)_{AE}=27.9\times10^{-6}\ \mathrm{m}^4$、$(I_p)_{BC}=9.82\times10^{-6}\ \mathrm{m}^4$。根据扭转圆轴的刚度条件，即式（4-15），$|\varphi'_{AE}|=0.462°/\mathrm{m}<[\varphi']=1.2°/\mathrm{m}$，$|\varphi'_{BC}|=1.02°/\mathrm{m}<[\varphi']=1.2°/\mathrm{m}$，该轴的刚度符合要求。

习题 4-25 如图 4-14a 所示，阶梯形圆轴上装有三个带轮。已知各段轴的直径分别为 $d_1=38\ \mathrm{mm}$、$d_2=75\ \mathrm{mm}$；主动轮 B 的输入功率 $P_B=32\ \mathrm{kW}$，从动轮 A、C 的输出功率分别为 $P_A=14\ \mathrm{kW}$、$P_C=18\ \mathrm{kW}$，轴的额定转速 $n=240\ \mathrm{r/min}$；材料的许用扭转切应力 $[\tau]=60\ \mathrm{MPa}$，切变模量 $G=80\ \mathrm{GPa}$；轴的许用单位长度扭转角 $[\varphi']=1.8°/\mathrm{m}$。试校核该轴的强度和刚度。

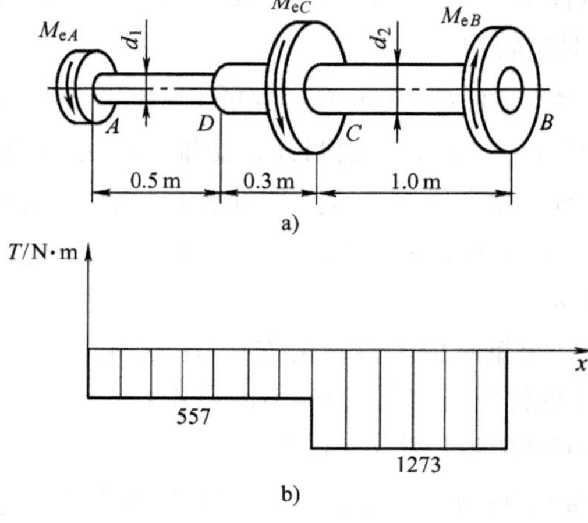

图 4-14

解：由式（4-1），得作用在轮 A、C、B 上的外力偶矩 $M_{eA}=557\ \text{N}\cdot\text{m}$、$M_{eC}=716\ \text{N}\cdot\text{m}$、$M_{eB}=1273\ \text{N}\cdot\text{m}$。

由截面法，作出轴的扭矩图如图 4-14b 所示。由扭矩图和截面尺寸不难判断，轴的 AD 段、CB 段较危险，应分别进行强度计算和刚度计算。

计算得轴的抗扭截面系数 $(W_t)_{AD}=10.8\times10^{-6}\ \text{m}^3$、$(W_t)_{CB}=8.3\times10^{-5}\ \text{m}^3$。根据扭转圆轴的强度条件，即式（4-11），$(\tau_{\max})_{AD}=51.6\ \text{MPa}<[\tau]=60\ \text{MPa}$，$(\tau_{\max})_{CB}=15.3\ \text{MPa}<[\tau]=60\ \text{MPa}$，该轴的强度符合要求。

计算得轴的极惯性矩 $(I_p)_{AD}=20.5\times10^{-8}\ \text{m}^4$、$(I_p)_{CB}=3.1\times10^{-6}\ \text{m}^4$。根据扭转圆轴的刚度条件，即式（4-15），$|\varphi'_{AD}|=1.9°/\text{m}>[\varphi']=1.8°/\text{m}$，$|\varphi'_{CB}|=0.29°/\text{m}<[\varphi']=1.8°/\text{m}$，由于

$$\frac{|\varphi'_{AD}|-[\varphi']}{[\varphi']}\times100\%=\frac{1.9-1.8}{1.8}\times100\%=5.6\%>5\%$$

故该轴的刚度不符合要求。

习题 4-26　一矩形截面杆，截面尺寸 $h\times b=90\ \text{mm}\times60\ \text{mm}$，承受的扭矩为 $3.5\ \text{kN}\cdot\text{m}$。试计算杆内的最大扭转切应力。如改用截面面积相等的圆截面杆，再计算杆内的最大扭转切应力，并比较两者的大小。

解：经查教材中表 4-1 可知，当 $h/b=90/60=1.5$ 时，$\alpha=0.231$。由式（4-16），得矩形截面杆内的最大扭转切应力 $\tau_{\max}=46.8\ \text{MPa}$。

设圆截面直径为 d，根据截面面积相等，得 $d=0.083\ \text{m}$。由式（4-8），得圆截面杆内的最大扭转切应力 $\tau'_{\max}=31.2\ \text{MPa}$。

在扭矩和截面面积相等的条件下，圆截面杆的最大扭转切应力为矩形截面杆的最大扭转切应力的 66.7%，即圆截面杆较矩形截面杆具有更强的抗扭能力。

习题 4-27　一矩形截面等直钢杆，横截面尺寸 $h=100\ \text{mm}$、$b=50\ \text{mm}$，长度 $l=2\ \text{m}$，在杆的两端受到一对矩为 $4\ \text{kN}\cdot\text{m}$ 的扭转外力偶的作用。已知材料的许用扭转切应力 $[\tau]=100\ \text{MPa}$，切变模量 $G=80\ \text{GPa}$，杆的许用单位长度扭转角 $[\varphi']=1°/\text{m}$。试校核该杆的强度和刚度。

解：经查教材中表 4-1 可知，当 $h/b=100/50=2$ 时，$\alpha=0.246$、$\beta=0.229$。

根据式（4-16），杆内的最大扭转切应力 $\tau_{\max}=65.0\ \text{MPa}<[\tau]=100\ \text{MPa}$，该杆的强度符合要求。

根据式（4-18），杆的单位长度扭转角 $\varphi'=1.0°/\text{m}=[\varphi']=1°/\text{m}$，该杆的刚度符合要求。

习题 4-28　如图 4-15 所示，矩形截面钢杆受到矩 $M_e=3\ \text{kN}\cdot\text{m}$ 的扭转外力偶的作用。已知材料的切变模量 $G=80\ \text{GPa}$，试求：（1）杆内的最大扭转切应力；（2）横截面短边中点处的扭转切应力；（3）杆的单位长度扭转角。

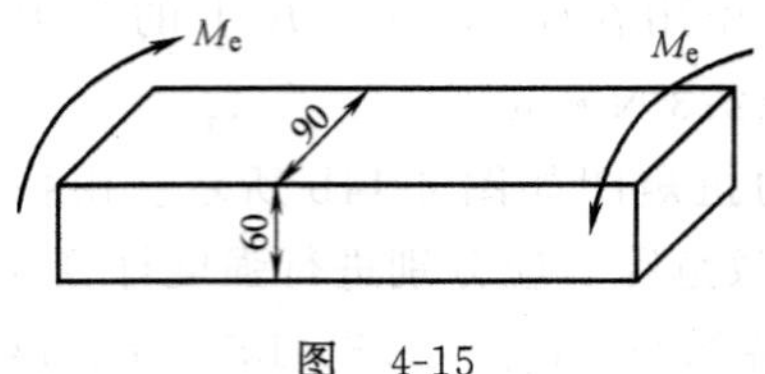

图 4-15

解：经查教材中表 4-1 可知，当 $h/b=90/60=1.5$ 时，$\alpha=0.231$，$v=0.858$，$\beta=0.196$。

根据式（4-16），杆内的最大扭转切应力 $\tau_{max}=40.1\ \text{MPa}$。

根据式（4-17），横截面短边中点处的扭转切应力 $\tau'_{max}=34.4\ \text{MPa}$。

根据式（4-18），杆的单位长度扭转角 $\varphi'=0.00984\ \text{rad/m}=0.564°/\text{m}$。

第五章
弯 曲 内 力

知 识 要 点

一、弯曲概念

1. 弯曲

受力特点：杆件所受外力垂直于杆的轴线或所受外力偶位于杆的纵向平面内。

变形特点：杆的轴线变形后成为曲线。

对称弯曲：杆件至少具有一个纵向对称面，且其上的所有外力均作用于同一纵向对称面内，变形后杆的轴线必然成为一条位于该纵向对称面内的平面曲线。对称弯曲又称为平面弯曲。

2. 梁及其分类

梁：主要承受弯曲变形的杆件。

梁的分类：梁可分为静定梁和超静定梁；静定梁又可分为单跨静定梁和多跨静定梁（又称静定组合梁）；单跨静定梁又可分为简支梁、外伸梁和悬臂梁。

简支梁：梁的一端为固定铰支座，另一端为活动铰支座。

外伸梁：简支梁的一端或两端伸出支座以外。

悬臂梁：梁的一端固定，一端自由。

二、弯曲内力·剪力与弯矩

弯曲内力：梁横截面上的内力，包括剪力和弯矩。

剪力：梁横截面上的切向内力。剪力用 F_S 表示。

剪力的正负号规定：当剪力对其所作用的微段梁内任意一点的矩顺时针转向时为正，反之为负，即“顺正逆负”。

弯矩：梁横截面上的内力偶矩，其作用面为外力所在的纵向对称面。弯矩用 M 表示。

弯矩的正负号规定：弯矩以使其作用的微段梁产生凹变形为正，反之为负，即“凹正凸负”。或者，弯矩以使其作用的微段梁上部受压、下部受拉为正，反之为负。

剪力方程：反映剪力随横截面位置变化规律的数学表达式。若以沿梁轴线的坐标 x 表示横截面的位置，则横截面上的剪力 F_S 可以表达为 x 的函数，即有剪力方程

$$F_S = F_S(x) \tag{5-1}$$

弯矩方程：反映弯矩随横截面位置变化规律的数学表达式。若以沿梁轴线的坐标 x 表示横截面的位置，则横截面上的弯矩 M 可以表达为 x 的函数，即有弯矩方程

$$M = M(x) \tag{5-2}$$

剪力图：表示剪力随横截面位置变化规律的图线。即根据剪力方程，以 x 为横坐标，以 F_S 为纵坐标，绘制出的 F_S-x 图线。

弯矩图：表示弯矩随横截面位置变化规律的图线。即根据弯矩方程，以 x 为横坐标，以 M 为纵坐标，绘制出的 M-x 图线。

三、弯矩、剪力与分布载荷集度间的微分关系

直梁的弯矩 $M(x)$、剪力 $F_S(x)$ 与分布载荷集度 $q(x)$ 间存在下列微分关系：

$$\frac{\mathrm{d}F_S(x)}{\mathrm{d}x} = q(x) \tag{5-3}$$

$$\frac{\mathrm{d}M(x)}{\mathrm{d}x} = F_S(x) \tag{5-4}$$

$$\frac{\mathrm{d}^2M(x)}{\mathrm{d}x^2} = q(x) \tag{5-5}$$

四、剪力图和弯矩图的主要规律

1. 若在梁的某一段内无分布载荷作用，则此段梁的剪力图为一平行于梁轴线的水平直线，弯矩图为一斜率为 F_S 的斜直线。

2. 若在梁的某一段内作用有均布载荷 q，则此段梁的剪力图为一斜率为 q 的斜直线，弯矩图为二次抛物线。

3. 若梁的某一段为纯弯曲，则此段梁的剪力恒为零，弯矩图为一平行于梁轴线的水平直线。

4. 若在梁的某一段内，分布载荷集度 $q(x)$ 的方向向上，则此段梁弯矩图

的开口向上；反之，若 $q(x)$ 的方向向下，则对应弯矩图的开口向下。

5. 若在梁的某一横截面上，剪力为零，则弯矩在该截面处取得极值。

6. 在集中横向外力作用的左、右两侧截面，剪力图发生突变，突变值就等于该集中力值；弯矩值不变，但弯矩图的斜率发生突变，即弯矩图发生转折。

7. 在集中外力偶作用的左、右两侧截面，剪力不变；弯矩图发生突变，突变值就等于该集中力偶矩值。

解题方法

本章习题主要有下列两种类型：

一、求指定截面上的剪力和弯矩

1. 用截面法求梁指定截面上的剪力和弯矩

解题步骤——

(1) 计算梁的支座反力。

(2) 在指定截面处将梁截开，取其中的任一段为研究对象，并作其受力图。

(3) 由平衡方程 $\sum F_y = 0$，求出剪力 F_S。

(4) 以指定截面的形心 C 为矩心，由平衡方程 $\sum M_C = 0$，求出弯矩 M。

注意点——

(1) 如果所截取的梁段上不含支座反力（如悬臂梁的自由端一侧），则步骤①可以省略。

(2) 在计算静定组合梁的支座反力时，应将其从中间铰链处拆开，按照“先附属，后基本”的顺序，依次求出各个支座反力。

(3) 在画梁段的受力图时，应假设横截面上的剪力、弯矩均为正。这样，计算结果的正负号即为剪力、弯矩的真实正负号。这种“内力设正法”简单可靠，不易出错。

2. 用简便方法求梁指定截面上的剪力和弯矩

简便方法——

(1) 剪力 F_S 等于截面一侧梁段上与截面平行的所有横向外力的代数和。其中，若对截面左侧所有外力求和，则外力以向上为正；若是对截面右侧所有外力求和，则外力以向下为正。即“左上右下为正，反之为负”。

(2) 弯矩 M 等于截面一侧梁段上所有外力对该截面形心的矩的代数和。其中，对于外力，无论是位于截面左侧还是右侧，只要向上，对截面形心的矩都取正值；对于外力偶，若位于截面左侧，则以顺时针为正；若在右侧，则以逆时针为正。即“对于外力，上正下负”；“对于外力偶，左顺右逆为正，反之为负”。

注意点——

(1) 简便方法中所指外力，既包含载荷，又包含支座反力。因此，在用简便方法计算剪力、弯矩之前，一定要首先求出支座反力。

(2) 在用简便方法求剪力、弯矩时，不必将梁截开后作受力图，也无需列平衡方程，可以大大简化计算过程。读者应反复练习，熟练掌握。

二、绘制剪力图和弯矩图

1. 根据剪力方程和弯矩方程绘制剪力图和弯矩图

解题步骤——

(1) 计算梁的支座反力。

(2) 根据梁上的外力情况，分段建立梁的剪力方程和弯矩方程。

(3) 根据梁的剪力方程和弯矩方程，分段描点绘制梁的剪力图和弯矩图。

注意点——

(1) 在建立梁的剪力方程和弯矩方程时，应首先在图中标出沿梁轴线表示横截面位置的坐标 x。通常以梁的左端为坐标 x 的原点，以向右为坐标 x 的正方向。

(2) 在建立梁的剪力方程和弯矩方程时，既可以用截面法，也可以用简便方法。

(3) 在画剪力图时，规定以 x 轴的上方为正。

(4) 在画弯矩图时，对于机械类专业，规定以 x 轴的上方为正，即将弯矩图画在梁的受压一侧；对于土木类专业，则规定以 x 轴的下方为正，即将弯矩图画在梁的受拉一侧。本书遵循机械类专业的规定。

(5) 剪力图和弯矩图中的分段点、极值点、转折点等特殊点的剪力和弯矩的大小必须标示在图的相应位置上。

2. 根据剪力图和弯矩图的规律快速绘制剪力图和弯矩图

解题步骤——

(1) 反力　计算梁的支座反力。

(2) 分段　根据梁上的外力情况分段。

(3) 定点　根据剪力图和弯矩图的图形规律，确定各段梁的控制截面及其上的剪力值和弯矩值，即定出绘制各段梁的剪力图和弯矩图的控制点。

(4) 连线　将各段梁的剪力图和弯矩图的控制点连线成图，画出剪力图和弯矩图。

注意点——

（1）若某段梁的剪力图或弯矩图为平行于梁轴线的水平直线，则只需要 1 个控制点即可作图，此时可取该段梁的任一截面为控制截面；若某段梁的剪力图或弯矩图为斜直线，则作图需要 2 个控制点，此时一般应选取该段梁的两个端面为控制截面；若某段梁的剪力图或弯矩图为抛物线，则至少需要 3 个控制点才能作图，此时一般应选取该段梁的两个端面和极值所在截面为控制截面。

（2）在计算控制截面上的剪力和弯矩时，为了提高速度，一般应采用简便方法。

（3）在各段梁的交界处，应特别注意剪力图或弯矩图是否有突变。如果没有突变，则图线一定连续。

（4）在梁的端面以及铰链所在截面，如果没有集中外力偶作用，则其弯矩一定为零。

（5）由式（5-4）积分可得

$$M(x_2)-M(x_1)=\int_{x_1}^{x_2}F_S(x)\mathrm{d}x \tag{5-6}$$

即若在两截面间无集中力偶作用，则两截面上的弯矩的差就等于两截面间剪力图的面积。

难题解析

【例题 5-1】 如图 5-1 所示，桥式起重机大梁上的小车的每个轮子对大梁的压力均为 F，试问小车在什么位置时梁内的弯矩为最大？并求出梁内的最大弯矩及其所在截面。设小车的轮距为 d，大梁的跨度为 l。

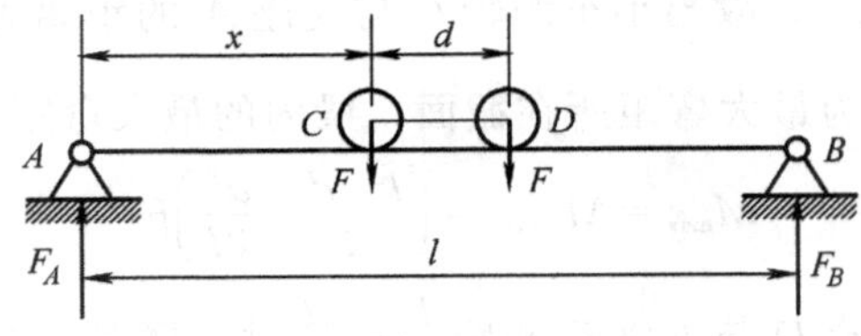

图 5-1

解：（1）计算支座反力

如图 5-1 所示，设小车左轮 C 距离支座 A 为 x，由平衡方程得大梁的支座反力

$$F_A=\frac{2Fl-Fd-2Fx}{l},\quad F_B=\frac{2Fx+Fd}{l}$$

（2）确定小车位置与最大弯矩

显然，梁内的最大弯矩只可能在小车车轮所在截面取得。

C 截面处弯矩为

$$M_C=F_Ax=\left(\frac{2Fl-Fd-2Fx}{l}\right)x \tag{a}$$

由$\frac{\mathrm{d}M_C}{\mathrm{d}x}=0$，得

$$x=\frac{l}{2}-\frac{d}{4} \tag{b}$$

即当轮 C 与支座 A 的距离为$\frac{l}{2}-\frac{d}{4}$时，梁内截面 C 处的弯矩取得最大值。将式(b) 代入式 (a)，得其最大值

$$M_{C\max}=\left(\frac{l-d}{2}+\frac{d^2}{8l}\right)F$$

D 截面处弯矩为

$$M_D=F_B(l-x-d)=-\frac{2F}{l}x^2+2Fx-\frac{3}{l}Fdx-\frac{Fd^2}{l} \tag{c}$$

由$\frac{\mathrm{d}M_D}{\mathrm{d}x}=0$，得

$$x=\frac{l}{2}-\frac{3d}{4} \tag{d}$$

即当轮 C 与支座 A 的距离为$\frac{l}{2}-\frac{3d}{4}$时，梁内截面 D 处的弯矩取得最大值。将式(d) 代入式 (c)，得其最大值

$$M_{D\max}=\left(\frac{l-3d}{2}+\frac{d^2}{8l}\right)F$$

由于 $M_{C\max}>M_{D\max}$，故当小车的轮 C 与支座 A 的距离为$\frac{l}{2}-\frac{d}{4}$时，梁内的弯矩最大。截面 C 即为最大弯矩所在截面，梁内的最大弯矩

$$M_{\max}=M_{C\max}=\left(\frac{l-d}{2}+\frac{d^2}{8l}\right)F$$

讨论：当小车右轮 D 与支座 B 相距$\frac{l}{2}-\frac{d}{4}$时，情况完全相同，只是此时梁内的最大弯矩发生在截面 D 处。

【例题 5-2】 如图 5-2a 所示，简支梁受到按线性规律变化的分布载荷作用，试作其剪力图和弯矩图。

解：(1) 计算支座反力

如图 5-2a 所示，选取简支梁 AB 为研究对象，由平衡方程得其支座反力

$$F_A=\frac{ql}{6}(\uparrow),\quad F_B=\frac{ql}{3}(\uparrow)$$

(2) 列剪力方程和弯矩方程

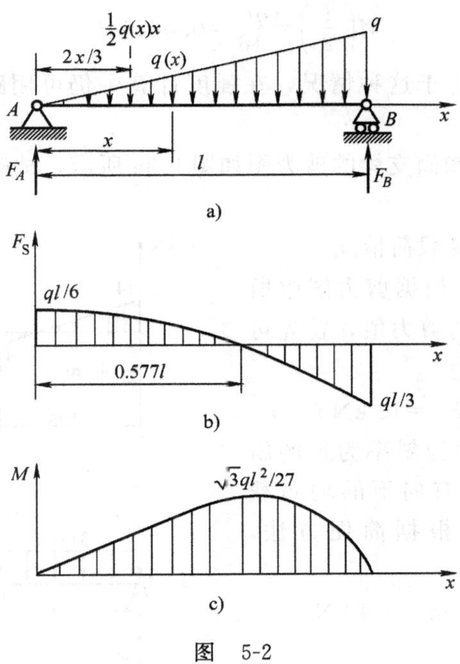

图 5-2

如图 5-2a 所示，以梁的左端 A 为坐标原点，在坐标为 x 的截面处，载荷集度

$$q(x)=\frac{q}{l}x$$

在 x 截面的左侧梁段上，分布载荷的合力为$\frac{1}{2}q(x)x$。由简便方法，得 x 截面上的剪力、弯矩，亦即剪力方程、弯矩方程，分别为

$$F_S(x)=F_A-\frac{1}{2}q(x)x=\frac{ql}{6}-\frac{qx^2}{2l}$$

$$M(x)=F_Ax-\frac{1}{2}q(x)x\cdot\frac{x}{3}=\frac{ql}{6}\left(1-\frac{x^2}{l^2}\right)x$$

(3) 作剪力图和弯矩图

根据剪力方程、弯矩方程，描点绘图，分别作出剪力图、弯矩图如图 5-2b、c 所示。其中，最大弯矩发生在 $F_S(x)=0$ 处的截面上，由 $F_S(x)=0$ 解得，$x=\frac{\sqrt{3}}{3}l=0.577l$。即此时的最大弯矩不在跨中截面取得，但其最大弯矩

$$M_{\max}=M\left(\frac{\sqrt{3}}{3}l\right)=\frac{\sqrt{3}ql^2}{27}=0.0642ql^2$$

与跨中截面弯矩

$$M\left(\frac{l}{2}\right)=\frac{ql^2}{16}=0.0625ql^2$$

相比，相差很小。故对于这种情况，在强度计算中仍可用跨中截面弯矩来代替最大弯矩。

【例题 5-3】 已知简支梁的剪力图如图 5-3a 所示，试确定该梁的载荷情况，并作出其弯矩图。

解：(1) 确定梁的载荷情况

A、B 两端简支，根据剪力图中所示 A、B 两端截面上的剪力值，首先可得 A、B 处的支座反力

$$F_A=14\ \text{kN}(\uparrow),\quad F_B=12\ \text{kN}(\downarrow)$$

AC 段梁的剪力图为斜率为负的斜直线，说明其上作用有向下的均布载荷，设其集度为 q，根据简便方法，应有

$$F_{SC_-}=F_A-q\times 6\ \text{m}=-4\ \text{kN}$$

由此解得

$$q=3\ \text{kN/m}$$

由于 C 截面的剪力发生突变，且 $F_{SC_-}=-4\ \text{kN}$、$F_{SC_+}=-22\ \text{kN}$，故知 C 截面处作用有一个大小为 18 kN 的向下的集中力。

由于 D 截面的剪力发生突变，且 $F_{SD_-}=-22\ \text{kN}$、$F_{SD_+}=12\ \text{kN}$，故知 D 截面处作用有一个大小为 34 kN 的向上的集中力。

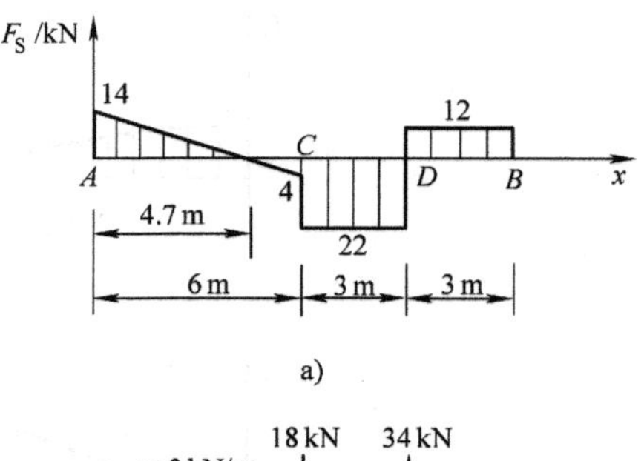

a)

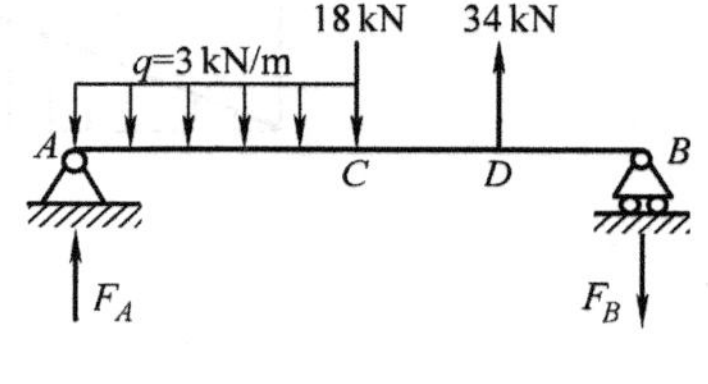

b)

c)

图 5-3

综上所述，该简支梁的载荷情况如图 5-3b 所示。最后，再利用平衡方程检验其正确性。请读者自行验证。

(2) 作弯矩图

根据载荷图与剪力图，不难作出该简支梁的弯矩图如图 5-3c 所示。

【例题 5-4】 试不列弯矩方程，快速绘制如图 5-4a 所示刚架的弯矩图。

解：快速绘制刚架弯矩图的方法与梁类似。

(1) 计算支座反力

选取刚架整体为研究对象，由平衡方程求出支座反力

$$F_A=5\ \text{kN}(\uparrow),\quad F_{Ex}=3\ \text{kN}(\leftarrow),\quad F_{Ey}=3\ \text{kN}(\uparrow)$$

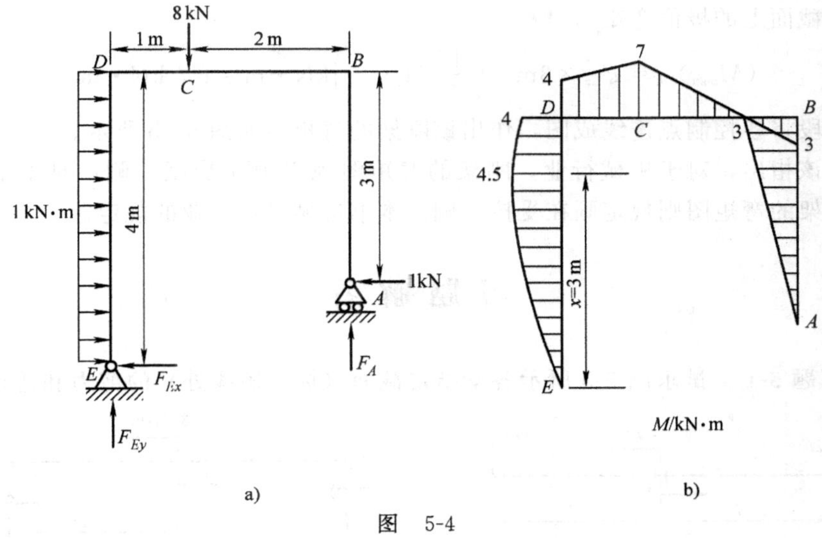

图 5-4

(2) 绘制弯矩图

刚架弯矩正负号的规定为：使刚架内侧受拉的弯矩为正，反之为负。

根据刚架的结构和所受外力情况（见图 5-4a），应分为 AB、BC、CD 和 DE 四段来绘制弯矩图。

AB 段：其上没有分布载荷，弯矩图为斜直线，作图需 2 个控制点。由截面法或简便方法，得其两端截面上弯矩

$$M_A=0,\quad M_{B_-}=(-1\times3)\ \text{kN}\cdot\text{m}=-3\ \text{kN}\cdot\text{m}$$

BC 段：弯矩图为斜直线，作图需 2 个控制点。弯矩在右端 B 截面处连续，即有

$$M_{B_+}=M_{B_-}=-3\ \text{kN}\cdot\text{m}$$

再由截面法或简便方法，得其左端 C 截面上弯矩

$$M_{C_-}=F_A\times2\text{m}-(1\times3)\text{kN}\cdot\text{m}=7\ \text{kN}\cdot\text{m}$$

CD 段：弯矩图为斜直线，作图需 2 个控制点。弯矩在右端 C 截面处连续，即有

$$M_{C_+}=M_{C_-}=7\ \text{kN}\cdot\text{m}$$

再由截面法或简便方法，得其左端 D 截面上的弯矩

$$M_{D_-}=F_A\times3\text{m}-(1\times3)\text{kN}\cdot\text{m}-(8\times1)\text{kN}\cdot\text{m}=4\ \text{kN}\cdot\text{m}$$

DE 段：其上作用有均布载荷，故对应弯矩图为二次抛物线，作图需 3 个有效控制点。显然，下端 E 截面上的弯矩为零，由连续性得上端 D 截面上的弯矩

$$M_{D_+}=M_{D_-}=4\ \text{kN}\cdot\text{m}$$

再根据剪力为零的条件，确定弯矩极值所在截面的位置 $x=3\ \text{m}$（见图 5-4b），并

求出该截面上的极值弯矩

$$(M_{\max})_{DE}=F_{Ex}\times 3\mathrm{m}-\left(\frac{1}{2}\times 1\times 3^2\right)\mathrm{kN\cdot m}=4.5\ \mathrm{kN\cdot m}$$

分段将各控制点连线成图，作出该刚架的弯矩图如图 5-4b 所示。

应该指出，对于机械行业，刚架的弯矩图规定画在受压一侧；对于土木行业，刚架的弯矩图则规定画在受拉一侧。本书遵循机械行业的规定。

习题解答

习题 5-1　试求图 5-5 所示各梁指定截面（标有短线处）的剪力和弯矩。

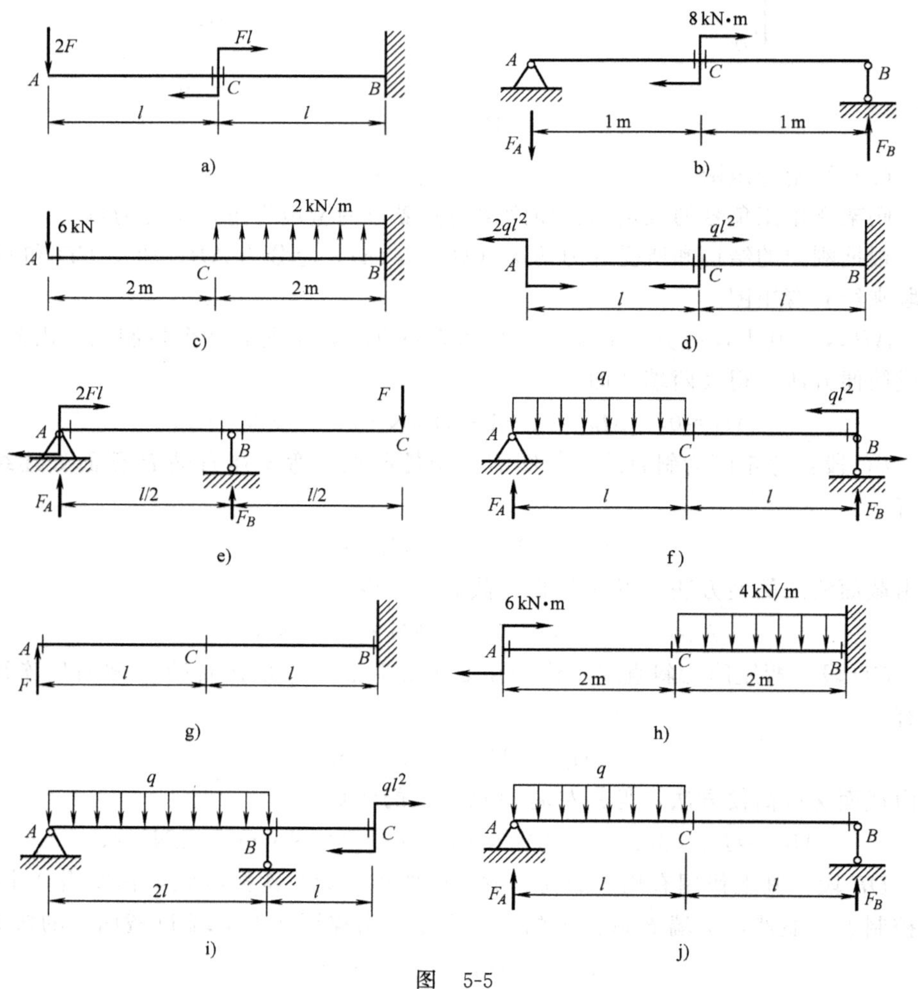

图　5-5

解：(a) 图 5-5a 所示为悬臂梁，不必先求支座反力。由简便方法，直接可得指定截面上的剪力和弯矩：$F_{SC_-}=-2F$，$M_{C_-}=-2Fl$；$F_{SC_+}=-2F$，$M_{C_+}=-Fl$。

(b) 如图 5-5b 所示，先取简支梁 AB 为研究对象，由平衡方程求得支座反力 $F_A=4\ \text{kN}$（↓），$F_B=4\ \text{kN}$（↑）。再由简便方法，得指定截面上的剪力和弯矩：$F_{SC_-}=-4\ \text{kN}$，$M_{C_-}=-4\ \text{kN}\cdot\text{m}$；$F_{SC_+}=-4\ \text{kN}$，$M_{C_+}=4\ \text{kN}\cdot\text{m}$。

(c) 图 5-5c 所示为悬臂梁，不必先求支座反力。由简便方法，直接可得指定截面上的剪力和弯矩：$F_{SA}=-6\ \text{kN}$，$M_A=0$；$F_{SB}=-2\ \text{kN}$，$M_B=-20\ \text{kN}\cdot\text{m}$。

(d) 图 5-5d 所示为悬臂梁，不必先求支座反力。由简便方法，直接可得指定截面上的剪力和弯矩：$F_{SC_-}=0$，$M_{C_-}=-2ql^2$；$F_{SC_+}=0$，$M_{C_+}=-ql^2$。

(e) 如图 5-5e 所示，先取外伸梁 AC 为研究对象，由平衡方程求得支座反力 $F_A=-5F$（↓），$F_B=6F$（↑）。再由简便方法，得指定截面上的剪力和弯矩：$F_{SA}=-5F$，$M_A=2Fl$；$F_{SB_-}=-5F$，$M_{B_-}=-\dfrac{Fl}{2}$；$F_{SB_+}=F$，$M_{B_+}=-\dfrac{Fl}{2}$。

(f) 如图 5-5f 所示，先取简支梁 AB 为研究对象，由平衡方程求得支座反力 $F_A=\dfrac{5ql}{4}$（↑），$F_B=-\dfrac{ql}{4}$（↓）。再由简便方法，得指定截面上的剪力和弯矩：$F_{SC}=\dfrac{ql}{4}$，$M_C=\dfrac{3}{4}ql^2$；$F_{SB}=\dfrac{ql}{4}$，$M_B=ql^2$。

(g) 图 5-5g 所示为悬臂梁，不必先求支座反力。由简便方法，直接可得指定截面上的剪力和弯矩：$F_{SA}=F$，$M_A=0$；$F_{SC}=F$，$M_C=Fl$；$F_{SB}=F$，$M_B=2Fl$。

(h) 图 5-5h 所示为悬臂梁，不必先求支座反力。由简便方法，直接可得指定截面上的剪力和弯矩：$F_{SA}=0$，$M_A=6\ \text{kN}\cdot\text{m}$；$F_{SC}=0$，$M_C=6\ \text{kN}\cdot\text{m}$；$F_{SB}=-8\ \text{kN}$，$M_B=-2\ \text{kN}\cdot\text{m}$。

(i) 图 5-5i 所示为外伸梁，但由于指定截面均位于外伸段，故不必求支座反力。由简便方法，直接可得指定截面上的剪力和弯矩：$F_{SB}=0$，$M_B=-ql^2$；$F_{SC}=0$，$M_C=-ql^2$。

(j) 如图 5-5j 所示，先取简支梁 AB 为研究对象，由平衡方程求得支座反力 $F_A=\dfrac{3ql}{4}$（↑），$F_B=\dfrac{ql}{4}$（↑）。再由简便方法，得指定截面上的剪力和弯矩：$F_{SC}=-\dfrac{ql}{4}$，$M_C=\dfrac{ql^2}{4}$；$F_{SB}=-\dfrac{ql}{4}$，$M_B=0$。

习题 5-2　试建立图 5-6 所示各梁的剪力方程和弯矩方程，绘制剪力图和弯矩图，并确定$|F_S|_{max}$和$|M|_{max}$。

x
M_e
A
B
F_A
l
F_B
F_S
M_e/l
x
M
M_e
x
a)
F
A
B
x
l
F_S
x
F
M
x
Fl
b)
q
A
B
x
l
F_S
ql
x
M
$ql^2/2$
x
c)
q
$\frac{ql}{4}$
A
B
x
l
F_S
ql/4
x
3ql/4
M
$ql^2/32$
x
$ql^2/4$
d)

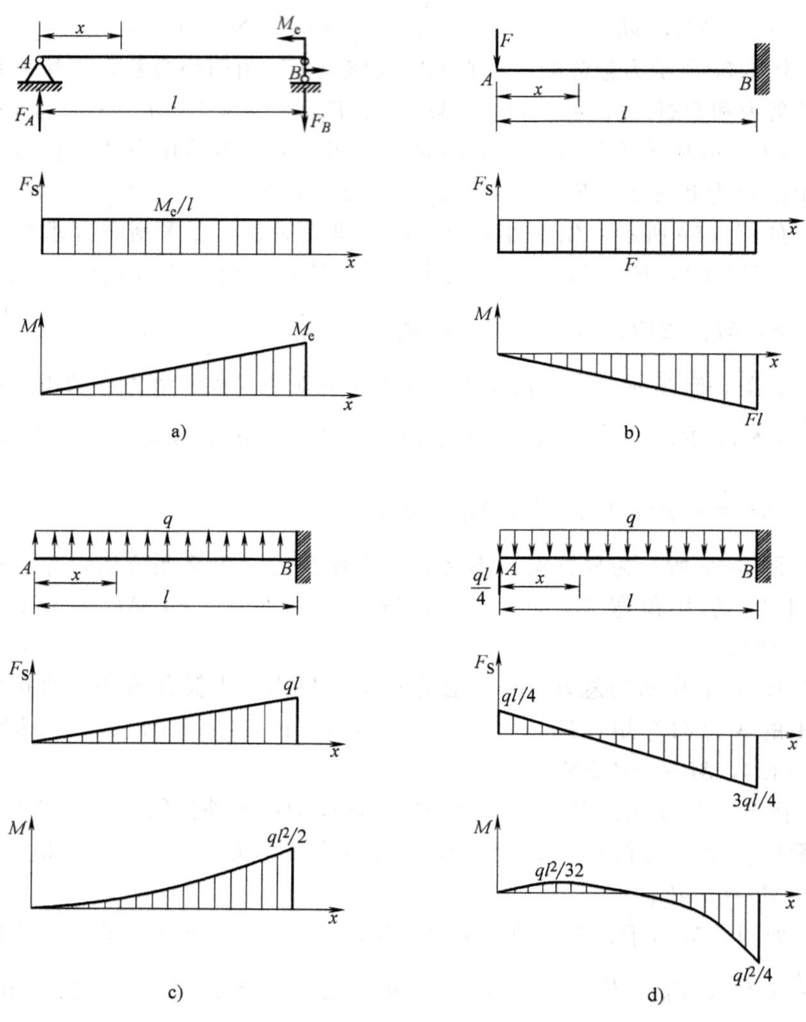

图 5-6

x
F
A
B
C
F_A
l/2
l/2
F_B
F_S
F
x
F
M
x
Fl/2
e)
q
ql^2
A
C
B
F_A
x
F_B
l
l
F_S
5ql/4
ql/4
x
M
ql^2
$3ql^2/4$
x
f)
F
Fl
A
C
B
x
l
l
F_S
x
F
M
x
Fl
2Fl
3Fl
g)
$\frac{ql}{2}$
q
A
C
B
x
l
l
F_S
x
ql/2
3ql/2
M
x
$ql^2/2$
$3ql^2/2$
h)

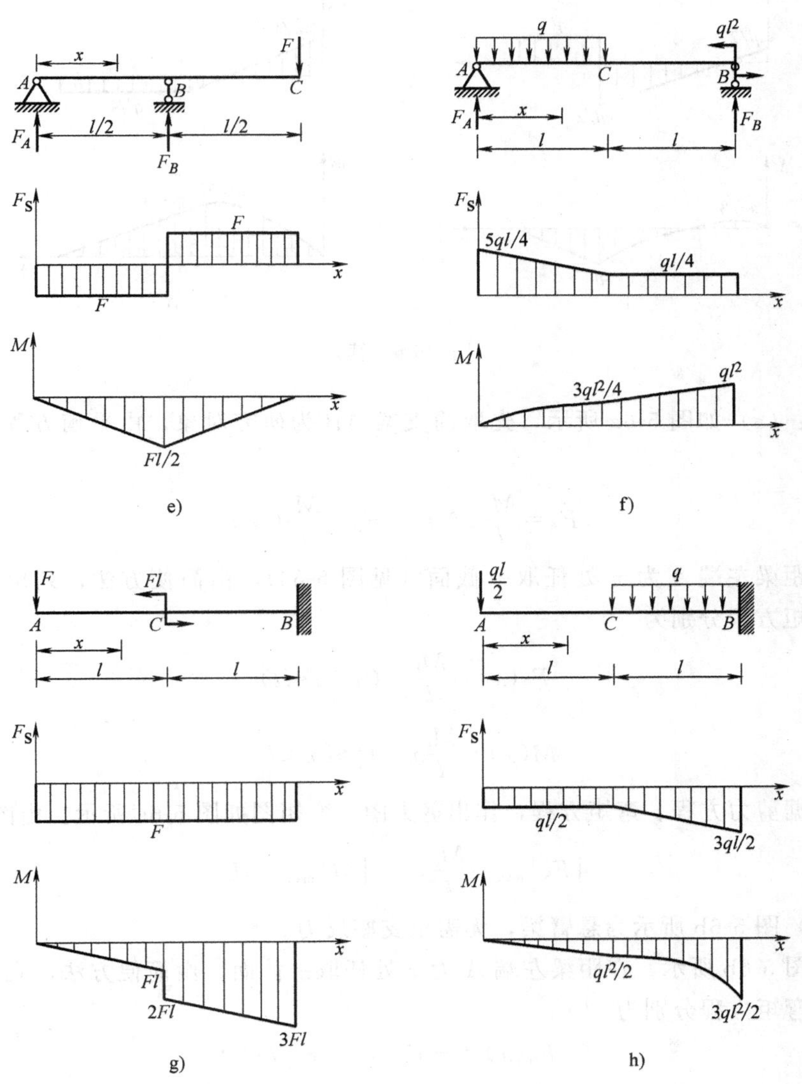

图 5-6（续）

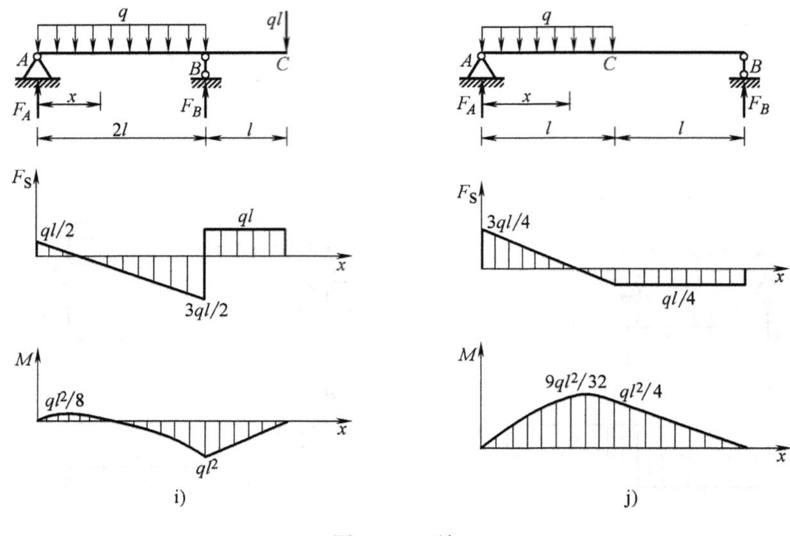

图 5-6（续）

解：(a) 如图 5-6a 所示，先取简支梁 AB 为研究对象，由平衡方程求出支座反力

$$F_A=\frac{M_e}{l}(\uparrow),\quad F_B=\frac{M_e}{l}(\downarrow)$$

在距梁左端 A 为 x 处任取一截面（见图 5-6a），由简便方法，列出剪力方程、弯矩方程分别为

$$F_S(x)=\frac{M_e}{l}\quad (0<x<l)$$

$$M(x)=\frac{M_e}{l}x\quad (0\leqslant x<l)$$

根据剪力方程、弯矩方程，作出剪力图、弯矩图如图 5-6a 所示。由图可得

$$|F_S|_{max}=\frac{M_e}{l},\qquad |M|_{max}=M_e$$

(b) 图 5-6b 所示为悬臂梁，无需求支座反力。

如图 5-6b 所示，在距梁左端 A 为 x 处任取一截面，由简便方法，列出剪力方程、弯矩方程分别为

$$F_S(x)=-F\quad (0<x<l)$$

$$M(x)=-Fx\quad (0\leqslant x<l)$$

根据剪力方程、弯矩方程，作出剪力图、弯矩图如图 5-6b 所示。由图可得

$$|F_S|_{max}=F,\qquad |M|_{max}=Fl$$

(c) 图 5-6c 所示为悬臂梁，无需求支座反力。

如图 5-6c 所示，在距梁左端 A 为 x 处任取一截面，由简便方法，列出剪力方程、弯矩方程分别为

$$F_S(x)=qx \qquad (0\leqslant x<l)$$

$$M(x)=\frac{1}{2}qx^2 \qquad (0\leqslant x<l)$$

根据剪力方程、弯矩方程，作出剪力图、弯矩图如图 5-6c 所示。由图可得

$$|F_S|_{max}=ql, \quad |M|_{max}=\frac{1}{2}ql^2$$

(d) 图 5-6d 所示为悬臂梁，无需求支座反力。

如图 5-6d 所示，在距梁左端 A 为 x 处任取一截面，由简便方法，列出其剪力方程、弯矩方程分别为

$$F_S(x)=\frac{ql}{4}-qx \qquad (0<x<l)$$

$$M(x)=\frac{ql}{4}x-\frac{q}{2}x^2 \qquad (0\leqslant x<l)$$

根据剪力方程、弯矩方程，作出剪力图、弯矩图如图 5-6d 所示。由图可得

$$|F_S|_{max}=\frac{3}{4}ql, \quad |M|_{max}=\frac{ql^2}{4}$$

(e) 如图 5-6e 所示，先取外伸梁 AC 为研究对象，由平衡方程求出支座反力

$$F_A=-F(\downarrow), \quad F_B=2F(\uparrow)$$

根据梁上外力情况，需分 AB、BC 两段建立剪力方程和弯矩方程。在距梁左端 A 为 x 处任取一截面（见图 5-6e），由简便方法，列出剪力方程、弯矩方程分别为

AB 段：

$$F_S(x)=-F \qquad (0<x<l/2)$$

$$M(x)=-Fx \qquad (0\leqslant x\leqslant l/2)$$

BC 段：

$$F_S(x)=F \qquad (l/2<x<l)$$

$$M(x)=-F(l-x) \qquad (l/2\leqslant x\leqslant l)$$

根据剪力方程、弯矩方程，分段作出剪力图、弯矩图如图 5-6e 所示。由图可得

$$|F_S|_{max}=F, \quad |M|_{max}=\frac{Fl}{2}$$

(f) 如图 5-6f 所示，先取简支梁 AB 为研究对象，由平衡方程求出支座反力

$$F_A=\frac{5ql}{4}(\uparrow), \quad F_B=-\frac{ql}{4}(\downarrow)$$

根据梁上外力情况，需分 AC、CB 两段建立剪力方程和弯矩方程。在距梁左端 A 为 x 处任取一截面（见图 5-6f），由简便方法，列出剪力方程、弯矩方程分别为

AC 段：

$$F_S(x)=\frac{5ql}{4}-qx \qquad (0<x\leqslant l)$$

$$M(x)=\frac{5ql}{4}x-\frac{qx^2}{2} \qquad (0\leqslant x\leqslant l)$$

CB 段：

$$F_S(x)=\frac{ql}{4} \qquad (l\leqslant x<2l)$$

$$M(x)=\frac{ql^2}{2}+\frac{ql}{4}x \qquad (l\leqslant x<2l)$$

根据剪力方程、弯矩方程，分段作出该简支梁的剪力图和弯矩图如图 5-6f 所示。由图可得

$$|F_S|_{\max}=\frac{5ql}{4}, \qquad |M|_{\max}=ql^2$$

(g) 图 5-6g 所示为悬臂梁，无需求支座反力。

根据梁上外力情况，需分 AC、CB 两段建立剪力方程和弯矩方程。在距梁左端 A 为 x 处任取一截面（见图 5-6g），由简便方法，列出剪力方程、弯矩方程分别为

AC 段：

$$F_S(x)=-F \qquad (0<x\leqslant l)$$

$$M(x)=-Fx \qquad (0\leqslant x<l)$$

CB 段：

$$F_S(x)=-F \qquad (l\leqslant x<2l)$$

$$M(x)=-Fx-Fl \qquad (l<x<2l)$$

根据剪力方程、弯矩方程，分段作出剪力图、弯矩图如图 5-6g 所示。由图可得

$$|F_S|_{\max}=F, \qquad |M|_{\max}=3Fl$$

(h) 图 5-6h 所示为悬臂梁，无需求支座反力。

根据梁上外力情况，需分 AC、CB 两段建立剪力方程和弯矩方程。在距梁左端 A 为 x 处任取一截面（见图 5-6h），由简便方法，列出剪力方程、弯矩方程分别为

AC 段：

$$F_S(x)=-\frac{ql}{2} \qquad (0<x\leqslant l)$$

$$M(x)=-\frac{ql}{2}x \quad (0\leqslant x\leqslant l)$$

CB 段：

$$F_S(x)=\frac{ql}{2}-qx \quad (l\leqslant x<2l)$$

$$M(x)=-\frac{ql}{2}x-\frac{q(x-l)^2}{2} \quad (l\leqslant x<2l)$$

根据剪力方程、弯矩方程，分段作出剪力图、弯矩图如图 5-6h 所示。由图可得

$$|F_S|_{\max}=\frac{3ql}{2}, \quad |M|_{\max}=\frac{3ql^2}{2}$$

(i) 如图 5-6i 所示，先取外伸梁 AC 为研究对象，由平衡方程求出支座反力

$$F_A=\frac{ql}{2}\ (\uparrow), \quad F_B=\frac{5ql}{2}\ (\uparrow)$$

根据梁上外力情况，需分 AB、BC 两段建立剪力方程和弯矩方程。在距梁左端 A 为 x 处任取一截面（见图 5-6i），由简便方法，列出剪力方程、弯矩方程分别为

AB 段：

$$F_S(x)=\frac{ql}{2}-qx \quad (0<x<2l)$$

$$M(x)=\frac{ql}{2}x-\frac{qx^2}{2} \quad (0\leqslant x\leqslant 2l)$$

BC 段：

$$F_S(x)=ql \quad (2l<x<3l)$$

$$M=-ql(3l-x) \quad (2l\leqslant x\leqslant 3l)$$

根据剪力方程、弯矩方程，分段作出剪力图和弯矩图如图 5-6i 所示。由图可得

$$|F_S|_{\max}=\frac{3ql}{2}, \quad |M|_{\max}=ql^2$$

(j) 如图 5-6j 所示，先取简支梁 AB 为研究对象，由平衡方程求出支座反力

$$F_A=\frac{3ql}{4}\ (\uparrow), \quad F_B=\frac{ql}{4}\ (\uparrow)$$

根据梁上外力情况，需分 AC、CB 两段建立剪力方程和弯矩方程。在距梁左端 A 为 x 处任取一截面（见图 5-6j），由简便方法，列出剪力方程、弯矩方程分别为

AC 段：

$$F_S(x)=\frac{3ql}{4}-qx \quad (0<x\leqslant l)$$

$$M(x)=\frac{3ql}{4}x-\frac{qx^2}{2} \qquad (0\leqslant x\leqslant l)$$

CB 段：

$$F_S(x)=-\frac{ql}{4} \qquad (l\leqslant x<2l)$$

$$M(x)=\frac{ql^2}{2}-\frac{ql}{4}x \qquad (l\leqslant x\leqslant 2l)$$

根据剪力方程、弯矩方程，分段作出剪力图、弯矩图如图 5-6j 所示。由图可得

$$|F_S|_{max}=\frac{3ql}{4}, \qquad |M|_{max}=\frac{9ql^2}{32}$$

习题 5-3 如图 5-7 所示各梁，试利用弯矩、剪力和载荷集度间的关系作剪力图和弯矩图。

解：(a) 图 5-7a 所示为悬臂梁，无需求支座反力。

根据梁上外力情况，作图时应分为 AC、CB 两段。利用弯矩、剪力和载荷集度间的关系，作出其剪力图和弯矩图如图 5-7a 所示。

(b) 如图 5-7b 所示，先取简支梁 AB 为研究对象，由平衡方程求出其支座反力

$$F_A=-2\ \text{kN}(\downarrow), \quad F_B=4\ \text{kN}(\uparrow)$$

根据梁上外力情况，作图时应分为 AC、CB 两段。利用弯矩、剪力和载荷集度间的关系，作出其剪力图和弯矩图如图 5-7b 所示。

(c) 图 5-7c 所示为悬臂梁，无需求支座反力。

根据梁上外力情况，作图时应分为 AC、CB 两段。利用弯矩、剪力和载荷集度间的关系，作出其剪力图和弯矩图如图 5-7c 所示。

(d) 图 5-7d 所示为悬臂梁，无需求支座反力。

显然，梁的剪力恒为零；作弯矩图时应分为 AC、CB 两段。利用弯矩、剪力和载荷集度间的关系，作出其剪力图和弯矩图如图 5-7d 所示。

(e) 如图 5-7e 所示，先取外伸梁 AC 为研究对象，由平衡方程求出其支座反力

$$F_A=-2F(\downarrow), \quad F_B=3F(\uparrow)$$

根据梁上外力情况，作图时应分为 AB、BC 两段。利用弯矩、剪力和载荷集度间的关系，作出其剪力图和弯矩图如图 5-7e 所示。

(f) 如图 5-7f 所示，先取简支梁 AB 为研究对象，由平衡方程求出其支座反力

$$F_A=\frac{3}{4}ql(\uparrow), \quad F_B=\frac{1}{4}ql(\uparrow)$$

2Fl
F
A
C
B
l
l
F_S
x
F
M
2Fl
Fl
x
a)
2 kN
6 kN·m
A
C
B
F_A
1 m
1 m
F_B
F_S/kN
x
2
4
M/kN·m
x
2
6
b)
4 kN
3 kN/m
A
C
B
2 m
2 m
F_S/kN
x
4
10
M/kN·m
x
8
22
c)
$2ql^2$
ql^2
A
C
B
l
l
F_S
0
x
M
$2ql^2$
ql^2
x
d)

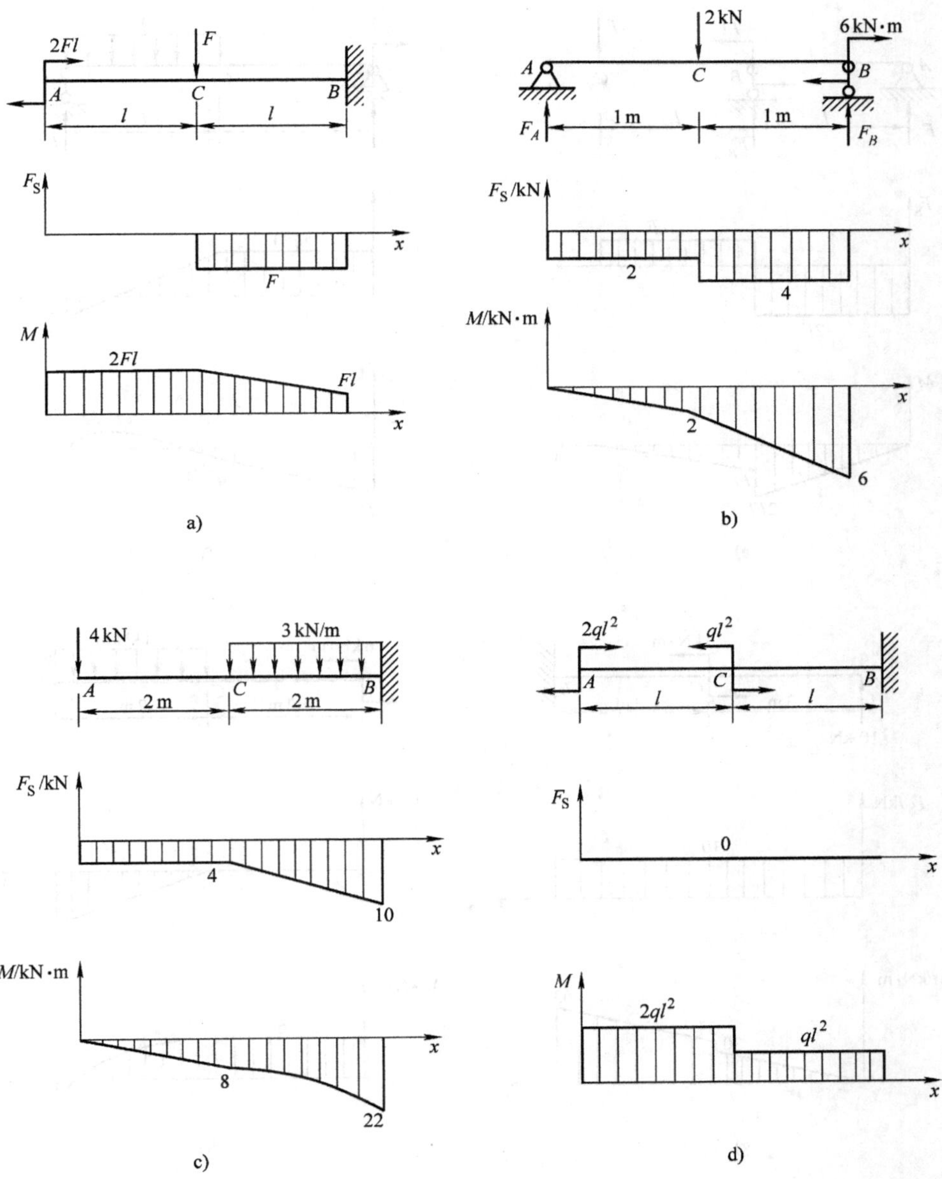

图 5-7

Fl
F
A
B
C
F_A
l
l
F_B
F_S
F
x
2F
M
x
Fl
2Fl
e)
ql^2
ql
A
C
B
F_A
l
l
F_B
F_S
3ql/4
x
ql/4
M
ql^2/32
x
ql^2/4
ql^2
f)
3 kN·m
A
C
B
3 m
3 m
10 kN
F_S /kN
10
x
M/kN·m
63
30
33
x
g)
6 kN·m
4 kN/m
A
C
B
2 m
2 m
F_S /kN
x
8
M/kN·m
6
x
2
h)

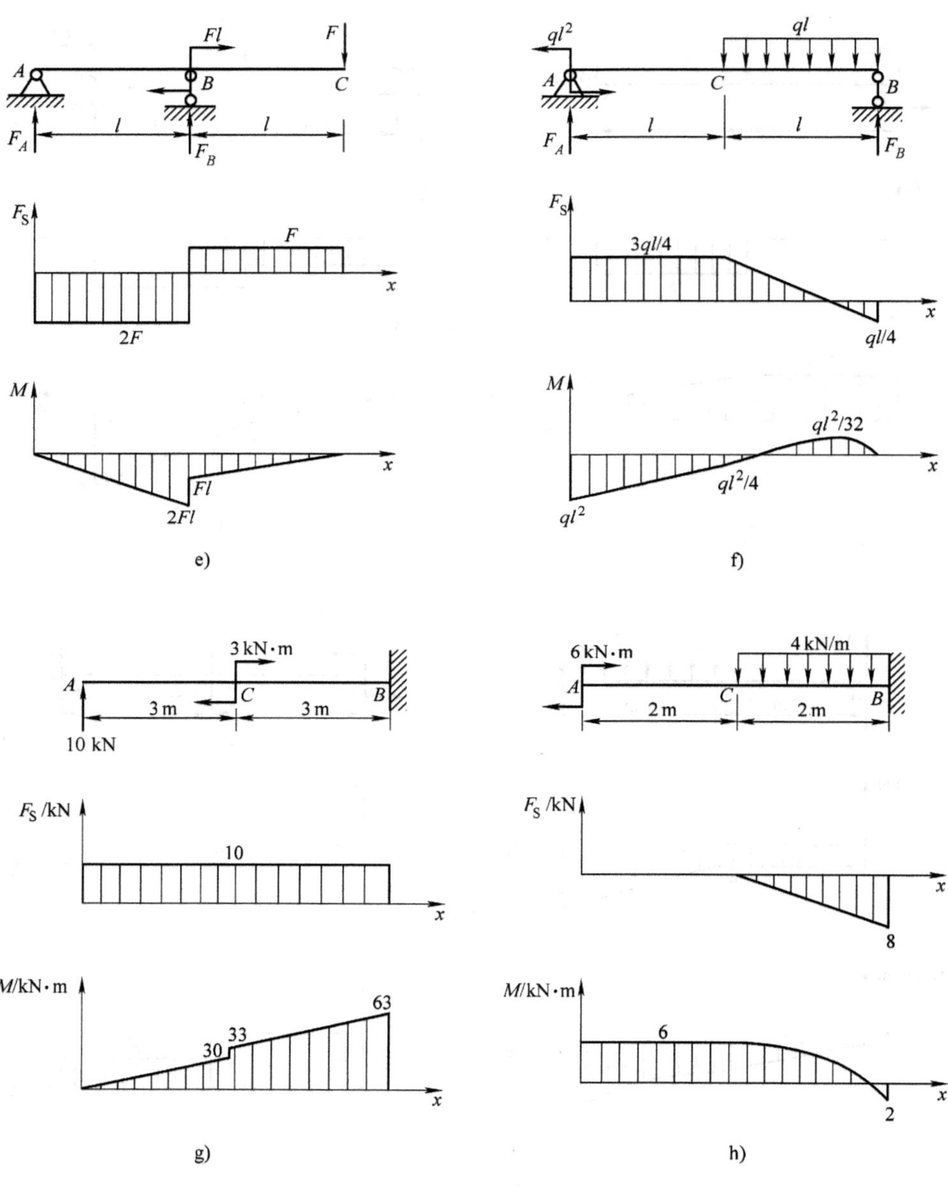

图 5-7（续）

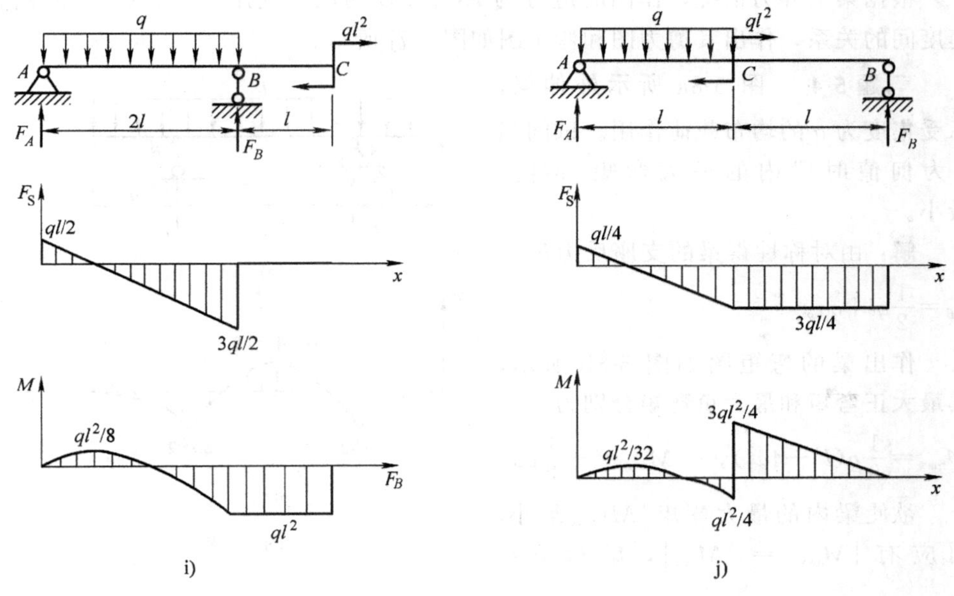

图 5-7（续）

根据梁上外力情况，作图时应分为 AC、CB 两段。利用弯矩、剪力和载荷集度间的关系，作出其剪力图和弯矩图如图 5-7f 所示。

(g) 图 5-7g 所示为悬臂梁，无需求支座反力。

根据梁上外力情况，作图时应分为 AC、CB 两段。利用弯矩、剪力和载荷集度间的关系，作出其剪力图和弯矩图如图 5-7g 所示。

(h) 图 5-7h 所示为悬臂梁，无需求支座反力。

根据梁上外力情况，作图时应分为 AC、CB 两段。利用弯矩、剪力和载荷集度间的关系，作出其剪力图和弯矩图如图 5-7h 所示。

(i) 如图 5-7i 所示，先取外伸梁 AC 为研究对象，由平衡方程求出其支座反力

$$F_A=\frac{1}{2}ql(\uparrow),\quad F_B=\frac{3}{2}ql(\uparrow)$$

根据梁上外力情况，作图时应分为 AB、BC 两段。利用弯矩、剪力和载荷集度间的关系，作出其剪力图和弯矩图如图 5-7i 所示。

(j) 如图 5-7j 所示，先取简支梁 AB 为研究对象，由平衡方程求出其支座反力

$$F_A=\frac{1}{4}ql(\uparrow),\quad F_B=\frac{3}{4}ql\ (\uparrow)$$

根据梁上外力情况，作图时应分为 AC、CB 两段。利用弯矩、剪力和载荷集度间的关系，作出其剪力图和弯矩图如图 5-7j 所示。

习题 5-4 图 5-8a 所示外伸梁，承受集度为 q 的均布载荷作用。试问当 a 为何值时梁内的最大弯矩 $|M|_{\max}$ 最小。

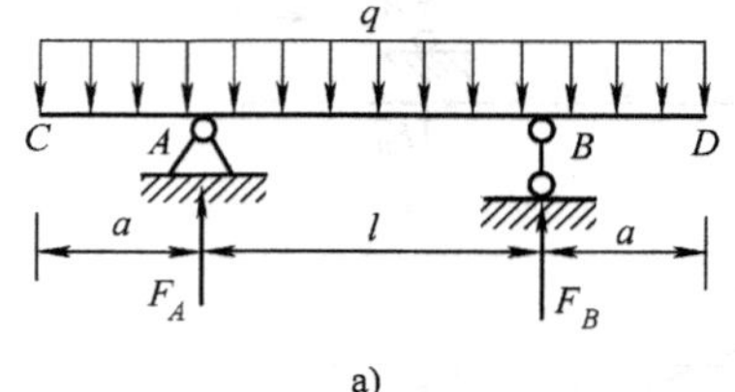

a)

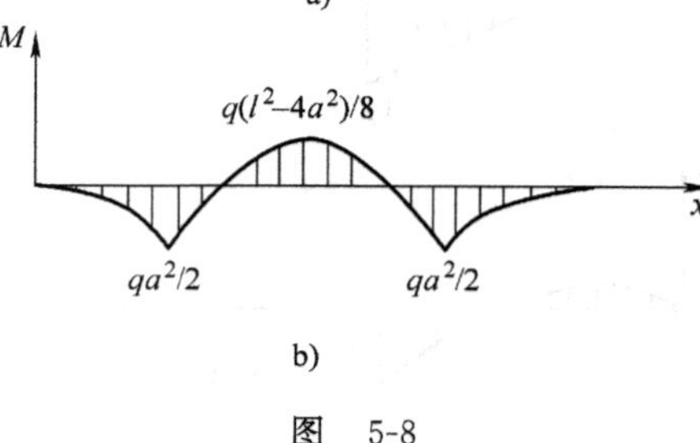

b)

图 5-8

解：由对称性得梁的支座反力 $F_A=F_B=\frac{1}{2}ql+qa$。

作出梁的弯矩图如图 5-8b 所示，其最大正弯矩和最大负弯矩分别为

$$M_{\max}=\frac{1}{8}q(l^2-4a^2),\quad M_{\min}=-\frac{1}{2}qa^2$$

欲使梁内的最大弯矩 $|M|_{\max}$ 最小，则应有 $|M_{\max}|=|M_{\min}|$，解得 $a=\frac{l}{\sqrt{8}}=0.354l$。

习题 5-5 试选择合适的方法作出简支梁在图 5-9 所示四种载荷作用下的剪力图和弯矩图，并比较其最大弯矩。试问由此可以引出哪些结论？

解：在如图 5-9 所示四种载荷作用下，由对称性易知，简支梁 AB 的支座反力相等，均为 $F_A=F_B=\frac{F}{2}$（↑）。

利用弯矩、剪力和载荷集度间的关系，分别作出该简支梁在四种载荷作用下的剪力图、弯矩图如图 5-9a、b、c、d 所示，其最大弯矩分别为

$$(|M|_{\max})_a=\frac{1}{4}Fl,\quad (|M|_{\max})_b=\frac{1}{6}Fl,\quad (|M|_{\max})_c=\frac{1}{6}Fl,\quad (|M|_{\max})_d=\frac{1}{8}Fl$$

由此可见，将载荷分散作用于梁上，可减小梁内的最大弯矩，从而提高梁的承载能力。

习题 5-6 试作出图 5-10 所示各刚架的弯矩图。

解：(a) 图 5-10a 所示的刚架一端固定、一端自由，无需求支座反力。

根据刚架的结构和所受外力情况，应分为 CB、BA 两段来绘制弯矩图。根据绘制梁的弯矩图类似的简便方法，直接作出该刚架的弯矩图如图 5-10a 所示。

F
A
B
F_A
l/2
l/2
F_B
F_S
F/2
x
F/2
M
Fl/4
x
a)
F/2
F/2
A
C
D
B
F_A
l/3
l/3
l/3
F_B
F_S
F/2
x
F/2
M
Fl/6
x
b)
F/3
F/3
F/3
A
C
D
E
B
F_A
l/4
l/4
l/4
l/4
F_B
F_S
F/2
F/6
x
F/6
F/2
M
Fl/8
Fl/6
Fl/8
x
c)
F/l
A
B
F_A
l
F_B
F_S
F/2
x
F/2
M
Fl/8
x
d)

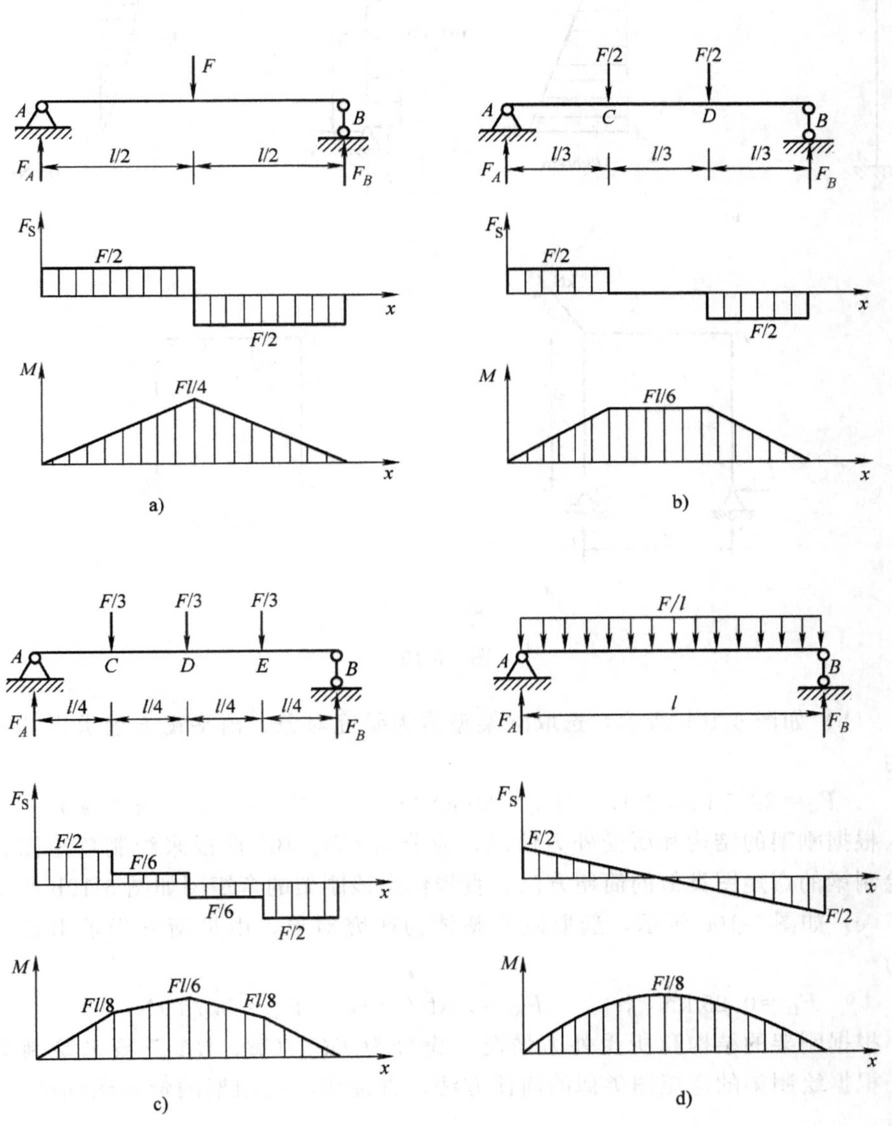

图 5-9

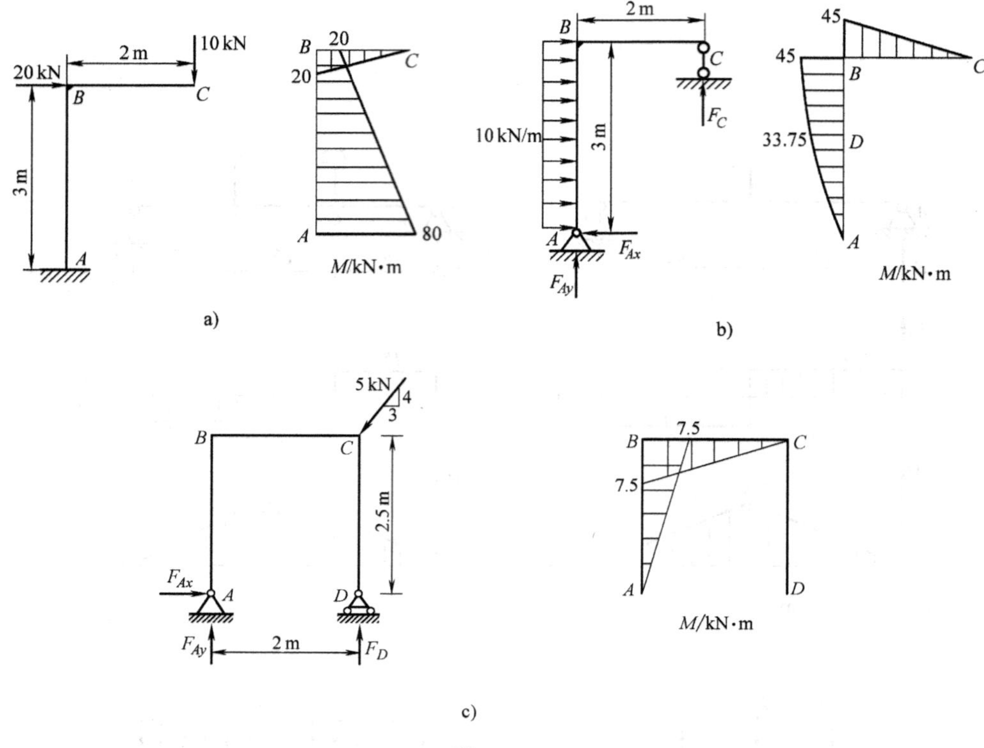

图 5-10

(b) 如图 5-10b 所示，选取刚架整体为研究对象，由平衡方程求出其支座反力

$$F_C=22.5\ \text{kN}(\uparrow),\quad F_{Ax}=30\ \text{kN}(\leftarrow),\quad F_{Ay}=-22.5\ \text{kN}(\downarrow)$$

根据刚架的结构和所受外力情况，应分为 CB、BA 两段来绘制弯矩图。根据绘制梁的弯矩图类似的简便方法，直接作出该刚架的弯矩图如图 5-10b 所示。

(c) 如图 5-10c 所示，选取刚架整体为研究对象，由平衡方程求出其支座反力

$$F_D=0.25\ \text{kN}(\uparrow),\quad F_{Ax}=3\ \text{kN}(\rightarrow),\quad F_{Ay}=3.75\ \text{kN}(\uparrow)$$

根据刚架的结构和所受外力情况，应分为 DC、CB、BA 三段来绘制弯矩图。根据绘制梁的弯矩图类似的简便方法，直接作出该刚架的弯矩图如图 5-10c 所示。

习题 5-7 试用叠加法作出图 5-11 所示各梁的弯矩图。

解：(a) 对于图 5-11a 所示简支梁，可直接根据叠加法作出其弯矩图（见图 5-11a）。

(b) 对于图 5-11b 所示悬臂梁，CB 段的弯矩图可以直接画出，AC 段的弯

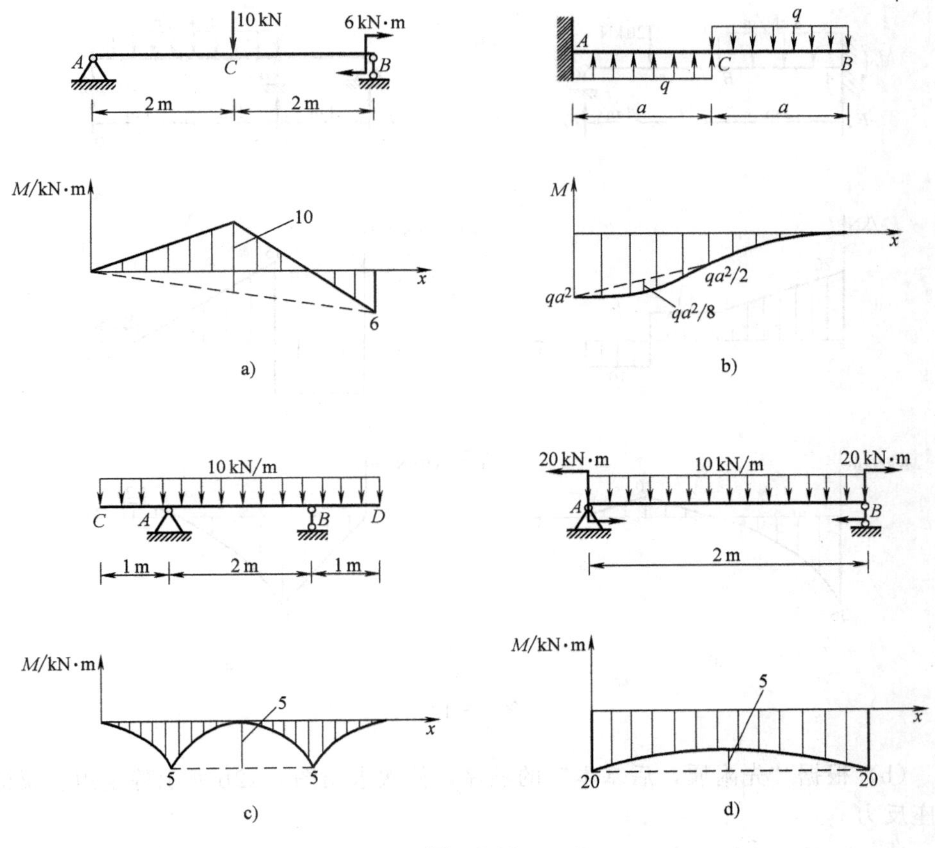

图 5-11

矩图用叠加法绘制（见图 5-11b）。

(c) 对于图 5-11c 所示外伸梁，CA、BD 段的弯矩图可以直接画出，AB 段的弯矩图用叠加法绘制（见图 5-11c）。

(d) 对于图 5-11d 所示简支梁，可直接根据叠加法作出其弯矩图（见图 5-11d）。

习题 5-8 试作出图 5-12 所示各静定组合梁的剪力图和弯矩图，并确定 $|F_S|_{max}$和$|M|_{max}$。

解：(a) 根据“先附属，后基本”的顺序，依次求出图 5-12a 所示静定组合梁的支座反力

$$F_C=10\ \text{kN}(\uparrow),\ F_A=26\ \text{kN}(\uparrow),\quad M_A=36\ \text{kN}\cdot\text{m}(\text{逆时针})$$

利用弯矩、剪力和载荷集度间的关系，分别作出该静定组合梁的剪力图和弯矩图如图 5-12a 所示，其最大剪力、最大弯矩分别为

$$|F_S|_{max}=26\ \text{kN},\ |M|_{max}=36\ \text{kN}\cdot\text{m}$$

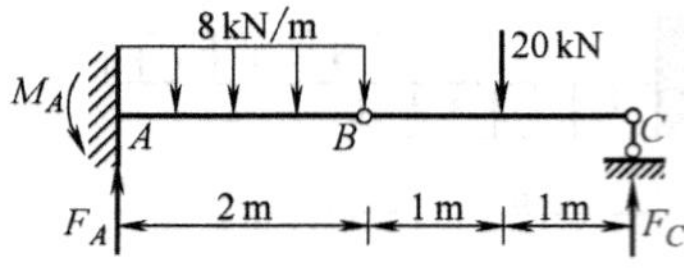

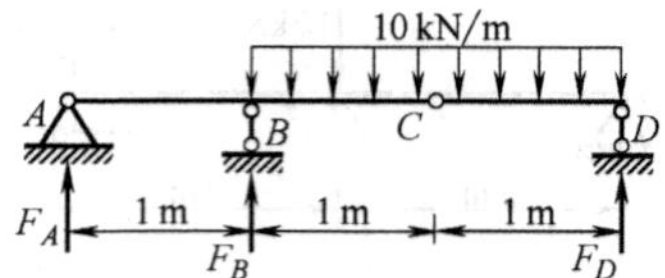

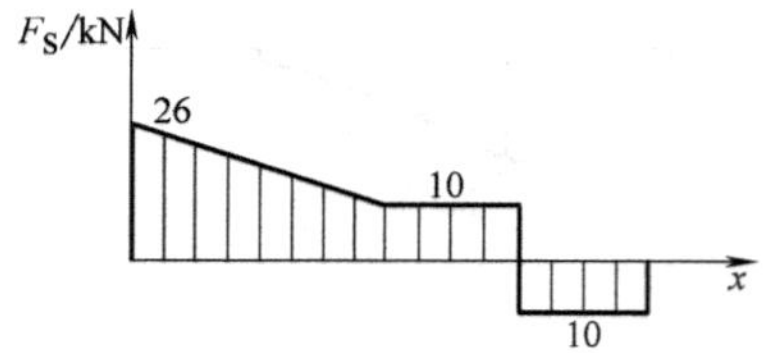

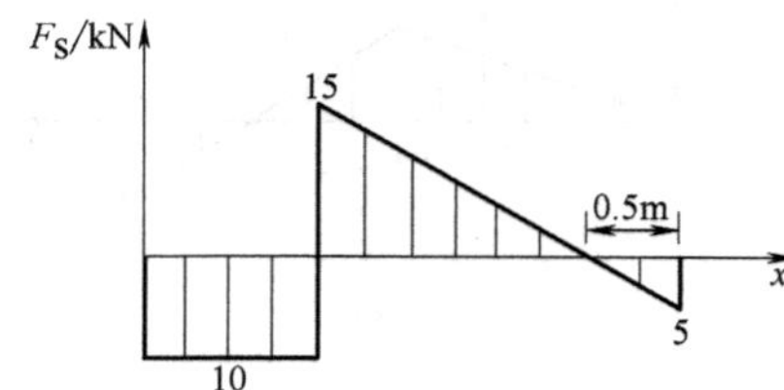

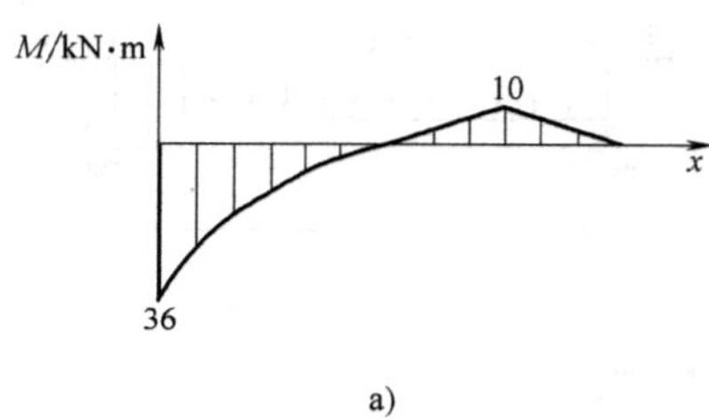

a)

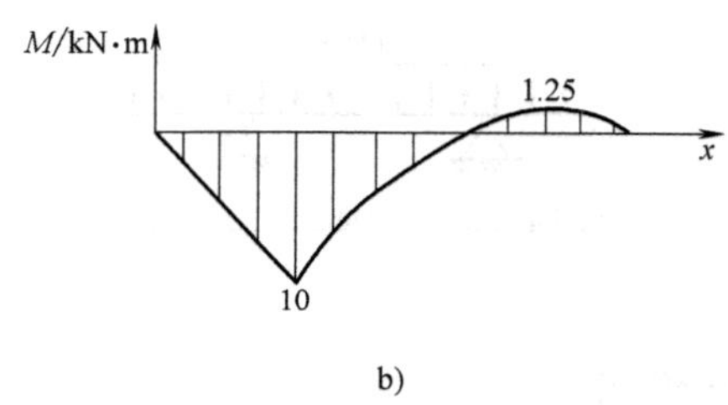

b)

图 5-12

（b）根据“先附属，后基本”的顺序，依次求出图 5-12b 所示静定组合梁的支座反力

$$F_D = 5\ \text{kN}(\uparrow),\quad F_A = -10\ \text{kN}(\downarrow),\quad F_B = 25\ \text{kN}(\uparrow)$$

利用弯矩、剪力和载荷集度间的关系，分别作出该静定组合梁的剪力图和弯矩图如图 5-12b 所示，其最大剪力、最大弯矩分别为

$$|F_S|_{\max} = 15\ \text{kN},\quad |M|_{\max} = 10\ \text{kN}\cdot\text{m}$$

第六章 弯曲应力

知识要点

一、截面的几何性质

1. 静矩

(1) 静矩定义

截面图形对 z 轴、y 轴的静矩分别定义为

$$\left.\begin{aligned} S_z &= \int_A y\,\mathrm{d}A \\ S_y &= \int_A z\,\mathrm{d}A \end{aligned}\right\} \tag{6-1}$$

式中，z、y 为微元面积 $\mathrm{d}A$ 的坐标。

(2) 静矩特征

静矩是相对某一坐标轴而言的，同一截面图形对不同坐标轴的静矩各不相同。

静矩既可以为正值，也可以为负值或零。

在国际单位制中，静矩的单位为 m^3。

(3) 静矩与形心的关系

$$\left.\begin{aligned} S_z &= A y_C \\ S_y &= A z_C \end{aligned}\right\} \tag{6-2}$$

式中，A 为截面图形的面积；z_C、y_C 为截面图形的形心坐标。

推论：若某坐标轴通过截面图形的形心，则截面图形对该轴的静矩必为零；反之，若截面图形对某坐标轴的静矩为零，则该坐标轴必通过截面图形的形心。

(4) 组合截面图形静矩的计算

$$\left.\begin{aligned} S_z &= \sum_{i=1}^{n} A_i y_{Ci} \\ S_y &= \sum_{i=1}^{n} A_i z_{Ci} \end{aligned}\right\} \tag{6-3}$$

式中，A_i 为其中第 i 个组成部分图形的面积；z_{Ci}、y_{Ci} 为其中第 i 个组成部分图形的形心坐标。

2. 惯性矩和极惯性矩

(1) 惯性矩定义

截面图形对 z 轴、y 轴的惯性矩分别定义为

$$\left.\begin{aligned} I_z &= \int_A y^2 \mathrm{d}A \\ I_y &= \int_A z^2 \mathrm{d}A \end{aligned}\right\} \tag{6-4}$$

式中，z、y 为微元面积 $\mathrm{d}A$ 的坐标。

(2) 极惯性矩定义

截面图形对坐标原点 O 的极惯性矩定义为

$$I_{\mathrm{p}} = \int_A \rho^2 \mathrm{d}A \tag{6-5}$$

式中，ρ 为微元面积 $\mathrm{d}A$ 到坐标原点 O 的距离。

(3) 惯性矩特征

惯性矩是相对某一坐标轴而言的，同一截面图形对不同坐标轴的惯性矩各不相同。

惯性矩恒为正值。

截面图形对任意一对正交坐标轴的惯性矩的和等于截面图形对两轴交点的极惯性矩，即

$$I_{\mathrm{p}} = I_z + I_y \tag{6-6}$$

在国际单位制中，惯性矩与极惯性矩的单位为 m^4。

(4) 惯性矩的平行移轴公式

$$\left.\begin{aligned} I_z &= I_{z_C} + a^2 A \\ I_y &= I_{y_C} + b^2 A \end{aligned}\right\} \tag{6-7}$$

式中，I_{z_C}、I_{y_C} 分别为截面图形对其形心轴 z_C、y_C 的惯性矩；z 轴平行于 z_C 轴，a 为两轴间距；y 轴平行于 y_C 轴，b 为两轴间距。

(5) 惯性半径定义

$$\left.\begin{aligned} i_z &= \sqrt{\frac{I_z}{A}} \\ i_y &= \sqrt{\frac{I_y}{A}} \end{aligned}\right\} \tag{6-8}$$

(6) 组合截面图形惯性矩的计算

$$\left.\begin{aligned} I_z &= \sum_{i=1}^{n} I_{zi} \\ I_y &= \sum_{i=1}^{n} I_{yi} \end{aligned}\right\} \tag{6-9}$$

式中，I_{zi}、I_{yi} 分别为其中第 i 个组成部分图形对 z 轴、y 轴的惯性矩。

(7) 简单截面图形对形心轴的惯性矩

矩形截面：

$$I_z=\frac{1}{12}bh^3 \tag{6-10}$$

式中，b 为矩形的宽；h 为矩形的高；形心轴 z 沿宽度方向。

圆形截面：

$$I_z=\frac{1}{64}\pi d^4 \tag{6-11}$$

式中，d 为圆的直径。

圆环形截面：

$$I_z=\frac{1}{64}\pi D^4(1-\alpha^4) \tag{6-12}$$

式中，D 为圆环的外径；d 为圆环的内径；$\alpha=d/D$，为内外径比。

工字钢等型钢截面的惯性矩可直接查型钢表（见教材附录B)。

3. 惯性积

(1) 惯性积定义

截面图形对坐标轴 z、y 的惯性积定义为

$$I_{zy} = \int_A zy\,\mathrm{d}A \tag{6-13}$$

式中，z、y 为微元面积 $\mathrm{d}A$ 的坐标。

(2) 惯性积特征

惯性积是相对于某一对直角坐标轴而言的，同一截面图形对不同坐标轴的惯性积各不相同。

惯性积既可以为正值，也可以为负值或零。

在国际单位制中，惯性积的单位为 m^4。

若直角坐标轴中有一根轴是图形的对称轴，则图形对该直角坐标轴的惯性积必为零。

4. 主惯性轴与主惯性矩

(1) 主惯性轴

若截面图形对某对直角坐标轴 z_0、y_0 的惯性积为零，则该对直角坐标轴

z_0、y_0 称为主惯性轴，简称主轴。若坐标原点位于截面图形的形心，则对应的主惯性轴称为形心主惯性轴，简称形心主轴。

有一根轴为图形对称轴的直角坐标轴就是主惯性轴。

(2) 主惯性矩

截面图形对主惯性轴的惯性矩称为主惯性矩。截面图形对形心主惯性轴的惯性矩称为形心主惯性矩。

二、弯曲正应力及其强度计算

1. 中性层与中性轴

中性层：弯曲变形时，梁内长度保持不变的纵向纤维层。

中性轴：中性层与横截面的交线。对称弯曲时，梁的中性轴垂直于载荷作用面且通过截面形心。

2. 中性层的曲率

$$\frac{1}{\rho}=\frac{M}{EI_z} \tag{6-14}$$

式中，E 为材料的弹性模量；I_z 为截面对中性轴 z 的惯性矩；EI_z 称为梁的抗弯刚度。

结论：梁的中性层曲率与梁的弯矩成正比。

3. 弯曲正应力

$$\sigma=\frac{My}{I_z} \tag{6-15}$$

式中，M 为横截面上的弯矩；I_z 为横截面对中性轴 z 的惯性矩；y 为横截面上点的纵坐标，即 $|y|$ 为点到中性轴 z 的距离。

结论：

(1) 弯曲正应力沿截面高度呈线性分布，在中性轴上各点处为零；在上、下边缘各点处取得最大值。

(2) 弯曲正应力沿截面宽度均匀分布，即距中性轴等远处各点的弯曲正应力相等。

(3) 中性轴将横截面分为拉、压两个区域，中性轴的一侧为拉应力，另一侧则为压应力。

4. 最大弯曲正应力

$$\sigma_{\max}=\frac{M}{W_z} \tag{6-16}$$

式中，$W_z=\dfrac{I_z}{|y|_{\max}}$，称为抗弯截面系数。

5. 简单截面的抗弯截面系数

矩形截面：

$$W_z=\frac{1}{6}bh^2 \tag{6-17}$$

圆形截面：

$$W_z=\frac{1}{32}\pi d^3 \tag{6-18}$$

圆环形截面：

$$W_z=\frac{1}{32}\pi D^3(1-\alpha^4) \tag{6-19}$$

工字钢等型钢截面的抗弯截面系数可直接查型钢表（见教材附录 B)。

6. 弯曲正应力强度条件

$$\sigma_{\max}=\frac{M_{\max}}{W_z}\leqslant[\sigma] \tag{6-20}$$

说明：该式适用于许用拉应力与许用压应力相等的塑性材料。对于许用拉应力 $[\sigma_t]$与许用压应力 $[\sigma_c]$不等的脆性材料，则应根据式（6-15）计算出梁内的最大拉应力 $\sigma_{t\max}$和最大压应力 $\sigma_{c\max}$，分别进行拉、压强度计算。

三、弯曲切应力及其强度计算

1. 矩形截面梁的弯曲切应力

$$\tau=\frac{F_S S_z^*}{I_z b}=\frac{F_S}{2I_z}\left(\frac{h^2}{4}-y^2\right) \tag{6-21}$$

式中，F_S 为横截面上的剪力；b、h 分别为横截面的宽度、高度；y 为横截面上点的纵坐标；S_z^* 为横截面上过纵坐标为 y 的点的横线以外部分面积对中性轴 z 的静矩；I_z 为整个横截面对中性轴 z 的惯性矩。

结论：

（1）弯曲切应力与剪力平行同向。

（2）弯曲切应力沿截面宽度均匀分布，即距中性轴等远处各点的弯曲切应力相等。

（3）弯曲切应力沿截面高度呈二次抛物线分布，在上、下边缘各点处为零，在中性轴上各点处取得最大值。

2. 矩形截面梁的最大弯曲切应力

$$\tau_{\max}=\frac{3F_S}{2A} \tag{6-22}$$

式中，A 为矩形截面面积。

3. 工字形截面梁的最大弯曲切应力

$$\tau_{\max}=\frac{F_{\mathrm{S}}}{d(I_z:S_z^*)} \tag{6-23}$$

式中，d 为工字形截面的腹板宽度；S_z^* 为工字形截面的一半面积对中性轴 z 的静矩。对于工字钢，比值 $I_z:S_z^*$ 可直接从型钢表中查得（见教材附录B）。

对于工字钢，其翼缘宽度要远大于腹板宽度，故可近似认为，弯曲切应力在腹板上均匀分布，即有近似公式

$$\tau_{\max}=\frac{F_{\mathrm{S}}}{dh_0} \tag{6-24}$$

式中，d、h_0 分别为工字钢的腹板宽度、腹板高度。

4. 圆形截面梁的最大弯曲切应力

$$\tau_{\max}=\frac{4F_{\mathrm{S}}}{3A} \tag{6-25}$$

式中，A 为圆形截面面积。

5. 薄壁圆环形截面梁的最大弯曲切应力

$$\tau_{\max}=2\,\frac{F_{\mathrm{S}}}{A} \tag{6-26}$$

式中，A 为薄壁圆环形截面面积。

6. 弯曲切应力强度条件

$$\tau_{\max}\leqslant[\tau] \tag{6-27}$$

四、梁的合理强度设计

1. 合理安排梁的支座

合理安排梁的支座，将简支梁改为外伸梁，可以减小最大弯矩，提高梁的承载能力。

2. 改变载荷作用方式

改变载荷作用方式，将集中载荷分散作用，可以减小最大弯矩，提高梁的承载能力。

3. 合理选择截面形状，增大单位面积的抗弯截面系数 W_z/A

例如，用工字钢梁替换圆形截面梁，可以减轻梁的重量，提高梁的承载能力。

4. 结合材料特性，合理选择截面形状

对于许用拉应力与许用压应力相等的塑性材料梁，宜采用关于中性轴对称的截面；对于许用拉应力小于许用压应力的脆性材料梁，则宜采用中性轴偏于受拉一侧的截面，以使截面上的最大拉应力和最大压应力同步达到材料的许用拉应力和许用压应力，充分发挥材料的强度潜能。

5. 采用变截面梁

采用变截面梁，使截面尺寸随弯矩的减小而减小，可以节省材料，减轻梁的重量。

解题方法

本章习题的主要类型是梁的强度计算。

一、基本步骤

1. 作剪力图，确定最大剪力$|F_S|_{max}$；
2. 作弯矩图，确定最大弯矩$|M|_{max}$；
3. 计算截面的几何性质；
4. 进行弯曲正应力强度计算；
5. 进行弯曲切应力强度校核。

二、注意点

1. 对于工程中常用的非薄壁截面的细长梁，弯曲正应力是主要的，而弯曲切应力是次要的。因此，在进行梁的强度计算时，一定要以弯曲正应力强度条件为主。通常的做法是，首先根据弯曲正应力进行强度计算，最后再对弯曲切应力进行强度校核。

2. 若问题只需进行梁的弯曲正应力强度计算，则基本步骤中的 1、5 可以省略。

3. 与承受其他变形杆件的强度计算类似，梁的强度计算也包含强度校核、截面设计和确定许可载荷等三类问题。

4. 在对许用拉应力与许用压应力不等、截面关于中性轴又不对称的脆性材料梁进行弯曲正应力强度计算时，一般需同时考虑最大正弯矩和最大负弯矩所在的两个截面，只有当这两个截面上危险点处的正应力都满足强度条件时，整根梁才是安全的。

难题解析

【例题 6-1】 如图 6-1a 所示，半径为 R 的圆形截面梁，切掉画阴影线的部分后，反而有可能使其抗弯截面系数 W_z 增大，为什么？试求出使 W_z 为极值的 α 角。并问这对梁的抗弯刚度 EI_z 有何影响？

解：(1) 计算切掉阴影线部分后截面对 z 轴的惯性矩

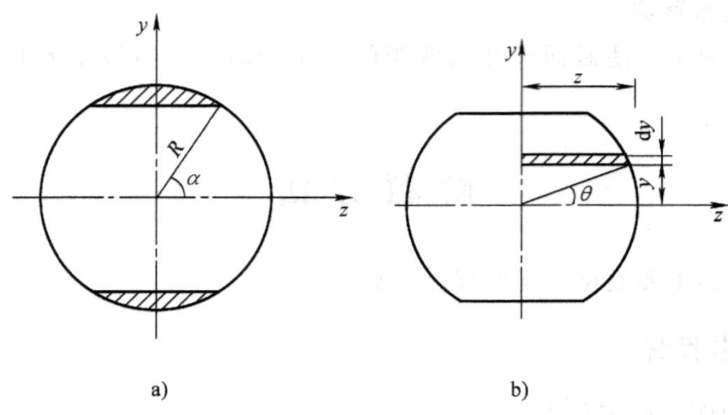

图 6-1

如图 6-1b 所示，根据式（6-4），由对称性得

$$I_z = 4\int_A y^2 \mathrm{d}A = 4\int_A y^2 z \mathrm{d}y$$

将 $y=R\sin\theta$、$z=R\cos\theta$、$\mathrm{d}y=R\cos\theta\mathrm{d}\theta$ 代入上式积分，得切掉阴影线部分后截面对 z 轴的惯性矩

$$I_z = 4\int_0^{\alpha} (R^2 \sin^2\theta) R\cos\theta(R\cos\theta\mathrm{d}\theta) = \frac{R^4(4\alpha - \sin 4\alpha)}{8}$$

（2）计算抗弯截面系数 W_z 及其极大值

抗弯截面系数

$$W_z = \frac{I_z}{|y|_{\max}} = \frac{R^3(4\alpha - \sin 4\alpha)}{8\sin\alpha} \tag{a}$$

为 α 角的函数，令

$$\frac{\mathrm{d}W_z}{\mathrm{d}\alpha} = \frac{R^3}{8}\frac{(4-4\cos 4\alpha)\sin\alpha - (4\alpha - \sin 4\alpha)\cos\alpha}{\sin^2\alpha} = 0 \tag{b}$$

用图解法或数值计算方法求解方程（b），并舍去不合理的解答，可得其驻点

$$\alpha = 1.363 \text{ rad} = 78.09°$$

将上述驻点值代入式（a），即得抗弯截面系数的极大值

$$W_{z\max} = 0.791R^3$$

（3）分析讨论

圆截面的抗弯截面系数

$$W_z = \frac{\pi}{4}R^3 = 0.785R^3$$

比较上述两个结果发现，将圆形截面切掉阴影线部分后，其抗弯截面系数反而略有增大。这是因为 $W_z = \dfrac{I_z}{|y|_{\max}}$，切掉阴影部分后虽然截面的 I_z 有所减

小，但$|y|_{max}$减小的幅度更大，所以抗弯截面系数W_z不减反增。

显然，切掉阴影部分后，梁的抗弯刚度EI_z略有降低。

【例题 6-2】 如图 6-2 所示，宽度 $b=6$ mm、厚度 $\delta=2$ mm 的钢带，环绕在直径 $D=1400$ mm 的带轮上，已知钢带的弹性模量 $E=200$ GPa，试求钢带承受的弯矩和钢带内的最大弯曲正应力。

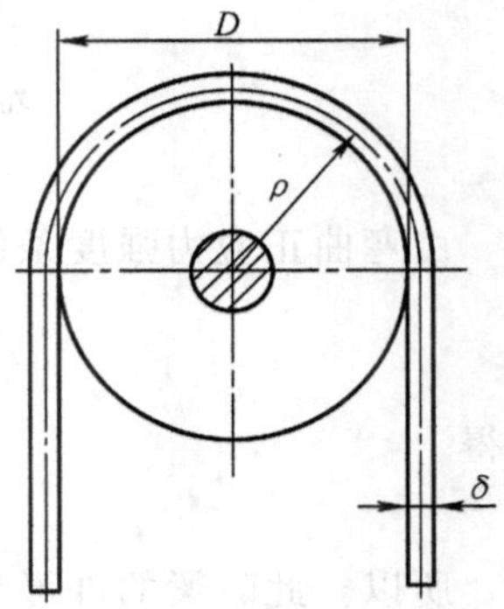

图 6-2

解：(1) 计算钢带承受的弯矩

环绕在带轮上的部分钢带的中性层的曲率半径（见图 6-2）

$$\rho=\frac{D}{2}+\frac{\delta}{2}=0.701\ \text{m}$$

由式（6-14），得钢带承受的弯矩

$$M=\frac{EI_z}{\rho}=\frac{Eb\delta^3}{12\rho}=1.141\ \text{N}\cdot\text{m}$$

(2) 计算钢带内的最大弯曲正应力

根据式（6-16），得钢带内的最大弯曲正应力

$$\sigma_{max}=\frac{M}{W_z}=\frac{M}{\frac{b\delta^2}{6}}=\frac{1.141\times 6}{6\times 2^2\times 10^{-9}}\ \text{Pa}=285.2\ \text{MPa}$$

【例题 6-3】 如图 6-3a 所示，悬臂梁由两根完全相同的矩形截面木梁自由叠加而成，在自由端承受集中载荷 F 的作用。已知 $b=200$ mm，$h=200$ mm，$l=3$ m，木材的许用应力 $[\sigma]=10$ MPa，若不计两梁之间的摩擦，试求梁的许可载荷。如果在自由端用两个螺栓将梁联接成一整体，如图 6-3b 所示，问此梁的许可载荷有无改变？若螺栓材料的许用切应力 $[\tau]=100$ MPa，试确定螺栓的最小直径。

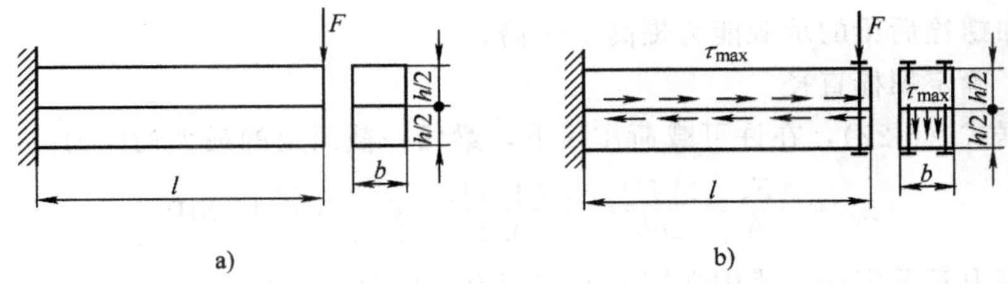

图 6-3

解：(1) 确定未加螺栓时梁的许可载荷

未加螺栓时（见图 6-3a），不计梁间的摩擦力，两梁自由弯曲，每根梁都有各自的中性层和中性轴。注意到，在小变形情况下，两根梁中性层的曲率近似

相等，故由式（6-14）可知，两梁的弯矩近似相等，即每根梁横截面上的弯矩各约为总弯矩的 1/2。由此得梁的最大正应力

$$\sigma_{\max}=\frac{|M_{\max}|}{W_z}=\frac{\frac{Fl}{2}}{\frac{b\ (h/2)^2}{6}}=\frac{12Fl}{bh^2}$$

由弯曲正应力强度条件

$$\sigma_{\max}=\frac{12Fl}{bh^2}\leqslant[\sigma]$$

解得

$$F\leqslant 2.22\ \text{kN}$$

所以，此时梁的许可载荷

$$[F]=2.22\ \text{kN}$$

（2）确定加螺栓后梁的许可载荷

加螺栓后（见图 6-3b），两根梁作为一个整体弯曲变形，故此时梁内的最大正应力

$$\sigma_{\max}=\frac{|M_{\max}|}{W_z}=\frac{Fl}{\frac{bh^2}{6}}=\frac{6Fl}{bh^2}$$

由弯曲正应力强度条件

$$\sigma_{\max}=\frac{6Fl}{bh^2}\leqslant[\sigma]$$

解得

$$F\leqslant 4.44\ \text{kN}$$

所以，此时梁的许可载荷

$$[F]=4.44\ \text{kN}$$

可见，加螺栓后梁的承载能力提高了一倍。

（3）确定螺栓直径

根据式（6-22），在许可载荷作用下，梁任一截面上的最大切应力

$$\tau_{\max}=\frac{3F_S}{2A}=\frac{3[F]}{2bh}=\frac{3\times 4.44\times 10^3\ \text{N}}{2\times 0.2\times 0.2\ \text{m}^2}=0.17\ \text{MPa}$$

根据切应力互等定理，梁中性层上的切应力（见图 6-3b）

$$\tau=\tau_{\max}=0.17\ \text{MPa}$$

故每个螺栓剪切面上的剪力为

$$F_S=\frac{\tau bl}{2}=\frac{0.17\times 10^6\ \text{Pa}\times 0.2\times 3\ \text{m}^2}{2}=51\ \text{kN}$$

由剪切强度条件

$$\tau=\frac{F_S}{A_S}=\frac{51\times10^3\ \mathrm{N}}{\frac{\pi}{4}d^2}\leqslant[\tau]=100\times10^6\ \mathrm{Pa}$$

解得

$$d\geqslant25.2\ \mathrm{mm}$$

所以，螺栓的最小直径为

$$d=26\ \mathrm{mm}$$

习题解答

习题 6-1 T 形截面如图 6-4 所示，已知 $b_1=0.3$ m，$b_2=0.6$ m，$h_1=0.5$ m，$h_2=0.14$ m。(1) 求阴影部分面积对水平形心轴 z_0 的静矩；(2) 问 z_0 轴以上部分面积对 z_0 轴的静矩与阴影部分面积对 z_0 轴的静矩有何关系？

解：如图 6-4 所示，将整个 T 形截面分割为上、下两个矩形，根据平面图形的形心坐标计算公式，得其形心坐标 $y_C=0.275$ m。

将阴影部分分割为上、下两个矩形（见图 6-4），由式 (6-3)，得阴影部分面积对 z_0 轴的静矩 $S_{z_0}=A_1y_1+A_2y_2=-0.02\ \mathrm{m}^3$。

由于整个 T 形截面对形心轴 z_0 的静矩为零，由此推断，z_0 轴以上部分面积对 z_0 轴的静矩与阴影部分面积对 z_0 轴的静矩互为相反数，即二者大小相等，正负号相反。

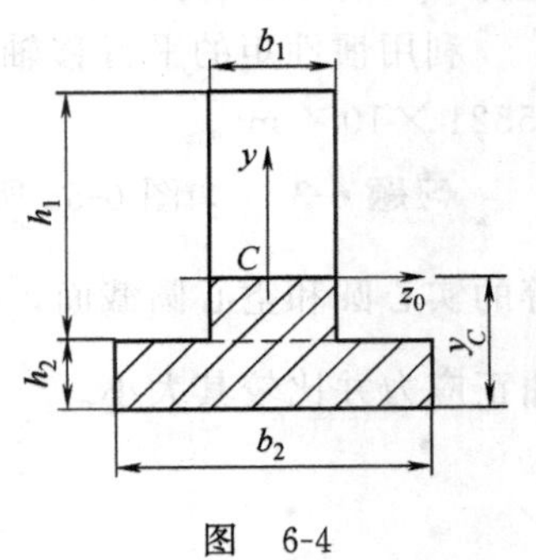

图 6-4

习题 6-2 试求图 6-5 所示各组合截面对水平形心轴 z_0 的惯性矩：(a) No. 40a 工字钢与钢板组成的组合截面，已知钢板厚度 $\delta=20$ mm；(b) T 形截面；(c) 上下不对称的工字形截面。

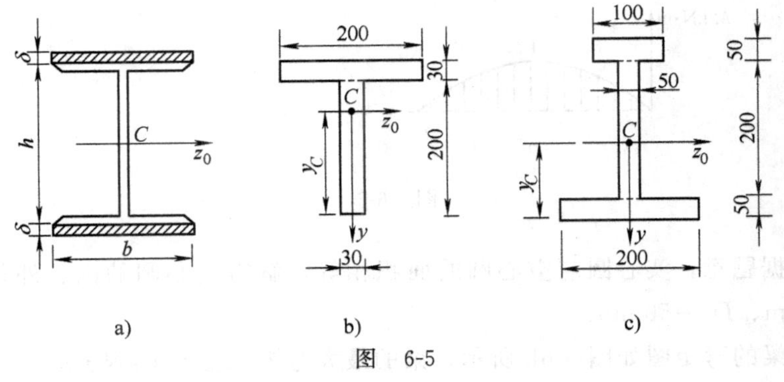

图 6-5

解：(a) 查型钢表，得 No. 40a 工字钢的高度 $h=400$ mm，翼缘宽度 $b=142$ mm，对水平形心轴 z_0 的惯性矩 $I_{z_0}^{\mathrm{I}}=21700\ \mathrm{cm}^4$。

利用惯性矩的平行移轴公式，由对称性，得上、下两块钢板对水平形心轴 z_0 的惯性矩 $I_{z_0}^{\mathrm{II}}=25068\ \mathrm{cm}^4$。

所以，该组合截面对水平形心轴 z_0 的惯性矩 $I_{z_0}=I_{z_0}^{\mathrm{I}}+I_{z_0}^{\mathrm{II}}\approx 0.468\times 10^{-3}\ \mathrm{m}^4$。

(b) 首先确定截面的形心位置。如图 6-5b 所示，将 T 形截面分割为上、下两个矩形，根据平面图形的形心坐标计算公式，得其形心坐标 $y_C=0.1575$ m。

利用惯性矩的平行移轴公式，得该截面对水平形心轴 z_0 的惯性矩 $I_{z_0}=60.1\times 10^{-6}\ \mathrm{m}^4$。

(c) 首先确定截面的形心位置。如图 6-5c 所示，将上下不对称的工字形截面分割为上、中、下三个矩形，根据平面图形的形心坐标计算公式，得其形心坐标 $y_C=0.125$ m。

利用惯性矩的平行移轴公式，得该截面对水平形心轴 z_0 的惯性矩为 $I_{z_0}=25521\times 10^{-8}\ \mathrm{m}^4$。

习题 6-3 如图 6-6a 所示，简支梁承受均布载荷作用。若分别采用面积相等的实心圆和空心圆截面，且 $D_1=40$ mm，$\dfrac{d_2}{D_2}=\dfrac{3}{5}$，试分别计算它们的最大弯曲正应力并比较其大小。

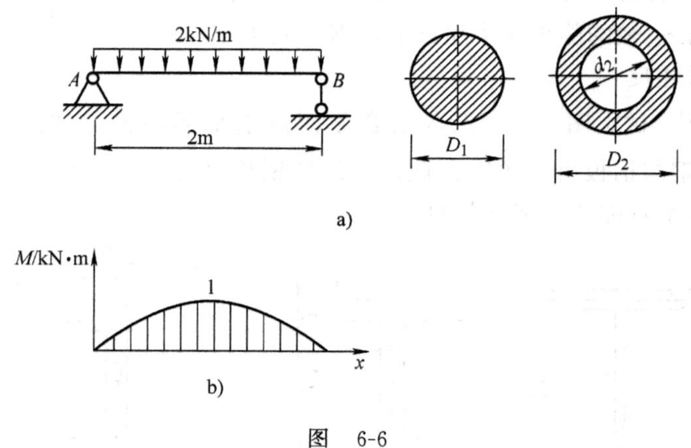

图 6-6

解：据题意，实心圆与空心圆的面积相等，解得空心圆的内、外径分别为 $d_2=30$ mm、$D_2=50$ mm。

作出梁的弯矩图如图 6-6b 所示，梁的最大弯矩 $M_{\max}=1\ \mathrm{kN\cdot m}$。

对于实心圆截面梁，最大弯曲正应力 $\sigma_{max1}=\dfrac{M_{max}}{W_{z1}}=159.2\ \text{MPa}$；对于空心圆截面梁，最大弯曲正应力 $\sigma_{max2}=\dfrac{M_{max}}{W_{z2}}=93.5\ \text{MPa}$。

比较二者大小，$\dfrac{\sigma_{max1}-\sigma_{max2}}{\sigma_{max1}}=41.3\%$，即相对于实心圆截面梁，空心圆截面梁的最大弯曲正应力减小了 41.3%。

习题 6-4　如图 6-7a 所示，矩形截面简支梁 AB 受均布载荷作用。试计算：(1) 截面 1—1 上点 K 处的弯曲正应力；(2) 截面 1—1 上的最大弯曲正应力，并指出其所在位置；(3) 全梁的最大弯曲正应力，并指出其所在截面和在该截面上的位置。

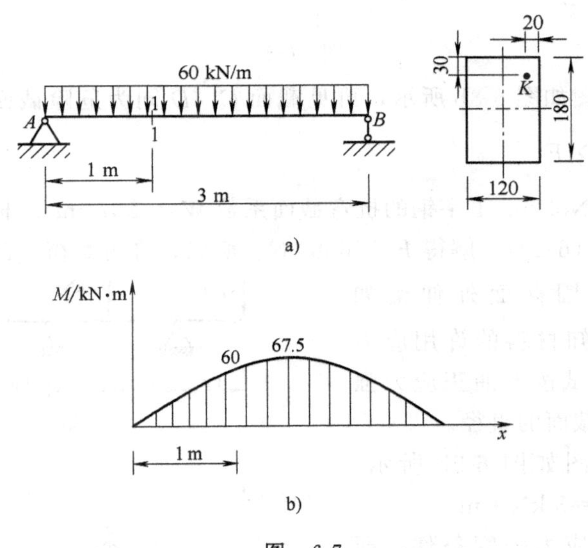

图　6-7

解：作出梁的弯矩图如图 6-7b 所示，截面 1—1 的弯矩和跨中截面的最大弯矩分别为 $M_1=60\ \text{kN}\cdot\text{m}$、$M_{max}=67.5\ \text{kN}\cdot\text{m}$。

由式 (6-15)，得截面 1—1 上点 K 处的弯曲正应力 $\sigma_{1K}=-61.7\ \text{MPa}$。

由式 (6-16)，得截面 1—1 上的最大弯曲正应力 $\sigma_{1max}=92.6\ \text{MPa}$，其发生于截面 1—1 的上（下）边缘处。

全梁的最大弯曲正应力 $\sigma_{max}=104.2\ \text{MPa}$，其发生于跨中截面的上（下）边缘处。

习题 6-5　No. 20a 工字钢梁的支承和受力情况如图 6-8a 所示。若 $[\sigma]=160\ \text{MPa}$，试按弯曲正应力强度条件确定许可载荷 $[F]$。

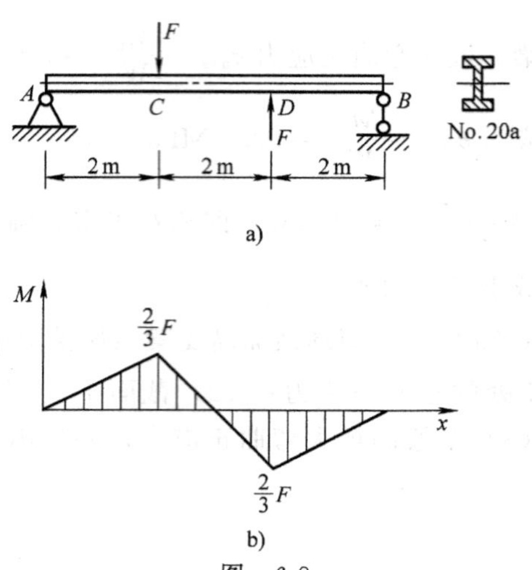

图 6-8

解：作弯矩图如图 6-8b 所示，可见截面 C、D 同为危险截面，其处最大弯矩 $|M|_{\max}=\frac{2}{3}\ \mathrm{m}\times F$。

查型钢表得 No. 20a 工字钢的抗弯截面系数 $W_z=237\ \mathrm{cm}^3$。根据弯曲正应力强度条件，即式（6-20），解得 $F\leqslant 56880\ \mathrm{N}$。所以，许可载荷 $[F]=56.88\ \mathrm{kN}$。

习题 6-6 圆截面外伸梁如图 6-9a所示，已知材料的许用应力 $[\sigma]=100\ \mathrm{MPa}$，试按弯曲正应力强度条件确定梁横截面的直径。

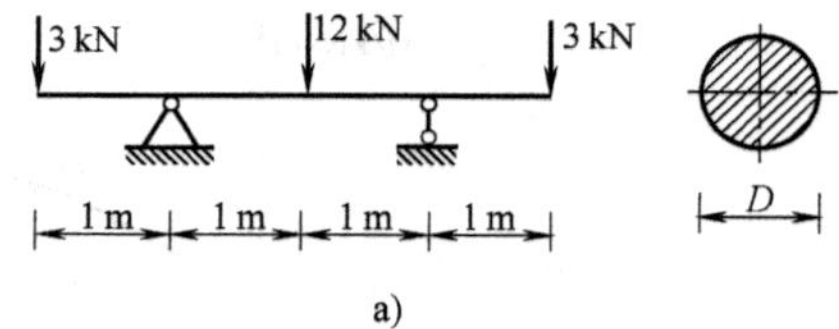

解：作弯矩图如图 6-9b 所示，最大弯矩 $|M|_{\max}=3\ \mathrm{kN\cdot m}$。

根据弯曲正应力强度条件，即式（6-20），解得 $D\geqslant 67.4\ \mathrm{mm}$，故取截面直径 $D=68\ \mathrm{mm}$。

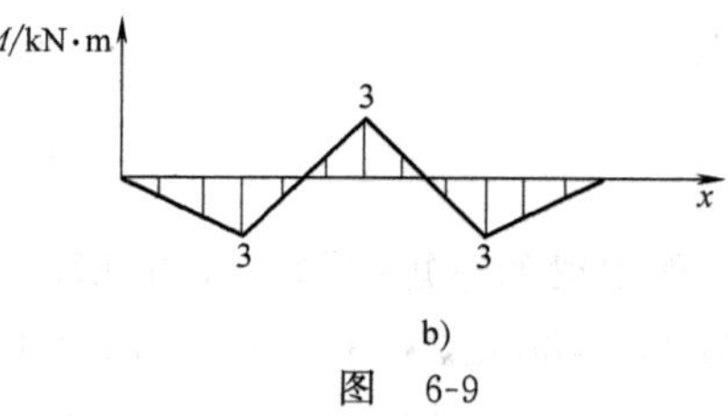

图 6-9

习题 6-7 图 6-10a 所示简易吊车梁 AB 为一根 No. 45a 工字钢，梁自重 $q=804\ \mathrm{N/m}$，最大起吊重量 $F=68\ \mathrm{kN}$，材料的许用应力 $[\sigma]=140\ \mathrm{MPa}$，试校核该梁的弯曲正应力强度。

解：由对称性得支座反力 $F_A=F_B=37.82\ \mathrm{kN}$。

作出弯矩图如图 6-10b 所示，最大弯矩 $M_{\max}=170.57\ \mathrm{kN\cdot m}$。

查型钢表得 No. 45a 工字钢的抗弯截面系数 $W_z=1430\ \mathrm{cm}^3$。根据弯曲正应力强度条件，即式（6-20），$\sigma_{\max}=119.3\ \mathrm{MPa}<[\sigma]=140\ \mathrm{MPa}$，该梁的强度符合要求。

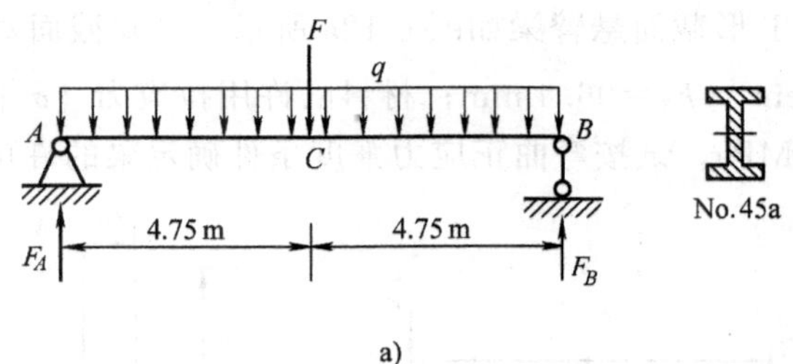

a)

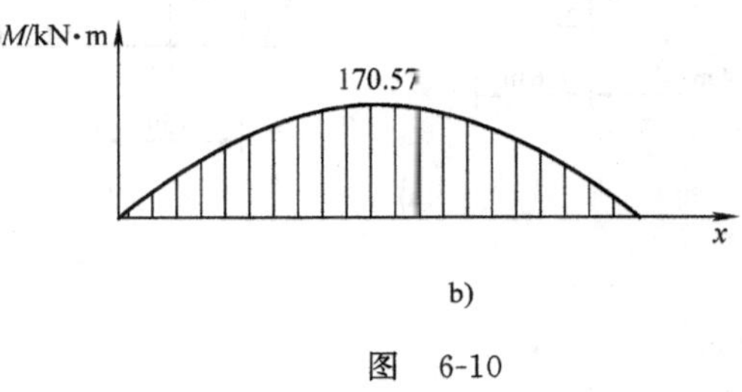

b)

图　6-10

习题 6-8　槽形截面铸铁梁受图 6-11a 所示载荷，已知槽形截面对中性轴 z 的惯性矩 $I_z=4000\ \mathrm{cm}^4$，材料的许用拉应力 $[\sigma_t]=50$ MPa、许用压应力 $[\sigma_c]=150$ MPa。试校核梁的弯曲正应力强度。

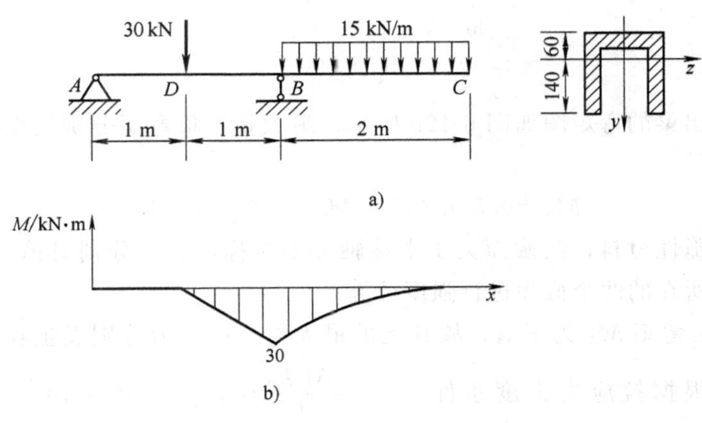

a)

b)

图　6-11

解：作出梁的弯矩图如图 6-11b 所示，显然截面 B 为危险截面，其上弯矩 $M_B=-30$ kN·m。

弯矩 M_B 为负值，故最大拉、压应力分别发生在截面 B 的上、下边缘处。根据拉应力强度条件，$\sigma_{\mathrm{tmax}}=45\ \mathrm{MPa}\leqslant[\sigma_t]=50$ MPa；根据压应力强度条件，$\sigma_{\mathrm{cmax}}=105\ \mathrm{MPa}\leqslant[\sigma_c]=150$ MPa，故该梁的强度符合要求。

习题 6-9 T形截面悬臂梁如图 6-12a 所示。已知截面对水平形心轴 z 的惯性矩 $I_z=10180\ \text{cm}^4$，$h_2=96.4\ \text{mm}$；材料的许用拉应力 $[\sigma_t]=40\ \text{MPa}$，许用压应力 $[\sigma_c]=160\ \text{MPa}$。试按弯曲正应力强度条件确定梁的许可载荷。

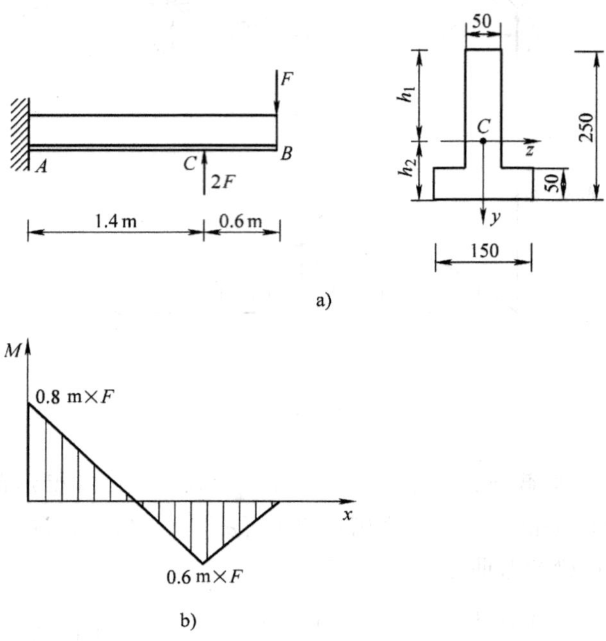

图 6-12

解：作出梁的弯矩图如图 6-12b 所示，最大正、负弯矩分别发生于截面 A、C 处，为

$$M_A=0.8\ \text{m}\times F,\quad M_C=-0.6\ \text{m}\times F$$

此梁为脆性材料，横截面关于中性轴又不对称，故需分别对最大正弯矩和最大负弯矩所在的两个截面进行强度计算。

A 截面：弯矩 M_A 为正值，故其上的最大拉、压应力分别发生在截面的下、上边缘处。根据拉应力强度条件 $\sigma_{t\max}^{A}=\dfrac{M_A h_2}{I_z}\leqslant[\sigma_t]=40\times10^6\ \text{Pa}$，得 $F\leqslant 52.8\ \text{kN}$；根据压应力强度条件 $\sigma_{c\max}^{A}=\dfrac{M_A h_1}{I_z}\leqslant[\sigma_c]=160\times10^6\ \text{Pa}$，得 $F\leqslant 132.6\ \text{kN}$。

截面 C：弯矩 M_C 为负值，故其上的最大拉、压应力分别发生在截面的上、下边缘处。显然只需考虑拉应力强度条件，根据 $\sigma_{t\max}^{C}=\dfrac{|M_C|h_1}{I_z}\leqslant[\sigma_t]=40\times10^6\ \text{Pa}$，得 $F\leqslant44.2\ \text{kN}$。

综上所述，梁的许可载荷 $[F]=44.2\ \text{kN}$。

习题 6-10 图 6-13a 所示简支梁由 No. 36a 工字钢制成。已知载荷 $F=40\ \text{kN}$、$M_e=150\ \text{kN}\cdot\text{m}$，材料的许用应力 $[\sigma]=160\ \text{MPa}$。试校核该梁的弯曲正应力强度。

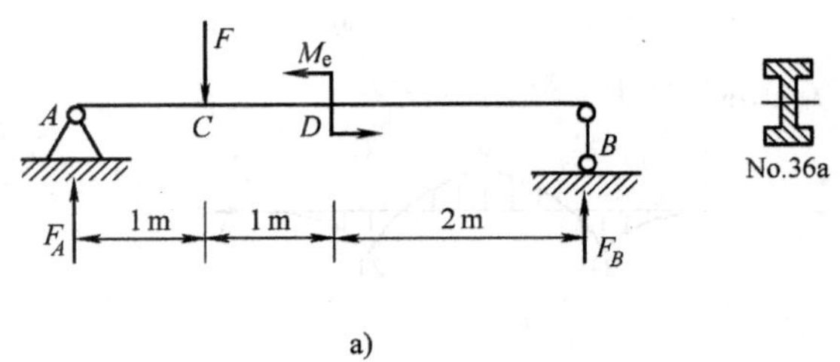

a)

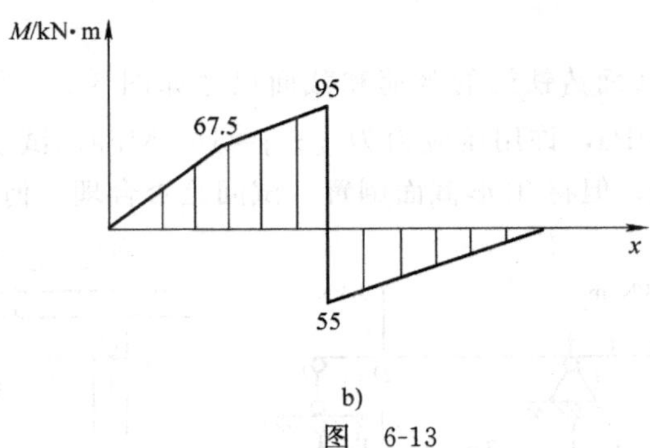

b)

图 6-13

解：选取 AB 梁为研究对象，其受力如图 6-13a 所示，由平衡方程得支座反力

$$F_A=67.5\ \text{kN}(\uparrow),\quad F_B=-27.5\ \text{kN}(\downarrow)$$

作出梁的弯矩图如图 6-13b 所示，最大弯矩 $M_{\max}=95\ \text{kN}\cdot\text{m}$。

查型钢表得 No. 36a 工字钢的抗弯截面系数 $W_z=875\ \text{cm}^3$。根据弯曲正应力强度条件，即式（6-20），$\sigma_{\max}=108.6\ \text{MPa}<[\sigma]=160\ \text{MPa}$，此梁的弯曲正应力强度符合要求。

习题 6-11 如图 6-14a 所示，一矩形截面钢梁受均布载荷作用，已知均布载荷集度 $q=12\ \text{kN/m}$，材料的许用应力 $[\sigma]=160\ \text{MPa}$。若规定矩形截面的高宽比 $h/b=2$，试按弯曲正应力强度条件确定截面尺寸。

解：作出梁的弯矩图如图 6-14b 所示，最大弯矩 $M_{\max}=30\ \text{kN}\cdot\text{m}$。

根据弯曲正应力强度条件，即式（6-20），解得 $b\geqslant 65.5\ \text{mm}$。故取此梁的截面尺寸为

$$b=66\ \text{mm},\quad h=132\ \text{mm}$$

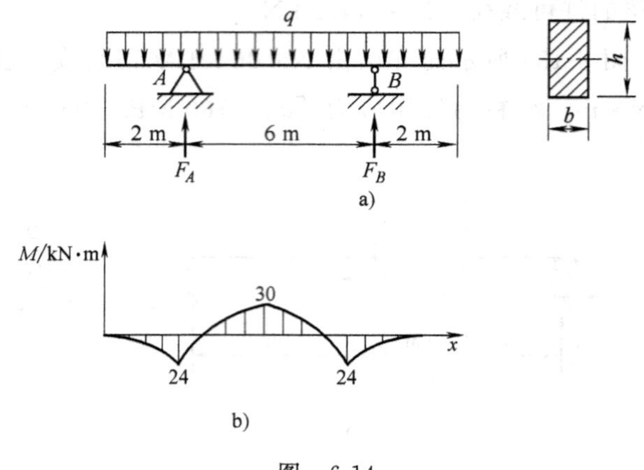

图 6-14

习题 6-12 T形截面铸铁梁的载荷和截面尺寸如图 6-15a 所示。若材料的许用拉应力 $[\sigma_t]=40$ MPa，许用压应力为 $[\sigma_c]=160$ MPa，试校核梁的弯曲正应力强度。若载荷不变，但将T形截面倒置，试问是否合理？何故？

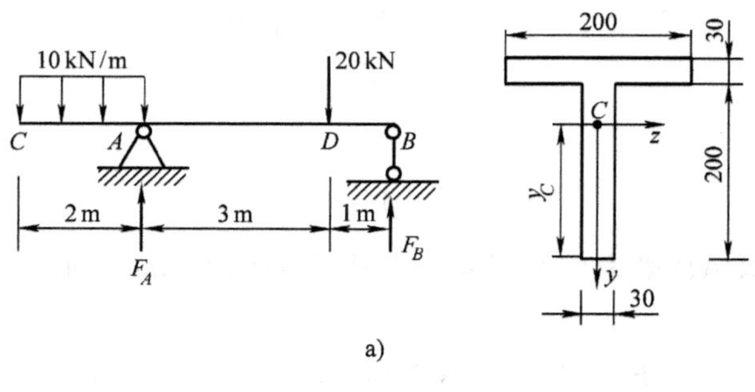

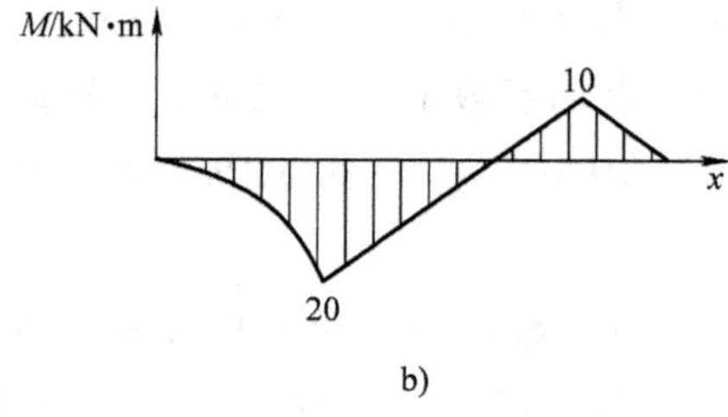

图 6-15

解：选取 CB 梁为研究对象，其受力如图 6-15a 所示，由平衡方程得支座反力

$$F_A=30\ \text{kN},\quad F_B=10\ \text{kN}$$

作出梁的弯矩图如图 6-15b 所示，最大正、负弯矩分别发生于 D、A 截面

处，为

$$M_D=10\ \text{kN},\quad M_A=-20\ \text{kN}$$

如图 6-15a 所示，根据平面图形形心坐标计算公式，得中性轴 z 距下边缘的距离 $y_C=157.5\ \text{mm}$。利用惯性矩的平行移轴公式，得惯性矩 $I_z=60.125\times10^{-6}\ \text{m}^4$。

此梁为脆性材料，横截面关于中性轴又不对称，故需分别对最大正弯矩和最大负弯矩所在的两个截面进行强度校核。

D 截面：弯矩 M_D 为正值，故其上的最大拉、压应力分别发生在截面的下、上边缘处。显然，此处只需校核拉应力强度，$\sigma_{\text{t max}}^{D}=\dfrac{M_D y_C}{I_z}=26.2\ \text{MPa}<[\sigma_t]=40\ \text{MPa}$。

截面 A：弯矩 M_A 为负值，故其上的最大拉、压应力分别发生在截面的上、下边缘处。校核拉应力强度，$\sigma_{\text{t max}}^{A}=\dfrac{|M_A|(0.23-y_C)}{I_z}=24.1\ \text{MPa}<[\sigma_t]=40\ \text{MPa}$；校核压应力强度，$\sigma_{\text{c max}}^{A}=\dfrac{|M_A|y_C}{I_z}=52.4\ \text{MPa}<[\sigma_c]=160\ \text{MPa}$。

所以，该梁的弯曲正应力强度符合要求。

若将 T 形截面倒置，则梁内的最大拉应力发生在截面 A 的上边缘处，为

$$\sigma_{\text{t max}}=\sigma_{\text{t max}}^{A}=\frac{|M_A|y_C}{I_z}=52.4\ \text{MPa}>[\sigma_t]=40\ \text{MPa}$$

不满足强度条件。因此，倒置不合理。

习题 6-13 试计算图 6-16 所示矩形截面简支梁 1—1 截面上 a、b 两点的弯曲正应力和弯曲切应力。

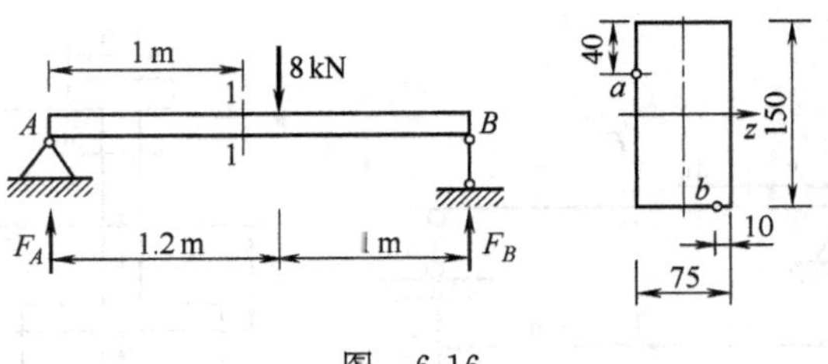

图 6-16

解：选取 AB 梁为研究对象，其受力如图 6-16 所示，由平衡方程得支座反力

$$F_A=3.64\ \text{kN},\quad F_B=4.36\ \text{kN}$$

用截面法或简便方法，得 1—1 截面上剪力、弯矩分别为

$$F_S=3.64\ \text{kN},\quad M=3.64\ \text{kN}\cdot\text{m}$$

1—1 截面上的弯矩为正值，故截面中性轴以上部分受压、以下部分受拉。根据弯曲正应力计算公式，即式（6-15），得 a 点、b 点的弯曲正应力分别为

$$\sigma_a = -6.04\ \text{MPa},\quad \sigma_b = 12.94\ \text{MPa}$$

根据矩形截面梁的弯曲切应力计算公式，即式（6-21），得1—1截面上a点、b点的弯曲切应力分别为

$$\tau_a = 0.379\ \text{MPa},\quad \tau_b = 0$$

习题6-14 试计算图6-17a所示圆形截面简支梁在均布载荷作用下的最大弯曲正应力和最大弯曲切应力，并指出它们发生于何处。

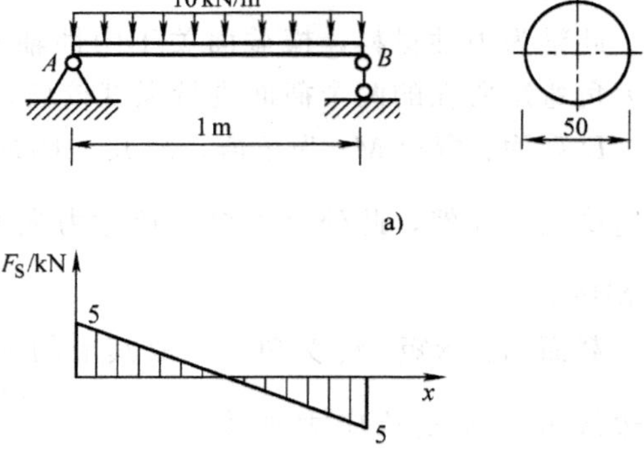

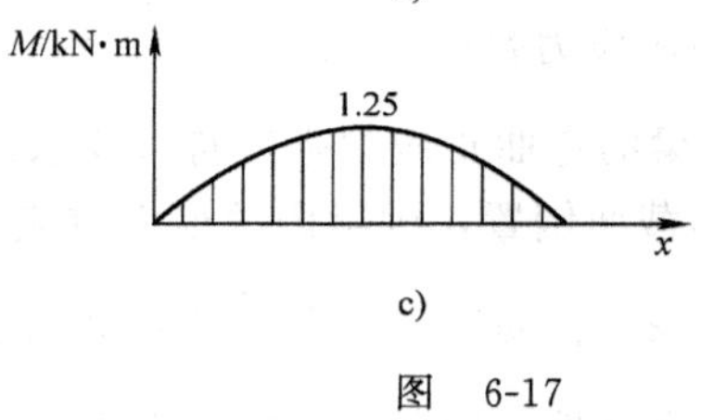

M/kN·m 1.25 x c)

图 6-17

解：作出梁的剪力图和弯矩图分别如图6-17b、c所示。可见，最大剪力位于梁的A、B两端截面，最大弯矩位于梁的跨中截面，大小分别为

$$F_{\text{Smax}} = 5\ \text{kN},\quad M_{\max} = 1.25\ \text{kN}\cdot\text{m}$$

梁的最大弯曲正应力发生于跨中截面的上、下边缘各点处，由式（6-16），得其大小$\sigma_{\max} = 102\ \text{MPa}$。最大弯曲切应力发生于梁的$A$、$B$两端截面的中性轴上各点处，由式（6-25），得其大小$\tau_{\max} = 3.4\ \text{MPa}$。

习题6-15 铸铁简支梁如图6-18a所示，已知材料的弹性模量$E = 120\ \text{GPa}$，

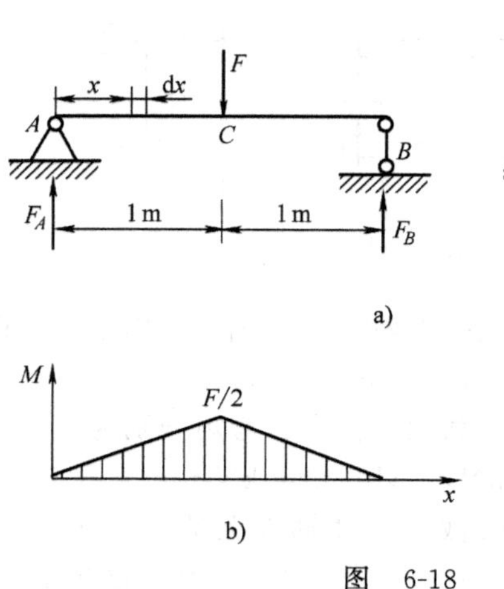

图 6-18

许用拉应力 $[\sigma_t]=30\ \text{MPa}$，许用压应力为 $[\sigma_c]=90\ \text{MPa}$。试求（1）许可载荷 $[F]$；（2）在许可载荷作用下，梁下边缘总的纵向伸长量。

解：（1）确定许可载荷

作出梁的弯矩图如图 6-18b 所示，最大弯矩 $M_{max}=F/2$。

由图 6-18a，根据平面图形形心坐标计算公式，得中性轴 z 到截面下边缘的距离 $y_C=125\ \text{mm}$。利用惯性矩的平行移轴公式，得惯性矩 $I_z=25521\ \text{cm}^4$。

弯矩 M_{max} 为正值，故所在截面 C 上的最大拉、压应力分别发生于截面的下、上边缘各点处，需分别进行强度计算。根据拉应力强度条件，得 $F\leqslant 122.5\ \text{kN}$；根据压应力强度条件，得 $F\leqslant 262.5\ \text{kN}$。所以，梁的许可载荷 $[F]=122.5\ \text{kN}$。

（2）计算梁下边缘总的纵向伸长量

因对称性，只需计算 AC 段下边缘的纵向伸长量即可。

如图 6-18a 所示，在许可载荷作用下，AC 段的弯矩方程为 $M(x)=61250x$。

x 截面下边缘的正应力为 $\sigma=\dfrac{M(x)\ y_C}{I_z}=0.3\times 10^8 x$。

此梁的下边缘为单向拉伸状态，利用胡克定律，得 x 截面处下边缘微段 $\mathrm{d}x$ 的伸长量

$$\Delta(\mathrm{d}x)=\varepsilon\mathrm{d}x=\frac{\sigma}{E}\mathrm{d}x=\frac{0.3\times 10^8 x}{120\times 10^9}\mathrm{d}x=0.25\times 10^{-3}x\mathrm{d}x$$

积分即得梁下边缘总的纵向伸长量 $\Delta l=2\int_0^1\Delta(\mathrm{d}x)=0.25\ \text{mm}$。

习题 6-16 图 6-19 所示简支梁是由三块截面为 40 mm×90 mm 的木板胶合而成，已知胶缝的许用切应力 $[\tau]=0.5\ \text{MPa}$，试按胶缝的切应力强度确定梁的许可载荷 $[F]$。

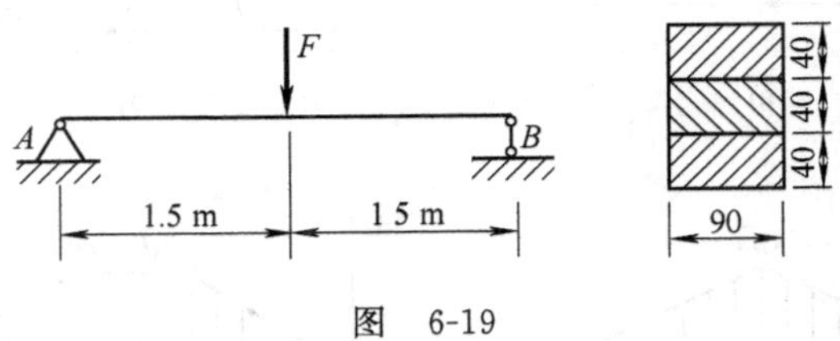

图 6-19

解：显然，梁任一截面上的剪力大小相等，为 $F_S=F/2$。

根据矩形截面梁的弯曲切应力计算公式，即式（6-21），由胶缝的切应力强度条件，得 $F\leqslant 8100\ \text{N}$。所以，梁的许可载荷

$$[F]=8100\ \text{N}$$

习题 6-17 圆形截面梁如图 6-20a 所示，已知材料的许用应力 $[\sigma]=160\ \text{MPa}$，$[\tau]=100\ \text{MPa}$。试确定该梁横截面直径 d。

解：由平衡方程，得梁的支座反力（见图 6-20a）$F_A = F_B = 30$ kN（↑）。

作出梁的剪力图、弯矩图如图 6-20b、c 所示，由图可见最大剪力、最大弯矩分别为

$$F_{Smax} = 30 \text{ kN}, \quad M_{max} = 30 \text{ kN} \cdot \text{m}$$

根据弯曲正应力强度条件，即式（6-20），得 $d \geqslant 124$ mm。所以，初选梁的横截面直径$d = 124$ mm。

再进行弯曲切应力强度校核。由式（6-25），$\tau_{max} = 3.3$ MPa $< [\tau] = 100$ MPa，弯曲切应力强度符合要求。故可选该梁的横截面直径 $d = 124$ mm。

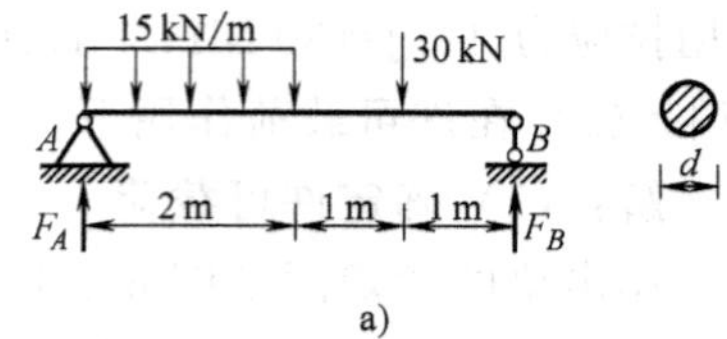

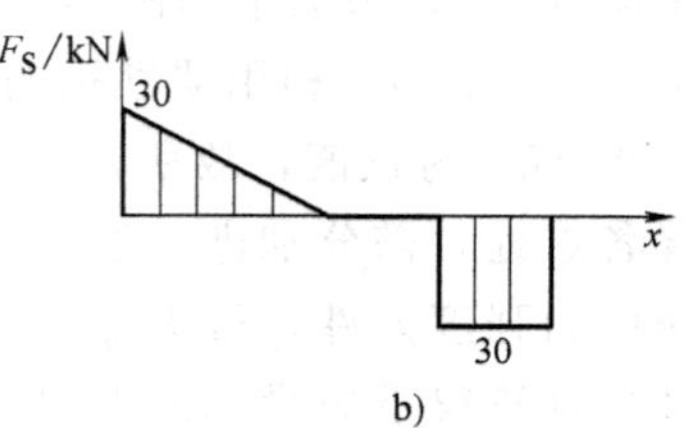

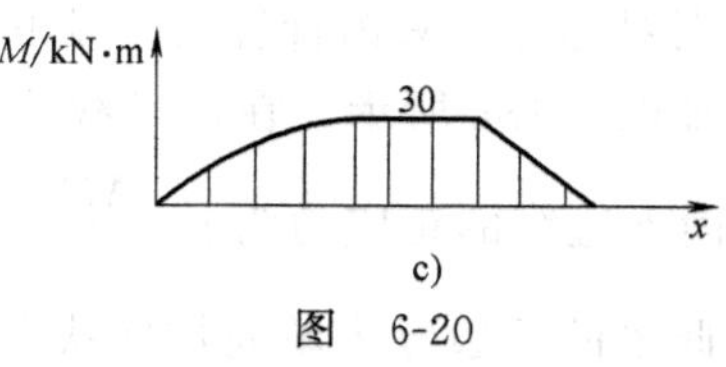

图 6-20

习题 6-18 简支梁 AB 如图 6-21 所示，若集中力 F 作用在中间截面处（见图 a)，则梁内最大弯曲正应力将为许用应力的 130%。为使该梁符合强度要求，在梁和载荷不变的情况下，可在集中力 F 与梁 AB 间加一辅梁 CD（见图 b)，试确定辅梁 CD 的最小长度 a。假设辅梁 CD 的强度足够。

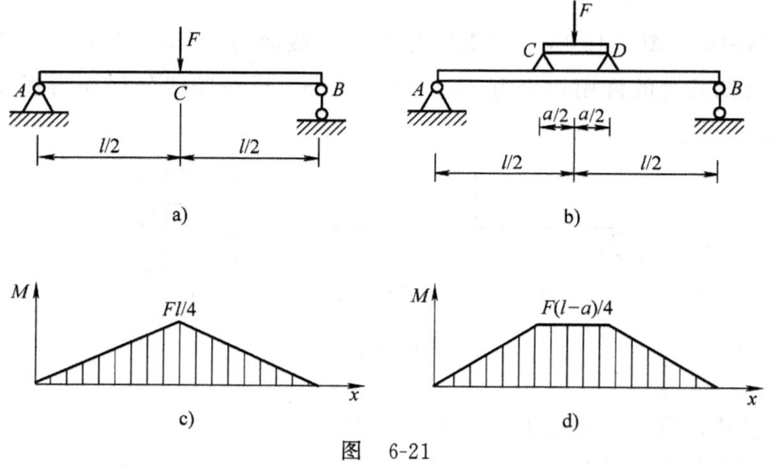

图 6-21

解：分别作无辅梁、有辅梁时的弯矩图如图 6-21c、d 所示，无辅梁、有辅梁时的最大弯矩分别为 $M_{1\,max} = \dfrac{1}{4}Fl$、$M_{2\,max} = \dfrac{1}{4}F\ (l-a)$。

无辅梁时，$\sigma_{1max} = \dfrac{Fl}{4W_z} = 1.3[\sigma]$；有辅梁时，$\sigma_{2max} = \dfrac{F(l-a)}{4W_z} = [\sigma]$。联立解之，

得辅梁 CD 的最小长度 $a=\frac{3}{13}l=0.23l$。

习题 6-19 图 6-22a 所示简支梁用工字钢制作，已知 $q=6\ \text{kN/m}$、$F=20\ \text{kN}$，钢材的许用应力 $[\sigma]=180\ \text{MPa}$、$[\tau]=100\ \text{MPa}$，试选择工字钢的型号。

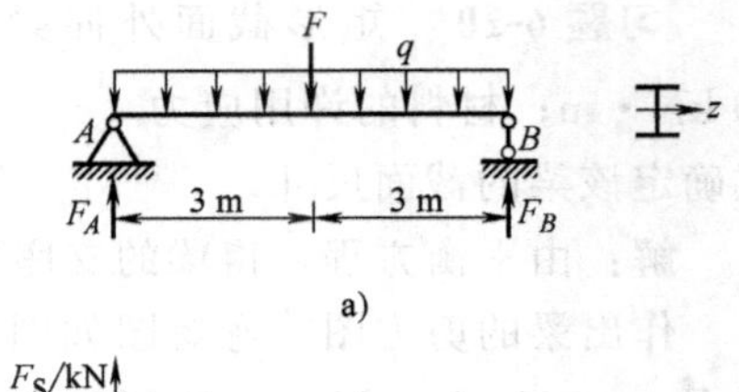

a)

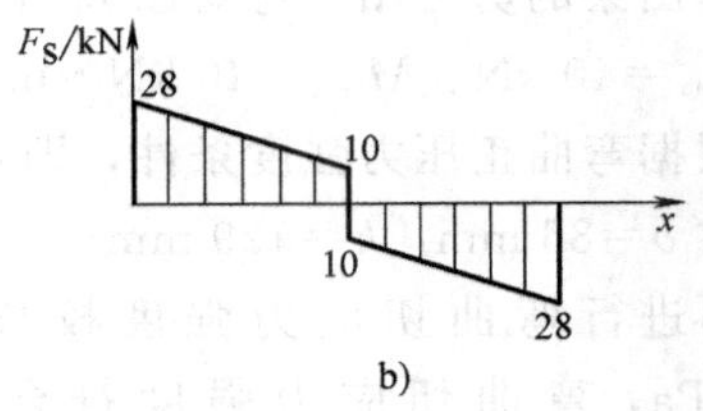

b)

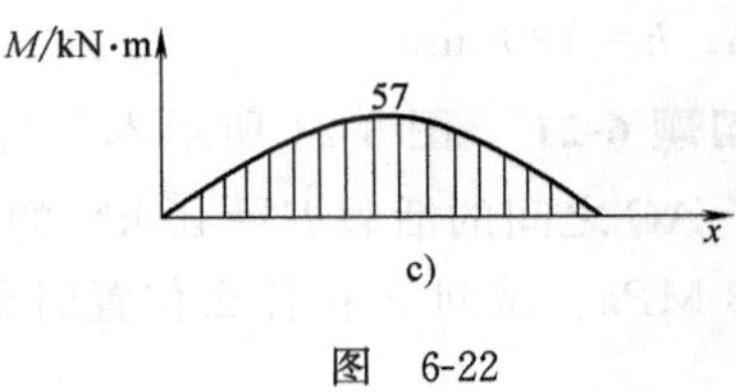

c)

图 6-22

解：由对称性，得梁的支座反力（见图 6-22a）$F_A=F_B=28\ \text{kN}$（↑）。

作出梁的剪力图、弯矩图如图 6-22b、c 所示，得其最大剪力、最大弯矩分别为 $F_{\text{Smax}}=28\ \text{kN}$、$M_{\max}=57\ \text{kN}\cdot\text{m}$。

根据弯曲正应力强度条件，即式 (6-20)，得 $W_z \geqslant 317\ \text{cm}$。所以，初选工字钢的型号为 No. 22b，其抗弯截面系数 $W_z=325\ \text{cm}^3$，满足弯曲正应力强度要求。

再进行弯曲切应力强度校核。查型钢表，No. 22b 工字钢的 $d=9.5\ \text{mm}$，$I_z : S_z^*=18.7\ \text{cm}$。由式 (6-23)，$\tau_{\max}=15.8\ \text{MPa}<[\tau]=100\ \text{MPa}$，弯曲切应力强度符合要求。故可选工字钢的型号为 No. 22b。

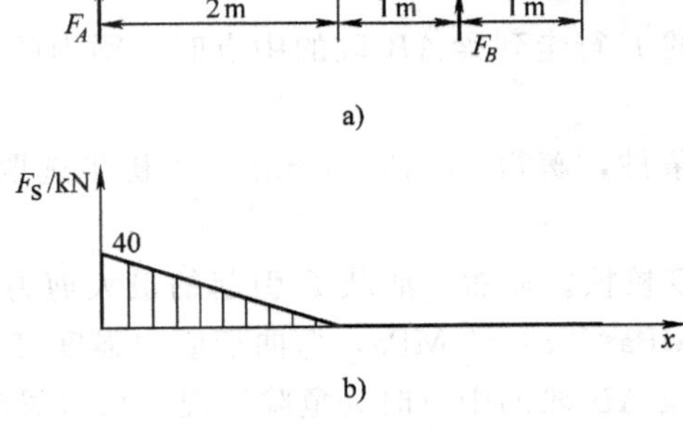

a)

F_S/kN
40
x

b)

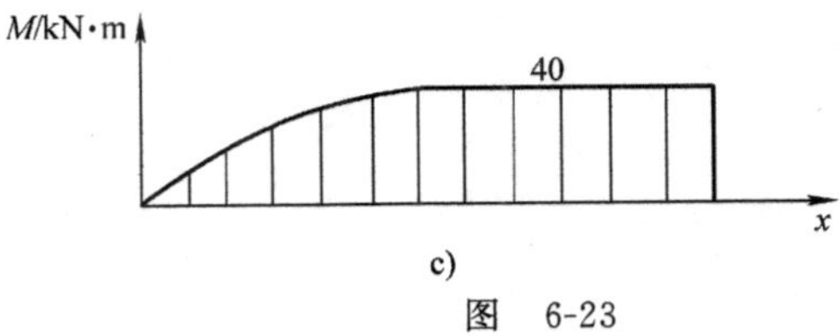

c)

图 6-23

习题 6-20 矩形截面外伸梁如图 6-23a 所示，已知 $q=20$ kN/m，$M_e=40$ kN·m；材料的许用应力 $[\sigma]=170$ MPa，$[\tau]=100$ MPa。若规定 $h/b=1.5$，试确定该梁的截面尺寸。

解：由平衡方程，得梁的支座反力（见图 6-23a）$F_A=40$ kN（↑），$F_B=0$。

作出梁的剪力图、弯矩图如图 6-23b、c 所示，其最大剪力、最大弯矩分别为 $F_{Smax}=40$ kN、$M_{max}=40$ kN·m。

根据弯曲正压力强度条件，即式（6-20），得 $b \geqslant 85.6$ mm。故初选该梁的截面尺寸 $b=86$ mm，$h=129$ mm。

再进行弯曲切应力强度校核。由式（6-22），$\tau_{max}=5.4\ \text{MPa}<[\tau]=100$ MPa，弯曲切应力强度符合要求。所以，可取该梁的截面尺寸 $b=86$ mm，$h=129$ mm。

习题 6-21 图 6-24 所示木制外伸梁，截面为矩形，高宽比 $h/b=1.5$，受行走于 AC 之间的活载 $F=40$ kN 的作用，已知材料的许用应力 $[\sigma]=10$ MPa、$[\tau]=3$ MPa。试问 F 在什么位置时梁为危险工况？并确定梁的截面尺寸 b 和 h。

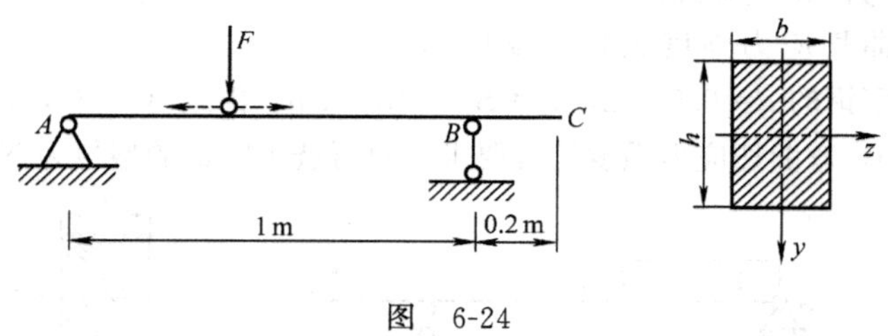

图 6-24

解：不难看出，当活载 F 行走到梁 AB 段的中点时，梁内的弯矩有最大值，其大小为 $M_{max}=10$ kN·m。

根据弯曲正应力强度条件，解得 $b \geqslant 138.7$ mm。故初步选取梁的截面尺寸 $b=140$ mm，$h=210$ mm。

再进行弯曲切应力强度校核。显然，活载 F 引起的最大剪力 $F_{Smax}=40$ kN，由式（6-22），$\tau_{max}=2.04\ \text{MPa}<[\tau]=3$ MPa，弯曲切应力强度符合要求。

所以，当活载 F 位于梁 AB 段的中点时为危险工况。可取梁的截面尺寸 $b=140$ mm，$h=210$ mm。

第七章
弯 曲 变 形

知 识 要 点

一、基本概念

1. 弯曲变形与挠曲线

梁弯曲变形后，轴线成为曲线，这条曲线称为挠曲线。对于对称弯曲，挠曲线是一条位于梁纵向对称平面内的光滑连续曲线。以变形前梁的轴线为 x 轴，垂直向上的轴为 w 轴。在 x-w 坐标轴系中，挠曲线方程可表为

$$w=f(x) \tag{7-1}$$

2. 梁横截面的位移参数

(1) 挠度　梁横截面形心在垂直于梁轴线方向上的线位移，记作 w。挠度 w 即为挠曲线上点的纵坐标。在所取坐标系中，规定挠度 w 向上为正，反之为负。

(2) 转角　梁横截面相对于原来位置转过的角度，记作 θ。转角 θ 等于挠曲线切线的斜率或挠度 w 对坐标 x 的一阶导数，即

$$\theta=\frac{\mathrm{d}w}{\mathrm{d}x} \tag{7-2}$$

在所取坐标系中，规定转角 θ 逆时针为正，反之为负。

3. 位移边界条件和位移连续条件

位移边界条件：梁弯曲变形时，支座约束对梁位移所施加的限制条件。例如，在固定端处，梁的挠度和转角均等于零；在铰支座处，梁的挠度等于零。

位移连续条件：挠曲线所应满足的光滑连续条件，即在相邻梁段的交界处，相连两截面的挠度和转角相等。

二、弯曲变形的计算方法

1. 梁的挠曲线曲率

$$\frac{1}{\rho(x)}=\frac{M(x)}{EI_z} \tag{7-3}$$

式中，$M(x)$ 为梁的弯矩方程；EI_z 为梁的抗弯刚度，可简写为 EI。

2. 梁的挠曲线近似微分方程

$$\frac{\mathrm{d}^2 w}{\mathrm{d}x^2}=\frac{M(x)}{EI} \tag{7-4}$$

3. 积分法

梁的转角方程：

$$\theta=\int\frac{M(x)}{EI}\mathrm{d}x+C \tag{7-5}$$

梁的挠曲线方程：

$$w=\int\left[\int\frac{M(x)}{EI}\mathrm{d}x\right]\mathrm{d}x+Cx+D \tag{7-6}$$

式中，C、D 为积分常数，可根据梁的位移边界条件和位移连续条件确定。

4. 叠加法

在小变形且材料服从胡克定律的情况下，当等截面直梁上有几种载荷同时作用时，可以先分别计算出每一种载荷单独作用在梁上时所产生的变形，然后再代数相加，即可得到梁在几种载荷共同作用下所产生的实际变形。

三、梁的刚度计算

1. 梁的刚度条件

$$|w|_{\max}\leqslant[w] \tag{7-7}$$

式中，$[w]$ 为梁的许用挠度。

2. 梁的合理刚度设计

合理选择截面形状：选用以较小面积可获得较大惯性矩的截面，例如工字形截面。

合理选择材料：选用弹性模量较大的材料。因各种钢材的弹性模量十分接近，故改变钢材的品种对提高梁的刚度意义并不大。

减小梁的跨度：合理安排支座或增加支座，尽量减小梁的跨度。

改变载荷作用方式：分散载荷或尽可能使载荷作用点靠近支座，以减小弯曲变形。

解 题 方 法

本章习题主要有下列四种类型。

一、用积分法计算梁的弯曲变形

基本步骤——

1. 列弯矩方程；
2. 根据式（7-5），一次积分，得转角方程；
3. 根据式（7-6），再次积分，得挠曲线方程；
4. 根据梁的位移边界条件和位移连续条件确定积分常数；
5. 计算指定截面的挠度和转角。

注意点——

1. 积分法是计算弯曲变形的一种基本方法，其优点在于适用性广泛，可用于求在各种载荷作用下的等截面梁或变截面梁的转角和挠曲线的普遍方程；其缺点是计算过程冗繁，特别在求某一指定截面的挠度和转角时，远不如叠加法等其他方法来得方便。

2. 积分应遍及全梁。在梁的弯矩方程或抗弯刚度的分段处，必须分段积分，分段建立转角和挠曲线方程。

3. 在根据梁的位移边界条件和位移连续条件确定积分常数时，需要注意以下几点：

（1）积分常数的个数一定正好等于梁的位移边界条件和位移连续条件的总个数。

（2）在遍及全梁积分时，若无需分段，则积分常数仅由位移边界条件即可全部确定。

（3）在固定端处，梁的转角、挠度均为零；在铰支座处，梁的挠度为零但转角不为零。

（4）在中间铰支座处，既存在位移边界条件，又存在位移连续条件。

（5）在中间铰链处，挠度连续，但转角不连续。

二、用叠加法计算梁的弯曲变形

基本步骤——

1. 将实际复杂载荷分解为若干个简单载荷的叠加；
2. 画出梁在每一种简单载荷单独作用下的变形曲线（即挠曲线）；
3. 根据变形曲线，计算梁在每一种简单载荷单独作用下的变形；
4. 将梁在每一种简单载荷单独作用下的变形代数相加，得梁在实际复杂载荷作用下的变形。

注意点——

1. 叠加法的适用条件：小变形；材料服从胡克定律；等直梁。

2. 简单载荷作用下梁的变形可直接在有关教科书或手册中查到。

3. 实际复杂载荷的分解要便于查表。

4. 在运用叠加法时，一定要画出梁在每一种简单载荷单独作用下的变形曲线，并根据变形曲线来正确计算梁的变形。

5. 应根据变形曲线正确判断转角、挠度的正负号。

6. 在载荷无法进一步分解且依然无法查表或者梁的抗弯刚度 EI 为分段常数的情况下，可以考虑采用“分段刚化法”，即将梁先分为几段简单等直梁，分别计算每一段梁的弯曲变形，在计算每一段梁的变形时将其余各段刚化，以便于查表。然后，再将各段梁产生的变形代数相加即得梁的实际变形。在运用“分段刚化法”时，各段梁除受作用于本段梁上的载荷的影响之外，还可能受到作用在其他梁段上的载荷的影响，需要具体分析。

7. 在运用叠加法时，不但要考虑各梁段本身的变形所引起的位移，还应考虑其他梁段的变形以及弹性支撑的变形所引起的该梁段的刚性位移。

三、梁的刚度计算

梁的刚度计算同样包含了刚度校核、截面设计和确定许可载荷等三类问题，其基本步骤为：

1. 运用积分法或叠加法计算梁的最大挠度；

2. 根据式（7-7）进行梁的刚度计算。

四、用变形比较法求解简单超静定梁

基本步骤——

1. 解除多余约束，得到基本静定梁，并以相应的多余约束力代替多余约束的作用，得到原超静定梁的相当系统；

2. 根据多余约束的性质，建立变形（位移）协调方程；

3. 计算相当系统在多余约束处的相应位移，由变形（位移）协调方程得到补充方程；

4. 由补充方程求出多余约束力，即将超静定梁转化为了静定梁。

注意点——

1. 凡是在维持梁平衡的前提下可以去除的约束，都可视为多余约束。因此，多余约束的选取不是唯一的，即相当系统可以有不同的选择，在实际选择时应以简单为原则。

2. 多余约束选择的不同，其相应的变形（位移）协调方程也就不同，但不会影响最终结果的唯一性。

3. 变形比较法主要适用于简单超静定梁；对于较复杂超静定梁的求解，将在第十三章中详细讨论。

难题解析

【例题 7-1】 如图 7-1a 所示外伸梁，承受集中载荷作用，试绘制挠曲线的大致形状图。设抗弯刚度 EI 为常数。

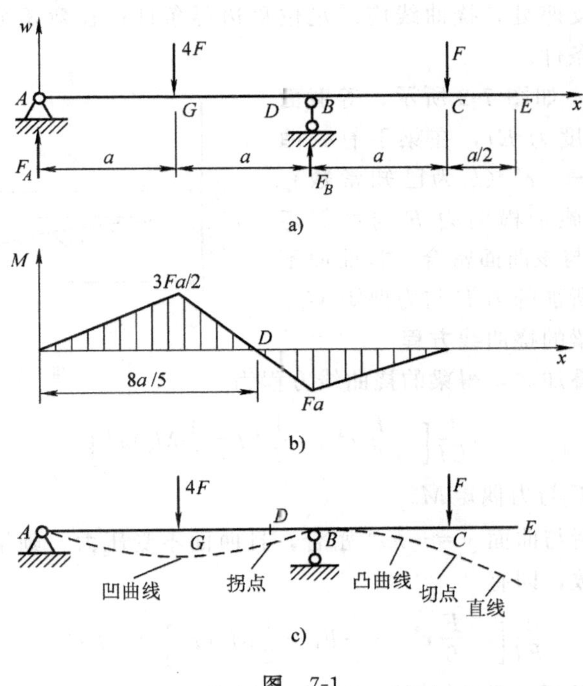

图 7-1

解：(1) 作梁的弯矩图

先由梁的平衡方程，求得 A、B 支座反力

$$F_A=\frac{3}{2}F,\quad F_B=\frac{7}{2}F$$

然后作梁的弯矩图如图 7-1b 所示。

(2) 绘制挠曲线的大致形状图

由弯矩图可见：AD 段的弯矩为正；DC 段的弯矩为负；横截面 D 的弯矩为零，其位置坐标 $x_D=8a/5$；CE 段的弯矩为零。

由弯矩图，根据挠曲线近似微分方程以及二阶导数的几何意义可知，该梁的挠曲线具有以下特点：AD 段为凹曲线；DC 段为凸曲线；CE 段为直线；在截面 D 处挠曲线存在拐点。

此外，在铰支座 A 与 B 处，梁的挠度均为零；在截面 C、D 处，挠曲线还应满足连续光滑条件。

综上所述，绘制挠曲线的大致形状图如图 7-1c 中的虚线所示。

由该例可见，绘制挠曲线的基本依据为：

（1）根据弯矩为正、负、零值点或零值区，确定挠曲线的凹、凸、拐点或直线区。

（2）在梁的支座处，挠曲线应满足位移边界条件；在弯矩分段处，挠曲线应满足连续光滑条件。

【例题 7-2】 如图 7-2 所示，等截面悬臂梁的抗弯刚度为 EI，在梁下有一曲面，方程为 $y=-kx^3$（k 为已知常数）。现在梁的自由端施加横向力 F 与力偶矩 M_e，使梁变形后与该曲面密合，且曲面不受压力，试确定所加的力 F 与力偶矩 M_e。

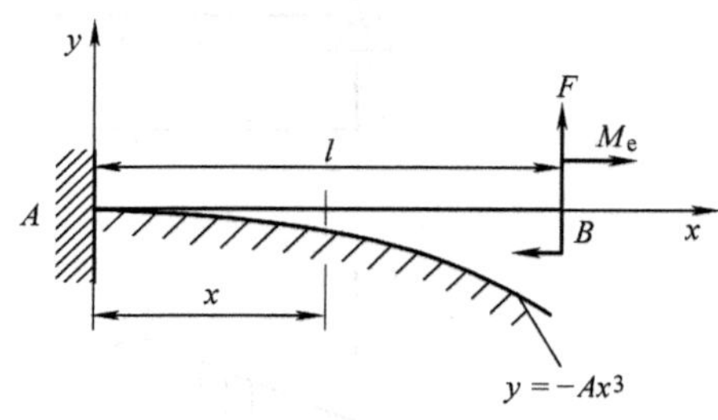

图　7-2

解：（1）求梁的挠曲线方程

由积分法或叠加法，得梁的挠曲线方程为

$$w=\frac{1}{EI}\left[-\frac{F}{6}x^3+\left(\frac{1}{2}Fl-\frac{1}{2}M_e\right)x^2\right]$$

（2）确定力 F 与力偶矩 M_e

欲使梁变形后与曲面 $y=-kx^3$ 密合，且曲面不受压力，则梁的挠曲线方程应与曲面方程一致，即有

$$\frac{1}{EI}\left[-\frac{F}{6}x^3+\left(\frac{1}{2}Fl-\frac{1}{2}M_e\right)x^2\right]=-kx^3$$

比较上述方程左右两边的同次方系数，即得

$$F=6kEI,\quad M_e=6kEIl$$

【例题 7-3】 如图 7-3 所示，由材料相同、宽度相同、厚度分别为 h_1 和 h_2 的两块金属板叠合而成的简支梁承受均布载荷 q 的作用。若不考虑两板间的摩擦，试求该梁跨中挠度 w_C。

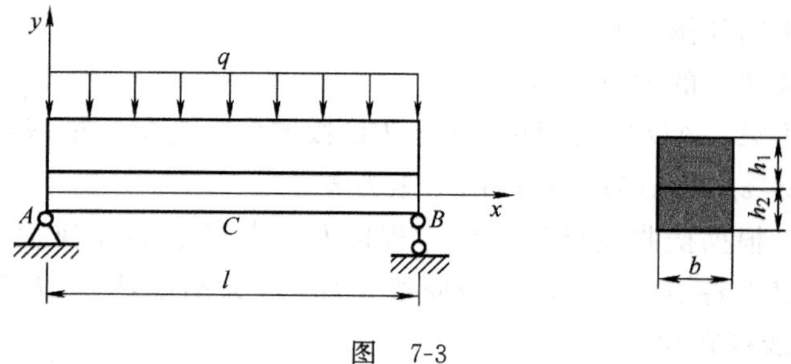

图　7-3

解：(1) 求上、下梁各自承担的弯矩

由于两块金属板自由叠合且不考虑摩擦，故其各自发生弯曲，在小变形情况下，可设上、下梁中性层的曲率相同。即有

$$\frac{1}{\rho(x)}=\frac{M_1(x)}{EI_1}=\frac{M_2(x)}{EI_2} \tag{a}$$

式中，$M_1(x)$、$M_2(x)$分别为上、下梁各自承担的弯矩；I_1、I_2 分别为上、下梁对各自中性轴的惯性矩。

设整根梁的弯矩为 $M(x)$，应有

$$M_1(x)+M_2(x)=M(x) \tag{b}$$

联立式 (a)、式 (b)，解得上、下梁各自承担的弯矩分别为

$$M_1(x)=\frac{EI_1}{EI_1+EI_2}M(x),\quad M_2(x)=\frac{EI_2}{EI_1+EI_2}M(x)$$

(2) 计算梁跨中挠度 w_C

根据式 (7-3)，得上、下梁各自的挠曲线近似微分方程分别为

$$\frac{\mathrm{d}^2 w_1}{\mathrm{d}x^2}=\frac{1}{EI_1}M_1(x)=\frac{1}{EI_1+EI_2}M(x)$$

$$\frac{\mathrm{d}^2 w_2}{\mathrm{d}x^2}=\frac{1}{EI_2}M_2(x)=\frac{1}{EI_1+EI_2}M(x)$$

由此可见，上、下梁的挠曲线相同，其变形相当于抗弯刚度为上、下梁抗弯刚度之和的单一简支梁的变形。利用简支梁受均布载荷时跨中挠度计算公式（可直接查表），即得该梁跨中挠度

$$w_C=-\frac{5ql^4}{384(EI_1+EI_2)}=-\frac{5ql^4}{32Eb(h_1^3+h_2^3)}\ (\downarrow)$$

【例题 7-4】 某框架结构简图如图 7-4a 所示，假设两根立柱是刚性的，五根圆截面横梁的长为 l、直径为 d、弹性模量为 E。若基础 B 下沉 δ，试求横梁内最大弯曲正应力。

解：(1) 建立横梁简化力学模型

横梁的简化力学模型如图 7-4b 所示，为超静定梁。

(2) 解除多余约束

将 B 处固定端视为多余约束，解除之。在小变形情况下，梁端的水平约束力对弯曲变形影响很小，可以忽略不计。故其对应的多余约束力有竖直约束力 F_B 与约束力偶 M_B，得原超静定梁的相当系统如图 7-4c 所示。这是二次超静定问题。

(3) 建立变形（位移）协调方程

变形（位移）协调条件为固定端 B 处的转角等于零，即

$$\theta_B=-\frac{F_B l^2}{2EI}+\frac{M_B l}{EI}=0 \tag{a}$$

和固定端 B 处的挠度等于 δ，即

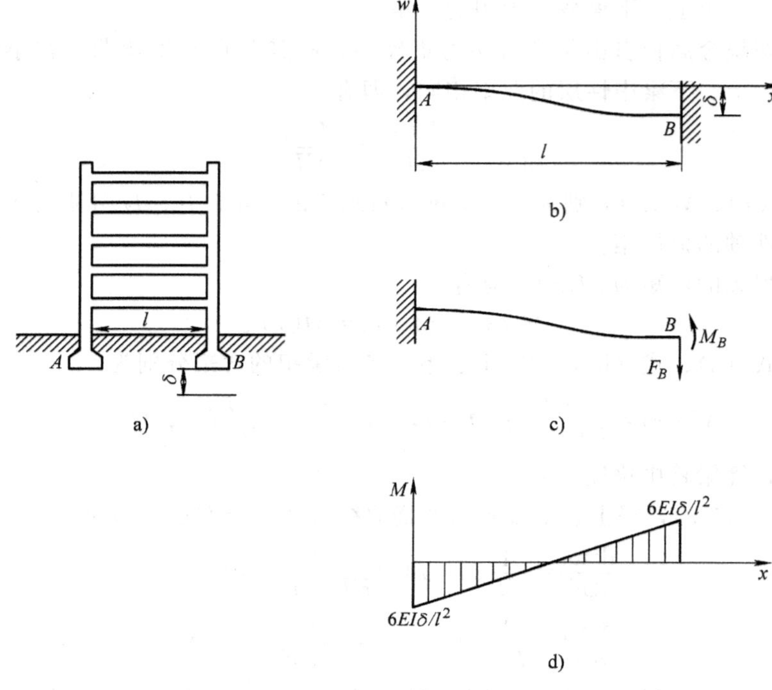

图　7-4

$$|w_B|=\frac{F_Bl^3}{3EI}-\frac{M_Bl^2}{2EI}=\delta \tag{b}$$

（4）解方程，求多余未知力

联立式（a）、式（b），解得多余约束力

$$F_B=\frac{12EI\delta}{l^3},\quad M_B=\frac{6EI\delta}{l^2}$$

（5）求横梁内最大弯曲正应力

作出弯矩图如图 7-4d 所示，可见梁的最大弯矩为

$$M_{\max}=\frac{6EI\delta}{l^2}$$

根据式（6-16），得横梁内最大弯曲正应力

$$\sigma_{\max}=\frac{M_{\max}}{W_z}=\frac{6EI\delta}{l^2}\cdot\frac{32}{\pi d^3}=\frac{3Ed\delta}{l^2}$$

习题解答

习题 7-1　写出图 7-5 所示各梁的位移边界条件。

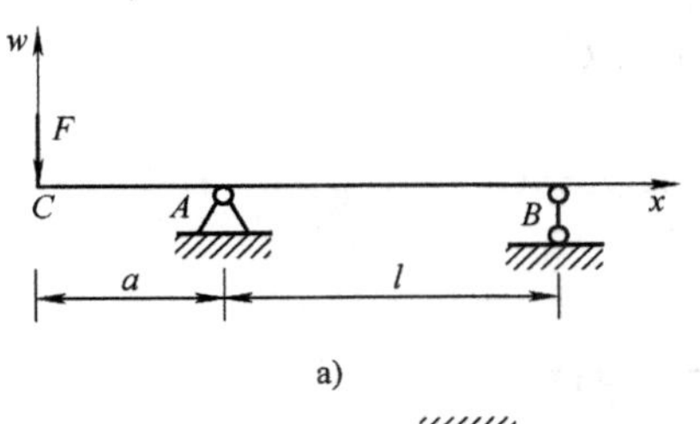

a)

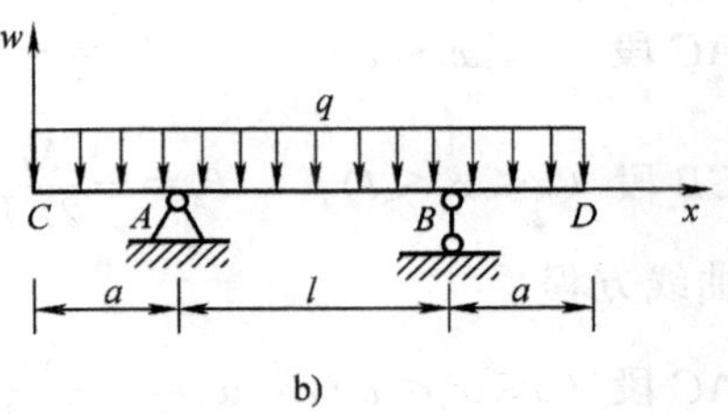

b)

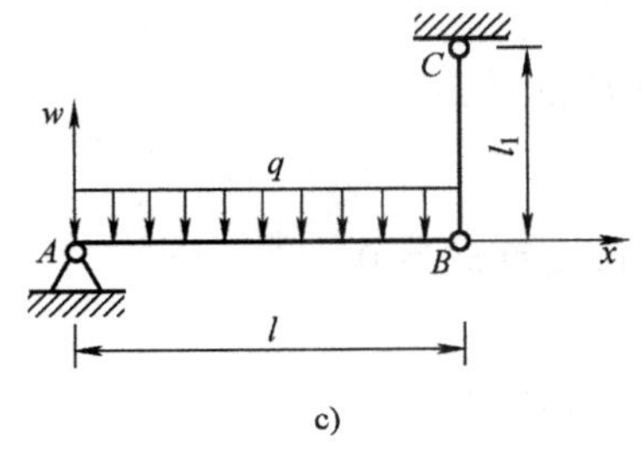

c)

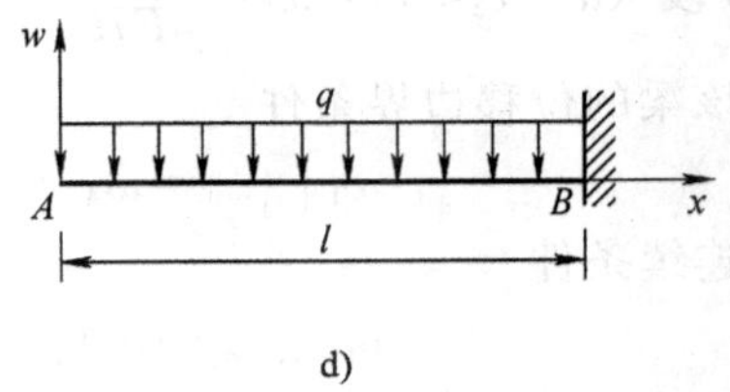

d)

图 7-5

解：(a) 如图 7-5a 所示，外伸梁 CB 的位移边界条件为

$$w|_{x=a}=w_A=0, \quad w|_{x=a+l}=w_B=0$$

(b) 如图 7-5b 所示，外伸梁 CD 的位移边界条件为

$$w|_{x=a}=w_A=0, \quad w|_{x=a+l}=w_B=0$$

(c) 如图 7-5c 所示，横梁 AB 的位移边界条件为

$$w|_{x=0}=w_A=0, \quad w|_{x=l}=w_B=-\Delta l_{BC}$$

(d) 如图 7-5d 所示，悬臂梁 AB 的位移边界条件为

$$w|_{x=l}=w_B=0, \quad \theta|_{x=l}=\theta_B=0$$

习题 7-2 用积分法建立图 7-6 所示简支梁的转角方程和挠曲线方程。设梁的抗弯刚度 EI 为常量。

图 7-6

解：如图 7-6 所示，令 $l=a+b$，由平衡方程得简支梁 AB 的支座反力

$$F_A=-\frac{M_e}{l}\ (\downarrow), \quad F_B=\frac{M_e}{l}\ (\uparrow)$$

分段列出弯矩方程

AC 段 $(0\leqslant x_1<a)$： $$M(x_1)=-\frac{M_e}{l}x_1$$

CB 段 $(a<x_2\leqslant l)$： $$M(x_2)=\frac{M_e}{l}(l-x_2)$$

将上述弯矩方程分别依次代入式 (7-5)、式 (7-6) 积分，得转角方程

AC 段（$0\leqslant x_1<a$）：　$\theta_1=-\dfrac{M_e}{2EIl}x_1^2+C_1$　(a)

CB 段（$a<x_2\leqslant l$）：　$\theta_2=-\dfrac{M_e}{2EIl}(l-x_2)^2+C_2$　(b)

和挠曲线方程

AC 段（$0\leqslant x_1<a$）：　$w_1=-\dfrac{M_e}{6EIl}x_1^3+C_1x_1+D_1$　(c)

CB 段（$a<x_2\leqslant l$）：$w_2=\dfrac{M_e}{6EIl}(l-x_2)^3+C_2x_2+D_2$　(d)

由该梁的位移边界条件

$$w_1\big|_{x_1=0}=w_A=0,\quad w_2\big|_{x_2=l}=w_B=0$$

和位移连续条件

$$w_1\big|_{x_1=a}=w_2\big|_{x_2=a},\quad \theta_1\big|_{x_1=a}=\theta_2\big|_{x_2=a}$$

得 4 个积分常数分别为

$$C_1=\frac{M_e}{6EIl}(l^2-3b^2),\quad D_1=0$$

$$C_2=\frac{M_e}{6EIl}(4l^2-6la-3b^2),\quad D_2=-\frac{M_e}{6EI}(4l^2-6la-3b^2)$$

最后，将所得积分常数回代到式（a）～式（d）中，整理即得该梁的转角方程

AC 段（$0\leqslant x_1\leqslant a$）：　$\theta_1=\dfrac{M_e}{6EIl}(l^2-3b^2-3x_1^2)$

CB 段（$a\leqslant x_2\leqslant l$）：　$\theta_2=\dfrac{M_e}{6EIl}[-3x_2^2+6l(x_2-a)+(l^2-3b^2)]$

和挠曲线方程

AC 段（$0\leqslant x_1\leqslant a$）：　$w_1=\dfrac{M_e}{6EIl}(l^2x_1-3b^2x_1-x_1^3)$

CB 段（$a\leqslant x_2\leqslant l$）：　$w_2=\dfrac{M_e}{6EIl}[-x_2^3+3l(x_2-a)^2+(l^2-3b^2)x_2]$

习题 7-3　用积分法建立图 7-7 所示悬臂梁的转角方程和挠曲线方程，并计算梁的最大挠度 $|w|_{\max}$ 和最大转角 $|\theta|_{\max}$。设梁的抗弯刚度 EI 为常量。

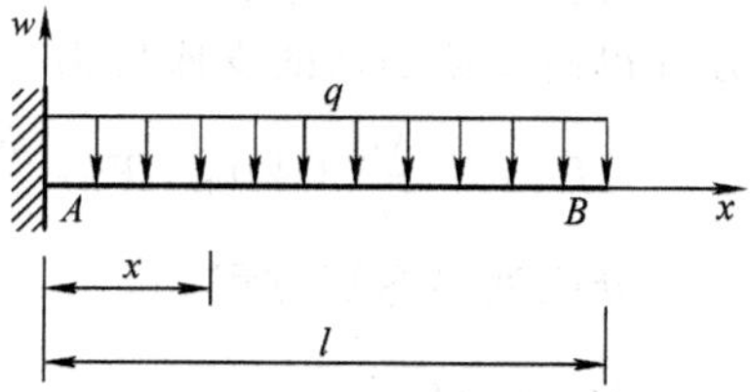

图　7-7

解：如图 7-7 所示，该悬臂梁 AB 的弯矩方程为

$$M(x)=-\frac{q}{2}(l-x)^2$$

将上述弯矩方程依次代入式（7-5）、式（7-6）积分，得转角方程

$$\theta=\frac{q}{6EI}(l-x)^3+C \tag{a}$$

和挠曲线方程

$$w=-\frac{q}{24EI}(l-x)^4+Cx+D \tag{b}$$

由该梁的位移边界条件

$$w|_{x=0}=w_A=0,\quad \theta|_{x=0}=\theta_A=0$$

得 2 个积分常数分别为

$$C=-\frac{ql^3}{6EI},\quad D=\frac{ql^4}{24EI}$$

再将所得积分常数回代到式（a）、式（b）中，整理即得该梁的转角方程

$$\theta=-\frac{q}{6EI}(x^3-3lx^2+3l^2x) \tag{c}$$

和挠曲线方程

$$w=-\frac{q}{24EI}(x^4-4lx^3+6l^2x^2) \tag{d}$$

容易判断，梁的最大转角和最大挠度均发生于自由端 B 截面处，将 $x=l$ 代入式（c）、式（d），得其最大挠度、最大转角分别为

$$|w|_{\max}=\frac{ql^4}{8EI},\quad |\theta|_{\max}=\frac{ql^3}{6EI}$$

习题 7-4 用积分法建立图 7-8 所示简支梁的转角方程和挠曲线方程，并求两端截面的转角 θ_A、θ_B 以及跨中截面的挠度 w_C。设梁的抗弯刚度 EI 为常量。

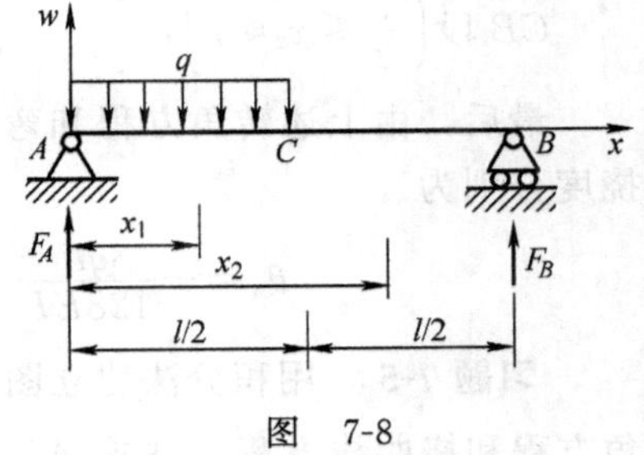

图 7-8

解：如图 7-8 所示，由平衡方程得简支梁 AB 的支座反力

$$F_A=\frac{3ql}{8},\quad F_B=\frac{ql}{8}$$

分段列出弯矩方程

AC 段$\left(0\leqslant x_1\leqslant\frac{l}{2}\right)$： $M(x_1)=-\frac{q}{2}x_1^2+\frac{3ql}{8}x_1$

CB 段$\left(\frac{l}{2}\leqslant x_2\leqslant l\right)$： $M(x_2)=\frac{ql}{8}(l-x_2)$

将上述弯矩方程分别依次代入式（7-5）、式（7-6）积分，得转角方程

AC 段$\left(0\leqslant x_1\leqslant\frac{l}{2}\right)$： $\theta_1=\frac{q}{EI}\left(-\frac{1}{6}x_1^3+\frac{3}{16}lx_1^2\right)+C_1$ （a）

CB 段$\left(\frac{l}{2}\leqslant x_2\leqslant l\right)$： $\theta_2=-\frac{ql}{16EI}(l-x_2)^2+C_2$ （b）

和挠曲线方程

$$AC\text{段}\left(0\leqslant x_1\leqslant\frac{l}{2}\right):\quad w_1=\frac{q}{EI}\left(-\frac{1}{24}x_1^4+\frac{1}{16}lx_1^3\right)+C_1x_1+D_1 \tag{c}$$

$$CB\text{段}\left(\frac{l}{2}\leqslant x_2\leqslant l\right):\quad w_2=\frac{ql}{48EI}(l-x_2)^3+C_2x_2+D_2 \tag{d}$$

由该梁的位移边界条件

$$w_1\big|_{x_1=0}=w_A=0,\quad w_2\big|_{x_2=l}=w_B=0$$

和位移连续条件

$$w_1\big|_{x_1=\frac{l}{2}}=w_2\big|_{x_2=\frac{l}{2}},\quad \theta_1\big|_{x_1=\frac{l}{2}}=\theta_2\big|_{x_2=\frac{l}{2}}$$

得4个积分常数分别为

$$C_1=-\frac{3ql^3}{128EI},\quad D_1=0,\quad C_2=\frac{7ql^3}{384EI},\quad D_2=-\frac{7ql^4}{384EI}$$

再将所得积分常数回代到式（a）～式（d）中，整理即得该梁的转角方程

$$AC\text{段}\left(0\leqslant x_1\leqslant\frac{l}{2}\right):\quad \theta_1=\frac{q}{EI}\left(-\frac{1}{6}x_1^3+\frac{3}{16}lx_1^2-\frac{3}{128}l^3\right)$$

$$CB\text{段}\left(\frac{l}{2}\leqslant x_2\leqslant l\right):\quad \theta_2=-\frac{ql}{16EI}\left[(l-x_2)^2+\frac{7}{24}l^2\right]$$

和挠曲线方程

$$AC\text{段}\left(0\leqslant x_1\leqslant\frac{l}{2}\right):\quad w_1=\frac{q}{EI}\left(-\frac{1}{24}x_1^4+\frac{1}{16}lx_1^3-\frac{3}{128}l^3x_1\right)$$

$$CB\text{段}\left(\frac{l}{2}\leqslant x_2\leqslant l\right):\quad w_2=\frac{ql}{48EI}\left[(l-x_2)^3+\frac{7}{8}l^2x_2-\frac{7}{8}l^3\right]$$

最后，由上述转角方程和弯矩方程，求得两端截面的转角以及跨中截面的挠度分别为

$$\theta_A=-\frac{3ql^3}{128EI},\quad \theta_B=\frac{7ql^3}{384EI},\quad w_C=-\frac{5ql^4}{768EI}$$

习题 7-5 用积分法建立图7-9所示外伸梁的转角方程和挠曲线方程，并求 A、B 两截面的转角 θ_A、θ_B 和 A、D 两截面的挠度 w_A、w_D。已知 $F=\frac{1}{2}ql$，梁的抗弯刚度 EI 为常量。

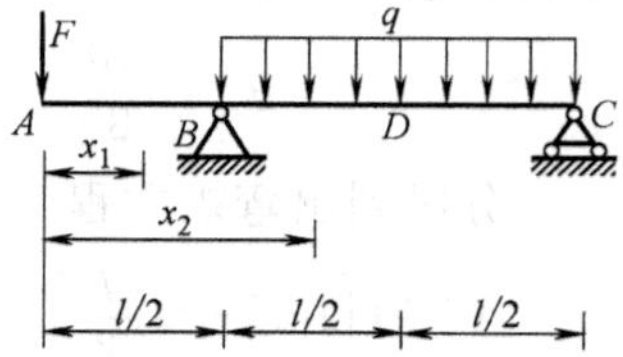

图 7-9

解： 如图7-9所示，分段列出梁的弯矩方程

$$AB\text{段}\left(0\leqslant x_1\leqslant\frac{l}{2}\right):\quad M(x_1)=-\frac{ql}{2}x_1$$

$$BC\text{段}\left(\frac{l}{2}\leqslant x_2\leqslant\frac{3}{2}l\right):\quad M(x_2)=\frac{1}{4}ql\left(\frac{3}{2}l-x_2\right)-\frac{1}{2}q\left(\frac{3}{2}l-x_2\right)^2$$

将上述弯矩方程分别依次代入式（7-5）、式（7-6）积分，得转角方程

AB 段$\left(0\leqslant x_1\leqslant\dfrac{l}{2}\right)$：$$\theta_1=-\frac{ql}{4EI}x_1^2+C_1 \tag{a}$$

BC 段$\left(\dfrac{l}{2}\leqslant x_2\leqslant\dfrac{3}{2}l\right)$：$$\theta_2=-\frac{ql}{8EI}\left(\frac{3}{2}l-x_2\right)^2+\frac{q}{6EI}\left(\frac{3}{2}l-x_2\right)^3+C_2 \tag{b}$$

和挠曲线方程

AB 段$\left(0\leqslant x_1\leqslant\dfrac{l}{2}\right)$：$$w_1=-\frac{ql}{12EI}x_1^3+C_1x_1+D_1 \tag{c}$$

BC 段$\left(\dfrac{l}{2}\leqslant x_2\leqslant\dfrac{3}{2}l\right)$：$$w_2=\frac{ql}{24EI}\left(\frac{3}{2}l-x_2\right)^3-\frac{q}{24EI}\left(\frac{3}{2}l-x_2\right)^4+C_2x_2+D_2 \tag{d}$$

由该梁的位移边界条件

$$w_1\big|_{x_1=\frac{l}{2}}=w_B=0,\quad w_2\big|_{x_2=\frac{3}{2}l}=w_C=0$$

和位移连续条件

$$w_1\big|_{x_1=\frac{l}{2}}=w_2\big|_{x_2=\frac{l}{2}},\quad \theta_1\big|_{x_1=\frac{l}{2}}=\theta_2\big|_{x_2=\frac{l}{2}}$$

得 4 个积分常数分别为

$$C_1=\frac{5ql^3}{48EI},\quad D_1=-\frac{ql^4}{24EI},\quad C_2=0,\quad D_2=0$$

再将所得积分常数回代到式（a）～式（d）中，整理即得该梁的转角方程

AB 段$\left(0\leqslant x_1\leqslant\dfrac{l}{2}\right)$：$$\theta_1=-\frac{ql}{4EI}x_1^2+\frac{5ql^3}{48EI} \tag{e}$$

BC 段$\left(\dfrac{l}{2}\leqslant x_2\leqslant\dfrac{3}{2}l\right)$：$$\theta_2=-\frac{ql}{8EI}\left(\frac{3}{2}l-x_2\right)^2+\frac{q}{6EI}\left(\frac{3}{2}l-x_2\right)^3 \tag{f}$$

和挠曲线方程

AB 段$\left(0\leqslant x_1\leqslant\dfrac{l}{2}\right)$：$$w_1=-\frac{ql}{12EI}x_1^3+\frac{5ql^3}{48EI}x_1-\frac{ql^4}{24EI} \tag{g}$$

BC 段$\left(\dfrac{l}{2}\leqslant x_2\leqslant\dfrac{3}{2}l\right)$：$$w_2=\frac{ql}{24EI}\left(\frac{3}{2}l-x_2\right)^3-\frac{q}{24EI}\left(\frac{3}{2}l-x_2\right)^4 \tag{h}$$

最后，将 $x_1=0$、$x_1=\dfrac{l}{2}$分别代入式（e），求得 A、B 两截面的转角分别为

$$\theta_A=\frac{5ql^3}{48EI},\quad \theta_B=\frac{ql^3}{24EI}$$

将 $x_1=0$、$x_2=l$ 分别代入式（g）、式（h），求得 A、D 两截面的挠度分别为

$$w_A=-\frac{ql^4}{24EI},\quad w_D=\frac{ql^4}{384EI}$$

习题 7-6 用积分法求图 7-10 所示悬臂梁的挠曲线方程以及自由端 B 的挠度和转角。设梁的抗弯刚度 EI 为常量。

解： 如图 7-10 所示，分段列出梁的弯矩方程

AC 段（$0<x_1\leqslant a$）：$$M(x_1)=-F(a-x_1)$$

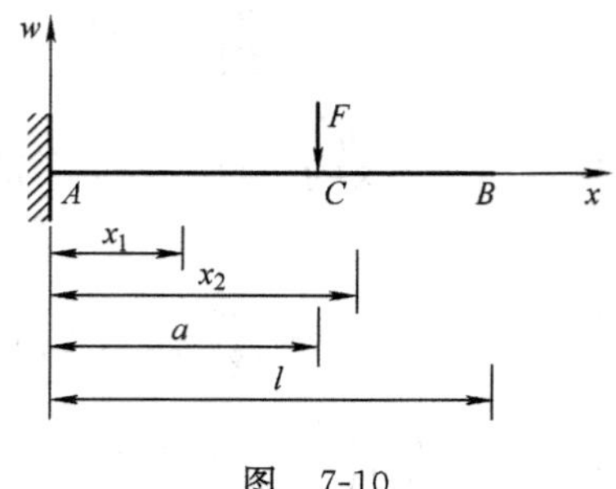

图 7-10

CB 段（$a \leqslant x_2 \leqslant l$）：　　$M(x_2)=0$

将上述弯矩方程分别依次代入式（7-5）、式（7-6）积分，得转角方程

AC 段（$0<x_1 \leqslant a$）：　　$$\theta_1=\frac{F}{2EI}(a-x_1)^2+C_1 \tag{a}$$

CB 段（$a \leqslant x_2 \leqslant l$）：　　$$\theta_2=C_2 \tag{b}$$

和挠曲线方程

AC 段（$0<x_1 \leqslant a$）：　　$$w_1=-\frac{F}{6EI}(a-x_1)^3+C_1x_1+D_1 \tag{c}$$

CB 段（$a \leqslant x_2 \leqslant l$）：　　$$w_2=C_2x_2+D_2 \tag{d}$$

由该梁的位移边界条件

$$w_1\big|_{x_1=0}=w_A=0,\quad \theta_1\big|_{x_1=0}=\theta_A=0$$

和位移连续条件

$$w_1\big|_{x_1=a}=w_2\big|_{x_2=a},\quad \theta_1\big|_{x_1=a}=\theta_2\big|_{x_2=a}$$

得 4 个积分常数分别为

$$C_1=-\frac{Fa^2}{2EI},\quad D_1=\frac{Fa^3}{6EI},\quad C_2=-\frac{Fa^2}{2EI},\quad D_2=\frac{Fa^3}{6EI}$$

再将所得积分常数回代到式（a）～式（d）中，整理即得该梁的转角方程

AC 段（$0<x_1 \leqslant a$）：　　$$\theta_1=\frac{F}{2EI}(x_1^2-2ax_1) \tag{e}$$

CB 段（$a \leqslant x_2 \leqslant l$）：　　$$\theta_2=-\frac{Fa^2}{2EI} \tag{f}$$

和挠曲线方程

AC 段（$0<x_1 \leqslant a$）：　　$$w_1=\frac{F}{6EI}(x_1^3-3ax_1^2) \tag{g}$$

CB 段（$a \leqslant x_2 \leqslant l$）：　　$$w_2=-\frac{F}{6EI}(3a^2x_2-a^3) \tag{h}$$

最后，将 $x_2=l$ 代入式（h）、式（f），求得自由端 B 的挠度和转角分别为

$$w_B=-\frac{Fa^2}{6EI}(3l-a),\quad \theta_B=-\frac{Fa^2}{2EI}$$

习题 7-7 用叠加法计算图 7-11a 所示悬臂梁截面 B 的挠度和转角。设梁的抗弯刚度 EI 为常量。

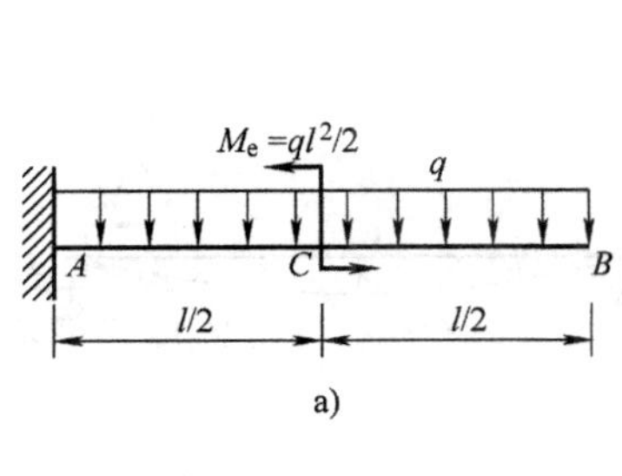

a)

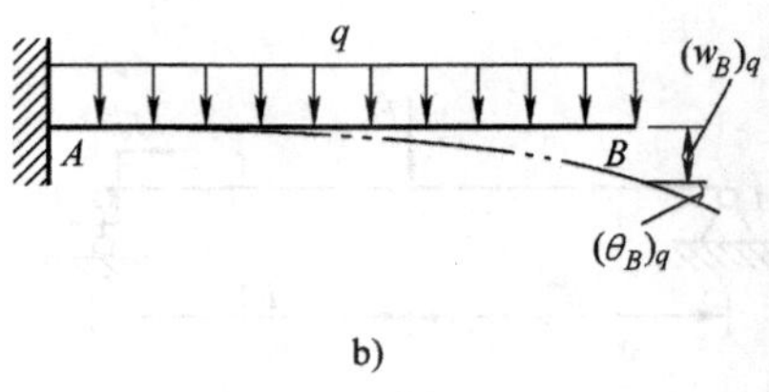

b)

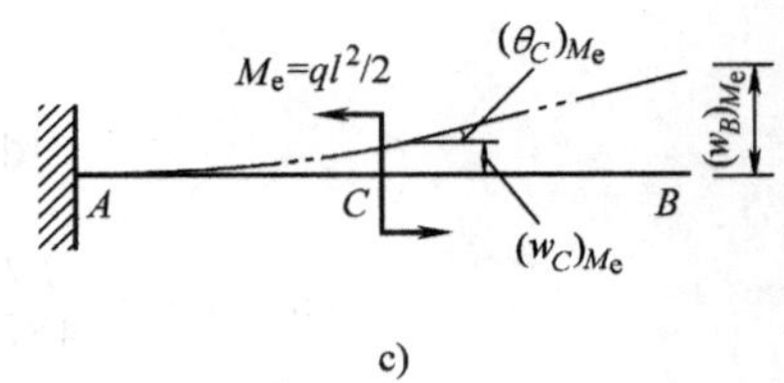

c)

图 7-11

解： 在均布载荷 q 单独作用下（见图 7-11b），查表得横截面 B 的转角、挠度分别为

$$(\theta_B)_q=-\frac{ql^3}{6EI},\quad (w_B)_q=-\frac{ql^4}{8EI}$$

在力偶 M_e 单独作用下（见图 7-11c），查表得横截面 C 的转角、挠度分别为

$$(\theta_C)_{M_e}=\frac{M_e l}{2EI}=\frac{ql^3}{4EI},\quad (w_C)_{M_e}=\frac{M_e l^2}{8EI}=\frac{ql^4}{16EI}$$

由图 7-11c 所示几何关系，得在力偶 M_e 单独作用下截面 B 的转角、挠度分别为

$$(\theta_B)_{M_e}=(\theta_C)_{M_e}=\frac{ql^3}{4EI},\quad (w_B)_{M_e}=(w_C)_{M_e}+(\theta_C)_{M_e}\cdot\frac{1}{2}=\frac{3ql^4}{16EI}$$

将以上结果叠加，即得在均布载荷 q 和力偶M_e共同作用下，截面 B 的挠度和转角分别为

$$w_B=(w_B)_q-(w_B)_{M_e}=\frac{ql^4}{16EI}$$

$$\theta_B=(\theta_B)_q+(\theta_B)_{M_e}=\frac{ql^3}{12EI}$$

习题 7-8 用叠加法计算图 7-12a 所示简支梁截面 C 的挠度和截面 B 的转角。设梁的抗弯刚度 EI 为常量。

解： 在载荷 F 单独作用下（见图 7-12b），查表得截面 C 的挠度、截面 B 的转角分别为

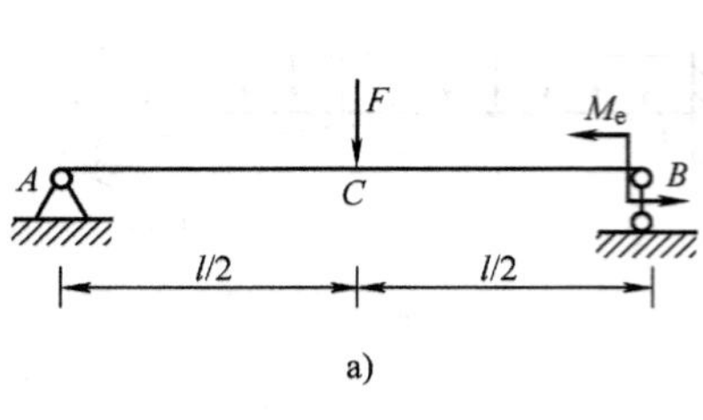

a)

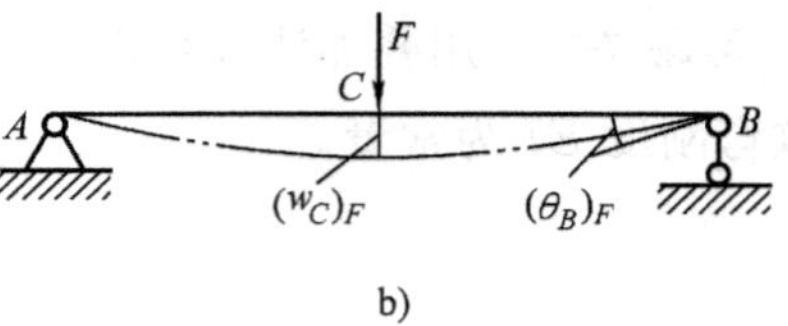

b)

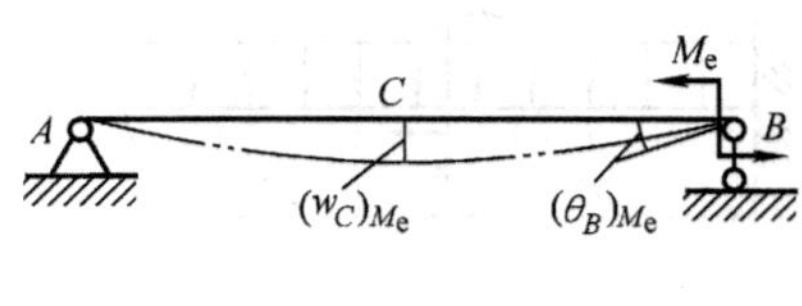

c)

图　7-12

$$(w_C)_F=-\frac{Fl^3}{48EI},\quad (\theta_B)_F=\frac{Fl^2}{16EI}$$

在载荷 M_e 单独作用下（见图 7-12c），查表得截面 C 的挠度、截面 B 的转角分别为

$$(w_C)_{M_e}=-\frac{M_e l^2}{16EI},\quad (\theta_B)_{M_e}=\frac{M_e l}{3EI}$$

将以上结果叠加，即得在 F 和 M_e 共同作用下，截面 C 的挠度和截面 B 的转角分别为

$$w_C=(w_C)_F+(w_C)_{M_e}=-\frac{Fl^3}{48EI}-\frac{M_e l^2}{16EI}$$

$$\theta_B=(\theta_B)_F+(\theta_B)_{M_e}=\frac{Fl^2}{16EI}+\frac{M_e l}{3EI}$$

习题 7-9　用叠加法计算图 7-13a 所示悬臂梁截面 C 的转角和截面 B 的挠度。设梁的抗弯刚度 EI 为常量。

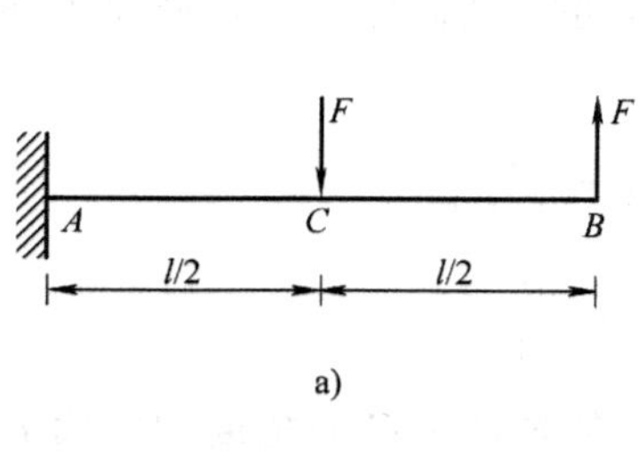

a)

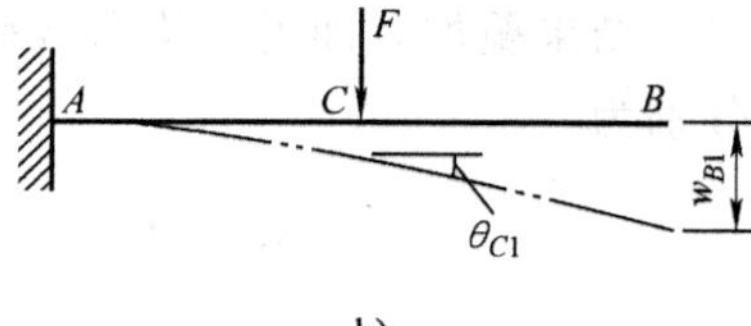

b)

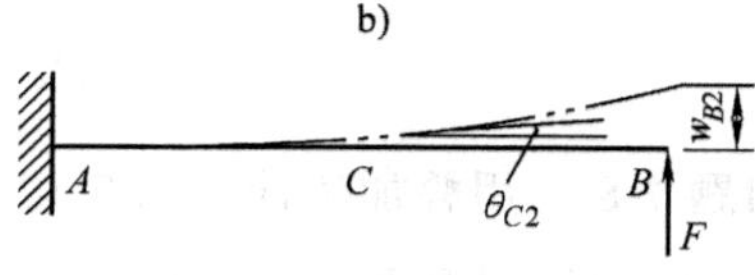

c)

图　7-13

解：在作用于 C 点的载荷 F 单独作用下（见图 7-13b），查表得截面 C 的转角、截面 B 的挠度分别为

$$\theta_{C1}=-\frac{Fl^2}{8EI}, \quad w_{B1}=-\frac{5Fl^3}{48EI}$$

在作用于 B 点的载荷 F 单独作用下（见图 7-13c），查表得截面 C 的转角、截面 B 的挠度分别为

$$\theta_{C2}=\frac{3Fl^2}{8EI}, \quad w_{B2}=\frac{Fl^3}{3EI}$$

将以上结果叠加，即得在两个载荷共同作用下，截面 C 的转角和截面 B 的挠度分别为

$$\theta_C=\theta_{C1}+\theta_{C2}=\frac{Fl^2}{4EI}$$

$$w_B=w_{B1}+w_{B2}=\frac{11Fl^3}{48EI}$$

习题 7-10 用叠加法计算图 7-14a 所示外伸梁截面 A、B 的转角和截面 C 的挠度。设梁的抗弯刚度 EI 为常量。

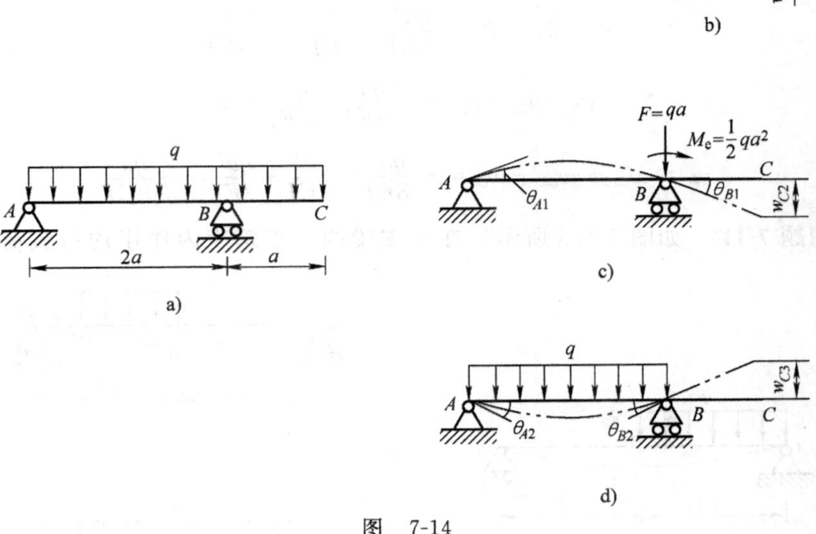

图 7-14

解：外伸梁的变形在教材的表 7-1 中查不到，故采用“分段刚化法”计算。

首先将梁的 AB 段视为刚体，此时 BC 段即相当于在均布载荷作用下的悬臂梁，如图 7-14b 所示，查表得截面 C 处的挠度

$$w_{C1}=-\frac{qa^4}{8EI}$$

然后，将梁的 BC 段视为刚体，并将作用于 BC 段的均布载荷向 B 点简化，得一集中力 F 和一集中力偶 M_e，如图 7-14c 所示。其中力 F 作用于支座 B 上，不会使梁的 AB 段产生变形；在力偶 M_e 作用下，AB 段发生变形，查表得截面 A、B 的转角分别为

$$\theta_{A1}=\frac{qa^3}{6EI},\quad \theta_{B1}=-\frac{qa^3}{3EI}$$

由于 BC 段的刚体位移（见图 7-14c），截面 C 的挠度

$$w_{C2}=\theta_{B1}\cdot a=-\frac{qa^4}{3EI}$$

同时，作用于 AB 段上的均布载荷 q 亦使 AB 段发生变形，如图 7-14d 所示，查表得截面 A、B 的转角分别为

$$\theta_{A2}=-\frac{qa^3}{3EI},\quad \theta_{B2}=\frac{qa^3}{3EI}$$

由于 BC 段的刚体位移（见图 7-14d），截面 C 的挠度

$$w_{C3}=\theta_{B2}\cdot a=\frac{qa^4}{3EI}$$

将上述所得结果叠加，即得截面 A、B 的转角和截面 C 的挠度分别为

$$\theta_A=\theta_{A1}+\theta_{A2}=\frac{qa^3}{6EI}-\frac{qa^3}{3EI}=-\frac{qa^3}{6EI}$$

$$\theta_B=\theta_{B1}+\theta_{B2}=-\frac{qa^3}{3EI}+\frac{qa^3}{3EI}=0$$

$$w_C=w_{C1}+w_{C2}+w_{C3}=-\frac{qa^4}{8EI}-\frac{qa^4}{3EI}+\frac{qa^4}{3EI}=-\frac{qa^4}{8EI}$$

习题 7-11　如图 7-15a 所示，在简支梁的一半跨度内作用均布载荷 q，试

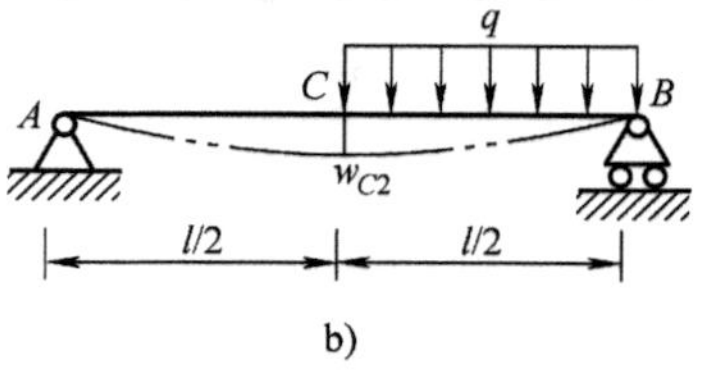

b)

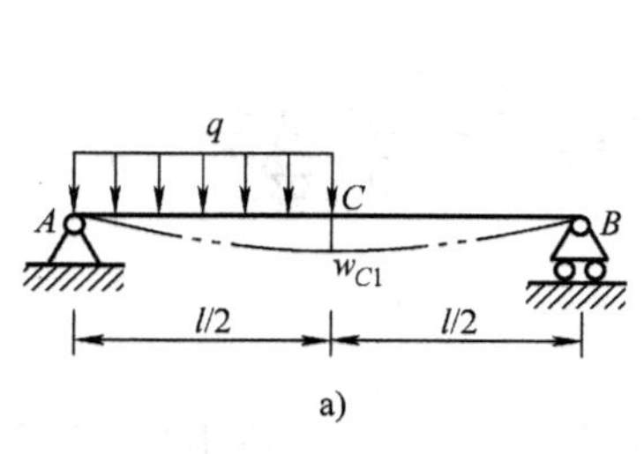

a)

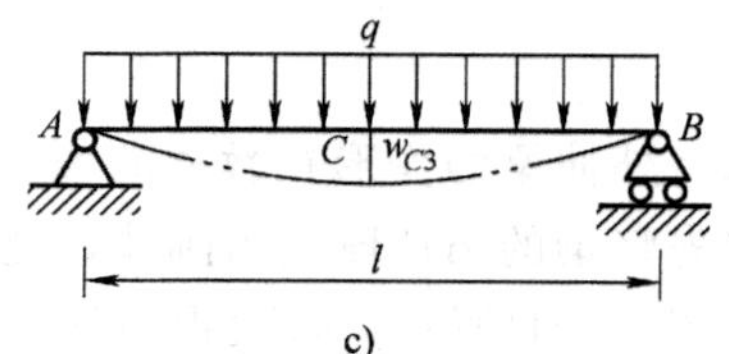

c)

图　7-15

用叠加法计算跨中截面 C 的挠度。设梁的抗弯刚度 EI 为常量。

解：图 7-15a 与图 7-15b 的载荷叠加等于图 7-15c 的载荷，而由对称性可知，图 7-15a 与图 7-15b 所示梁的跨中截面 C 的挠度相等，故图 7-15a 所示简支梁跨中截面 C 的挠度为

$$w_{C1}=w_{C2}=\frac{1}{2}w_{C3}=-\frac{5ql^4}{768EI}$$

提示：该题亦可采用其他形式的叠加解法，同样很方便，请读者自行尝试。

习题 7-12 试用叠加法计算图 7-16a 所示外伸梁的外伸端 C 的挠度和转角。设梁的抗弯刚度 EI 为常量。

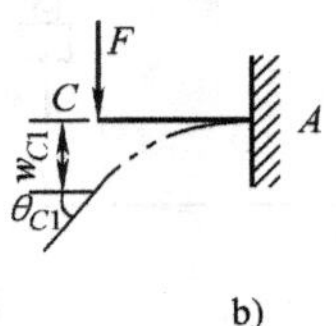

b)

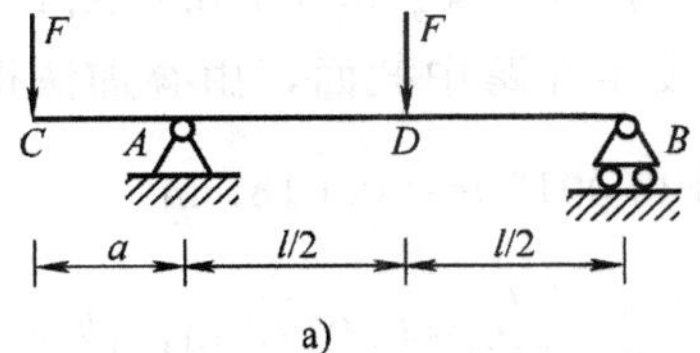

a)

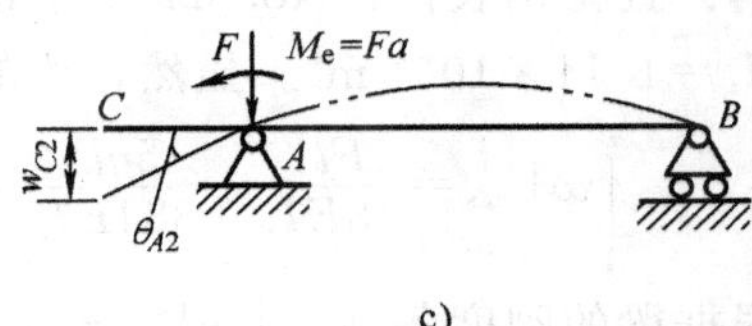

c)

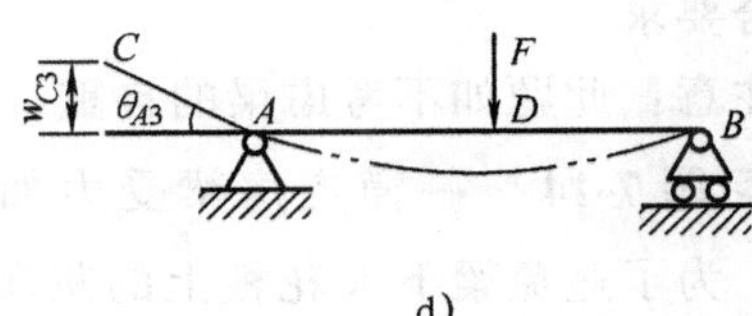

d)

图 7-16

解：将图 7-16a 所示外伸梁分解为如图 7-16b、c、d 所示三种情况的叠加。查表得，截面 C 在三种情况下的转角分别为

$$\theta_{C1}=\frac{Fa^2}{2EI},\quad \theta_{C2}=\theta_{A2}=\frac{Fal}{3EI},\quad \theta_{C3}=\theta_{A3}=-\frac{Fl^2}{16EI}$$

截面 C 在三种情况下的挠度分别为

$$w_{C1}=-\frac{Fa^3}{3EI},\quad w_{C2}=-\theta_{A2}\cdot a=-\frac{Fla^2}{3EI},\quad w_{C3}=|\theta_{A3}|\cdot a=\frac{Fl^2a}{16EI}$$

将上述所得结果叠加，即得图 7-16a 所示外伸梁的外伸端 C 总的挠度和转角分别为

$$w_C=w_{C1}+w_{C2}+w_{C3}=-\frac{Fa}{48EI}(16a^2+16la-3l^2)$$

$$\theta_C=\theta_{C1}+\theta_{C2}+\theta_{C3}=\frac{F}{48EI}(24a^2+16la-3l^2)$$

习题 7-13 如图 7-17 所示，桥式起重机的最大起吊载荷 $F=20$ kN。起重机大梁为 No. 32a 工字钢，材料的弹性模量 $E=210$ GPa，大梁的跨度 $l=8.76$ m，若规定许用挠度$[w]=l/500$，试校核大梁刚度。

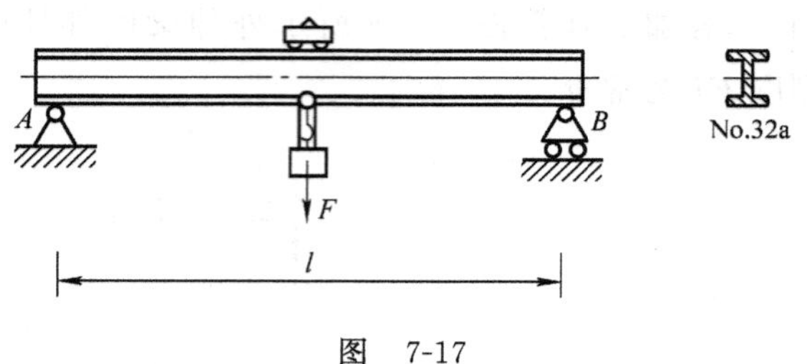

图 7-17

解： 查型钢表得，No. 32a 工字钢的自重 $q=52.717$ kg/m$=516.6$ N/m，惯性矩 $I_z=1.11\times10^{-4}$ m^4。显然，梁的最大挠度发生在跨中截面，由叠加法得

$$|w|_{\max}=\frac{Fl^3}{48EI_z}+\frac{5ql^4}{384EI_z}=0.012\text{ m}+0.0017\text{ m}=0.0137\text{ m}$$

根据梁的刚度条件，$|w|_{\max}=0.0137\text{ m}<[w]=\dfrac{l}{500}=0.0175\text{ m}$，故大梁刚度符合要求。

注意：此题如不考虑梁的自重，产生的误差达 12.4%，不符合工程规定。

习题 7-14 一简支房梁受力如图 7-18 所示，为了避免梁下天花板上的灰泥可能开裂，要求梁的最大挠度不超过 $l/360$。已知材料的弹性模量 $E=6.9$ GPa。试确定此房梁截面惯性矩的最小值。

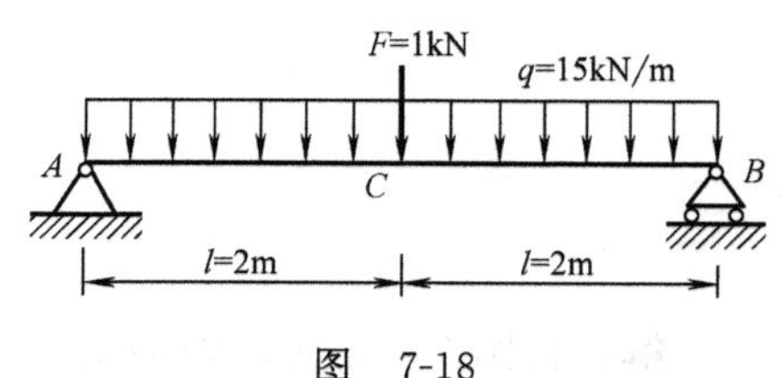

图 7-18

解： 显然，梁的最大挠度发生在跨中截面 C，由叠加法得

$$|w|_{\max}=|(w_C)_q|+|(w_C)_F|=\frac{5ql^4}{384EI_z}+\frac{Fl^3}{48EI_z}$$

由梁的刚度条件，得 $I_z\geqslant6.7\times10^4\text{ cm}^4$，故此房梁截面惯性矩的最小值为

$$I_{z\min}=6.7\times10^4\text{ cm}^4$$

习题 7-15 图 7-19 所示简支梁由 No. 45a 工字钢制成，跨度 $l=10$ m，受均布载荷作用。已知材料的弹性模量 $E=210$ GPa，若梁的最大挠度不得超过

$l/600$，试求许可载荷集度 $[q]$。

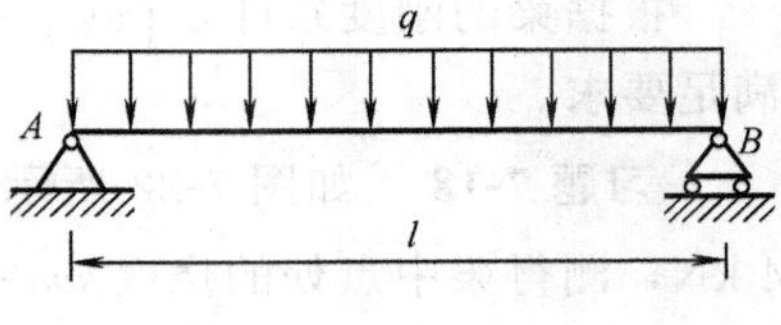

解：查型钢表得，No. 45a 工字钢对中性轴的惯性矩 $I_z=3.22\times10^{-4}\ \mathrm{m}^4$。显然，梁的最大挠度发生于跨中截面，查表得 $|w|_{max}=\dfrac{5ql^4}{384EI_z}$。

图　7-19

根据梁的刚度条件，解得 $q\leqslant8.655\ \mathrm{kN/m}$。所以，此梁的许可载荷集度

$$[q]=8.655\ \mathrm{kN/m}$$

习题 7-16　一工字钢简支梁受力如图 7-20a 所示，若材料的许用应力 $[\sigma]=160\ \mathrm{MPa}$，弹性模量 $E=210\ \mathrm{GPa}$，梁的许用挠度 $[w]=l/400$。试选择工字钢的型号。

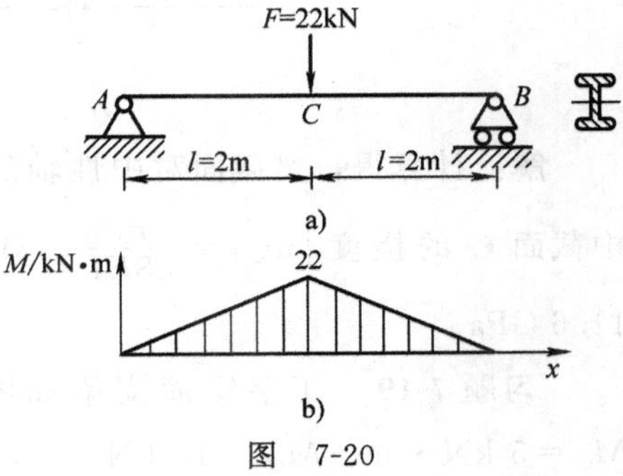

图　7-20

解：作出梁的弯矩图如图 7-20b 所示，最大弯矩 $M_{max}=22\ \mathrm{kN\cdot m}$。根据梁的弯曲正应力强度条件，即式（6-20），得 $W_z\geqslant138\ \mathrm{cm}^3$。

此梁的最大挠度发生在跨中截面 C，查表得 $|w|_{max}=\dfrac{Fl^3}{6EI_z}$。根据梁的刚度条件，得 $I_z\geqslant2794\ \mathrm{cm}^4$。

根据上述计算结果查型钢表，可选择 No. 22a 工字钢，其抗弯截面系数 $W_z=309\ \mathrm{cm}^3$，惯性矩 $I_z=3400\ \mathrm{cm}^4$，同时满足梁的强度和刚度要求。

习题 7-17　圆截面简支梁如图 7-21 所示，已知直径 $d=32\ \mathrm{mm}$，材料的弹性模量 $E=200\ \mathrm{GPa}$，工作时要求截面 C 处的挠度不大于 0.05 mm，试校核其刚度。

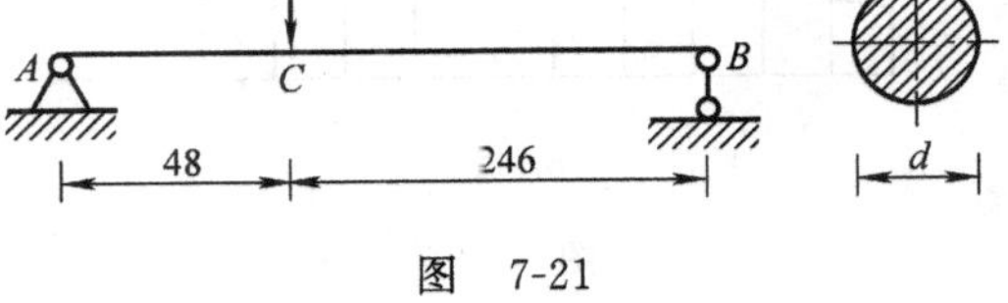

图　7-21

解：计算得，梁截面的惯性矩 $I_z=5.15\times10^{-8}\ \mathrm{m}^4$。查表得，梁截面 C 处的挠度

$$|w_C|=\frac{Fb(3l^2-4b^2)}{48EI}=2.45\times10^{-5}\ \mathrm{m}$$

根据梁的刚度条件，$|w_C|=2.45\times10^{-5}\ \mathrm{m}<[w]=5\times10^{-5}\ \mathrm{m}$，故梁的刚度满足要求。

习题 7-18 如图 7-22 所示，松木板自由地放置在两个支座上，载荷 $F=4\ \mathrm{kN}$，测得梁中点处的挠度 $w_C=2\ \mathrm{mm}$，试求材料的弹性模量。

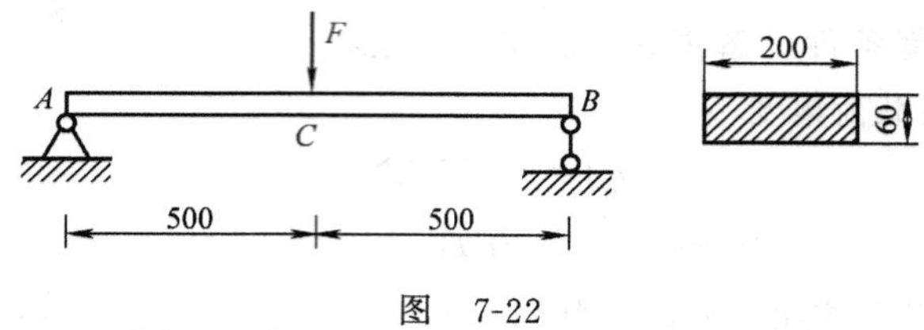

图 7-22

解：计算得，梁截面对中性轴的惯性矩 $I_z=3.6\times10^{-6}\ \mathrm{m}^4$。查表得，梁跨中截面 C 的挠度 $|w_C|=\dfrac{Fl^3}{48EI_z}$。代入已知数据，解得材料的弹性模量 $E=11.6\ \mathrm{GPa}$。

习题 7-19 工字钢简支梁如图 7-23a 所示，已知跨度 $l=5\ \mathrm{m}$、力偶矩 $M_{e1}=5\ \mathrm{kN\cdot m}$、$M_{e2}=10\ \mathrm{kN\cdot m}$，材料的弹性模量 $E=200\ \mathrm{GPa}$、许用应力 $[\sigma]=160\ \mathrm{MPa}$，梁的许用挠度 $[w]=l/500$。试选择工字钢型号。

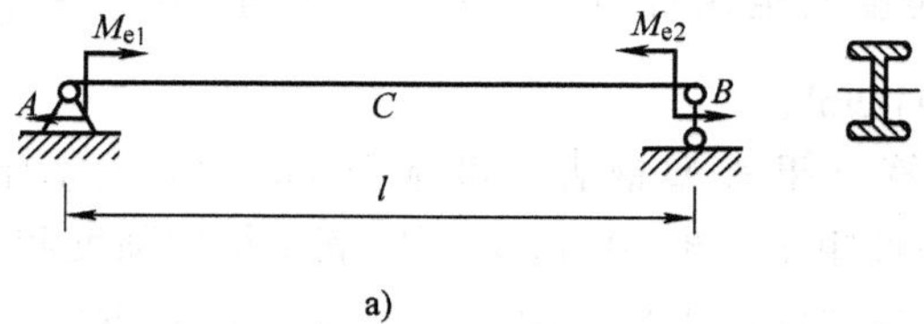

a)

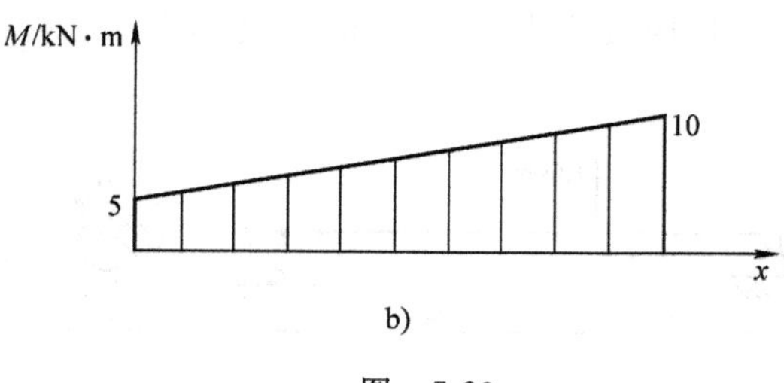

b)

图 7-23

解：作出梁的弯矩图如图 7-23b 所示，最大弯矩 $M_{max}=10\ \mathrm{kN\cdot m}$。

根据梁的弯曲正应力强度条件，即式 (6-20)，得 $W_z\geqslant62.5\ \mathrm{cm}^3$。

简支梁的最大挠度可用跨中截面挠度替代。由叠加法，得此梁跨中截面 C 的挠度 $|w_C|=\dfrac{(M_{e1}+M_{e2})l^2}{16EI_z}$。根据梁的刚度条件，得 $I_z\geqslant1170\ \mathrm{cm}^4$。

根据上述计算结果查型钢表，可选择 No. 18 工字钢，其抗弯截面系数 $W_z=185\ \text{cm}^3$，惯性矩 $I_z=1660\ \text{cm}^4$，同时满足梁的强度和刚度要求。

说明：一般情况下，简支梁的跨中截面挠度接近于最大挠度，故在刚度计算时，可以用跨中截面挠度来代替最大挠度，以方便计算，如本题所示。

习题 7-20 计算图 7-24a 所示超静定梁的支座反力，并作出梁的弯矩图，确定最大弯矩 $|M|_{\max}$。设梁的抗弯刚度 EI 为常量。

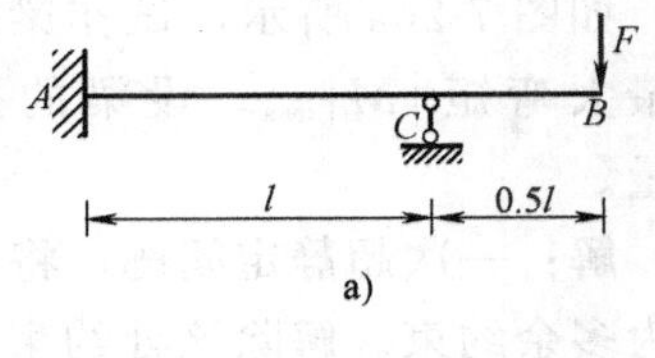

a)

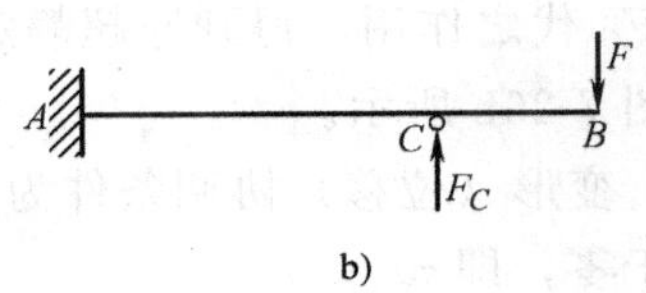

b)

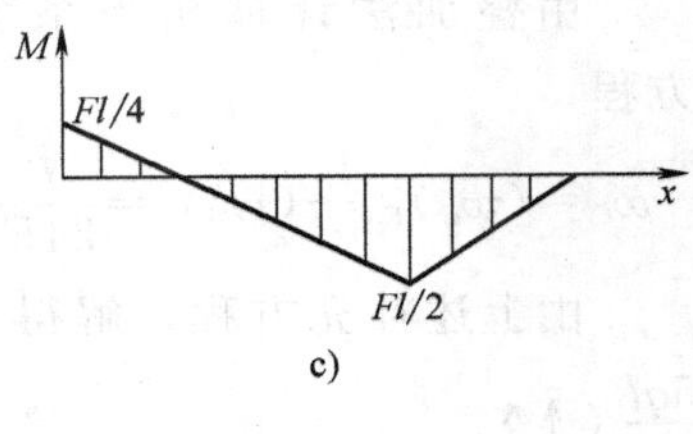

c)

图 7-24

解：一次超静定问题，将 C 处链杆支座视为多余约束。解除该处约束，以相应的约束力 F_C 代之作用，得到原超静定梁的相当系统，如图 7-24b 所示。

变形（位移）协调条件为支座 C 处的挠度等于零，即 $w_C=0$。

由叠加法计算相当系统的 w_C，得补充方程

$$w_C=(w_C)_{F_C}+(w_C)_F=\frac{F_C l^3}{3EI}-\frac{7Fl^3}{12EI}=0$$

由上述补充方程，解得多余约束力 $F_C=\dfrac{7}{4}F$（↑）

根据相当系统作出梁的弯矩图如图 7-24c 所示，最大弯矩 $|M|_{\max}=\dfrac{1}{2}Fl$。

习题 7-21 计算图 7-25a 所示超静定梁的支座反力，并作梁的弯矩图，确定最大弯矩 $|M|_{\max}$。设梁的抗弯刚度 EI 为常量。

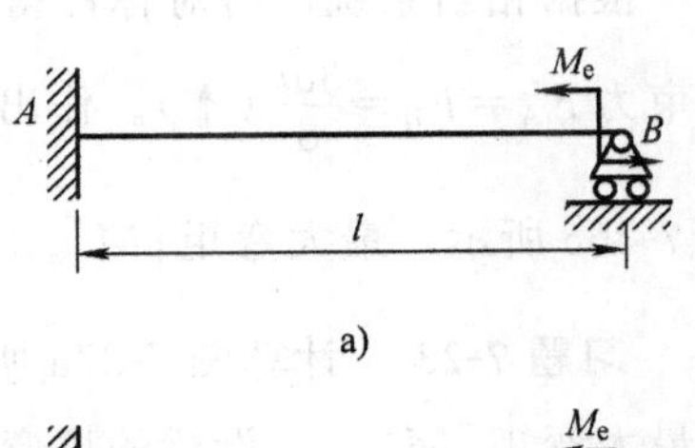

a)

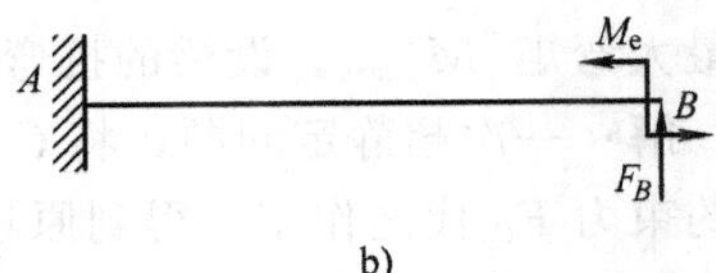

b)

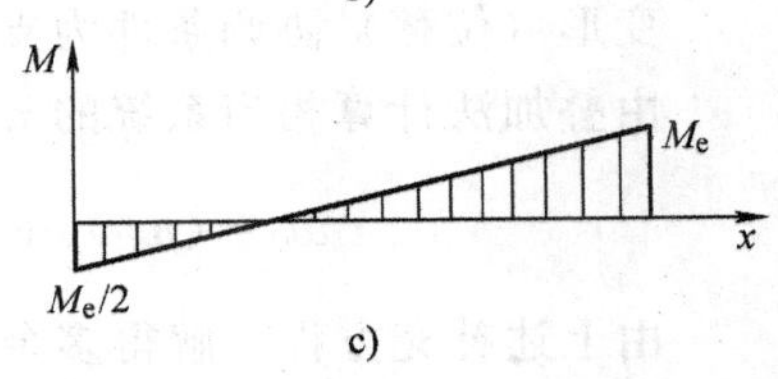

c)

图 7-25

解：一次超静定问题，将 B 处活动铰支座视为多余约束。解除该处约束，以相应的约束力 F_B 代之作用，得到原超静定梁的相当系统，如图 7-25b 所示。

变形（位移）协调条件为支座 B 处的挠度等于零，即 $w_B=0$。

由叠加法计算相当系统的 w_B，得补充方程

$$w_B=(w_B)_{F_B}+(w_B)_{M_e}=\frac{F_B l^3}{3EI}+\frac{M_e l^2}{2EI}=0$$

由上述补充方程，解得多余约束力 $F_B=$

$-\dfrac{3M_e}{2l}$（↓）。

根据相当系统作出梁的弯矩图如图 7-25c 所示，最大弯矩 $|M|_{max}=M_e$。

习题 7-22 某房屋建筑中的一等截面梁可简化为受均布载荷作用的双跨梁，如图 7-26a 所示，试作梁的弯矩图，并确定最大弯矩 $|M|_{max}$。设梁的抗弯刚度 EI 为常量。

解： 一次超静定问题，将 C 处活动铰支座视为多余约束。解除该处约束，以相应的约束力 F_C 代之作用，得到原超静定梁的相当系统，如图 7-26b 所示。

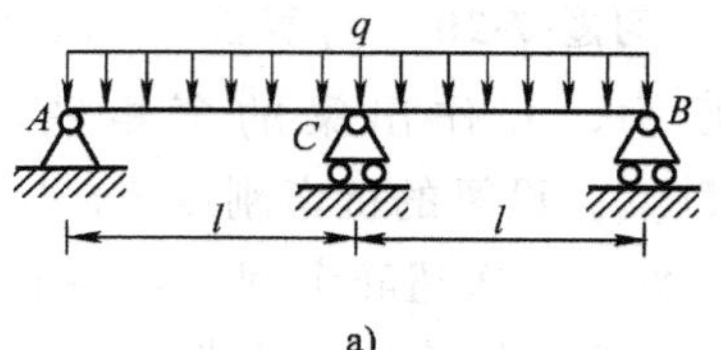

a)

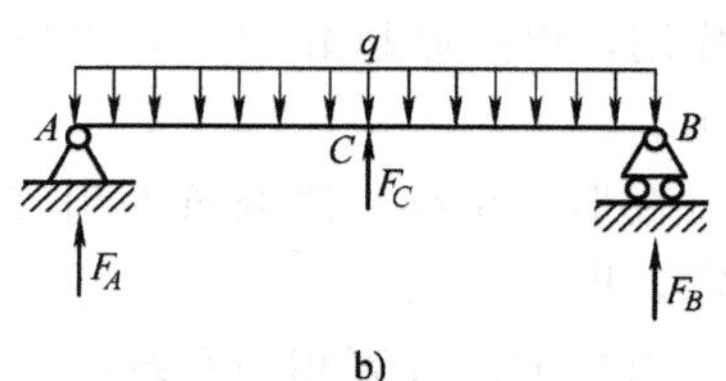

b)

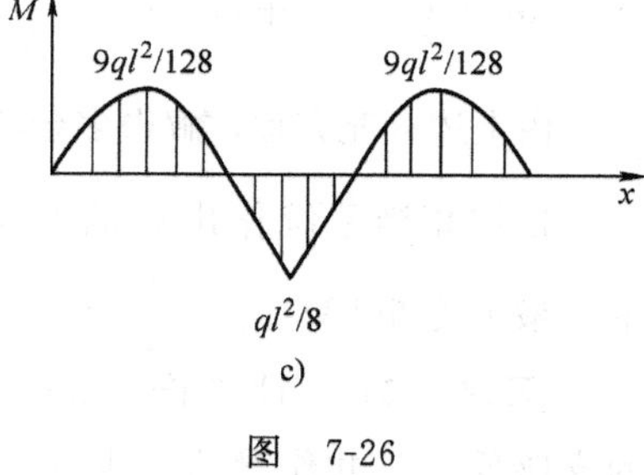

c)

图 7-26

变形（位移）协调条件为支座 C 处的挠度等于零，即 $w_C=0$。

由叠加法计算相当系统的 w_C，得补充方程

$$w_C=(w_C)_{F_C}+(w_C)_q=\frac{l^3}{24EI}(4F_C-5ql)=0$$

由上述补充方程，解得多余约束力 $F_C=\dfrac{5ql}{4}$（↑）。

根据相当系统，由对称性得支座 A、B 的约束力 $F_A=F_B=\dfrac{3ql}{8}$（↑）。作出梁的弯矩图如图 7-26c 所示，最大弯矩 $|M|_{max}=\dfrac{1}{8}ql^2$。

习题 7-23 计算图 7-27a 所示超静定梁的支座反力，作梁的弯矩图，并确定最大弯矩 $|M|_{max}$。设梁的抗弯刚度 EI 为常量。

解： 一次超静定问题，将 C 处链杆视为多余约束。解除该处约束，以相应的约束力 F_C 代之作用，得到原超静定梁的相当系统，如图 7-27b 所示。

变形（位移）协调条件为支座 C 处的挠度等于零，即 $w_C=0$。

由叠加法计算相当系统的 w_C，得补充方程

$$w_C=(w_C)_F+(w_C)_{F_C}=-\frac{46Fl^3}{1125EI}+\frac{F_Cl^3}{18EI}=0$$

由上述补充方程，解得多余约束力 $F_C=0.736F$（↑）。根据相当系统，由平衡方程得支座 A、B 处的约束力 $F_A=0.488F$（↑）、$F_B=-0.224F$（↓）。作出梁的弯矩图如图 7-27c 所示，最大弯矩 $|M|_{max}=0.195Fl$。

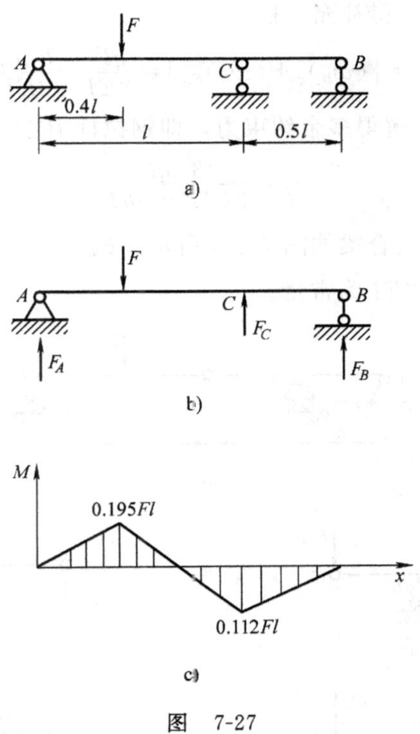

图 7-27

习题 7-24 如图 7-28a 所示，受均布载荷 q 作用的钢梁 AB 一端固定，另一端用钢拉杆 BC 系住。钢梁的抗弯刚度为 EI，钢拉杆的抗拉刚度为 EA，尺寸 h、l 均为已知，试求钢拉杆 BC 的轴力。

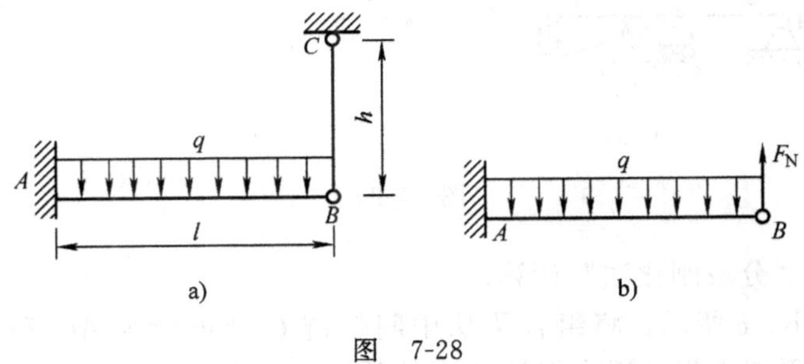

图 7-28

解： 一次超静定问题，视拉杆 BC 为多余约束。解除该处约束，以相应的约束力 F_N 代之作用，得到原超静定梁 AB 的相当系统，如图 7-28b 所示。

变形（位移）协调条件为梁 AB 端点 B 的挠度等于拉杆 BC 的轴向伸长，即 $|w_B|=\Delta l_{BC}$。

用叠加法计算 w_B，得补充方程

$$|w_B|=|(w_B)_q+(w_B)_{F_N}|=\frac{ql^4}{8EI}-\frac{F_Nl^3}{3EI}=\frac{F_Nh}{EA}$$

由上述补充方程，解得多余约束力，即钢拉杆 BC 的轴力

$$F_N=\frac{3Aql^4}{8(Al^3+3hI)}$$

习题 7-25 静定组合梁如图 7-29a 所示，试求集中载荷 F 的作用点 G 处的挠度。设梁的抗弯刚度 EI 为常量。

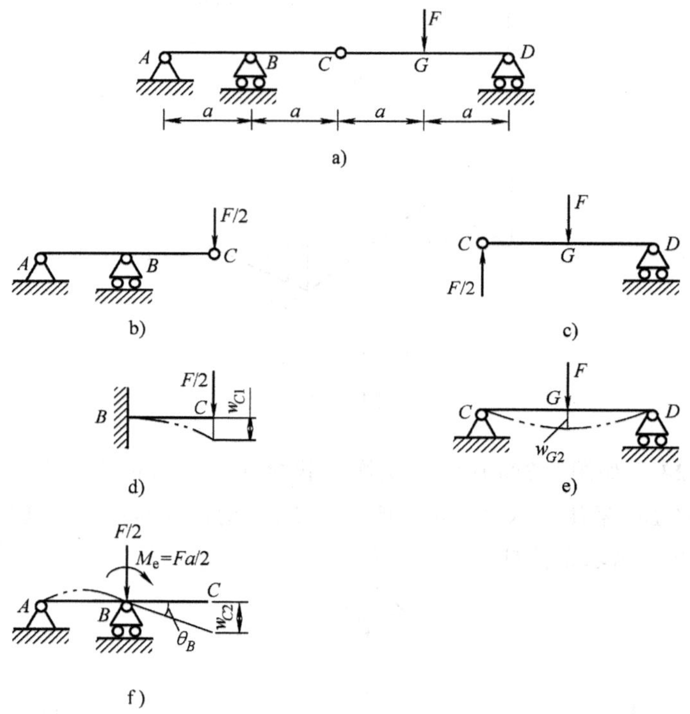

图 7-29

解： 采用“分段刚化法”计算。

如图 7-29b、c 所示，将组合梁从中间铰链 C 处拆分为 AC 和 CD 两部分，由 CD 部分的平衡方程易得中间铰链 C 处的约束力为 $F/2$。

AC 部分为外伸梁，首先计算其在 C 点的挠度。如图 7-29d、f 所示，采用“分段刚化法”，得外伸梁 AC 在 C 点的挠度

$$w_C=w_{C1}+w_{C2}=w_{C1}+\theta_B\cdot a=-\frac{Fa^3}{6EI}-\frac{Fa^3}{6EI}=-\frac{Fa^3}{3EI}$$

此时，将 CD 部分视为刚性的，则因其随同 C 点的刚体位移而引起的点 G

的挠度为

$$w_{G1}=\frac{1}{2}w_C=-\frac{Fa^3}{6EI}$$

再将 AC 部分视为刚性的，此时 CD 部分则可视为简支梁，如图 7-29e 所示，查表得点 G 的挠度

$$w_{G2}=-\frac{Fa^3}{6EI}$$

将上述结果叠加，即得集中载荷 F 的作用点 G 处的挠度为

$$w_G=w_{G1}+w_{G2}=-\frac{Fa^3}{6EI}-\frac{Fa^3}{6EI}=-\frac{Fa^3}{3EI}\ (\downarrow)$$

第八章
应力状态分析与强度理论

知 识 要 点

一、应力状态的基本概念

1. 点的应力状态

受力构件内的点在不同方位截面上应力的集合。

2. 单元体

单元体系指围绕构件内一点取出的一个无限小的正六面体。可以认为，单元体上的各个截面均通过该点，单元体上任一截面上的应力就是该点在该截面上的应力。因此，在单元体内的各个截面上，应力均匀分布；在单元体内的任意一对平行截面上，应力相等。

单元体是分析研究点的应力状态的基础。

3. 主平面与主应力

主平面：切应力为零的平面。通过任意点，都存在三个相互垂直的主平面。

主应力：主平面上的正应力。任意点都有三个主应力。三个主应力分别用 σ_1、σ_2 和 σ_3 表示，且规定 $\sigma_1 \geqslant \sigma_2 \geqslant \sigma_3$。

4. 应力状态的分类

单向应力状态：三个主应力中只有一个不等于零。

二向应力状态（平面应力状态）：三个主应力中有两个不等于零。

三向应力状态（空间应力状态）：三个主应力都不等于零。

单向应力状态又称为简单应力状态；二向和三向应力状态则统称为复杂应力状态。

二、二向应力状态分析的解析法

1. 任意斜截面上的应力

$$\sigma_\alpha=\frac{\sigma_x+\sigma_y}{2}+\frac{\sigma_x-\sigma_y}{2}\cos2\alpha-\tau_{xy}\sin2\alpha \tag{8-1}$$

$$\tau_\alpha=\frac{\sigma_x-\sigma_y}{2}\sin2\alpha+\tau_{xy}\cos2\alpha \tag{8-2}$$

2. 主平面的方位角

$$\tan2\alpha_0=\frac{-2\tau_{xy}}{\sigma_x-\sigma_y} \tag{8-3}$$

3. 正应力极值·主应力

正应力极值：

$$\left.\begin{matrix}\sigma_{\max}\\ \sigma_{\min}\end{matrix}\right\}=\frac{\sigma_x+\sigma_y}{2}\pm\sqrt{\left(\frac{\sigma_x-\sigma_y}{2}\right)^2+\tau_{xy}^2} \tag{8-4}$$

主应力：

若 $\sigma_{\max}>0$、$\sigma_{\min}>0$，则 $\sigma_1=\sigma_{\max}$、$\sigma_2=\sigma_{\min}$、$\sigma_3=0$

若 $\sigma_{\max}>0$、$\sigma_{\min}<0$，则 $\sigma_1=\sigma_{\max}$、$\sigma_2=0$、$\sigma_3=\sigma_{\min}$

若 $\sigma_{\max}<0$、$\sigma_{\min}<0$，则 $\sigma_1=0$、$\sigma_2=\sigma_{\max}$、$\sigma_3=\sigma_{\min}$

4. 切应力极值所在平面的方位角

$$\tan2\alpha_1=\frac{\sigma_x-\sigma_y}{2\tau_{xy}} \tag{8-5}$$

结论：与主平面相交45°。

5. 切应力极值

$$\tau_{\max}=\sqrt{\left(\frac{\sigma_x-\sigma_y}{2}\right)^2+\tau_{xy}^2} \tag{8-6}$$

三、二向应力状态分析的图解法

1. 应力圆方程

$$\left(\sigma_\alpha-\frac{\sigma_x+\sigma_y}{2}\right)^2+\tau_\alpha^2=\left(\frac{\sigma_x-\sigma_y}{2}\right)^2+\tau_{xy}^2 \tag{8-7}$$

其中，应力圆圆心坐标：$\left(\frac{\sigma_x+\sigma_y}{2}, 0\right)$；应力圆半径：$R=\sqrt{\left(\frac{\sigma_x-\sigma_y}{2}\right)^2+\tau_{xy}^2}$。

2. 应力圆的作法

如图 8-1 所示，作图方法如下：

(1) 建立 σ-τ 坐标系；

(2) 按一定比例尺量取横坐标 $OA=\sigma_x$、纵坐标 $AD=\tau_{xy}$，得到与 x 截面应

力对应的点 D；

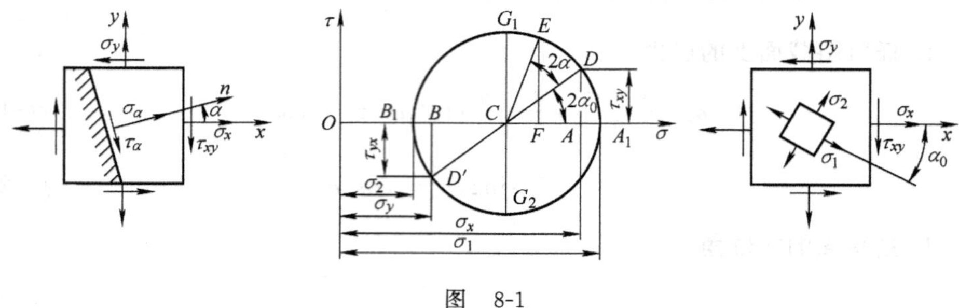

图　8-1

（3）再按一定比例尺量取横坐标 $OB=\sigma_y$、纵坐标 $BD'=-\tau_{xy}$，得到与 y 截面应力对应的点 D'；

（4）连接 DD'，交 σ 轴于点 C；

（5）以点 C 为圆心、CD 为半径作圆即得。

3. 二向应力状态分析的图解法

如图 8-1 所示，应力圆圆周上任一点的横坐标、纵坐标分别代表单元体某一截面上的正应力、切应力；应力圆上半径转过的角度等于单元体上对应截面外法线旋转角度的 2 倍，且转向一致。可概括为："点面对应，基准一致，转向相同，倍角关系"。

根据上述规律，利用应力圆，即可方便地采用图解法进行二向应力状态分析。

四、纯剪切应力状态的主要结论

纯剪切应力状态：在单元体的四侧面上只存在切应力，且在另两个侧面上没有任何应力（见图 8-2）。纯剪切应力状态属于二向应力状态。

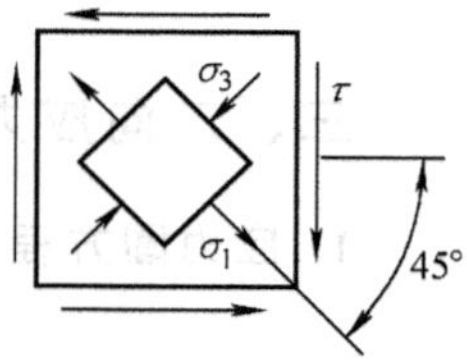

主平面：±45°斜截面（见图 8-2）。

主应力

$$\sigma_1=\tau,\ \sigma_2=0,\ \sigma_3=-\tau \tag{8-8}$$

最大切应力

$$\tau_{\max}=\tau \tag{8-9}$$

图　8-2

五、三向应力状态的主要结论

最大正应力

$$\sigma_{\max}=\sigma_1 \tag{8-10}$$

最小正应力

$$\sigma_{min}=\sigma_3 \tag{8-11}$$

最大切应力

$$\tau_{max}=\frac{\sigma_1-\sigma_3}{2} \tag{8-12}$$

说明：上述结论同样适用于单向应力状态和二向应力状态。

六、广义胡克定律

$$\left.\begin{aligned}\varepsilon_x&=\frac{1}{E}[\sigma_x-\mu(\sigma_y+\sigma_z)]\\ \varepsilon_y&=\frac{1}{E}[\sigma_y-\mu(\sigma_z+\sigma_x)]\\ \varepsilon_z&=\frac{1}{E}[\sigma_z-\mu(\sigma_x+\sigma_y)]\end{aligned}\right\} \tag{8-13}$$

$$\left.\begin{aligned}\gamma_{xy}&=\frac{\tau_{xy}}{G}\\ \gamma_{yz}&=\frac{\tau_{yz}}{G}\\ \gamma_{zx}&=\frac{\tau_{zx}}{G}\end{aligned}\right\} \tag{8-14}$$

说明：(1) 广义胡克定律在线弹性、小变形的条件下适用。

(2) 当单元体的六个侧面皆为主平面时，则应将广义胡克定律中的下标 x、y、z 依次换成 1、2、3，此时得到的沿三个主方向的线应变 ε_1、ε_2、ε_3 称为主应变，且有 $\varepsilon_1\geqslant\varepsilon_2\geqslant\varepsilon_3$。

七、强度理论

经过实践证明，在一定范围内成立的关于材料强度失效因素的假说称为强度理论。根据强度理论，可以利用简单应力状态的试验结果，来建立复杂应力状态下的强度条件。工程中常用的强度理论有下列四种：

1. 第一强度理论（最大拉应力理论）

第一强度理论认为，最大拉应力是引起材料脆性断裂的主要因素，其对应的强度条件为

$$\sigma_{r1}=\sigma_1\leqslant[\sigma] \tag{8-15}$$

第一强度理论主要适用于脆性材料且以拉应力为主的场合。

2. 第二强度理论（最大伸长线应变理论）

第二强度理论认为，最大伸长线应变是引起材料脆性断裂的主要因素，其对应的强度条件为

$$\sigma_{r2}=\sigma_1-\mu(\sigma_2+\sigma_3)\leqslant[\sigma] \tag{8-16}$$

式中，μ 为材料的泊松比。

第二强度理论主要适用于脆性材料且以压应力为主的场合。

3. 第三强度理论（最大切应力理论）

第三强度理论认为，最大切应力是引起材料塑性屈服的主要因素，其对应的强度条件为

$$\sigma_{r3}=\sigma_1-\sigma_3\leqslant[\sigma] \tag{8-17}$$

第三强度理论主要适用于塑性材料。

4. 第四强度理论（畸变能密度理论）

第四强度理论认为，畸变能密度是引起材料塑性屈服的主要因素，其对应的强度条件为

$$\sigma_{r4}=\sqrt{\frac{1}{2}[(\sigma_1-\sigma_2)^2+(\sigma_2-\sigma_3)^2+(\sigma_3-\sigma_1)^2]}\leqslant[\sigma] \tag{8-18}$$

第四强度理论主要适用于塑性材料。

八、圆筒形薄壁容器

壁厚 δ 远小于内径 D（$\delta<D/20$）的封闭圆筒形薄壁容器，承受内压 p 的作用。

1. 横截面上的轴向拉应力

$$\sigma_x=\frac{pD}{4\delta} \tag{8-19}$$

2. 纵截面上的周向拉应力

$$\sigma_t=\frac{pD}{2\delta} \tag{8-20}$$

解题方法

本章习题主要有下述三种类型：

一、二向应力状态分析

解题步骤——

1. 从构件中截取单元体。
2. 计算单元体四侧面上的应力 σ_x、σ_y、τ_{xy}。
3. 根据题意采用解析法或图解法确定待求未知量。

注意点——

1. 应力状态分析是以单元体为基础的，若题目中没有直接给出单元体，一定要首先从构件中截取单元体，并根据已学知识，求出单元体四侧面上的应力

σ_x、σ_y、τ_{xy}。

2. 在用解析法的公式计算时，要注意σ_x、σ_y、τ_{xy}的正负号以及斜截面方位角α的定义与正负号，其规定为：

（1）σ_x、σ_y，以拉应力为正，压应力为负。

（2）将τ_{xy}对单元体内任一点取矩，以顺时针转向为正、逆时针转向为负。

（3）α为斜截面的外法线n与x轴之间的夹角，并以x轴为始边、外法线n为终边，α角的转向为逆时针时为正，反之为负。

3. 式（8-6）所确定的是二向应力状态下面内切应力的极值，而任意应力状态下切应力的最大值则应按式（8-12）计算。

4. 在用图解法求解时，应注意以下两点：

（1）在作应力圆时，要选取适当的比例尺，作出的应力圆不能太小，否则容易产生较大误差。

（2）要严格遵循“点面对应，基准一致，转向相同，倍角关系”的原则，根据所选定的比例尺，正确量取待求未知量。

5. 主应力一定要根据其代数值大小依次记作$\sigma_1 \geqslant \sigma_2 \geqslant \sigma_3$。

6. 在绘制主应力单元体时，要正确判断σ_1、σ_2、σ_3的作用面，不能随意标注。

二、广义胡克定律的应用

广义胡克定律建立了复杂应力状态下应力与应变的关系，被广泛用于在复杂受力情况下已知构件的受力求变形，或者已知构件的变形求受力。在应用广义胡克定律解题时，应注意以下几点：

1. 广义胡克定律适用于满足线弹性、小变形条件的任意应力状态。

2. 广义胡克定律中的x、y、z三个方向必须相互垂直。

3. 在应用广义胡克定律进行计算时，要考虑σ_x、σ_y、σ_z的正负号，即拉应力为正、压应力为负。

三、强度理论的应用

解题步骤——

1. 对构件中的危险点进行应力状态分析，求出危险点的三个主应力。

2. 选择适当的强度理论进行强度计算。

注意点——

1. 解决复杂应力状态下的强度问题，才需要使用强度理论，但强度理论本身对于任何一种应力状态都是适用的。

2. 一般情况下，脆性材料应选用第一或第二强度理论；塑性材料则应选用第三或第四强度理论。但需要指出，选择强度理论的根本依据应当是构件的强度失效类型。对于脆性断裂的强度失效类型，应该选用第一或第二强度理论；对于塑性屈服的强度失效类型，则应选用第三或第四强度理论。而构件究竟发生何种类型的强度失效，实际上不但取决于材料，还与应力状态有关。例如，在三向拉伸应力状态下，即使是塑性材料，也将发生脆性断裂，故应采用第一强度理论；在三向压缩应力状态下，即使是脆性材料，也将发生塑性屈服，故应采用第三或第四强度理论。

3. 第一与第二强度理论均适用于脆性断裂的强度失效类型，但在以拉应力为主的场合，宜用第一强度理论；在以压应力为主的场合，宜用第二强度理论。

4. 第三与第四强度理论均适用于塑性屈服的强度失效类型，其中，第三强度理论偏于保守，第四强度理论更为精确。

难题解析

【例题 8-1】 如图 8-3a 所示，有一两端受扭转外力偶矩 M_e 和轴向拉力 F 作用的圆筒形薄壁压力容器。已知容器的内径 $d=80$ mm，壁厚 $\delta=2$ mm，筒体长度 $l=1$ m；材料的弹性模量 $E=200$ GPa，泊松比 $\mu=0.25$；容器所受内压 $p=10$ MPa，扭转外力偶矩 $M_e=640\pi$ N·m。若材料的许用应力$[\sigma]=200$ MPa，试根据第三强度理论，确定许可拉力 $[F]$，并计算此时容器筒体的轴向伸长 Δl 和内径改变量 Δd。

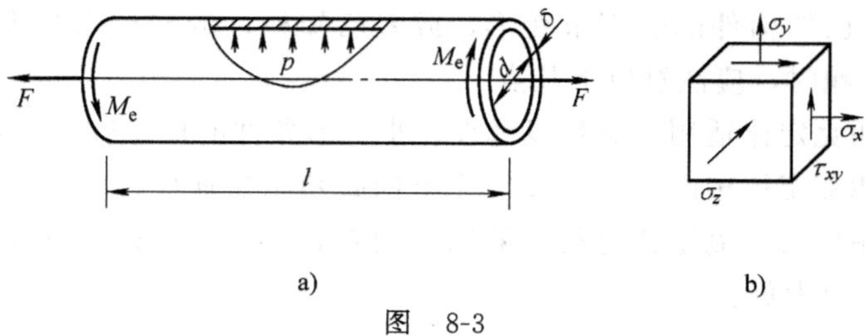

图 8-3

解：（1）取单元体

围绕筒壁上任意一点截取单元体如图 8-3b 所示，其六侧面上的应力分别为

$$\sigma_x=\frac{pd}{4\delta}+\frac{F}{A}=\left(\frac{10\times10^6\times80}{4\times2}+\frac{F}{\pi\times80\times2\times10^{-6}}\right)\text{Pa}=(100+19.9\times10^{-4}F)\text{ MPa}$$

$$\sigma_y=\frac{pd}{2\delta}=200\text{ MPa}$$

$$\sigma_z=-p=-10\text{ MPa}$$

$$\tau_{xy}=-\frac{M_e}{2\pi R^2\delta}=-\frac{640\pi}{2\pi(40+1)^2\times2\times10^{-9}}\text{ Pa}=-95.2\text{ MPa}$$

（2）计算主应力

由式（8-4），面内正应力极值

$$\sigma_{\max}=\frac{\sigma_x+\sigma_y}{2}+\sqrt{\left(\frac{\sigma_x-\sigma_y}{2}\right)^2+\tau_{xy}{}^2}$$

$$=\left[(150+9.95\times10^{-4}F)+\frac{1}{2}\sqrt{(19.9\times10^{-4}F-100)^2+4\times95.2^2}\right]\text{MPa}$$

$$\sigma_{\min}=\frac{\sigma_x+\sigma_y}{2}-\sqrt{\left(\frac{\sigma_x-\sigma_y}{2}\right)^2+\tau_{xy}{}^2}$$

$$=\left[(150+9.95\times10^{-4}F)-\frac{1}{2}\sqrt{(19.9\times10^{-4}F-100)^2+4\times95.2^2}\right]\text{MPa}$$

不难判断，$\sigma_{\max}>\sigma_{\min}>0$，故有主应力

$$\sigma_1=\sigma_{\max},\quad \sigma_2=\sigma_{\min},\quad \sigma_3=\sigma_z=-10\ \text{MPa}$$

（3）强度计算

根据第三强度理论，

$$\sigma_{r3}=\sigma_1-\sigma_3=\left[(150+9.95\times10^{-4}F)+\frac{1}{2}\sqrt{(19.9\times10^{-4}F-100)^2+4\times95.2^2}+10\right]\text{MPa}$$

$$\leqslant[\sigma]=200\ \text{MPa}$$

解得

$$F\leqslant558\ \text{kN}$$

所以，许可拉力

$$[F]=558\ \text{kN}$$

（4）计算变形

由广义胡克定律，得容器筒体的轴向应变

$$\varepsilon_x=\frac{1}{E}[\sigma_x-\mu(\sigma_y+\sigma_z)]=5.83\times10^{-3}$$

周向应变

$$\varepsilon_y=\frac{1}{E}[\sigma_y-\mu(\sigma_z+\sigma_x)]=-0.52\times10^{-3}$$

所以，容器筒体的轴向伸长

$$\Delta l=\varepsilon_x l=5.83\ \text{mm}$$

内径改变量

$$\Delta d=\varepsilon_y d=-0.04\ \text{mm}$$

【例题 8-2】 试求图 8-4a 所示单元体的主应力，并画出主应力单元体。假设该单元体的边长为单位 1，试求其对角线 AB 转过的角度及其长度改变量，已知材料的弹性模量 $E=200$ GPa，泊松比 $\mu=0.3$。

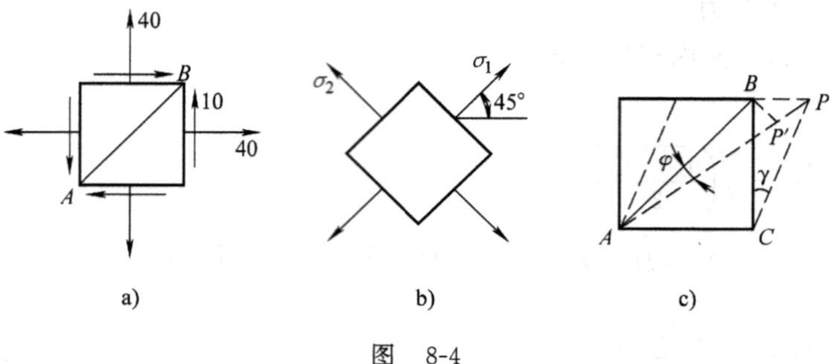

图 8-4

解：（1）计算主应力

将 $\sigma_x=40$ MPa、$\sigma_y=40$ MPa、$\tau_{xy}=-10$ MPa 代入式（8-4），得其正应力极值

$$\left.\begin{matrix}\sigma_{\max}\\ \sigma_{\min}\end{matrix}\right\}=\frac{\sigma_x+\sigma_y}{2}\pm\sqrt{\left(\frac{\sigma_x-\sigma_y}{2}\right)^2+\tau_{xy}^2}=\frac{40+40}{2}\pm\sqrt{\left(\frac{40-40}{2}\right)^2+10^2}=\begin{cases}50\text{ MPa}\\30\text{ MPa}\end{cases}$$

所以，单元体的主应力

$$\sigma_1=50\text{ MPa},\quad \sigma_2=30\text{ MPa},\quad \sigma_3=0$$

由式（8-3），得主平面的方位角

$$\alpha_0=\frac{1}{2}\arctan\left(\frac{-2\tau_{xy}}{\sigma_x-\sigma_y}\right)=45°$$

作出主应力单元体如图 8-4b 所示。

（2）计算对角线 AB 长度的改变量

根据广义胡克定律，沿对角线 AB 方向的线应变

$$\varepsilon_{45°}=\frac{1}{E}(\sigma_1-\mu\sigma_2)=\frac{1}{200\times10^9}(50\times10^6-0.3\times30\times10^6)=0.205\times10^{-3}$$

所以，对角线 AB 长度的改变量

$$\Delta l_{AB}=l_{AB}\times\varepsilon_{45°}=\sqrt{2}\times0.205\times10^{-3}=0.29\times10^{-3}$$

（3）计算对角线 AB 转过的角度

注意到 $\sigma_x=\sigma_y$，在 σ_x 与 σ_y 共同作用下，对角线 AB 无转角，因此只需计算在切应力 τ_{xy} 单独作用下对角线 AB 的转角即可。

如图 8-4c 所示，切应变

$$\gamma=\frac{\tau_{xy}}{G}=\frac{2(1+\mu)\tau_{xy}}{E}=\frac{2\times(1+0.3)\times(-10)}{200\times10^3}\text{ rad}=-0.13\times10^{-3}\text{ rad}$$

在小变形条件下，对角线 AB 转过的角度

$$\varphi=\frac{BP'}{AB}=\frac{BP\sin45°}{AB}=\frac{|\gamma|BC\sin45°}{\frac{BC}{\sin45°}}=|\gamma|\sin^2 45°=0.065\times10^{-3}\text{ rad}$$

【例题 8-3】　一钢制圆轴承受拉伸与扭转组合变形，如图 8-5a 所示。已知圆轴直径 $d=200\ \mathrm{mm}$，弹性模量 $E=200\ \mathrm{GPa}$。现采用直角应变花测得轴表面点 O 沿轴向、横向和45°方向的应变分别为 $\varepsilon_x=320\times10^{-6}$、$\varepsilon_y=-96\times10^{-6}$ 和 $\varepsilon_{45^\circ}=565\times10^{-6}$，试确定轴向载荷 F 和外力偶矩 M_e 的大小。

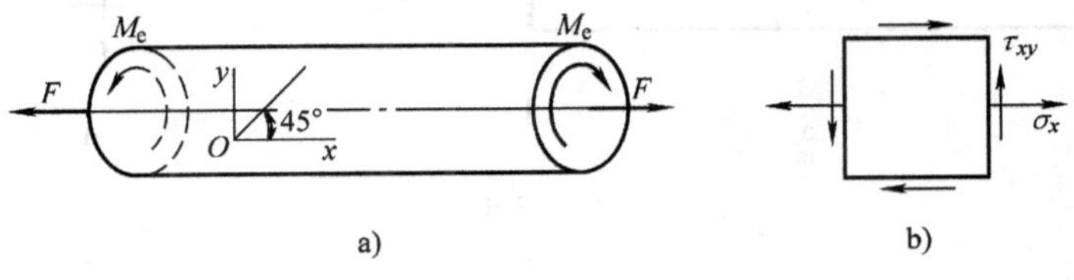

图　8-5

解： 轴表面点 O 为二向应力状态，其单元体如图 8-5b 所示。

（1）确定轴向载荷 F

由胡克定律，得轴向应力

$$\sigma_x=E\varepsilon_x=200\times10^9\ \mathrm{Pa}\times320\times10^{-6}=64\ \mathrm{MPa}$$

所以，轴向载荷

$$F=\sigma_x A=64\times10^6\ \mathrm{Pa}\times\frac{\pi}{4}\times0.2^2\ \mathrm{m}^2=20.1\ \mathrm{kN}$$

（2）确定外力偶矩 M_e

由广义胡克定律，可得45°方向应变

$$\varepsilon_{45^\circ}=\varepsilon_x\cos^2 45^\circ+\varepsilon_y\sin^2 45^\circ+\gamma_{xy}\sin 45^\circ\cos 45^\circ$$

将 ε_x、ε_y 和 ε_{45° 代入求解，得

$$\gamma_{xy}=906\times10^{-6}$$

泊松比

$$\mu=-\frac{\varepsilon_y}{\varepsilon_x}=\frac{96}{320}=0.3$$

由剪切胡克定律，得

$$\tau_{xy}=G\gamma_{xy}=\frac{E}{2(1+\mu)}\gamma_{xy}=69.7\ \mathrm{MPa}$$

从而，得外力偶矩

$$M_e=T=\tau_{\max}W_t=\tau_{\max}\times\frac{\pi}{16}d^3=69.7\times10^6\ \mathrm{Pa}\times\frac{\pi}{16}\times0.2^3\ \mathrm{m}^3=109\ \mathrm{N\cdot m}$$

【例题 8-4】　带尖角的轴向拉杆如图 8-6a 所示，试分析尖角 A 点的应力状态。

解： 围绕尖角 A 点截取单元体如图 8-6b 所示，记四侧面上的应力分别为 σ_x、σ_y、τ_{xy}。在任一自由边界所对应的 α 斜截面上，应力皆为零，即有

$$\sigma_\alpha=\frac{\sigma_x+\sigma_y}{2}+\frac{\sigma_x-\sigma_y}{2}\cos2\alpha-\tau_{xy}\sin2\alpha=0$$

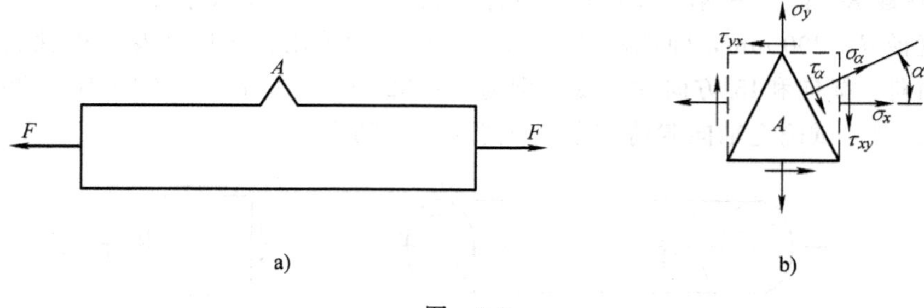

图 8-6

$$\tau_{\alpha}=\frac{\sigma_x-\sigma_y}{2}\sin 2\alpha+\tau_{xy}\cos 2\alpha=0$$

因为 $\sin 2\alpha\neq 0$，$\cos 2\alpha\neq 0$，故必有 $\sigma_x=\sigma_y=\tau_{xy}=0$，即尖角 A 点为零应力状态。

【例题 8-5】 如图 8-7a 所示，已知某点在与水平面成±30°的两相交斜截面上的应力，试用图解法求其主应力和主方向。

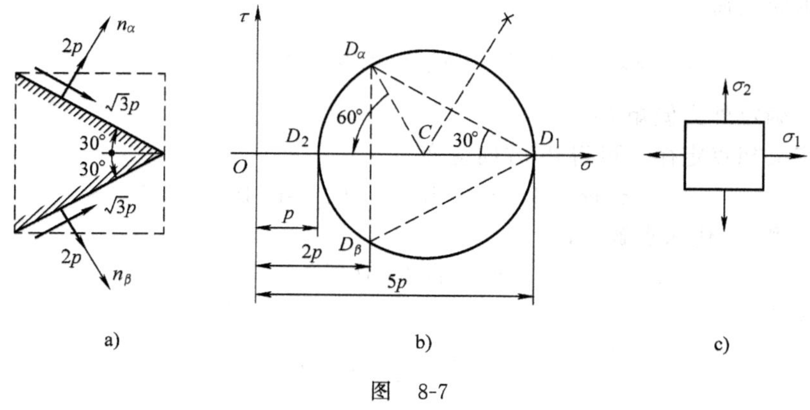

图 8-7

解：(1) 画应力圆（见图 8-7b）

① 建立 σ-τ 坐标轴系，选取比例尺，由两斜截面上的应力定出 $D_{\alpha}(2p, \sqrt{3}p)$、$D_{\beta}(2p, -\sqrt{3}p)$两点。

② D_{α}、D_{β} 为应力圆上的两点。设应力圆的圆心为 C，注意到圆心角 $\angle D_{\alpha}CO=\angle D_{\beta}CO=60^{\circ}$，其对应的圆周角为30°，故过 D_{α}（或 D_{β}）作与 σ 轴成30°夹角的斜线，交 σ 轴与 D_1，D_1 必为应力圆上的一点。再作 $D_{\alpha}D_1$ 的垂直平分线，交 σ 轴于 C，即得圆心。

③ 以 C 为圆心，CD_{α} 为半径作圆，得应力圆。

(2) 求主应力和主方向

如图 8-7b 所示，由应力圆的几何关系，易得主应力

$$\sigma_1 = 2p + \frac{\sqrt{3}p}{\tan 30^\circ} = 5p, \quad \sigma_2 = p, \quad \sigma_3 = 0$$

由半径 CD_α 至 CD_1 为顺时针转120°，故将 α 截面顺时针转60°即得 σ_1 主平面，由此作出主应力单元体如图 8-7c 所示。

本题还可以用其他方法作出应力圆，请读者自行思考。

习题解答

习题 8-1　构件受力如图 8-8 所示。（1）确定危险截面和其上危险点的位置；（2）用单元体表示各危险点的应力状态，并写出单元体各侧面上应力的计算式。

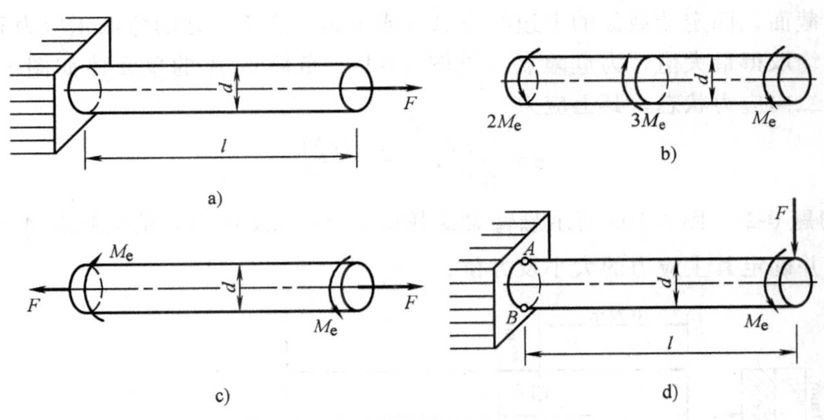

图　8-8

解：（a）图 8-8a 所示圆杆承受轴向拉伸，杆内各个横截面上各点的应力完全相同，对应单元体如图 8-9a 所示，为单向应力状态，其上应力

$$\sigma = \frac{F}{A} = \frac{4F}{\pi d^2}$$

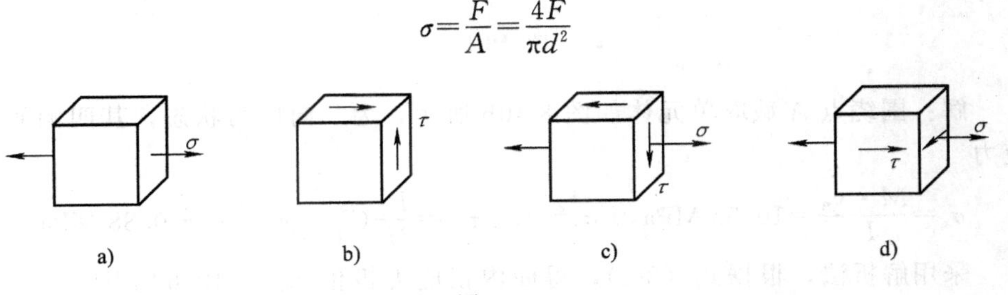

图　8-9

(b) 图 8-8b 所示圆轴承受扭转变形，左半段各截面上扭矩较大，为危险截面；危险截面周边上各点处的切应力取得最大值，为危险点。危险点的单元体如图 8-9b 所示，为纯剪切应力状态，其上应力

$$\tau=\frac{T}{W_{\mathrm{t}}}=\frac{2M_{\mathrm{e}}}{\frac{\pi d^3}{16}}=\frac{32M_{\mathrm{e}}}{\pi d^3}$$

(c) 图 8-8c 所示圆杆承受拉伸与扭转组合变形，各个截面上内力相等，危险程度相同。各个截面上的拉伸正应力均布，周边上各点处的扭转切应力取得最大值，为危险点。危险点的单元体如图 8-9c 所示，为二向应力状态，其上应力

$$\sigma=\frac{4F}{\pi d^2},\quad \tau=\frac{16M_{\mathrm{e}}}{\pi d^3}$$

(d) 图 8-8d 所示圆杆承受弯曲与扭转组合变形，固定端截面上弯矩最大，为危险截面。固定端截面的上边缘点 A（或下边缘点 B）处的弯曲正应力和扭转切应力均取得最大值，为危险点（见图 8-8d）。危险点 A 的单元体如图 8-9d 所示，为二向应力状态，其上应力

$$\sigma=\frac{32Fl}{\pi d^3},\quad \tau=\frac{16M_{\mathrm{e}}}{\pi d^3}$$

习题 8-2　图 8-10a 所示悬臂梁受载荷 $F=10$ kN 作用，试绘制点 A 的单元体图，并确定其主应力的大小及方位。

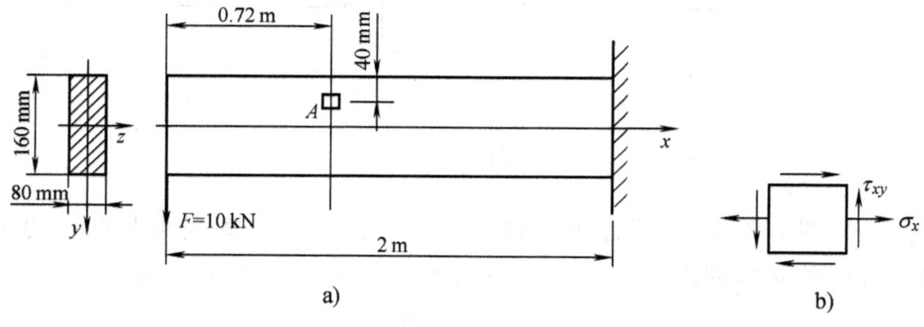

图　8-10

解：围绕点 A 截取单元体如图 8-10b 所示，为二向应力状态，其四侧面上应力

$$\sigma_x=\frac{M\cdot y_A}{I_z}=10.55\ \text{MPa},\quad \sigma_y=0,\quad \tau_{xy}=\frac{F_{\mathrm{S}}}{2I_z}\left(\frac{h^2}{4}-y_A{}^2\right)=-0.88\ \text{MPa}$$

采用解析法，根据式 (8-4)，得面内正应力极值 $\sigma_{\max}=10.62$ MPa，$\sigma_{\min}=-0.07$ MPa。所以，单元体的主应力 $\sigma_1=10.62$ MPa，$\sigma_2=0$，$\sigma_3=-0.07$ MPa。

由式 (8-3)，得主平面方位角 $\alpha_0=4.73°$。

习题 8-3　已知点的应力状态如图 8-11 所示（图中应力单位为 MPa），试用解析法计算图中指定截面的正应力与切应力。

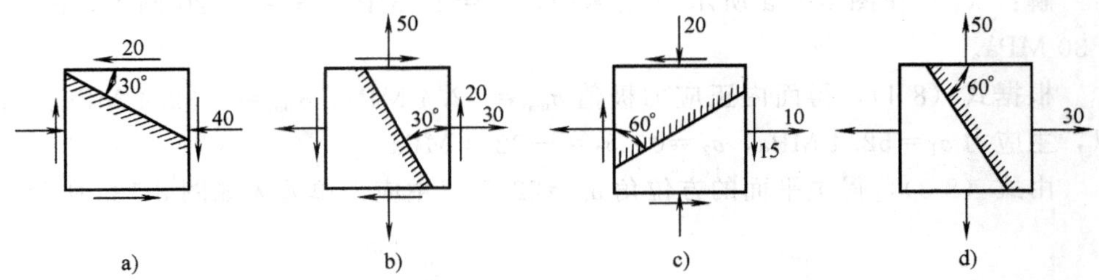

图　8-11

解：(a) 在图 8-11a 所示单元体中，$\sigma_x=-40\ \mathrm{MPa}$，$\sigma_y=0$，$\tau_{xy}=20\ \mathrm{MPa}$，$\alpha=60^\circ$。

由式（8-1）、式（8-2）得指定截面上的正应力、切应力分别为

$$\sigma_\alpha=\frac{\sigma_x+\sigma_y}{2}+\frac{\sigma_x-\sigma_y}{2}\cos 2\alpha-\tau_{xy}\sin 2\alpha=-27.3\ \mathrm{MPa}$$

$$\tau_\alpha=\frac{\sigma_x-\sigma_y}{2}\sin 2\alpha+\tau_{xy}\cos 2\alpha=-27.3\ \mathrm{MPa}$$

(b) 在图 8-11b 所示单元体中，

$$\sigma_x=30\ \mathrm{MPa},\quad \sigma_y=50\ \mathrm{MPa},\quad \tau_{xy}=-20\ \mathrm{MPa},\quad \alpha=30^\circ$$

同理得指定截面上的正应力、切应力分别为 $\sigma_\alpha=52.3\ \mathrm{MPa}$、$\tau_\alpha=-18.7\ \mathrm{MPa}$。

(c) 在图 8-11c 所示单元体中，

$$\sigma_x=10\ \mathrm{MPa},\quad \sigma_y=-20\ \mathrm{MPa},\quad \tau_{xy}=15\ \mathrm{MPa},\quad \alpha=-60^\circ$$

同理得指定截面上的正应力、切应力分别为 $\sigma_\alpha=0.49\ \mathrm{MPa}$、$\tau_\alpha=-20.5\ \mathrm{MPa}$。

(d) 在图 8-11d 所示单元体中，

$$\sigma_x=30\ \mathrm{MPa},\quad \sigma_y=50\ \mathrm{MPa},\quad \tau_{xy}=0,\quad \alpha=-150^\circ$$

同理得指定截面上的正应力、切应力分别为 $\sigma_\alpha=35\ \mathrm{MPa}$、$\tau_\alpha=-8.7\ \mathrm{MPa}$。

习题 8-4　已知点的应力状态如图 8-12 所示（图中应力单位为 MPa），试

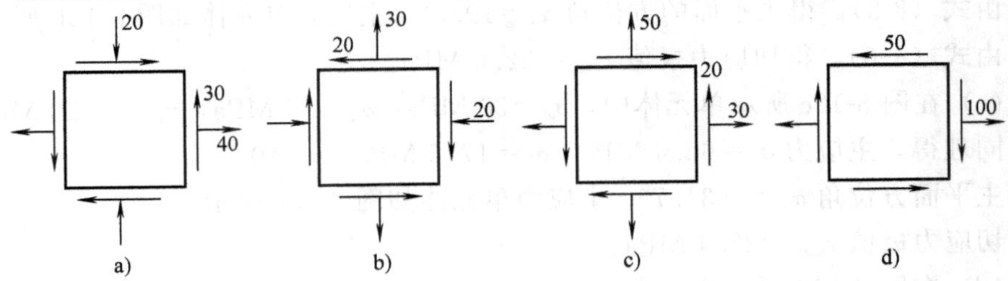

图　8-12

用解析法（1）确定主应力和主方向，并在单元体上绘出主平面的位置以及主应力的方向；（2）计算切应力极值。

解：（a）在图8-12a所示单元体中，$\sigma_x=40$ MPa，$\sigma_y=-20$ MPa，$\tau_{xy}=-30$ MPa。

根据式（8-4），得面内正应力极值$\sigma_{max}=52.4$ MPa，$\sigma_{min}=-32.4$ MPa。所以，主应力$\sigma_1=52.4$ MPa，$\sigma_2=0$，$\sigma_3=-32.4$ MPa。

由式（8-3），得主平面的方位角$\alpha_0=22.5°$。主应力单元体如图8-13a所示。

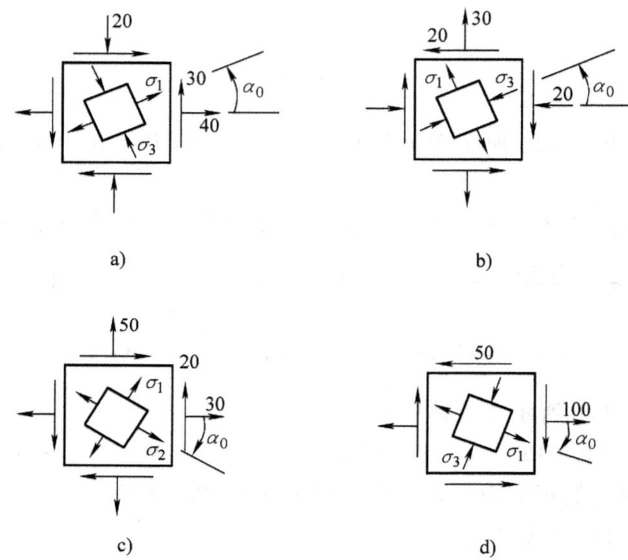

图 8-13

由式（8-6），得切应力极值$\tau_{max}=42.4$ MPa。

（b）在图8-12b所示单元体中，$\sigma_x=-20$ MPa，$\sigma_y=30$ MPa，$\tau_{xy}=20$ MPa。

根据式（8-4），得面内正应力极值$\sigma_{max}=37.0$ MPa，$\sigma_{min}=-27.0$ MPa。所以，主应力$\sigma_1=37.0$ MPa，$\sigma_2=0$，$\sigma_3=-27.0$ MPa。

由式（8-3），得主平面的方位角$\alpha_0=19.3°$。主应力单元体如图8-13b所示。

由式（8-6），得切应力极值$\tau_{max}=32.0$ MPa。

（c）在图8-12c所示单元体中，$\sigma_x=30$ MPa，$\sigma_y=50$ MPa，$\tau_{xy}=-20$ MPa。

同理得，主应力$\sigma_1=62.4$ MPa，$\sigma_2=17.6$ MPa，$\sigma_3=0$。

主平面方位角$\alpha_0=-31.7°$。主应力单元体如图8-13c所示。

切应力极值$\tau_{max}=22.4$ MPa。

（d）在图8-12d所示单元体中，$\sigma_x=100$ MPa，$\sigma_y=0$，$\tau_{xy}=50$ MPa。

同理得，主应力$\sigma_1=120.7$ MPa，$\sigma_2=0$，$\sigma_3=-20.7$ MPa。

主平面方位角 $\alpha_0=-22.5°$。主应力单元体如图 8-13d 所示。

切应力极值 $\tau_{max}=70.7$ MPa。

习题 8-5　用图解法求解题 8-3。

解：(a) 在图 8-11a 所示单元体中，

$\sigma_x=-40$ MPa，　$\sigma_y=0$，　$\tau_{xy}=20$ MPa，　$\tau_{yx}=-20$ MPa，　$\alpha=60°$

如图 8-14a 所示，按选定比例尺，由 σ_x、τ_{xy} 确定点 $D_x(-40,20)$，由 σ_y、τ_{yx} 确定点 $D_y(0,-20)$；连接 D_xD_y，交 σ 轴于点 C；以点 C 为圆心，以 CD_x（或 CD_y）为半径作应力圆。

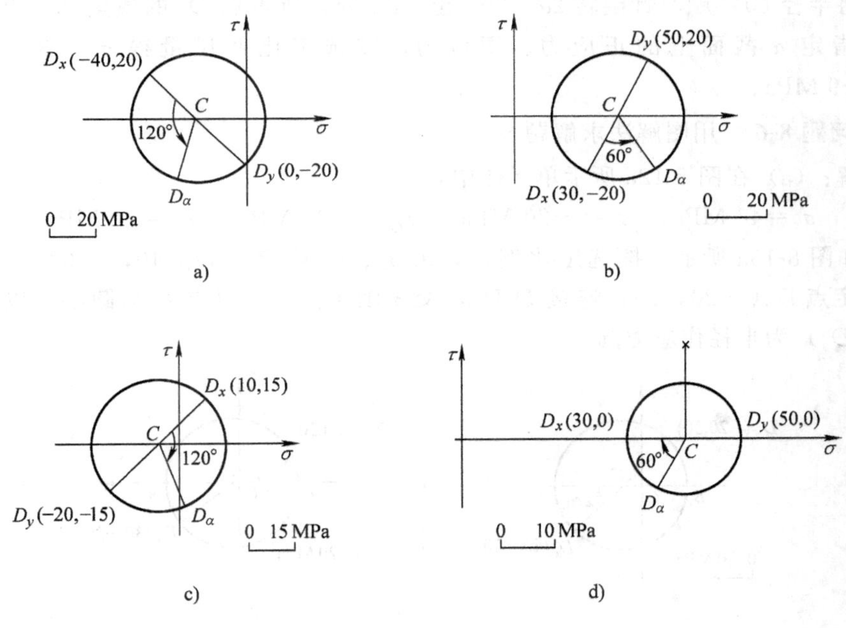

图　8-14

将半径 CD_x 逆时针旋转 $2\alpha=120°$ 至 CD_α 处，所得点 D_α 的横坐标、纵坐标即为指定 α 截面上的正应力、切应力，按选定比例尺量得 $\sigma_\alpha=-27$ MPa，$\tau_\alpha=-27$ MPa。

(b) 在图 8-11b 所示单元体中，

$\sigma_x=30$ MPa，　$\sigma_y=50$ MPa，　$\tau_{xy}=-20$ MPa，　$\tau_{yx}=20$ MPa，　$\alpha=30°$

同理，作应力圆如图 8-14b 所示。

将半径 CD_x 逆时针旋转 $2\alpha=60°$ 至 CD_α 处，所得点 D_α 的横坐标、纵坐标即为指定 α 截面上的正应力、切应力，按选定比例尺量得 $\sigma_\alpha=52$ MPa，$\tau_\alpha=-19$ MPa。

(c) 在图 8-11c 所示单元体中，

$\sigma_x=10\text{ MPa}$， $\sigma_y=-20\text{ MPa}$， $\tau_{xy}=15\text{ MPa}$， $\tau_{yx}=-15\text{ MPa}$， $\alpha=-60°$

同理，作应力圆如图 8-14c 所示。

将半径 CD_x 顺时针旋转 $2\alpha=120°$ 至 CD_α 处，所得点 D_α 的横坐标、纵坐标即为指定 α 截面上的正应力、切应力，按选定比例尺量得 $\sigma_\alpha=0.5\text{ MPa}$，$\tau_\alpha=-21\text{ MPa}$。

（d）在图 8-11d 所示单元体中，

$$\sigma_x=30\text{ MPa},\quad \sigma_y=50\text{ MPa},\quad \tau_{xy}=\tau_{yx}=0,\quad \alpha=-150°$$

同理，作应力圆如图 8-14d 所示。

将半径 CD_x 顺时针旋转 $2\alpha=300°$ 至 CD_α 处，所得点 D_α 的横坐标、纵坐标即为指定 α 截面上的正应力、切应力，按选定比例尺量得 $\sigma_\alpha=35\text{ MPa}$，$\tau_\alpha=-9\text{ MPa}$。

习题 8-6　用图解法求解题 8-4。

解：（a）在图 8-12a 所示单元体中，

$$\sigma_x=40\text{ MPa},\quad \sigma_y=-20\text{ MPa},\quad \tau_{xy}=-30\text{ MPa},\quad \tau_{yx}=30\text{ MPa}$$

如图 8-15a 所示，按选定比例尺，由 σ_x、τ_{xy} 确定点 $D_x(40,-30)$，由 σ_y、τ_{yx} 确定点 $D_y(-20,30)$；连接 D_xD_y，交 σ 轴于点 C；以点 C 为圆心，以 CD_x（或 CD_y）为半径作应力圆。

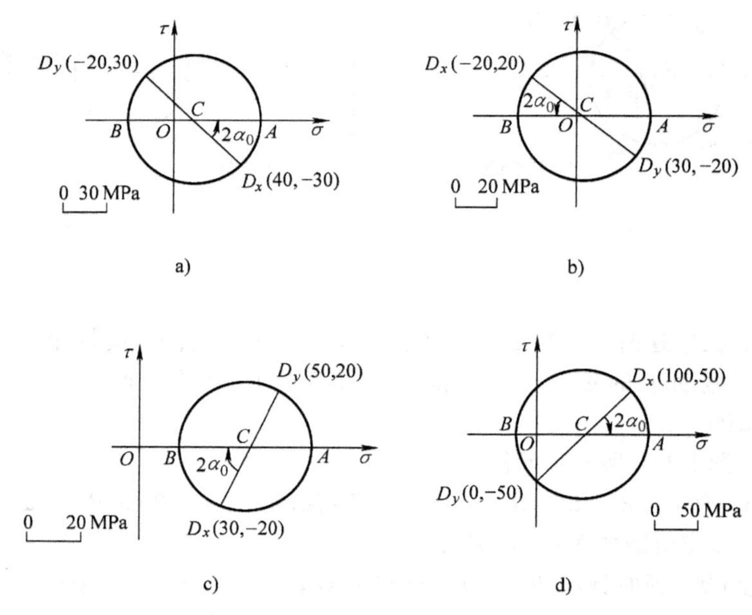

图　8-15

由应力圆，按选定比例尺量得主应力 $\sigma_1=OA=52\text{ MPa}$，$\sigma_3=OB=$

$-32\ \text{MPa}$，另一个主应力 $\sigma_2=0$。

由于在应力圆上，CD_x 逆时针旋转 $2\alpha_0=45°$至 CA 处，所以在单元体上，将 x 轴逆时针旋转 $\alpha_0=22.5°$，即得 σ_1 所在主平面的外法线（见图 8-13a）。

此时，切应力极值即为应力圆的半径，故由应力圆，按选定比例尺量得切应力极值 $\tau_{\max}=CA=42\ \text{MPa}$。

（b）在图 8-12b 所示单元体中，

$$\sigma_x=-20\ \text{MPa},\quad \sigma_y=30\ \text{MPa},\quad \tau_{xy}=20\ \text{MPa},\quad \tau_{yx}=-20\ \text{MPa}$$

同理，作应力圆如图 8-15b 所示。

由应力圆，按选定比例尺量得主应力 $\sigma_1=OA=37\ \text{MPa}$，$\sigma_3=OB=-27\ \text{MPa}$，另一个主应力 $\sigma_2=0$。

由于在应力圆上，CD_x 逆时针旋转 $2\alpha_0=38.5°$至 CB 处，所以在单元体上，将 x 轴逆时针旋转 $\alpha_0=19.3°$，即得 σ_3 所在主平面的外法线（见图 8-13b）。

同理，由应力圆按选定比例尺量得切应力极值 $\tau_{\max}=CA=32\ \text{MPa}$。

（c）在图 8-12c 所示单元体中，

$$\sigma_x=30\ \text{MPa},\quad \sigma_y=50\ \text{MPa},\quad \tau_{xy}=-20\ \text{MPa},\quad \tau_{yx}=20\ \text{MPa}$$

同理，作应力圆如图 8-15c 所示。

由应力圆，按选定比例尺量得主应力 $\sigma_1=OA=62\ \text{MPa}$，$\sigma_2=OB=18\ \text{MPa}$，另一个主应力 $\sigma_3=0$。

由于在应力圆上，CD_x 顺时针旋转 $2\alpha_0=63.5°$至 CB 处，所以在单元体上，将 x 轴顺时针旋转 $\alpha_0=31.8°$，即得 σ_2 所在主平面的外法线（见图 8-13c）。

同理，由应力圆按选定比例尺量得切应力极值 $\tau_{\max}=CA=22.4\ \text{MPa}$。

（d）在图 8-12d 所示单元体中，

$$\sigma_x=100\ \text{MPa},\quad \sigma_y=0,\quad \tau_{xy}=50\ \text{MPa},\quad \tau_{yx}=-50\ \text{MPa}$$

同理，作应力圆如图 8-15d 所示。

由应力圆，按选定比例尺量得主应力 $\sigma_1=OA=121\ \text{MPa}$，$\sigma_3=OB=-21\ \text{MPa}$，另一个主应力 $\sigma_2=0$。

由于在应力圆上，CD_x 顺时针旋转 $2\alpha_0=45°$至 CA 处，所以在单元体上，将 x 轴顺时针旋转 $\alpha_0=22.5°$，即得 σ_1 所在主平面的外法线（见图 8-13d）。

同理，由应力圆按选定比例尺量得切应力极值 $\tau_{\max}=CA=71\ \text{MPa}$。

习题 8-7　如图 8-16 所示，已知圆筒形锅炉内径 $D=1\ \text{m}$，壁厚 $t=10\ \text{mm}$；内受蒸汽压力 $p=3\ \text{MPa}$。试求（1）壁内点的主应力与最大切应力；（2）ab 斜截面上的应力。

解： 围绕壁内任一点截取单元体如图 8-16 所示，其主应力及最大切应力分别为

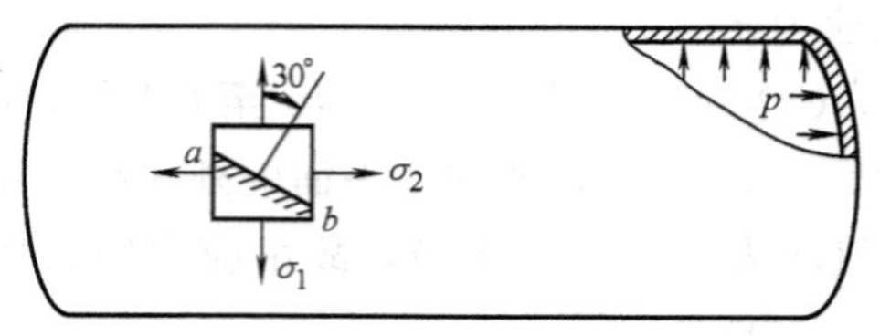

图 8-16

$$\sigma_1=\frac{pD}{2t}=150\ \text{MPa},\quad \sigma_2=\frac{pD}{4t}=75\ \text{MPa},\quad \sigma_3=0$$

$$\tau_{\max}=\frac{\sigma_1-\sigma_3}{2}=75\ \text{MPa}$$

将 $\sigma_x=75$ MPa，$\sigma_y=150$ MPa，$\tau_{xy}=0$，$\alpha=60°$代入式（8-1）、式（8-2），得 ab 斜截面上的应力 $\sigma_\alpha=131$ MPa，$\tau_\alpha=-32.5$ MPa。

习题 8-8 如图 8-17a 所示，已知矩形截面梁某截面上的弯矩、剪力分别为 $M=10$ kN·m、$F_S=120$ kN，试绘制出该截面上 1、2、3、4 各点的单元体，并求出各点的主应力。

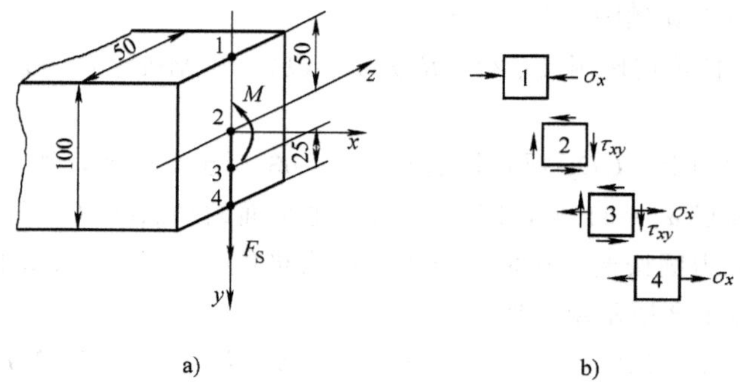

图 8-17

解：计算得梁截面的惯性矩 $I_z=4.17\times10^{-6}$ m^4。

围绕点 1 截取单元体如图 8-17b 所示，由弯曲正应力计算公式得 $\sigma_x=-120$ MPa。点 1 处于单向压缩应力状态，其主应力 $\sigma_1=\sigma_2=0$，$\sigma_3=\sigma_x=-120$ MPa。

围绕点 2 截取单元体如图 8-17b 所示，由弯曲切应力计算公式得 $\tau_{xy}=36$ MPa。点 2 处于纯剪切应力状态，其主应力 $\sigma_1=\tau_{xy}=36$ MPa，$\sigma_2=0$，$\sigma_3=-\tau_{xy}=-36$ MPa。

围绕点 3 截取单元体如图 8-17b 所示，可求得 $\sigma_x=60$ MPa，$\tau_{xy}=27$ MPa。点 3 处于二向应力状态，由式（8-4），得面内正应力极值 $\sigma_{\max}=70.4$ MPa，$\sigma_{\min}=-10.4$ MPa。故其主应力 $\sigma_1=70.4$ MPa，$\sigma_2=0$，$\sigma_3=-10.4$ MPa。

围绕点 4 截取单元体如图 8-17b 所示，可得 $\sigma_x=120\ \text{MPa}$。点 4 处于单向拉伸应力状态，其主应力 $\sigma_1=120\ \text{MPa}$，$\sigma_2=\sigma_3=0$。

习题 8-9　图 8-18a 所示薄壁圆管，已知 $F=20\ \text{kN}$，$M_e=600\ \text{N}\cdot\text{m}$，$d=50\ \text{mm}$，$\delta=2\ \text{mm}$。试求（1）管壁上的点 A 在指定斜截面上的应力；（2）点 A 的主应力大小及方向（用主应力单元体表示）。

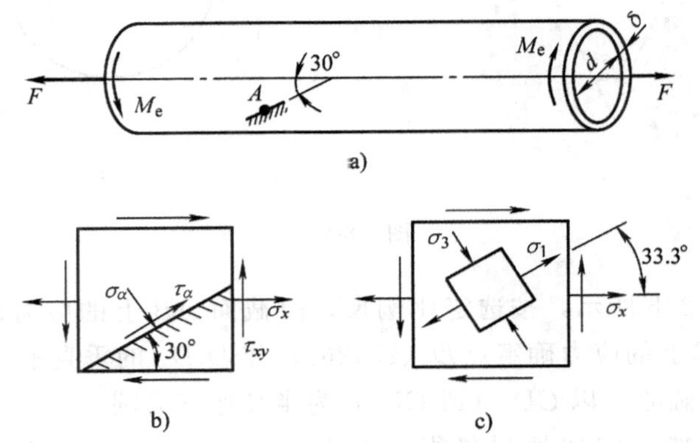

图　8-18

解： 围绕点 A 截取单元体如图 8-18b 所示，其上应力

$$\sigma_x=\frac{F_N}{A}=61.2\ \text{MPa},\quad \tau_{xy}=-\frac{M_e}{2\pi\left(\dfrac{d+\delta}{2}\right)^2\delta}=-70.6\ \text{MPa}$$

斜截面的方位角 $\alpha=120^\circ$。

由式（8-1）、式（8-2），得点 A 在指定斜截面的应力 $\sigma_\alpha=-45.8\ \text{MPa}$，$\tau_\alpha=8.8\ \text{MPa}$。

由式（8-4），得面内正应力极值 $\sigma_{max}=108\ \text{MPa}$，$\sigma_{min}=-46.3\ \text{MPa}$。所以，点 A 的主应力 $\sigma_1=108\ \text{MPa}$，$\sigma_2=0$，$\sigma_3=-46.3\ \text{MPa}$。

由式（8-3），得主平面方位角 $\alpha_0=33.3^\circ$。其主应力单元体如图 8-18c 所示。

习题 8-10　如图 8-19 所示应力状态，若应力 $\sigma_x=\sigma_y=\sigma$，试证明其任意斜截面上的正应力均为 σ，而切应力均为零。

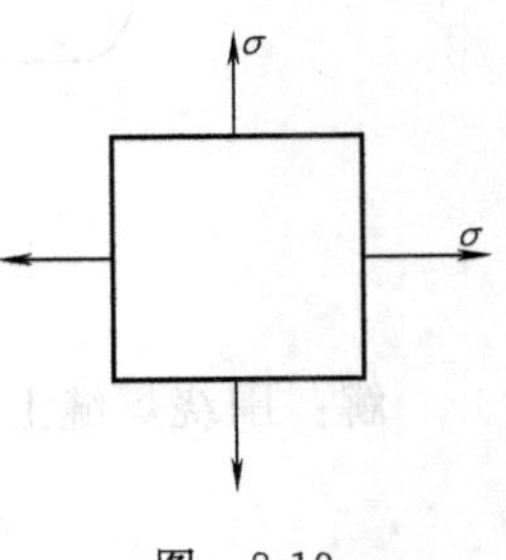

图　8-19

解： 将 $\sigma_x=\sigma$，$\sigma_y=\sigma$，$\tau_{xy}=0$ 代入式（8-1）、式（8-2），即可得证。

习题 8-11　如图 8-20a 所示，已知点 A 在截面 AB 与 AC 上的应力（图中应力单位为 MPa），试利用应力圆求该点的主应力和主方向，并确定截面 AB 与 AC 间的夹

角 θ。

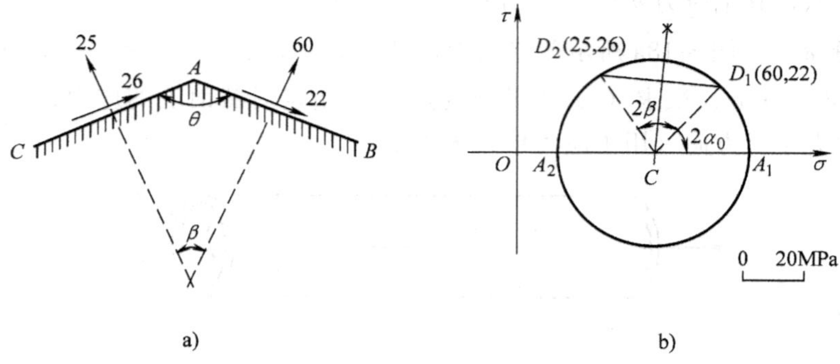

图 8-20

解：如图 8-20b 所示，按选定比例尺，由截面 AB 上的应力确定点 $D_1(60,22)$，由截面 AC 上的应力确定点 $D_2(25,26)$；作 D_xD_y 的垂直平分线，交 σ 轴于点 C；以点 C 为圆心，以 CD_1（或 CD_2）为半径作应力圆。

由应力圆，按选定比例尺量得，主应力 $\sigma_1=OA_1=70$ MPa，$\sigma_2=OA_2=10$ MPa，另一个主应力 $\sigma_3=0$。

由于在应力圆上，CD_1 顺时针旋转 $2\alpha_0=47.5°$至 CA_1 处，所以在单元体上，将截面 AB 的外法线顺时针旋转 $\alpha_0=23.75°$，即得 σ_1 所在主平面的外法线。

由应力圆，量得$\angle D_1CD_2=2\beta=72°$，所以截面 AB 的外法线与截面 AC 的外法线之间的夹角 $\beta=36°$。故得截面 AB 与 AC 间的夹角 $\theta=180°-\beta=144°$。

习题 8-12 以绕带焊接成的封闭薄壁圆筒如图 8-21a 所示，焊缝为图示螺旋线。已知圆筒的内径为 300 mm，壁厚为 1 mm；内压 $p=0.5$ MPa。试求焊缝所在斜截面上的应力。

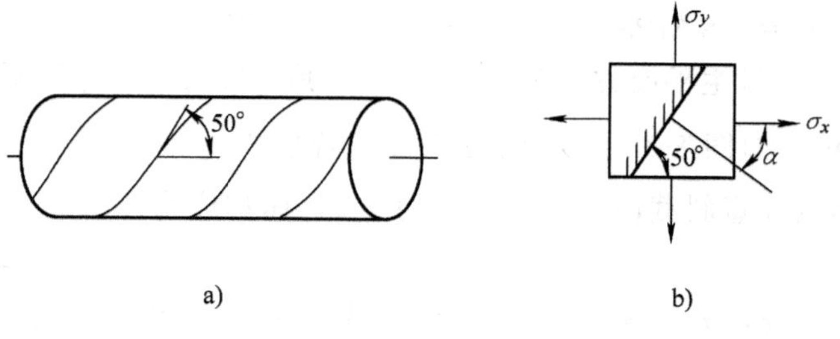

图 8-21

解：围绕焊缝上的任一点截取单元体如图 8-21b 所示，有

$$\sigma_x=\frac{pd}{4t}=37.5\ \text{MPa},\quad \sigma_y=\frac{pd}{2t}=75\ \text{MPa}$$

将 $\sigma_x=37.5\ \text{MPa}$，$\sigma_y=75\ \text{MPa}$，$\tau_{xy}=0$，$\alpha=-40°$代入式（8-1）、式（8-2），即得焊缝所在斜截面上的应力 $\sigma_\alpha=53\ \text{MPa}$，$\tau_\alpha=18.5\ \text{MPa}$。

习题 8-13　图 8-22a 所示薄壁圆管，已知平均直径 $D=50\ \text{mm}$、壁厚 $\delta=2\ \text{mm}$，承受轴向拉力 $F=20\ \text{kN}$、扭转外力偶矩 $M_e=600\ \text{N}\cdot\text{m}$ 的作用。K 为管

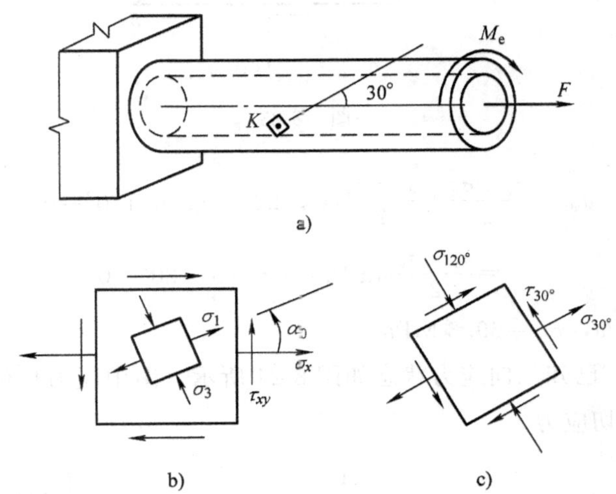

图　8-22

壁上任一点，（1）在点 K 处沿纵、横截面截取一单元体，试画出单元体图，并求出单元体各侧面上的应力；（2）按图示倾斜方位截取单元体，试画出单元体图，并求出单元体各侧面上的应力；（3）试确定点 K 处的主应力和主平面，并画出主应力单元体图。

解：（1）在点 K 处沿纵、横截面截取单元体如图 8-22b 所示，其四侧面上应力为

$$\sigma_x=\frac{F}{A}=63.7\ \text{MPa},\quad \sigma_y=0,\quad \tau_{xy}=-\frac{2M_e}{\pi D^2\delta}=-76.4\ \text{MPa}$$

（2）按图 8-22a 所示倾斜方位截取单元体如图 8-22c 所示，根据式（8-1）、式（8-2），可得其四侧面上应力

$$\sigma_{30°}=114\ \text{MPa},\quad \sigma_{120°}=-50.3\ \text{MPa},\quad \tau_{30°}=-10.6\ \text{MPa}$$

（3）由式（8-4），得面内正应力极值 $\sigma_{max}=114.6\ \text{MPa}$，$\sigma_{min}=-51\ \text{MPa}$。故其主应力 $\sigma_1=114.6\ \text{MPa}$，$\sigma_2=0$，$\sigma_3=-51\ \text{MPa}$。

由式（8-3），得主平面方位角 $\alpha_0=33.7°$。其主应力单元体如图 8-22b 所示。

习题 8-14　如图 8-23 所示棱柱形单元体，已知 $\sigma_y=40\ \text{MPa}$，斜截面 AB 上无任何应力作用，试求 σ_x 与 τ_{xy}。

解：斜截面 AB 的方位角 $\alpha=60°$，根据题意，由式（8-1）、式（8-2），有

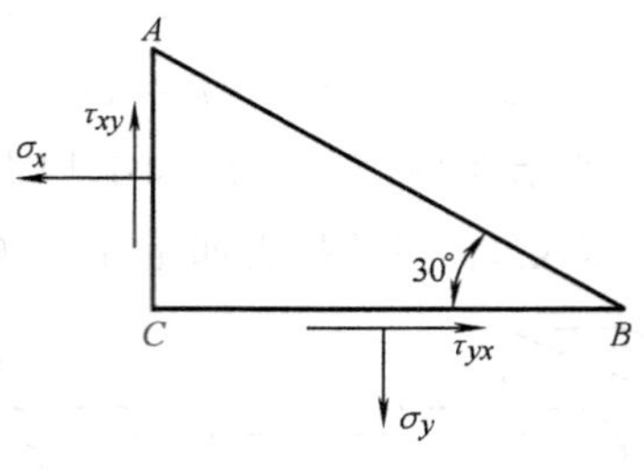

图 8-23

$$\sigma_{60^\circ}=\frac{\sigma_x+\sigma_y}{2}+\frac{\sigma_x-\sigma_y}{2}\cos 120^\circ-\tau_{xy}\sin 120^\circ=0$$

$$\tau_{60^\circ}=\frac{\sigma_x-\sigma_y}{2}\sin 120^\circ+\tau_{xy}\cos 120^\circ=0$$

解得 $\sigma_x=120$ MPa，$\tau_{xy}=69.3$ MPa。

习题 8-15 已知三向应力状态如图 8-24 所示（图中应力单位为 MPa），试求主应力和最大切应力。

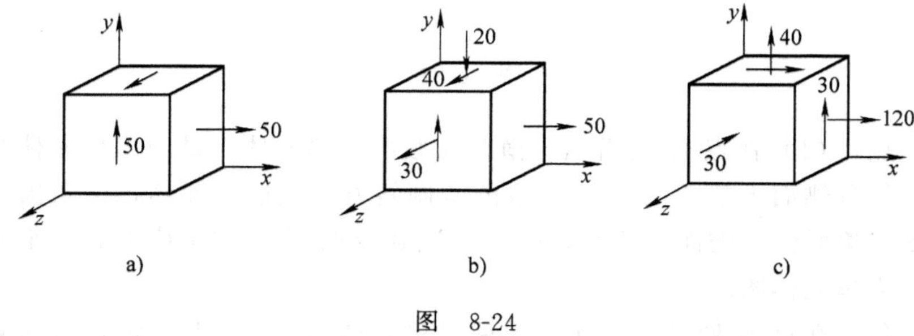

图 8-24

解：（a）在图 8-24a 所示单元体中，$\sigma_x=50$ MPa 是主应力。在 yz 平面内为纯剪切应力状态，正应力极值 $\sigma_{max}=50$ MPa，$\sigma_{min}=-50$ MPa。故其主应力为

$$\sigma_1=\sigma_2=50\ \text{MPa},\quad \sigma_3=-50\ \text{MPa}$$

最大切应力为

$$\tau_{max}=\frac{\sigma_1-\sigma_3}{2}=50\ \text{MPa}$$

（b）在图 8-24b 所示单元体中，$\sigma_x=50$ MPa 是主应力。在 yz 平面内，$\sigma_y=-20$ MPa，$\sigma_z=30$ MPa，$\tau_{yz}=-40$ MPa，由式（8-4），得 yz 面内正应力极值 $\sigma_{max}=52.2$ MPa，$\sigma_{min}=-42.2$ MPa。故其主应力为

$$\sigma_1=52.2\ \text{MPa},\quad \sigma_2=50\ \text{MPa},\quad \sigma_3=-42.2\ \text{MPa}$$

最大切应力为

$$\tau_{max}=47.2\ \text{MPa}$$

(c) 在图 8-24c 所示单元体中，$\sigma_z=-30\ \text{MPa}$ 是主应力。在 xy 平面内，$\sigma_x=120\ \text{MPa}$，$\sigma_y=40\ \text{MPa}$，$\tau_{xy}=-30\ \text{MPa}$，由式 (8-4)，得 xy 面内正应力极值 $\sigma_{max}=130\ \text{MPa}$，$\sigma_{min}=30\ \text{MPa}$。故其主应力为

$$\sigma_1=130\ \text{MPa},\quad \sigma_2=30\ \text{MPa},\quad \sigma_3=-30\ \text{MPa}$$

最大切应力为

$$\tau_{max}=80\ \text{MPa}$$

习题 8-16　二向应力状态单元体如图 8-25 所示，已知 $\sigma_x=100\ \text{MPa}$，$\sigma_y=80\ \text{MPa}$，$\tau_{xy}=50\ \text{MPa}$；材料的弹性模量 $E=200\ \text{GPa}$，泊松比 $\mu=0.3$。试求线应变 ε_x、ε_y，切应变 γ_{xy}，以及沿 $\alpha=30°$ 方向的线应变 $\varepsilon_{30°}$。

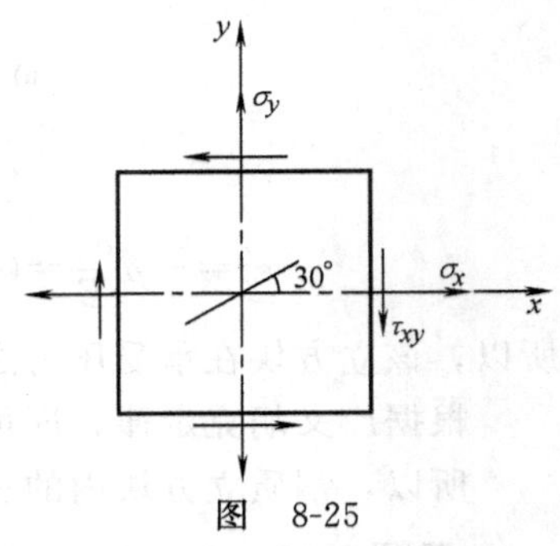

图　8-25

解：切变模量 $G=\dfrac{E}{2(1+\mu)}=76.9\ \text{GPa}$。

由广义胡克定律得 $\varepsilon_x=0.38\times10^{-3}$，$\varepsilon_y=0.25\times10^{-3}$，$\gamma_{xy}=0.65\times10^{-3}$。

由式 (8-1)，得 $\sigma_{30°}=51.7\ \text{MPa}$，$\sigma_{120°}=128.3\ \text{MPa}$。再由广义胡克定律，即得沿 $\alpha=30°$ 方向的线应变

$$\varepsilon_{30°}=\frac{1}{E}(\sigma_{30°}-\mu\sigma_{120°})=0.066\times10^{-3}$$

习题 8-17　如图 8-26 所示，列车通过钢桥时，在钢桥横梁的点 A 用变形仪测得 $\varepsilon_x=0.0004$、$\varepsilon_y=-0.00012$。若材料的弹性模量 $E=200\ \text{GPa}$、泊松比 $\mu=0.3$，试求点 A 沿 x 方向、y 方向的正应力。

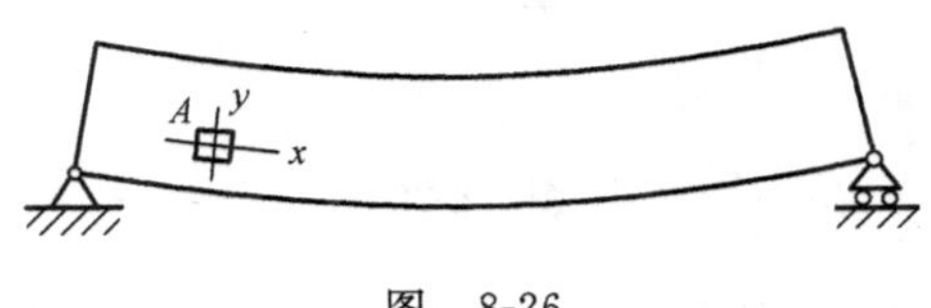

图　8-26

解：由二向应力状态下的胡克定律，解得点 A 沿 x 方向、y 方向的正应力分别为 $\sigma_x=80\ \text{MPa}$、$\sigma_y=0$。

习题 8-18　如图 8-27a 所示，边长为 1 cm 的钢质立方块放置在边长为 1.0001 cm 的刚性方槽内。已知立方块顶上承受的总压力 $F=15\ \text{kN}$；材料的弹性模量 $E=200\ \text{GPa}$，泊松比 $\mu=0.3$。试求钢质立方块内的三个主应力。

解：在钢质立方体内截取单元体如图 8-27b 所示，其中 $\sigma_y=-\dfrac{F}{A}=-150\ \text{MPa}$。

若只考虑 σ_y 引起的 x 方向的线应变，则有

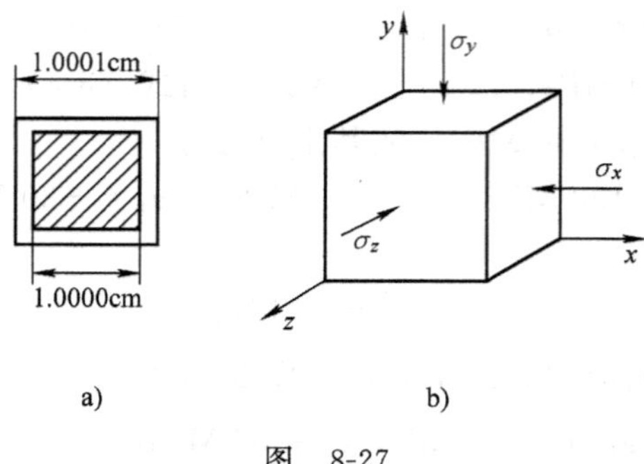

图 8-27

$$\varepsilon_x' = -\mu\frac{\sigma_y}{E} = 0.225\times10^{-3} > \frac{1.0001-1}{1} = 0.1\times10^{-3}$$

所以，该立方块在承受压力之后，变形充满刚性方槽，故知 $\varepsilon_x=\varepsilon_z=0.1\times10^{-3}$。

根据广义胡克定律，即可解得 $\sigma_x=\sigma_z=-35.7$ MPa。

所以，钢质立方块内的三个主应力 $\sigma_1=\sigma_2=-35.7$ MPa，$\sigma_3=-150$ MPa。

习题 8-19 No. 28a 工字钢梁受力如图 8-28a 所示，已知钢材的弹性模量 $E=200$ GPa，泊松比 $\mu=0.3$。若测得梁中性层上点 K 处沿与轴线成45°方向的线应变 $\varepsilon=-2.6\times10^{-4}$，试求梁承受的载荷 F。

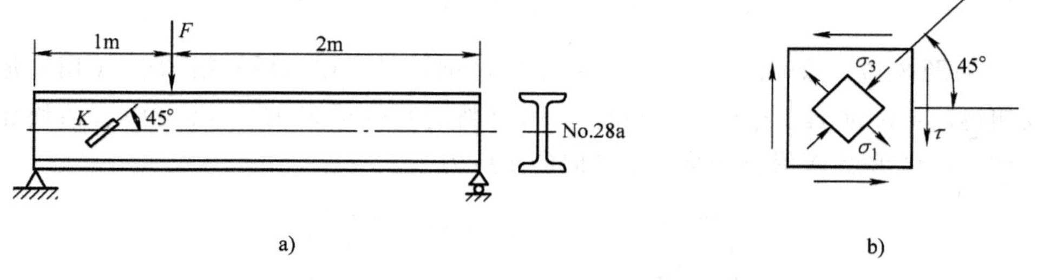

图 8-28

解： 围绕 K 点截取单元体如图 8-28b 所示，该点处于纯剪切应力状态。该处的剪力 $F_S=\frac{2}{3}F$。由型钢表查得，No. 28a 工字钢的截面几何参数 $d=8.5$ mm，$I_z : S_z^*=24.6$ cm。根据工字钢梁的切应力计算公式，即式（6-23），有

$$\tau=\frac{F_S}{d(I_z : S_z^*)}=\frac{\frac{2}{3}F}{8.5\times10^{-3}\ \text{m}\times(24.6\times10^{-2})\ \text{m}} \tag{a}$$

由纯剪切应力状态的有关结论，$\sigma_{45^\circ}=\sigma_3=-\tau$，$\sigma_{135^\circ}=\sigma_1=\tau$。故由广义胡克定律

$$\varepsilon_{45^\circ}=\varepsilon_3=\frac{1}{E}(\sigma_3-\mu\sigma_1)=-\frac{1+\mu}{E}\tau=\varepsilon=-2.6\times10^{-4}$$

解得 $\tau=40$ MPa。将 $\tau=40$ MPa 代入式（a），即得梁承受的载荷 $F=125.5$ kN。

习题 8-20　钢制圆轴如图 8-29a 所示，已知直径 $d=60$ mm，材料的弹性模量 $E=210$ GPa、泊松比 $\mu=0.28$。若测得其表面点 A 沿与轴线成45°方向的线应变 $\varepsilon_{45^\circ}=431\times10^{-6}$，试求该轴受到的扭矩 T。

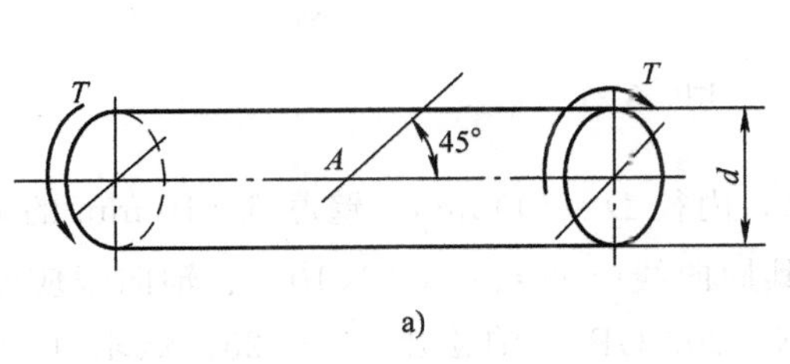

a)

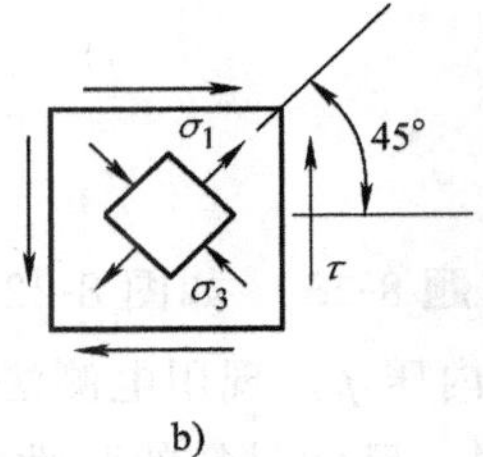

b)

图　8-29

解：围绕点 A 截取单元体如图 8-29b 所示，该点处于纯剪切应力状态。根据纯剪切应力状态的有关结论，$\sigma_{45^\circ}=\sigma_1=\tau$，$\sigma_{135^\circ}=\sigma_3=-\tau$。故由广义胡克定律

$$\varepsilon_{45^\circ}=\varepsilon_1=\frac{1}{E}(\sigma_1-\mu\sigma_3)=\frac{1+\mu}{E}\tau=431\times10^{-6}$$

解得 $\tau=70.7$ MPa。

所以，该轴受到的扭矩 $T=\tau\times W_t=2998.5$ N·m。

习题 8-21　有一厚度为 6 mm 的钢板在两个垂直方向上的拉应力分别为 150 MPa 与 55 MPa。钢材的弹性模量 $E=210$ GPa，泊松比 $\mu=0.25$。试求钢板厚度的减小值。

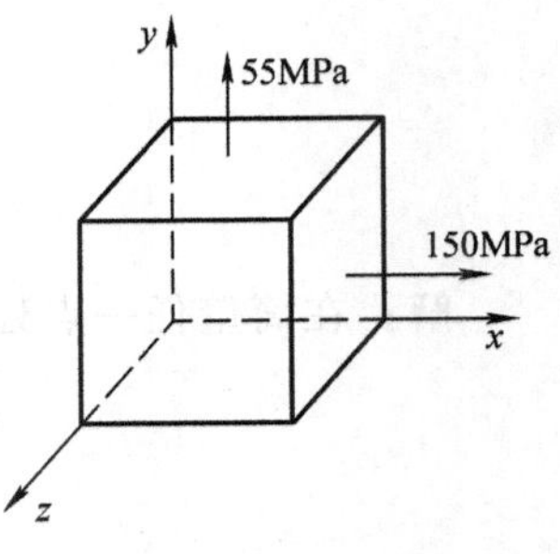

图　8-30

解：在钢板上的任一点截取单元体如图 8-30 所示。根据广义胡克定律，得钢板沿厚度方向的线应变 $\varepsilon_z=\frac{1}{E}[\sigma_z-\mu(\sigma_x+\sigma_y)]=-2.44\times10^{-4}$。所以，钢板厚度的减小值

$$\Delta h=\varepsilon_z h=-2.44\times10^{-4}\times6\text{ mm}=-1.46\times10^{-3}\text{ mm}$$

习题 8-22　在图 8-31a 中，已知 $\sigma=30$ MPa，$\tau=15$ MPa；材料的弹性模量 $E=200$ GPa，泊松比 $\mu=0.3$。试求对角线 AC 长度的改变量 Δl。

解：沿 AC 方向截取单元体如图 8-31b 所示。由式（8-1），得 $\sigma_n=35.5$ MPa，$\sigma_t=-5.5$ MPa。

根据广义胡克定律，对角线 AC 方向的应变 $\varepsilon_n=\frac{1}{E}(\sigma_n-\mu\sigma_t)=186\times10^{-6}$。所以，对角线 AC 长度的改变量 $\Delta l=l_{AC}\varepsilon_n=9.3\times10^{-3}$ mm。

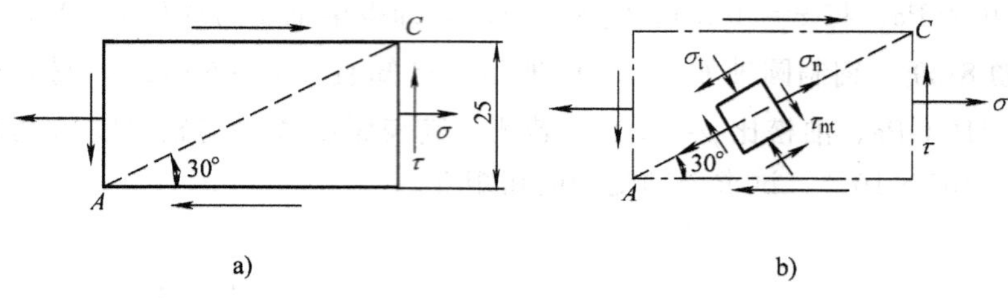

图 8-31

习题 8-23 如图 8-32a 所示，内径 $D=500$ mm、壁厚 $\delta=10$ mm 的薄壁圆筒承受内压 p。现用电测法测得其周向线应变 $\varepsilon_A=3.5\times10^{-4}$、轴向线应变 $\varepsilon_B=1\times10^{-4}$。已知材料的弹性模量 $E=200$ GPa、泊松比 $\mu=0.25$。试求（1）筒壁的轴向应力、周向应力以及内压力 p；（2）若材料的许用应力 $[\sigma]=80$ MPa，试用第四强度理论校核该容器的强度。

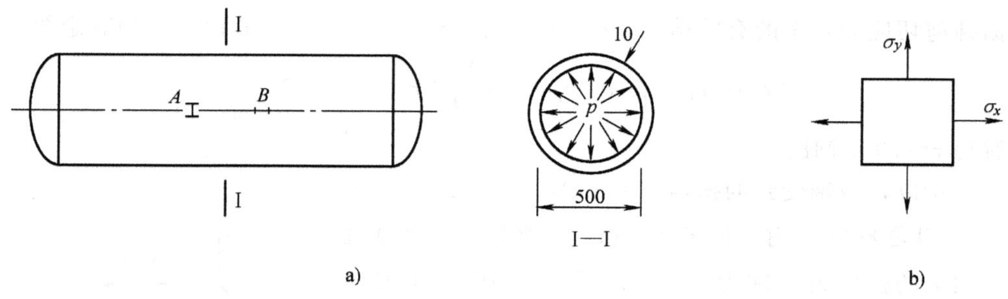

图 8-32

解：在筒壁任一点处截取单元体如图 8-32b 所示，根据广义胡克定律，

$$\varepsilon_B=\varepsilon_x=\frac{1}{E}(\sigma_x-\mu\sigma_y)=1\times10^{-4}$$

$$\varepsilon_A=\varepsilon_y=\frac{1}{E}(\sigma_y-\mu\sigma_x)=3.5\times10^{-4}$$

解得筒壁轴向应力、周向应力分别为 $\sigma_x=40$ MPa、$\sigma_y=80$ MPa。

由式（8-19），得内压 $p=\dfrac{4\delta\sigma_x}{D}=3.2$ MPa。

筒壁上任一点的主应力 $\sigma_1=80$ MPa，$\sigma_2=40$ MPa，$\sigma_3=-3.2$ MPa。根据第四强度理论

$$\sigma_{r4}=\sqrt{\frac{1}{2}[(\sigma_1-\sigma_2)^2+(\sigma_2-\sigma_3)^2+(\sigma_3-\sigma_1)^2]}=72.1\text{ MPa}<[\sigma]=80\text{ MPa}$$

所以，该容器的强度符合要求。

习题 8-24 已知点的应力状态如图 8-33 所示（图中应力单位为 MPa），试

写出第一、三、四强度理论的相当应力。

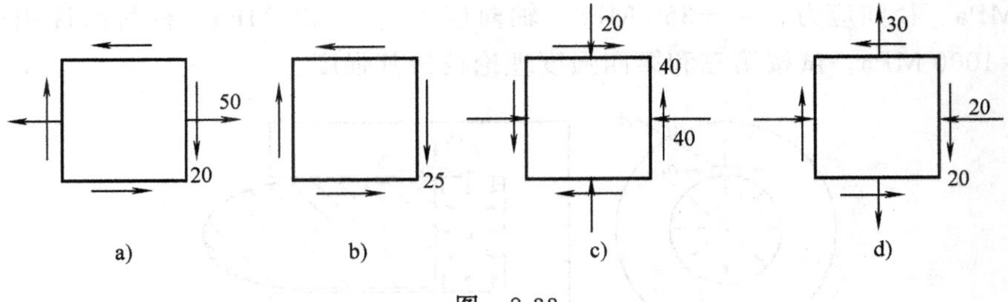

图　8-33

解：(a) 对于图 8-33a 所示单元体，$\sigma_x=50$ MPa，$\sigma_y=0$，$\tau_{xy}=20$ MPa。求得主应力 $\sigma_1=57$ MPa，$\sigma_2=0$，$\sigma_3=-7$ MPa。所以，第一、三、四强度理论的相当应力分别为

$$\sigma_{r1}=\sigma_1=57\text{ MPa}$$

$$\sigma_{r3}=\sigma_1-\sigma_3=64\text{ MPa}$$

$$\sigma_{r4}=\sqrt{\frac{1}{2}[(\sigma_1-\sigma_2)^2+(\sigma_2-\sigma_3)^2+(\sigma_3-\sigma_1)^2]}=60.8\text{ MPa}$$

(b) 图 8-33b 所示单元体为纯剪切应力状态，其主应力 $\sigma_1=25$ MPa，$\sigma_2=0$，$\sigma_3=-25$ MPa。所以，第一、三、四强度理论的相当应力分别为

$$\sigma_{r1}=\sigma_1=25\text{ MPa}$$

$$\sigma_{r3}=\sigma_1-\sigma_3=50\text{ MPa}$$

$$\sigma_{r4}=\sqrt{\frac{1}{2}[(\sigma_1-\sigma_2)^2+(\sigma_2-\sigma_3)^2+(\sigma_3-\sigma_1)^2]}=43.3\text{ MPa}$$

(c) 对于图 8-33c 所示单元体，$\sigma_x=-40$ MPa，$\sigma_y=-20$ MPa，$\tau_{xy}=-40$ MPa。求得主应力 $\sigma_1=11.2$ MPa，$\sigma_2=0$，$\sigma_3=-71.2$ MPa。所以，第一、三、四强度理论的相当应力分别为

$$\sigma_{r1}=\sigma_1=11.2\text{ MPa}$$

$$\sigma_{r3}=\sigma_1-\sigma_3=82.4\text{ MPa}$$

$$\sigma_{r4}=\sqrt{\frac{1}{2}[(\sigma_1-\sigma_2)^2+(\sigma_2-\sigma_3)^2+(\sigma_3-\sigma_1)^2]}=77.4\text{ MPa}$$

(d) 对于图 8-33d 所示单元体，$\sigma_x=-20$ MPa，$\sigma_y=30$ MPa，$\tau_{xy}=20$ MPa。求得主应力 $\sigma_1=37$ MPa，$\sigma_2=0$，$\sigma_3=-27$ MPa。所以，第一、三、四强度理论的相当应力分别为

$$\sigma_{r1}=\sigma_1=37\text{ MPa}$$

$$\sigma_{r3}=\sigma_1-\sigma_3=64\text{ MPa}$$

$$\sigma_{r4}=\sqrt{\frac{1}{2}[(\sigma_1-\sigma_2)^2+(\sigma_2-\sigma_3)^2+(\sigma_3-\sigma_1)^2]}=55.7\text{ MPa}$$

习题 8-25 炮筒横截面如图 8-34 所示，已知射击时点 A 的周向应力 $\sigma_t=550\ \text{MPa}$、径向应力 $\sigma_r=-350\ \text{MPa}$、轴向应力 $\sigma_x=420\ \text{MPa}$，材料的许用应力 $[\sigma]=1000\ \text{MPa}$。试按第三和第四强度理论校核其强度。

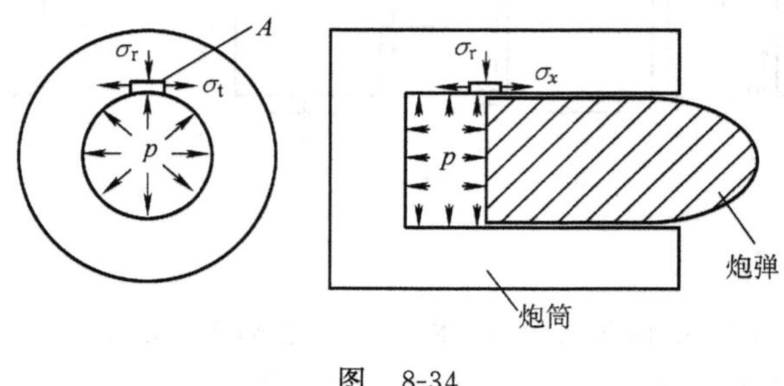

图 8-34

解： 点 A 的主应力 $\sigma_1=\sigma_t=550\ \text{MPa}$，$\sigma_2=\sigma_x=420\ \text{MPa}$，$\sigma_3=\sigma_r=-350\ \text{MPa}$。

根据第三强度理论

$$\sigma_{r3}=\sigma_1-\sigma_3=900\ \text{MPa}<[\sigma]=1000\ \text{MPa}$$

根据第四强度理论

$$\sigma_{r4}=\sqrt{\frac{1}{2}[(\sigma_1-\sigma_2)^2+(\sigma_2-\sigma_3)^2+(\sigma_3-\sigma_1)^2]}=843\ \text{MPa}<[\sigma]=1000\ \text{MPa}$$

所以，炮筒强度符合要求。

习题 8-26 杆件弯曲与扭转组合变形时危险点的应力状态如图 8-35 所示。已知 $\sigma=70\ \text{MPa}$，$\tau=50\ \text{MPa}$，试按第三和第四强度理论计算其相当应力。

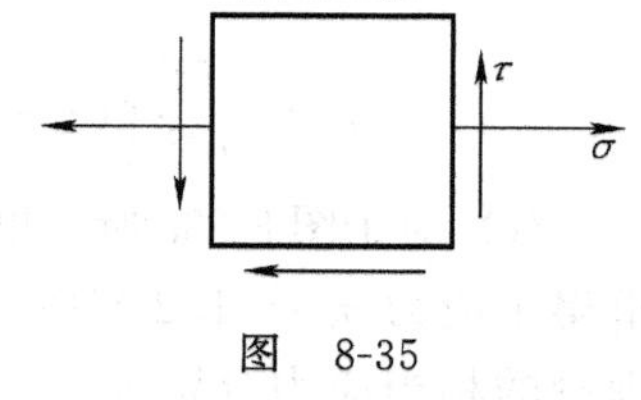

图 8-35

解： 对于图 8-35 所示单元体，$\sigma_x=\sigma$，$\sigma_y=0$，$\tau_{xy}=-\tau$。求得主应力

$$\sigma_1=\frac{\sigma}{2}+\sqrt{\frac{\sigma^2}{4}+\tau^2},\quad \sigma_2=0,\quad \sigma_3=\frac{\sigma}{2}-\sqrt{\frac{\sigma^2}{4}+\tau^2}$$

所以，根据第三强度理论，相当应力

$$\sigma_{r3}=\sigma_1-\sigma_3=\sqrt{\sigma^2+4\tau^2}=122.1\ \text{MPa}$$

根据第四强度理论，相当应力

$$\sigma_{r4}=\sqrt{\frac{1}{2}[(\sigma_1-\sigma_2)^2+(\sigma_2-\sigma_3)^2+(\sigma_3-\sigma_1)^2]}=\sqrt{\sigma^2+3\tau^2}=111.4\ \text{MPa}$$

习题 8-27 如图 8-36 所示，已知钢轨与车轮某接触点处的主应力为 $-800\ \text{MPa}$、$-900\ \text{MPa}$、$-1100\ \text{MPa}$。若材料的许用应力 $[\sigma]=300\ \text{MPa}$，试校核该接触点的强度。

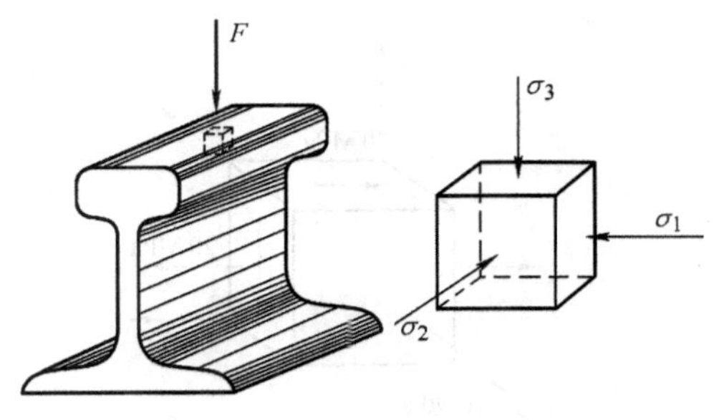

图　8-36

解：该接触点的主应力 $\sigma_1=-800$ MPa，$\sigma_2=-900$ MPa，$\sigma_3=-1100$ MPa。

三向压缩，材料的强度失效形式为塑性屈服，故应采用第三或第四强度理论进行强度计算。按照第三强度理论

$$\sigma_{r3}=\sigma_1-\sigma_3=300\text{ MPa}=[\sigma]$$

按照第四强度理论

$$\sigma_{r4}=\sqrt{\frac{1}{2}[(\sigma_1-\sigma_2)^2+(\sigma_2-\sigma_3)^2+(\sigma_3-\sigma_1)^2]}=265\text{ MPa}<[\sigma]=300\text{ MPa}$$

所以，该接触点的强度符合要求。

习题 8-28　已知钢制薄壁圆筒容器的内径 $D=800$ mm、壁厚 $t=4$ mm，材料的许用应力 $[\sigma]=120$ MPa。试按第四强度理论确定其许可内压 $[p]$。

解：容器筒壁上任一点的单元体如图 8-37 所示，其主应力为

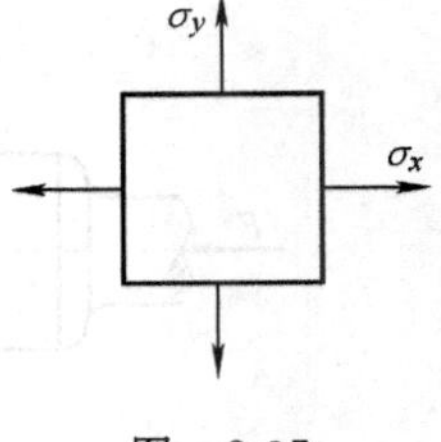

图　8-37

$$\sigma_1=\sigma_y=\frac{pD}{2t},\quad \sigma_2=\sigma_x=\frac{pD}{4t},\quad \sigma_3=-p\approx 0$$

根据第四强度理论

$$\sigma_{r4}=\sqrt{\frac{1}{2}[(\sigma_1-\sigma_2)^2+(\sigma_2-\sigma_3)^2+(\sigma_3-\sigma_1)^2]}=\frac{\sqrt{3}}{4}\frac{pD}{t}\leqslant[\sigma]=120\text{ MPa}$$

解得 $p\leqslant 1.39$ MPa。故其许可内压 $[p]=1.39$ MPa。

习题 8-29　有一铸铁构件，其危险点的应力状态如图 8-38 所示。已知材料的许用拉应力 $[\sigma_t]=35$ MPa、许用压应力 $[\sigma_c]=120$ MPa、泊松比 $\mu=0.3$，试校核此构件的强度。

解：对于图 8-38 所示单元体，求得主应力 $\sigma_1=32.4$ MPa，$\sigma_2=10$ MPa，$\sigma_3=-12.4$ MPa。

铸铁为脆性材料，应采用第一或第二强度理论。按照第一强度理论

$$\sigma_{r1}=\sigma_1=32.4\text{ MPa}<[\sigma_t]=35\text{ MPa}$$

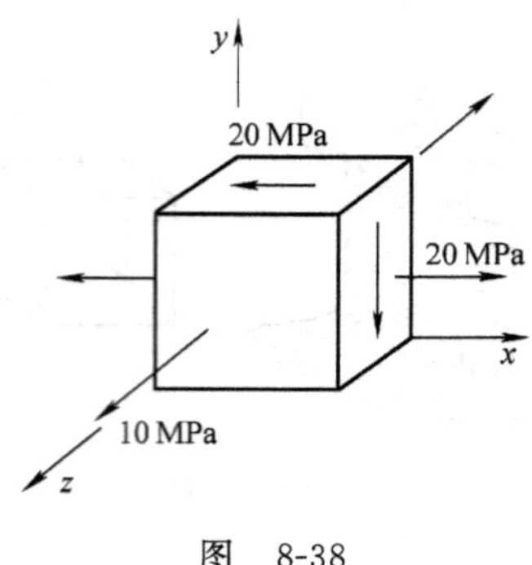

图 8-38

按照第二强度理论

$$\sigma_{r2}=\sigma_1-\mu(\sigma_2+\sigma_3)=33.1\ \mathrm{MPa}<[\sigma_t]=35\ \mathrm{MPa}$$

所以，此铸铁构件的强度符合要求。

习题 8-30 铸铁薄壁圆筒如图 8-39a 所示，已知筒的外径为 200 mm，壁厚 $\delta=15$ mm；内压 $p=4$ MPa，轴向载荷 $F=200$ kN；铸铁的许用拉应力 $[\sigma_t]=30$ MPa，许用压应力 $[\sigma_c]=120$ MPa，泊松比 $\mu=0.25$。试用第二强度理论校核该薄壁圆筒的强度。

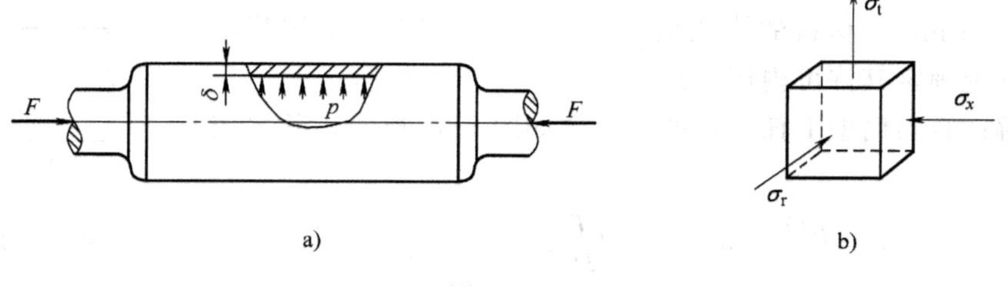

图 8-39

解： 薄壁圆管的内径 $d=170$ mm。围绕筒壁上任一点截取单元体如图 8-39b 所示，其上的轴向应力、周向应力、径向应力分别为

$$\sigma_x=-\frac{F}{A}+\frac{pd}{4\delta}=-11.6\ \mathrm{MPa},\quad \sigma_t=\frac{pd}{2\delta}=22.7\ \mathrm{MPa},\quad \sigma_r=-p=-4\ \mathrm{MPa}$$

故其主应力 $\sigma_1=22.7$ MPa，$\sigma_2=-4$ MPa，$\sigma_3=-11.6$ MPa。

根据第二强度理论

$$\sigma_{r2}=\sigma_1-\mu(\sigma_2+\sigma_3)=26.6\ \mathrm{MPa}<[\sigma_t]=30\ \mathrm{MPa}$$

所以，该薄壁圆筒的强度符合要求。

第九章
组 合 变 形

知 识 要 点

一、基本概念

1. 组合变形

杆件在外力作用下，同时发生两种或两种以上的基本变形。

2. 组合变形的计算方法

组合变形的计算采用叠加法：在线弹性和小变形条件下，假设杆件上各种外力的作用互不影响，几种外力共同作用时引起的应力和变形，等于这几种外力单独作用时引起的应力和变形的叠加。

3. 几种常见的组合变形

斜弯曲：杆件在相互垂直的两纵向对称面内同时受到弯矩的作用。此时，杆件弯曲变形后的轴线一般不在载荷作用平面内。

弯曲与拉伸（压缩）组合：杆件同时受到弯矩和轴力的作用。偏心拉伸（压缩）属于弯曲与拉伸（压缩）组合

弯曲与扭转组合：杆件同时受到弯矩和扭矩的作用。

4. 截面核心

对于承受偏心压缩的杆件，当偏心压力的作用点位于截面形心附近的某个封闭区域时，截面上将只出现压应力，该区域称为截面核心。

二、基本公式

1. 斜弯曲

（1）斜弯曲梁横截面上任意点 $K(z,y)$ 处的正应力计算公式

$$\sigma=\frac{M_z y}{I_z}+\frac{M_y z}{I_y} \tag{9-1}$$

式中，M_z、M_y 分别为该截面上位于两互相垂直的纵向对称平面 xy、xz 内的弯矩，并规定，使第一象限的点受拉的弯矩为正；I_z、I_y 分别为截面对 z 轴、y 轴的惯性矩。

（2）具有棱角截面斜弯曲梁的强度条件

$$\sigma_{\max}=\frac{|M_z|}{W_z}+\frac{|M_y|}{W_y}\leqslant[\sigma] \tag{9-2}$$

式中，M_z、M_y 分别为危险截面上位于两个互相垂直的纵向对称平面 xy、xz 内的弯矩；W_z、W_y 分别为截面对 z 轴、y 轴的抗弯截面系数；$[\sigma]$ 为材料的许用应力。

2. 弯曲与拉伸（压缩）组合

（1）弯曲与拉伸组合变形杆件的强度条件

$$\sigma_{\mathrm{t\,max}}=\frac{|M|}{W_z}+\frac{F_{\mathrm{N}}}{A}\leqslant[\sigma_{\mathrm{t}}] \tag{9-3}$$

（2）弯曲与压缩组合变形杆件的强度条件

$$\sigma_{\mathrm{t\,max}}=\frac{|M|}{W_z}-\frac{|F_{\mathrm{N}}|}{A}\leqslant[\sigma_{\mathrm{t}}] \tag{9-4}$$

$$\sigma_{\mathrm{c\,max}}=\frac{|M|}{W_z}+\frac{|F_{\mathrm{N}}|}{A}\leqslant[\sigma_{\mathrm{c}}] \tag{9-5}$$

在式（9-3）～式（9-5）中，M、F_{N} 分别为危险截面上的弯矩、轴力；W_z、A 分别为横截面的抗弯截面系数、面积；$[\sigma_{\mathrm{t}}]$、$[\sigma_{\mathrm{c}}]$ 分别为材料的许用拉应力、许用压应力。

3. 弯曲与扭转组合变形塑性材料圆轴的强度条件

$$\sigma_{\mathrm{r3}}=\frac{\sqrt{M^2+T^2}}{W_z}\leqslant[\sigma] \tag{9-6}$$

$$\sigma_{\mathrm{r4}}=\frac{\sqrt{M^2+0.75T^2}}{W_z}\leqslant[\sigma] \tag{9-7}$$

式中，M、T 分别为危险截面上的弯矩、扭矩；W_z 为横截面的抗弯截面系数；$[\sigma]$ 为材料的许用应力。

4. 塑性材料杆件的危险点具有如图9-1所示的应力状态，则其强度条件为

$$\sigma_{\mathrm{r3}}=\sqrt{\sigma^2+4\tau^2}\leqslant[\sigma] \tag{9-8}$$

$$\sigma_{\mathrm{r4}}=\sqrt{\sigma^2+3\tau^2}\leqslant[\sigma] \tag{9-9}$$

式中，$[\sigma]$ 为材料的许用应力。属于该种情况的组合变形有弯曲与扭转组合，拉伸与扭转组合，弯曲、拉伸与扭转组合等。

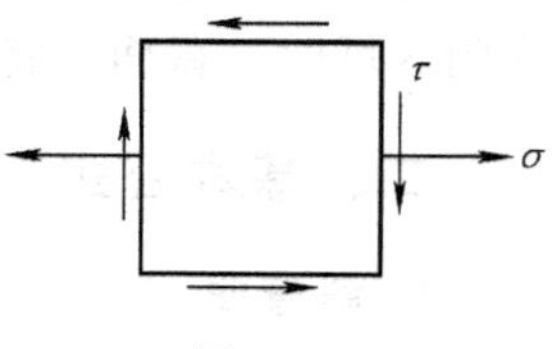

图　9-1

解题方法

本章习题主要有下列两种类型：

一、建立组合变形强度条件进行强度计算

解题步骤——

1. 分析简化载荷，确定变形类型

将载荷分解为等效的若干组简单载荷，使每组载荷只引起一种基本变形。

2. 分析内力，确定危险截面

分析在各种基本变形下杆件的内力并绘制内力图，确定危险截面及其上内力。

3. 分析应力，确定危险点

分析危险截面上各基本变形对应的应力分布，确定危险点。

4. 分析危险点的应力状态，确定主应力

围绕危险点截取单元体，分析应力状态，确定主应力。

5. 强度计算

根据危险点的应力状态和杆件材料类型，选择适当的强度理论建立强度条件，进行强度计算。

注意点——

1. 在组合变形强度计算时，一般不考虑弯曲切应力的影响。

2. 若危险点为单向应力状态或纯剪切应力状态，则可以直接建立强度条件，而无需借助强度理论。

3. 若塑性材料构件危险点的应力状态如图 9-1 所示，则可直接根据式（9-8）或式（9-9）进行强度计算。

二、根据现有的组合变形强度条件进行强度计算

解题步骤——

1. 分析简化载荷，确定组合变形类型。

2. 分析内力，作内力图，确定危险截面及其上内力。

3. 根据现有的组合变形强度条件，即式（9-2）～式（9-7），进行强度计算。

注意点——

1. 危险截面应综合根据内力分布与截面情况正确判定，若可能的危险截面有多个，则应逐一对每个可能的危险截面进行强度计算。

2. 对于弯曲与扭转组合塑性材料圆轴，若危险截面上同时存在位于两个互

相垂直的纵向对称平面 xy、xz 内的弯矩 M_z、M_y，则式（9-6）、式（9-7）中的弯矩 M 应为 M_z、M_y 的合成弯矩，即 $M=\sqrt{M_z^2+M_y^2}$。

3. 偏心拉伸（压缩）属于弯曲与拉伸（压缩）组合变形，可以直接根据弯曲与拉伸（压缩）组合强度条件，即式（9-3）～式（9-5），进行强度计算。

4. 对于弯曲与拉伸（压缩）组合变形，若危险截面上同时存在位于两个互相垂直的纵向对称平面 xy、xz 内的弯矩 M_z、M_y，且杆件截面具有棱角，则其强度条件应为

弯曲与拉伸组合

$$\sigma_{\text{t max}}=\frac{|M_z|}{W_z}+\frac{|M_y|}{W_y}+\frac{F_{\text{N}}}{A}\leqslant[\sigma_{\text{t}}] \tag{9-10}$$

弯曲与压缩组合

$$\sigma_{\text{t max}}=\frac{|M_z|}{W_z}+\frac{|M_y|}{W_y}-\frac{|F_{\text{N}}|}{A}\leqslant[\sigma_{\text{t}}] \tag{9-11}$$

$$\sigma_{\text{c max}}=\frac{|M_z|}{W_z}+\frac{|M_y|}{W_y}+\frac{|F_{\text{N}}|}{A}\leqslant[\sigma_{\text{c}}] \tag{9-12}$$

难题解析

【例题 9-1】 如图 9-2 所示，等圆截面直角折杆 ABC 位于 xy 平面内，已知沿 x 轴的载荷 $F=120$ kN，位于 yz 平面内的载荷 $q=8$ kN/m，$M_e=32$ kN·m；折杆尺寸 $l=2$ m，截面直径 $d=150$ mm，许用应力 $[\sigma]=140$ MPa。试按第四强度理论校核折杆强度。

解：不难判断，折杆的 BC 段为弯曲变形，AB 段为弯曲、拉伸与扭转组合变形；截面 A 为危险截面，其上弯矩、轴力、扭矩分别为

$$M=0.8ql^2=25.6\ \text{kN}\cdot\text{m}$$

$$F_{\text{N}}=F=120\ \text{kN}$$

$$T=\frac{1}{2}q\ (0.8l)^2+M_e=42.24\ \text{kN}\cdot\text{m}$$

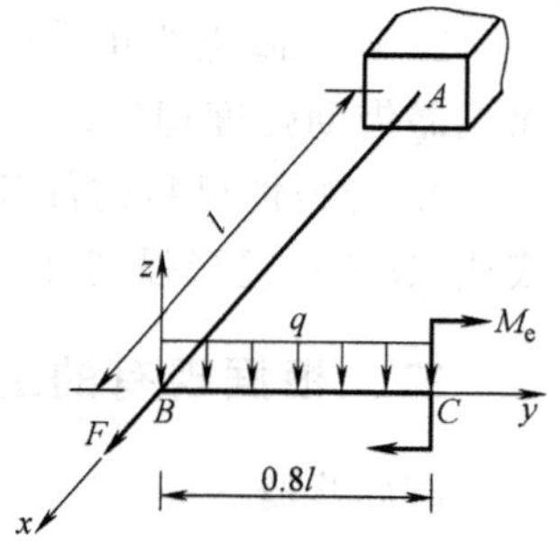

图 9-2

对截面 A 进行应力分析，可知危险点为上边缘点。危险点的应力状态为单向拉伸与纯剪切的叠加（见图 9-1），其中

$$\sigma=\frac{M}{W}+\frac{F_{\text{N}}}{A}=\left(\frac{25.6\times10^3\times32}{\pi\times0.15^3}+\frac{120\times10^3\times4}{\pi\times0.15^2}\right)\text{Pa}=84.1\ \text{MPa}$$

$$\tau=\frac{T}{W_t}=\frac{42.24\times10^3\times16}{\pi\times0.15^3}\ \text{Pa}=63.7\ \text{MPa}$$

根据第四强度理论，即式（9-9），有

$$\sigma_{r4}=\sqrt{\sigma^2+3\tau^2}=\sqrt{84.1^2+3\times 63.7^2}\ \text{MPa}=138.7\ \text{MPa}<[\sigma]=140\ \text{MPa}$$

故折杆强度符合要求。

【例题 9-2】 圆弧形小曲率杆如图 9-3 所示，已知曲杆轴线半径为 R，横截面为圆形，在杆端 A 处受到铅垂载荷 F 作用。若材料的许用应力为 $[\sigma]$，试按第三强度理论确定曲杆直径。

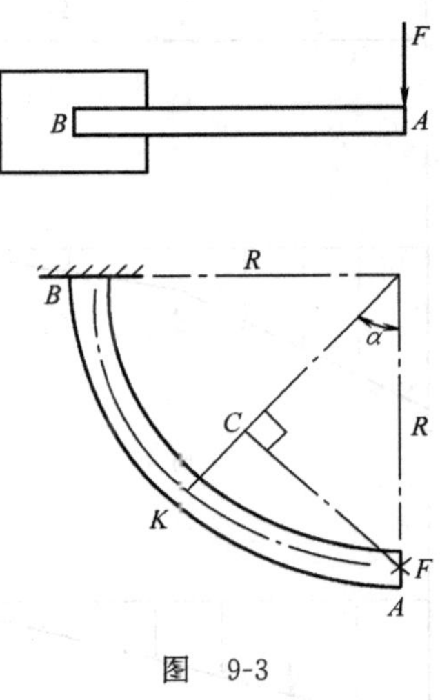

图 9-3

解：（1）内力分析

在铅垂载荷 F 作用下，曲杆承受弯曲与扭转组合变形，其任一截面 K 的弯矩、扭矩分别为（见图 9-3）

$$M=-F\times AC=-FR\sin\alpha,\quad T=-F\times CK=-FR(1-\cos\alpha)$$

（2）强度计算

由题意，根据式（9-6），建立截面 K 的强度条件

$$\sigma_{r3}=\frac{\sqrt{M^2+T^2}}{W_z}=\frac{32FR\sqrt{2(1-\cos\alpha)}}{\pi d^3}\leqslant[\sigma]$$

由上式显见，$\alpha=90^\circ$ 所对应的固定端截面 B 为危险截面。故将 $\alpha=90^\circ$ 代入上式，即得曲杆直径

$$d\geqslant\sqrt[3]{\frac{32\sqrt{2}FR}{\pi[\sigma]}}$$

习题解答

习题 9-1 No. 14 工字钢悬臂梁受力如图 9-4a 所示。已知 $l=0.8\ \text{m}$，$F_1=$

2.5 kN，$F_2=1$ kN，试求危险截面上的最大正应力。

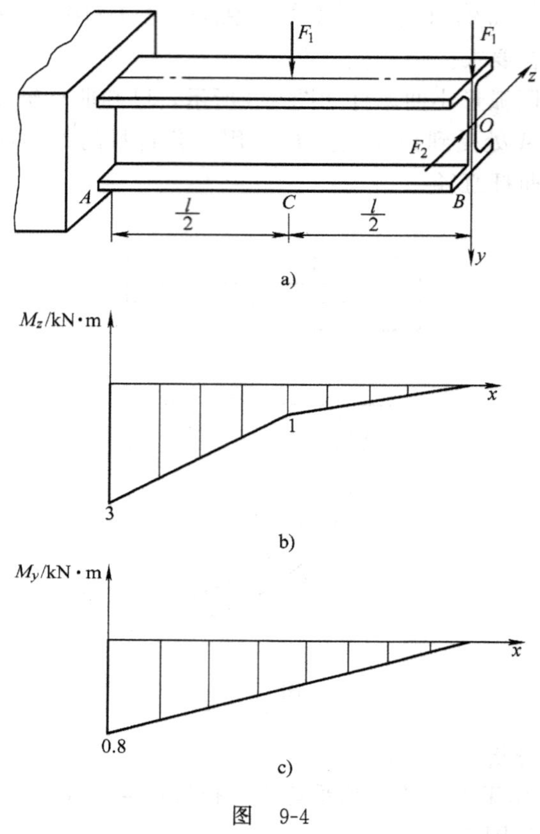

图　9-4

解： 梁的变形为斜弯曲。

画出梁的弯矩图如图 9-4b、c 所示，可见固定端面为危险截面，危险截面上的最大弯矩 $|M_z|=3$ kN·m，$|M_y|=0.8$ kN·m。

查型钢表知，No. 14 工字钢的抗弯截面系数 $W_z=102$ cm^3，$W_y=16.1$ cm^3。由式（9-2），得危险截面上的最大正应力 $\sigma_{max}=79.1$ MPa。

习题 9-2　图 9-5a 所示悬臂梁中，集中横向力 F_1 和 F_2 分别作用在铅垂对称面和水平对称面内，已知 $F_1=800$ N，$F_2=1600$ N，$l=1$ m，材料的许用应力 $[\sigma]=160$ MPa。试确定以下两种情形下梁的横截面尺寸：（1）截面为矩形，$h=2b$；（2）截面为圆形。

解： 梁的变形为斜弯曲。

画出梁的弯矩图如图 9-5b、c 所示，可见固定端面为危险截面，危险截面上的最大弯矩 $|M_z|=0.8$ kN·m，$|M_y|=3.2$ kN·m。

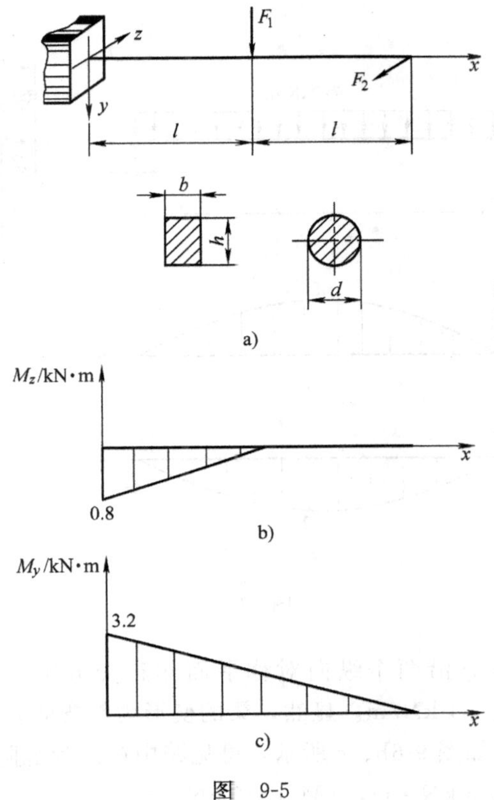

图 9-5

对于矩形截面，抗弯截面系数 $W_z=\frac{bh^2}{6}=\frac{2b^3}{3}$，$W_y=\frac{hb^2}{6}=\frac{b^3}{3}$，由式（9-2），解得 $b\geqslant 40.7\ \mathrm{mm}$。故取截面尺寸 $b=41\ \mathrm{mm}$，$h=82\ \mathrm{mm}$。

对于圆形截面，截面没有棱角，式（9-2）不再适用。由于过圆截面杆轴线的任一纵向平面都是其纵向对称平面，故此时可直接按对称弯曲处理。危险截面上的合成弯矩

$$M=\sqrt{M_z^2+M_y^2}=3.3\ \mathrm{kN\cdot m}$$

由对称弯曲梁的正应力强度条件

$$\sigma_{\max}=\frac{M}{W}=\frac{3.3\times10^3\times32}{\pi d^3}\leqslant[\sigma]$$

解得 $d\geqslant 59.4\ \mathrm{mm}$。故取直径 $d=60\ \mathrm{mm}$。

习题 9-3 受均布载荷 q 作用的矩形截面简支梁，其载荷作用面与梁的纵向对称面间的夹角为30°，如图 9-6a 所示。已知载荷集度 $q=2\ \mathrm{kN/m}$，材料的许用应力 $[\sigma]=12\ \mathrm{MPa}$，梁的跨度 $l=4\ \mathrm{m}$，截面尺寸 $h=160\ \mathrm{mm}$、$b=120\ \mathrm{mm}$，试

校核梁的强度。

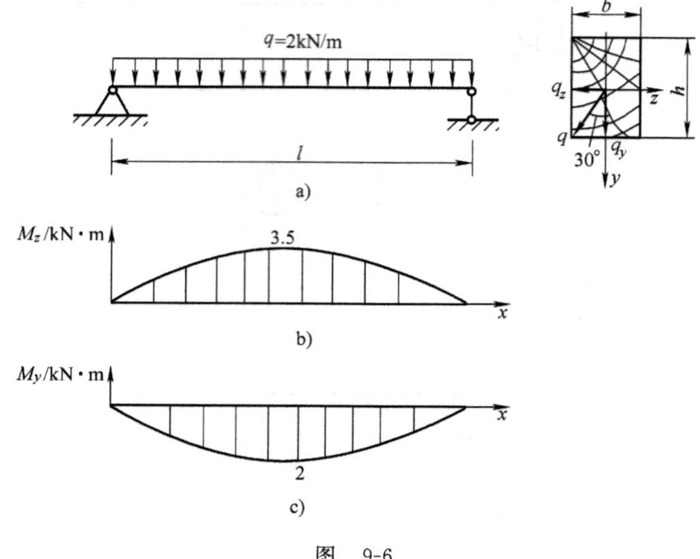

图 9-6

解：将均布载荷 q 沿两个纵向对称平面作正交分解（见图 9-6a），其中，$q_y=1.732\ \text{kN/m}$，$q_z=1\ \text{kN/m}$。显然，梁的变形为斜弯曲。

画出梁的弯矩图如图 9-6b、c 所示，可见跨中截面为危险截面，危险截面上的最大弯矩 $|M_z|=3.5\ \text{kN}\cdot\text{m}$，$|M_y|=2\ \text{kN}\cdot\text{m}$。

梁的抗弯截面系数 $W_z=\dfrac{bh^2}{6}$，$W_y=\dfrac{hb^2}{6}$。根据式（9-2），有

$$\sigma_{\max}=\frac{|M_z|}{W_z}+\frac{|M_y|}{W_y}=\left(\frac{3.5\times10^3\times6}{0.12\times0.16^2}+\frac{2\times10^3\times6}{0.16\times0.12^2}\right)\text{Pa}=12\ \text{MPa}=[\sigma]$$

因此，该梁的强度符合要求。

习题 9-4 工字钢简支梁受力如图 9-7a 所示，已知 $F=7\ \text{kN}$，$[\sigma]=160\ \text{MPa}$，试选择工字钢的型号。（提示：首先假定 W_z/W_y 的比值进行试选，然后再校核）

解：将集中力 F 沿两个纵向对称平面作正交分解（见图 9-7a），其中，$F_y=6.58\ \text{kN}$，$F_z=2.39\ \text{kN}$。显然，梁的变形为斜弯曲。

画出梁的弯矩图如图 9-7b、c 所示，可见跨中截面为危险截面，危险截面上的最大弯矩 $|M_z|=6.58\ \text{kN}\cdot\text{m}$，$|M_y|=2.39\ \text{kN}\cdot\text{m}$。

参考型钢表，可假设 $W_z/W_y=7$，由式（9-2），有

$$\sigma_{\max}=\frac{|M_z|}{W_z}+\frac{|M_y|}{W_y}=\frac{6.58\times10^3\ \text{N}\cdot\text{m}}{7W_y}+\frac{2.39\times10^3\ \text{N}\cdot\text{m}}{W_y}\leqslant[\sigma]=160\times10^6\ \text{Pa}$$

解得 $W_y\geqslant20.89\ \text{cm}^3$。据此，可初选 No. 16 工字钢。查型钢表知，No. 16 工字

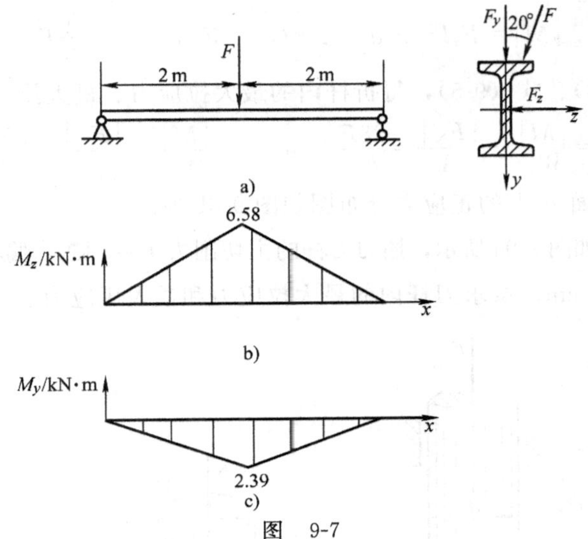

图 9-7

钢的抗弯截面系数 $W_y=21.2\ \text{cm}^3$，$W_z=141\ \text{cm}^3$。

再代入式（9-2）进行验算，$\sigma_{\max}=159.4\ \text{MPa}<[\sigma]=160\ \text{MPa}$，所以，确定该梁选择 No. 16 工字钢。

习题 9-5 如图 9-8a 所示，矩形截面直角折杆 ABC 在自由端 C 受力 F 的作用。已知 $\alpha=\arctan(4/3)$，$a=l/4$，$l=12h$。试求杆内的最大正应力，并作出危险截面上的正应力分布图。

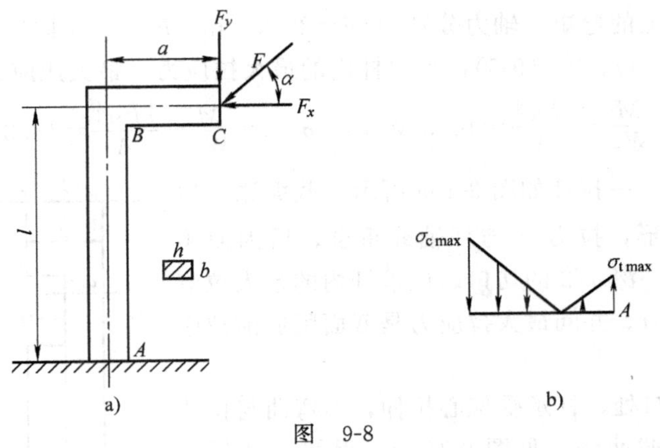

图 9-8

解：如图 9-8a 所示，将力 F 作正交分解，其中，$F_x=\dfrac{3}{5}F$，$F_y=\dfrac{4}{5}F$。显然，折杆的 BC 段和 AB 段的变形均为弯曲与压缩组合。不难判断，截面 A 为折杆的危险截面，其上弯矩和轴力分别为

$$|M|=F_x l-F_y a=\frac{2}{5}Fl,\quad |F_N|=F_y=\frac{4}{5}F$$

根据式（9-4）、式（9-5），得折杆内的最大拉应力、最大压应力分别为

$$\sigma_{t\max}=\frac{|M|}{W_z}-\frac{|F_N|}{A}=\frac{28F}{bh},\quad \sigma_{c\max}=\frac{|M|}{W_z}+\frac{|F_N|}{A}=\frac{29.6F}{bh}$$

作出危险截面 A 上的正应力分布图如图 9-8b 所示。

习题 9-6 如图 9-9a 所示，插刀刀杆的主切削力 $F=1$ kN，偏心距 $a=2.5$ cm，刀杆直径 $d=2.5$ cm。试求刀杆内的最大拉应力和最大压应力。

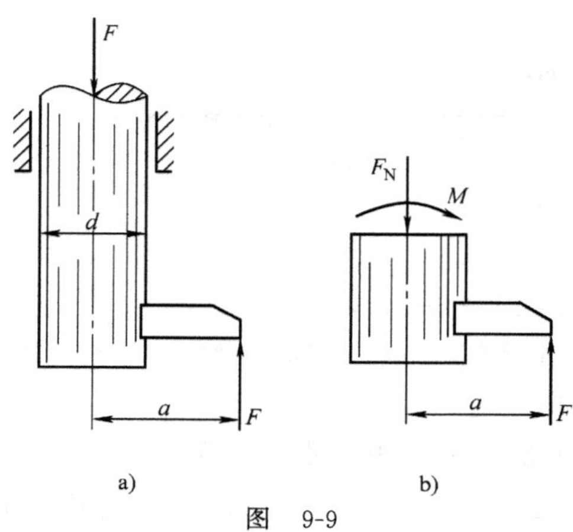

图 9-9

解： 刀杆承受偏心压缩，为弯曲与压缩组合变形。由截面法（见图 9-9b），得其任一截面上的弯矩、轴力分别为 $M=25$ N·m、$F_N=-1$ kN。

根据式（9-4）、式（9-5），得刀杆内的最大拉应力、最大压应力分别为

$$\sigma_{t\max}=\frac{M}{W_z}-\frac{|F_N|}{A}=14.3\text{ MPa},\quad \sigma_{c\max}=\frac{M}{W_z}+\frac{|F_N|}{A}=18.3\text{ MPa}$$

习题 9-7 一拉杆如图 9-10a 所示，截面原为边长为 a 的正方形，拉力 F 与杆轴线重合，后因使用上的需要，开一深 $a/2$ 的切口。试求杆内的最大拉应力和最大压应力。并问最大拉应力是截面削弱前拉应力的几倍？

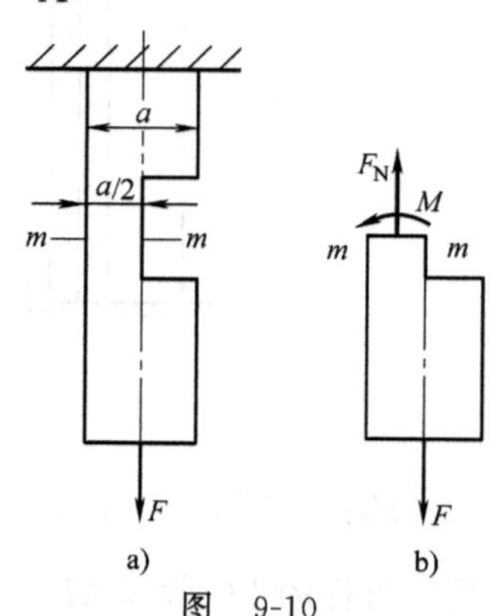

图 9-10

解： 在切口处，杆承受偏心拉伸，为弯曲与拉伸组合变形。由截面法（见图 9-10b），得切口处任一截面 $m—m$ 上的弯矩、轴力分别为 $M=\frac{Fa}{4}$、$F_N=F$。

切口处被削弱截面的抗弯截面系数 $W_z=$

$\frac{1}{6}a\left(\frac{a}{2}\right)^2=\frac{a^3}{24}$，面积 $A=\frac{a^2}{2}$。

根据式（9-4）、式（9-5），得杆内的最大拉应力、最大压应力分别为

$$\sigma_{\mathrm{t\,max}}=\frac{M}{W_z}+\frac{|F_{\mathrm{N}}|}{A}=\frac{8F}{a^2},\quad \sigma_{\mathrm{c\,max}}=\frac{M}{W_z}-\frac{|F_{\mathrm{N}}|}{A}=\frac{4F}{a^2}$$

截面削弱前杆承受轴向拉伸，其拉应力为 $\sigma=\frac{F}{a^2}$。所以，截面削弱后杆内的最大拉应力是截面削弱前杆内拉应力的 8 倍。

习题 9-8 图 9-11a 所示起重架的最大起吊重量（包括行走小车等）$P=40$ kN，横梁 AC 由两根 No.18 槽钢组成，材料为 Q235 钢，许用应力 $[\sigma]=120$ MPa。试校核横梁强度。

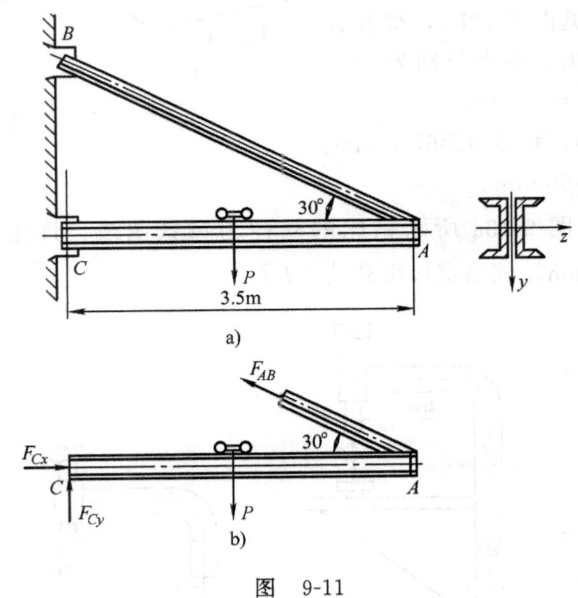

图 9-11

解：当起吊载荷 P 移至梁中点时，横梁 AC 内的弯矩最大。此时，作出其受力图如图 9-11b 所示，横梁 AC 承受弯曲与压缩组合变形。由平衡方程得

$$F_{AB}=40\ \mathrm{kN},\quad F_{Cx}=34.6\ \mathrm{kN},\quad F_{Cy}=20\ \mathrm{kN}$$

显然，横梁 AC 的跨中截面弯矩最大，为危险截面。危险截面上的弯矩、轴力分别为

$$M=35\ \mathrm{kN\cdot m},\quad F_{\mathrm{N}}=-34.6\ \mathrm{kN}$$

查型钢表知，单根 No.18 槽钢的截面面积 $A=29.30\ \mathrm{cm}^2$，抗弯截面系数 $W_z=152\ \mathrm{cm}^3$。根据式（9-5），梁内的最大正应力

$$\sigma_{\max}=\frac{M}{2W_z}+\frac{|F_N|}{2A}=121.0\ \text{MPa}>[\sigma]=120\ \text{MPa}$$

但由于$\frac{\sigma_{\max}-[\sigma]}{[\sigma]}=0.83\%<5\%$，所以，横梁的强度符合工程要求。

习题 9-9　螺旋夹紧器立臂的横截面为 $a\times b$ 的矩形，如图 9-12a 所示。已知该夹紧器工作时承受的最大夹紧力 $F=16$ kN，材料的许用应力 $[\sigma]=160$ MPa，立臂厚度 $a=20$ mm，偏心距 $e=140$ mm。试求立臂宽度 b。

解：立臂承受弯曲与拉伸组合变形。由截面法（见图 9-12b），得其任一横截面上的弯矩、轴力分别为 $M=2.24$ kN·m、$F_N=16$ kN。

根据式 (9-3)，解得 $b\geqslant 67.3$ mm。故取立臂宽度 $b=68$ mm。

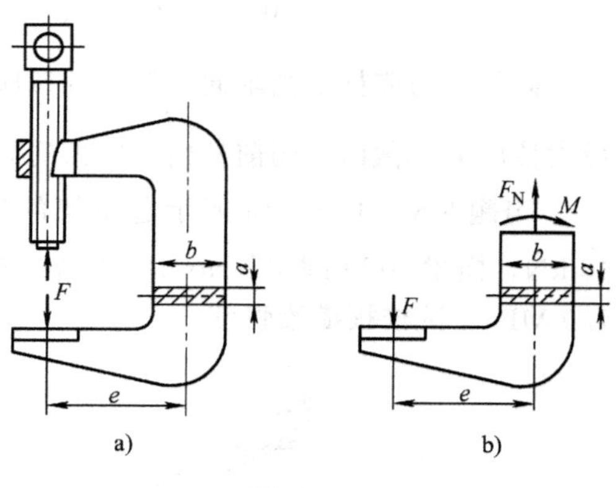

图　9-12

习题 9-10　图 9-13a 所示钻床的立柱为铸铁制成，许用拉应力 $[\sigma_t]=45$ MPa，$d=50$ mm。试确定许可载荷 $[F]$。

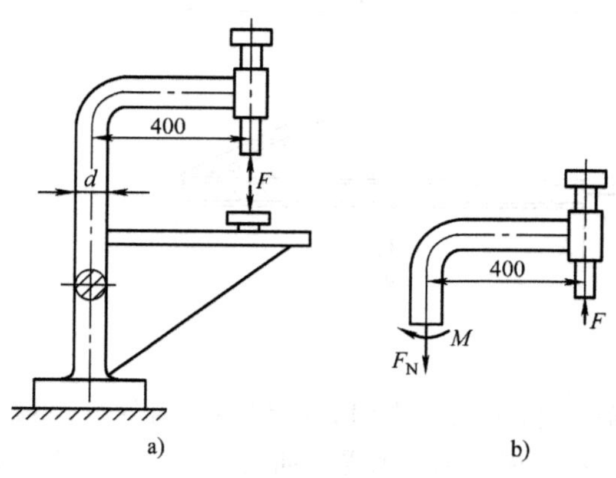

图　9-13

解：立柱承受弯曲与拉伸组合变形。由截面法（见图 9-13b），得其任一横截面上的弯矩、轴力分别为 $M=0.4\ \text{m}\times F$、$F_N=F$。

根据式 (9-3)，解得 $F\leqslant 1359$ N。故许可载荷 $[F]=1359$ N。

习题 9-11　单臂液压机机架及其立柱横截面的尺寸如图 9-14a 所示。已知 $F=1600$ kN，材料的许用应力 $[\sigma]=160$ MPa。试校核机架立柱的强度。

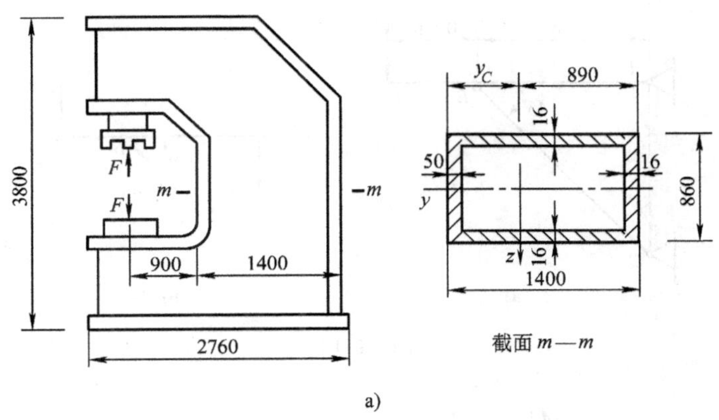

a)

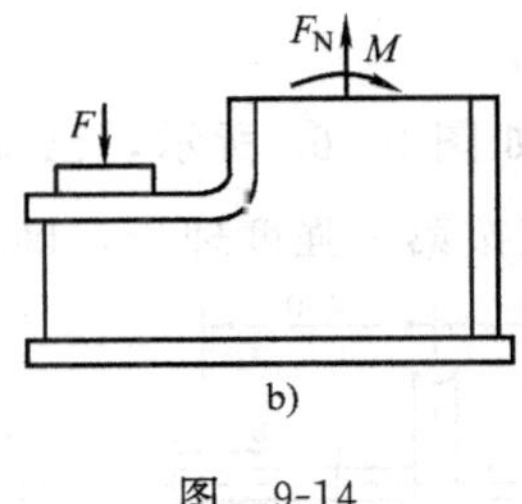

b)

图 9-14

解：机架立柱承受弯曲与拉伸组合变形，由截面法（见图 9-14b），得其任一横截面上的弯矩、轴力分别为 $M=2256\ \mathrm{kN\cdot m}$、$F_N=1600\ \mathrm{kN}$。

计算得立柱截面对中性轴 z 的惯性矩 $I_z=0.029\ \mathrm{m^4}$，面积 $A=0.099\ \mathrm{m^2}$。

立柱截面的最大正应力

$$\sigma_{max}=\frac{M}{I_z}y_C+\frac{F_N}{A}=\left(\frac{2256\times10^3}{0.029}\times0.51+\frac{1600\times10^3}{0.099}\right)\mathrm{Pa}=55.8\ \mathrm{MPa}<[\sigma]=160\ \mathrm{MPa}$$

所以，该机架立柱的强度符合要求。

习题 9-12 图 9-15a 所示三角支架，已知 $F=200$ N，AC 为直径 $d=20$ mm 的圆截面钢杆，钢材的屈服极限 $\sigma_s=235$ MPa，取强度安全因数 $n_s=1.6$。若杆 BD 足够坚固，试校核杆 AC 的强度。

解：作出杆 AC 的受力图如图 9-15b 所示，其 AB 段承受弯曲与拉伸组合变形。由平衡方程得 $F_{BD}=424$ N，$F_{Ax}=300$ N，$F_{Ay}=100$ N。

显然，截面 B 处的弯矩最大，为危险截面。危险截面上的弯矩、轴力分别为 $|M|_{max}=100\ \mathrm{N\cdot m}$、$F_N=300$ N。

材料的许用应力 $[\sigma]=\dfrac{\sigma_s}{n_s}=147$ MPa。根据式（9-3），有

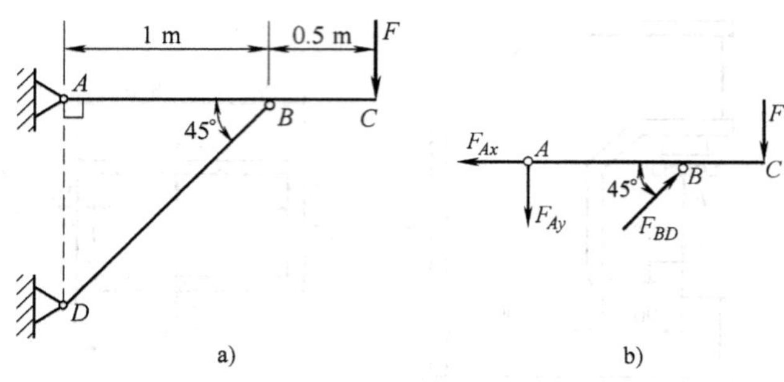

图 9-15

$$\sigma_{\max}=\frac{|M|_{\max}}{W_z}+\frac{F_N}{A}=128\ \text{MPa}<[\sigma]=147\ \text{MPa}$$

所以，杆 AC 的强度符合要求。

习题 9-13 一手摇绞车如图 9-16a 所示，已知轴的直径 $d=30$ mm，材料的许用应力 $[\sigma]=80$ MPa。试按第三强度理论，确定绞车的最大起吊重量 P。

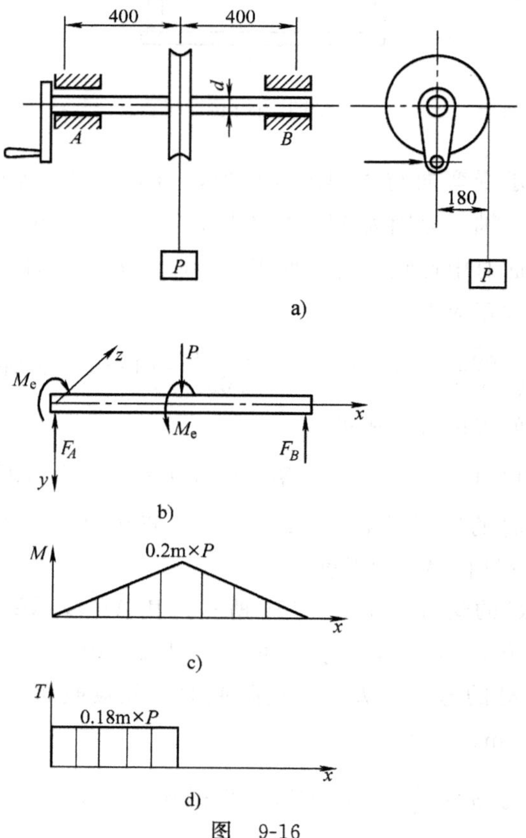

图 9-16

解：将载荷向轴的中心简化，作出轴的受力图如图 9-16b 所示，其中

$$M_e = 0.18\ \text{m} \times P, \quad F_A = F_B = \frac{1}{2}P$$

轴承受弯曲和扭转组合变形。

轴的弯矩图、扭矩图分别如图 9-16c、d 所示，轴的危险截面为铰盘所在的跨中截面，其上弯矩、扭矩分别为 $M = 0.2\ \text{m} \times P$、$T = 0.18\ \text{m} \times P$。

按第三强度理论，由式（9-6）解得 $P \leqslant 788$ N。所以，绞车的最大起吊重量

$$[P] = 788\ \text{N}$$

习题 9-14 如图 9-17a 所示，已知电动机的功率 $P = 9$ kW，转速 $n = 715$ r/min；带轮直径 $D = 250$ mm；主轴的外伸部分长度 $l = 120$ mm，直径 $d = 40$ mm；材料的许用应力 $[\sigma] = 60$ MPa。若不计带轮自重，试用第三强度理论校核主轴强度。

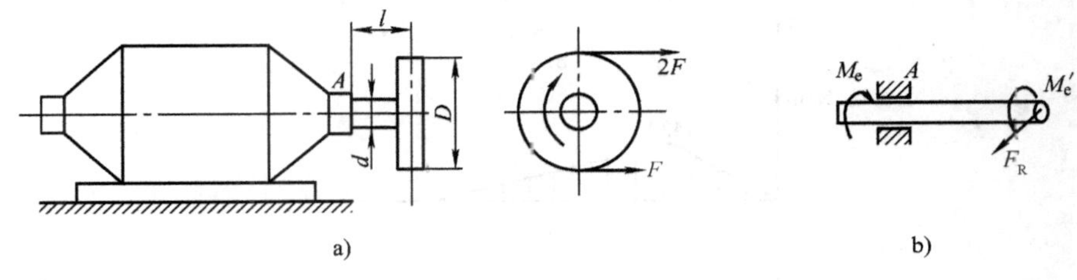

图 9-17

解：将带拉力向主轴中心简化，得轴的受力简图如图 9-17b 所示，其中，电动机输入转矩 $M_e = 9549\ \dfrac{P}{n} = 120\ \text{N} \cdot \text{m}$。由静力学关系，得 $F = \dfrac{2M_e}{D} = 960$ N，$F_R = 3F = 2880$ N。主轴承受弯曲和扭转组合变形。

轴的危险截面为固定端处的截面 A，其上弯矩、扭矩分别为

$$M = F_R l = 346\ \text{N} \cdot \text{m}, \quad T = M_e = 120\ \text{N} \cdot \text{m}$$

按第三强度理论，由式（9-6），$\sigma_{r3} = 58.3\ \text{MPa} < [\sigma] = 60$ MPa。所以，轴的强度满足要求。

习题 9-15 如图 9-18a 所示，直径为 60 cm 的两个相同带轮，转速 $n = 100$ r/min时传递功率 $P = 7.36$ kW。轮 C 上的传动带沿水平方向，轮 D 上的传动带沿铅垂方向。已知带的松边拉力 $F_{T2} = 1.5$ kN（$F_{T2} < F_{T1}$），材料的许用应力$[\sigma] = 80$ MPa。若不计带轮自重，试按第三强度理论选择轴的直径。

解：将带拉力向轴中心简化，得轴的受力简图如图 9-18b 所示，可求得

$$M_e = 702.8\ \text{N} \cdot \text{m}, \quad F_{T1} = 3842.7\ \text{N}, \quad F_1 = F_2 = 5342.7\ \text{N}$$

轴承受弯曲和扭转组合变形。

作出轴的铅垂弯矩图、水平弯矩图、扭矩图分别如图 9-18c、d、e 所示。显

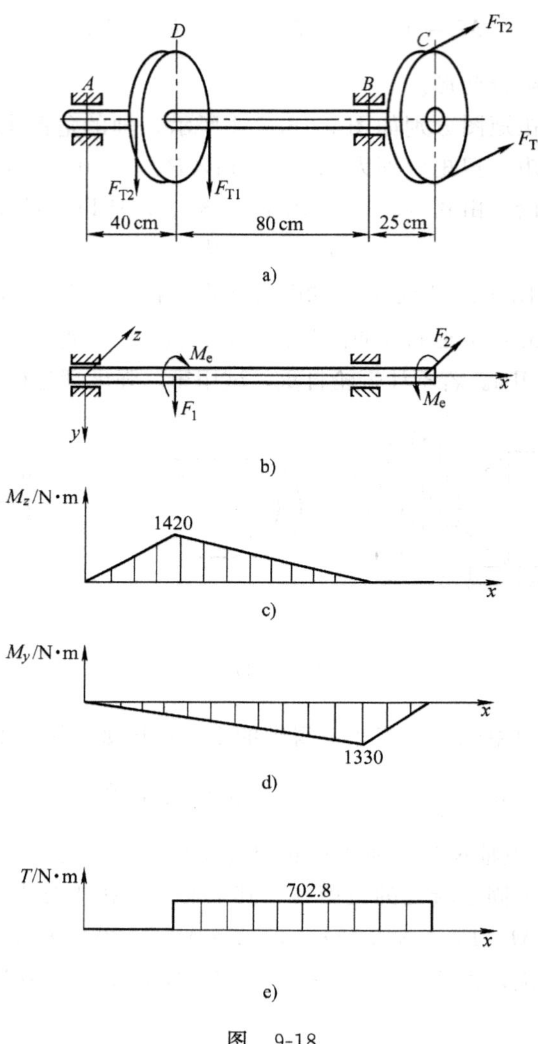

图 9-18

然 D 轮所在截面为危险截面，其上合成弯矩、扭矩分别为

$$M=\sqrt{M_z{}^2+M_y{}^2}=1488\ \text{N}\cdot\text{m},\quad T=702.8\ \text{N}\cdot\text{m}$$

按第三强度理论，由式（9-6），解得 $d\geqslant 59.4$ mm。故取轴的直径 $d=60$ mm。

习题 9-16 如图 9-19a 所示，已知带轮的直径 $D=1.2$ m，重 $W=5$ kN，紧边拉力为松边拉力的两倍，即 $F_{T1}=2F_{T2}$；电动机输入功率 $P=18$ kW，额定转速 $n=960$ r/min；传动轴跨度 $l=1.2$ m，材料的许用应力 $[\sigma]=50$ MPa。试按第三强度理论确定传动轴的直径 d。

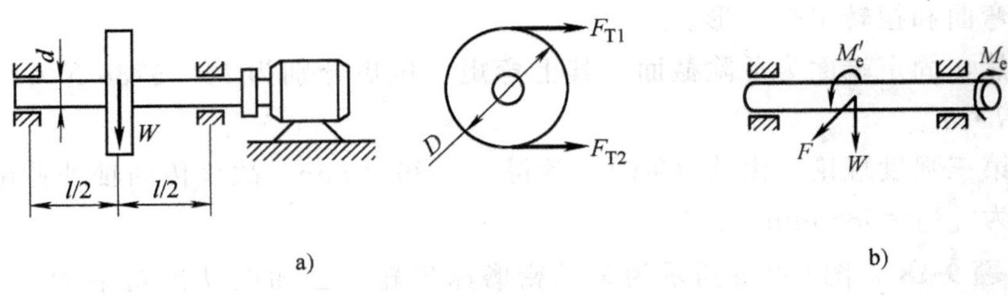

图　9-19

解：将带拉力向轴中心简化，得轴的受力简图如图 9-19b 所示，可求得

$$M_e = 179\ \text{N} \cdot \text{m}, \quad F_{T2} = 298\ \text{N}, \quad F = 894\ \text{N}$$

轴承受弯曲和扭转组合变形。

显然，带轮所在跨中截面为危险截面，其上铅垂弯矩、水平弯矩、合成弯矩、扭矩分别为 $M_z = 1500\ \text{N} \cdot \text{m}$、$M_y = 268.2\ \text{N} \cdot \text{m}$、$M = 1523.8\ \text{N} \cdot \text{m}$、$T = 179\ \text{N} \cdot \text{m}$。

按第三强度理论，由式（9-6），解得 $d \geqslant 67.9\ \text{mm}$。故取传动轴的直径 $d = 68\ \text{mm}$。

习题 9-17　图 9-20a 所示传动轴，已知转速 $n = 110\ \text{r/min}$，传递功率 $P = 11\ \text{kW}$；带的紧边拉力 F_1 为松边拉力 F_2 的 3 倍；材料的许用应力 $[\sigma] = 70\ \text{MPa}$。若不计带轮自重，试用第三强度理论确定该传动轴外伸端的许可长度 $[l]$。

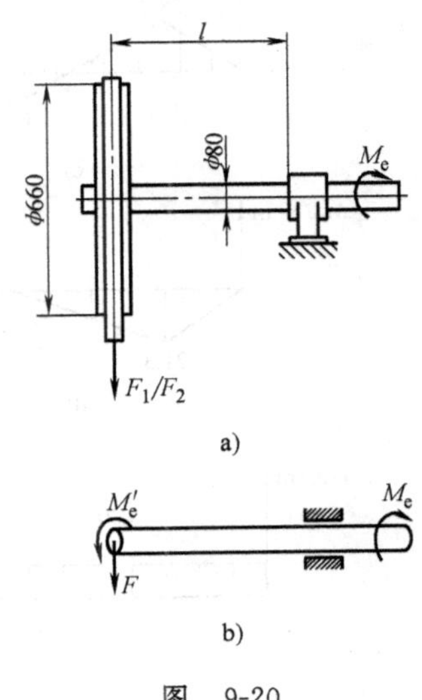

图　9-20

解：将带拉力向传动轴中心简化，得传动轴的受力简图如图 9-20b 所示，可求得

$$M_e = 954.9\ \text{N}\cdot\text{m},\quad F_2 = 1447\ \text{N},\quad F = 5788\ \text{N}$$

轴承受弯曲和扭转组合变形。

显然，固定端面为危险截面，其上弯矩、扭矩分别为 $M = 5788\ \text{N} \times l$、$T = 954.9\ \text{N}\cdot\text{m}$。

按第三强度理论，由式（9-6），解得 $l \leqslant 585.1\ \text{mm}$。故该传动轴外伸端的许可长度为 $[l] = 585\ \text{mm}$。

习题 9-18 图 9-21a 所示为某精密磨床砂轮。已知电动机功率 $P = 3\ \text{kW}$，

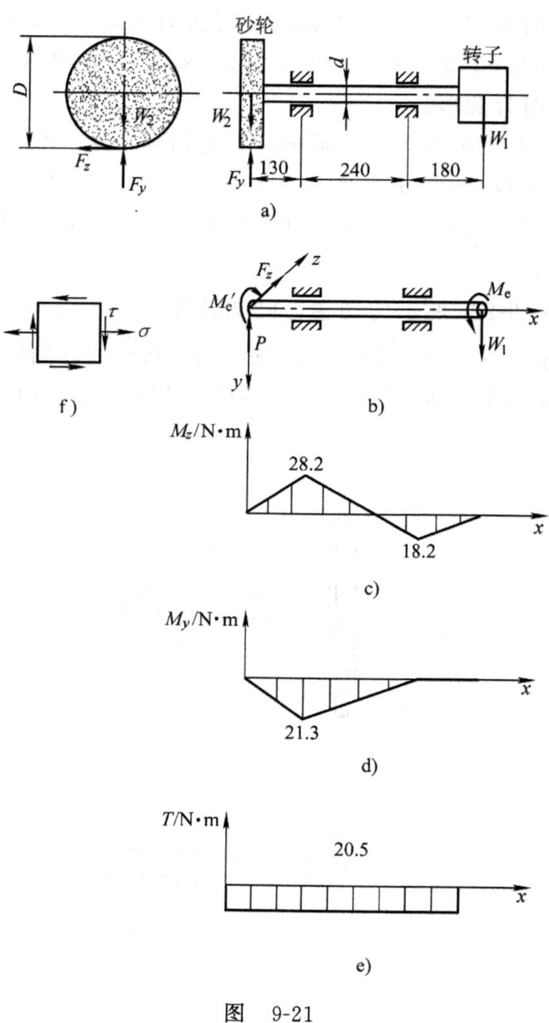

图 9-21

转子转速 $n=1400$ r/min，重量 $W_1=101$ N；砂轮直径 $D=250$ mm，重量 $W_2=275$ N，所受磨削力 $F_y:F_z=3:1$；轴的直径 $d=50$ mm，许用应力 $[\sigma]=60$ MPa。(1) 用单元体表示出危险点的应力状态，并求出主应力和最大切应力。(2) 试按第三强度理论校核轴的强度。

解：将磨削力向轴的中心简化，得轴的受力简图如图 9-21b 所示，可求得

$$M_e=20.5\ N\cdot m,\quad F_z=164\ N,\quad F_y=492\ N,\quad P=217\ N$$

轴承受弯曲和扭转组合变形。

作出轴的铅垂弯矩图、水平弯矩图、扭矩图分别如图 9-21c、d、e 所示，可以判定危险截面位于左支座处，其上合成弯矩、扭矩分别为 $M=35.4$ N·m、$T=20.5$ N·m。

危险截面周边上危险点的弯矩正应力和扭转切应力同时取得最大值。围绕危险点截取单元体如图 9-21f 所示，其中最大弯曲正应力、最大扭转切应力分别为 $\sigma=2.87$ MPa、$\tau=0.834$ MPa。可得危险点的主应力 $\sigma_1=3.09$ MPa、$\sigma_2=0$、$\sigma_3=-0.23$ MPa。最大切应力 $\tau_{max}=1.66$ MPa。

按第三强度理论

$$\sigma_{r3}=\sigma_1-\sigma_3=3.32\ \text{MPa}<[\sigma]=60\ \text{MPa}$$

所以，轴的强度足够。

习题 9-19 图 9-22a 所示带轮传动轴，已知传递功率 $P=7$ kW，转速 $n=200$ r/min，带轮重 $W=1.8$ kN；左端齿轮上啮合力 F_n 与齿轮节圆切线的夹角(压力角) 为20°；传动轴材料的许用应力 $[\sigma]=80$ MPa。试分别在忽略和考虑带轮重量的两种情况下，按第三强度理论估算轴的直径。

解：将齿轮啮合力和带的张力均向轴中心简化，得轴的受力简图如图 9-22b 所示，可依次求得

$$M_e=334\ N\cdot m,\quad F_n=2370\ N,\quad F_y=811\ N,\quad F_z=2227\ N$$
$$F_2=1336\ N,\quad F_1=2672\ N,\quad P=4008\ N$$

轴承受弯曲和扭转组合变形。

作出轴的考虑带轮重量的铅垂弯矩图、忽略带轮重量的铅垂弯矩图、水平弯矩图、扭矩图分别如图 9-22c、d、e、f 所示。可以判定，无论是否考虑带轮重量，危险截面均位于右支座处，其上考虑带轮重量的合成弯矩、忽略带轮重量的合成弯矩、扭矩分别为

$$M_1=879\ N\cdot m,\quad M_2=802\ N\cdot m,\quad T=334\ N\cdot m$$

按第三强度理论，由式 (9-6)，若考虑带轮重量，解得 $d\geqslant 49.3$ mm。故可取轴的直径 $d=50$ mm。

同理，若忽略带轮重量，解得 $d\geqslant 48.0$ mm，故可取轴的直径 $d=48$ mm。

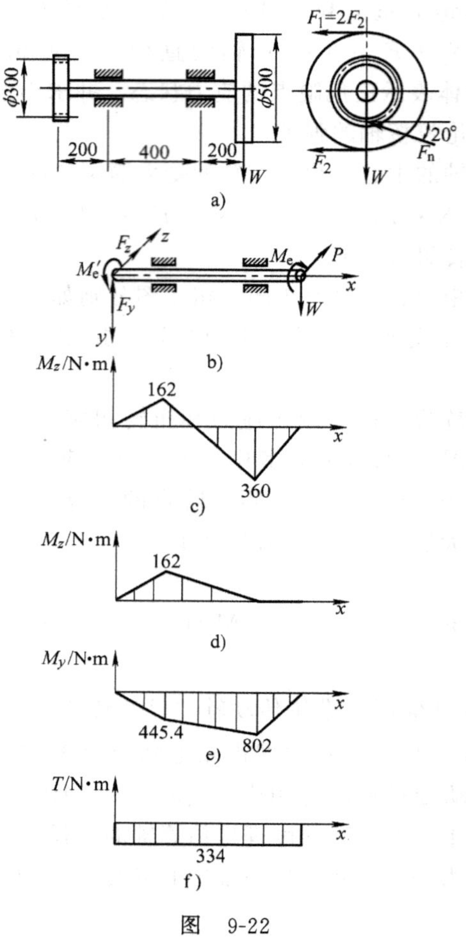

图 9-22

习题 9-20 齿轮传动轴如图 9-23a 所示，已知轴的直径 $d=22$ mm；齿轮Ⅰ与Ⅱ的节圆直径分别为 $d_1=50$ mm 与 $d_2=130$ mm；在齿轮Ⅰ上，作用有切向力 $F_y=3.83$ kN，径向力 $F_z=1.393$ kN；在齿轮Ⅱ上，作用有切向力 $F'_y=1.473$ kN，径向力 $F'_z=0.536$ kN；轴用45钢制成，许用应力 $[\sigma]=180$ MPa。试按第三强度理论校核轴的强度。

解： 将齿轮切向力向轴中心简化，得轴的受力简图如图 9-23b 所示，其中轴传递的转矩 $M_e=95.75$ N·m。轴承受弯曲和扭转组合变形。

作出轴的铅垂弯矩图、水平弯矩图、扭矩图分别如图 9-23c、d、e 所示。显然，危险截面为齿轮Ⅰ所在截面，其上合成弯矩、扭矩分别为 $M=156.1$ N·m、$T=95.75$ N·m。

按第三强度理论，由式（9-6），$\sigma_{r3}=175.2$ MPa$<[\sigma]=180$ MPa。所以，轴

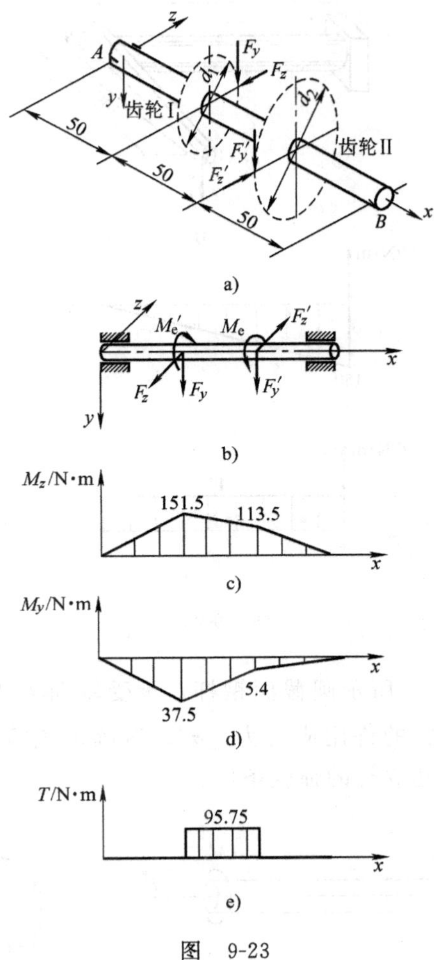

图 9-23

的强度符合要求。

习题 9-21 如图 9-24a 所示，水平钢制拐轴受铅垂载荷 F 的作用。已知 $F=1$ kN，材料的许用应力 $[\sigma]=160$ MPa。试按第三强度理论确定轴 AB 的直径。

解： 轴 AB 承受弯曲与扭转组合变形，其弯矩图、扭矩图分别如图 9-24b、c 所示。固定端处截面 A 为危险截面，其上弯矩、扭矩分别为 $|M|=150$ N·m、$T=140$ N·m。

根据第三强度理论，由式（9-6），解得 $d\geqslant 23.6$ mm。故取轴 AB 的直径 $d=24$ mm。

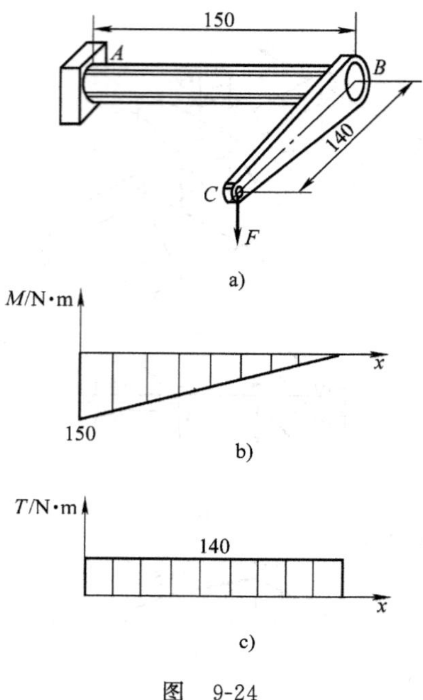

图 9-24

习题 9-22 图 9-25a 所示圆截面钢杆，承受轴向力 F 与转矩 M_e 的作用。已知杆的直径为 d，材料的许用应力为 $[\sigma]$，试画出危险点单元体的应力状态图，并按第四强度理论建立杆的强度条件。

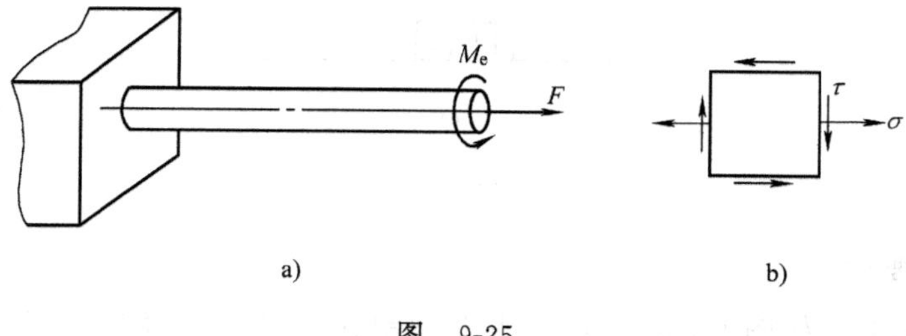

a) b)

图 9-25

解： 圆截面钢杆承受拉伸与扭转组合变形，任一截面周边上的任一点为危险点，其单元体如图 9-25b 所示，其中

$$\sigma=\frac{F_N}{A}=\frac{4F}{\pi d^2},\quad \tau=\frac{T}{W_t}=\frac{16M_e}{\pi d^3}$$

按第四强度理论，由式（9-9），得其强度条件

$$\sigma_{r4}=\sqrt{\sigma^2+3\tau^2}=\sqrt{\left(\frac{4F}{\pi d^2}\right)^2+3\left(\frac{16M_e}{\pi d^3}\right)^2}\leqslant[\sigma]$$

习题 9-23 图 9-26a 所示圆截面钢杆，承受横向载荷 F_1，轴向载荷 F_2 与转矩 M_e 的作用。已知 $F_1=500$ N，$F_2=15$ kN，$M_e=1.2$ kN·m，材料的许用应力$[\sigma]=160$ MPa。试按第三强度理论校核杆的强度。

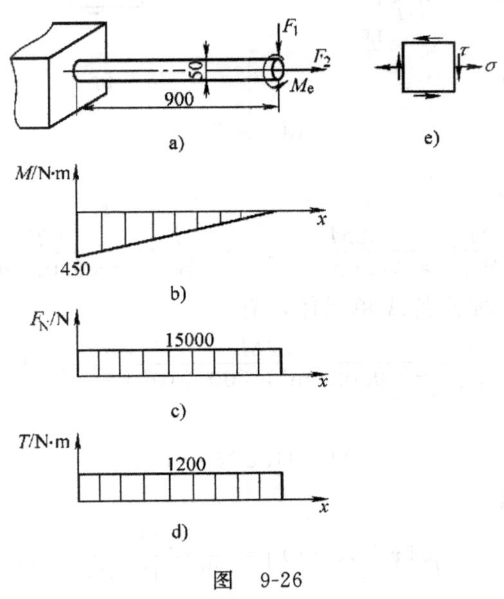

图 9-26

解： 杆承受弯曲、拉伸和扭转组合变形，其弯矩图、轴力图、扭矩图分别如图 9-26b、c、d 所示。由内力图可知，固定端处截面为危险截面，危险截面上的弯矩、轴力、扭矩分别为

$$M=-450\ \text{N}\cdot\text{m},\quad F_N=15000\ \text{N},\quad T=1200\ \text{N}\cdot\text{m}$$

危险截面的上边缘点为危险点，危险点的单元体如图 9-26e 所示，其中

$$\sigma=\sigma_M+\sigma_N=\frac{|M|}{W_z}+\frac{F_N}{A}=44.3\ \text{MPa},\qquad \tau=\frac{T}{W_t}=48.9\ \text{MPa}$$

按第三强度理论，由式（9-8），有

$$\sigma_{r3}=\sqrt{\sigma^2+4\tau^2}=107.4\ \text{MPa}<[\sigma]=160\ \text{MPa}$$

所以，杆的强度符合要求。

习题 9-24 如图 9-27a 所示，直径为 20 mm 的圆轴受到弯矩 M 与扭矩 T 的作用。由实验测得轴外表面上的点 A 沿轴线方向的线应变 $\varepsilon_{0^\circ}=6\times10^{-4}$，点 B 沿与轴线成45°方向的线应变 $\varepsilon_{-45^\circ}=4\times10^{-4}$。若材料的弹性模量 $E=200$ GPa、泊松比 $\mu=0.25$、许用应力 $[\sigma]=160$ MPa，试确定弯矩 M 与扭矩 T，并按第四强度理论校核轴的强度。

解： 圆轴承受弯曲与扭转组合变形。围绕点 A、点 B 截取单元体分别如图

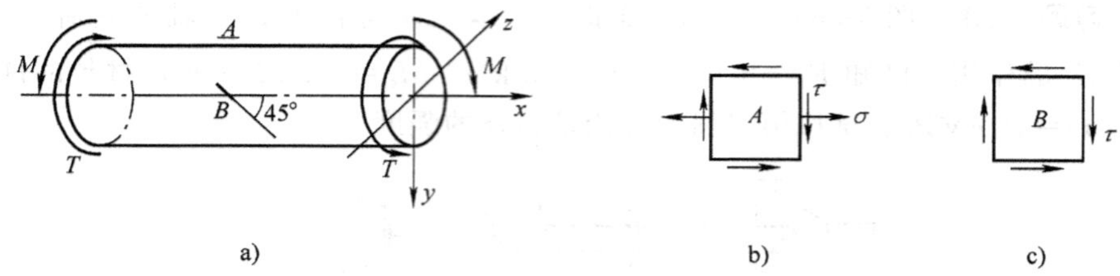

a) b) c)

图 9-27

9-27b、c 所示，其中，

$$\sigma=\frac{M}{W_z}=\frac{32M}{\pi\times0.02^3\ \text{m}^3},\quad \tau=\frac{T}{W_t}=\frac{16T}{\pi\times0.02^3\ \text{m}^3}$$

根据胡克定律，对于点 A 单元体，有

$$\varepsilon_{0^\circ}=\frac{\sigma}{E}=\frac{32M}{\pi\times0.02^3\ \text{m}^3\times200\times10^9\ \text{Pa}}=6\times10^{-4}$$

解得弯矩

$$M=94.2\ \text{N}\cdot\text{m}$$

对于点 B 单元体，有

$$\varepsilon_{-45^\circ}=\frac{1}{E}(\sigma_{-45^\circ}-\mu\sigma_{45^\circ})=\frac{1}{E}[\tau-\mu(-\tau)]=\frac{1.25}{200\times10^9\ \text{Pa}}\times\frac{16T}{\pi\times0.02^3\ \text{m}^3}=4\times10^{-4}$$

解得扭矩

$$T=100.5\ \text{N}\cdot\text{m}$$

按第四强度理论，由式（9-7），$\sigma_{r4}=163.3\ \text{MPa}>[\sigma]=160\ \text{MPa}$。但由于

$$\frac{\sigma_{r4}-[\sigma]}{[\sigma]}\times100\%=2.1\%<5\%$$

所以，轴的强度符合要求。

习题 9-25 如图 9-28a 所示，水平直角折杆受铅垂载荷 F 的作用。已知轴的直径 $d=100$ mm，长度尺寸 $a=400$ mm；材料的弹性模量 $E=200$ GPa，泊松比 $\mu=0.25$。在截面 D 的上边缘点 K 处测得轴向应变 $\varepsilon_{0^\circ}=2.75\times10^{-4}$，试按第三强度理论求折杆危险点的相当应力。

解： 折杆的圆轴 AB 承受弯曲与扭转组合变形，其弯矩图、扭矩图分别如图 9-28b、c 所示。D 截面上的弯矩、扭矩分别为 $|M_D|=Fa$、$T=Fa$。

围绕点 K 截取单元体如图 9-28d 所示，其中 $\sigma=\frac{|M_D|}{W_z}$，$\tau=\frac{T}{W_t}$。

根据广义胡克定律，有

$$\varepsilon_{0^\circ}=\frac{\sigma}{E}=\frac{32\times F\times0.4\ \text{m}}{\pi\times0.1^3\ \text{m}^3\times200\times10^9\ \text{Pa}}=2.75\times10^{-4}$$

解得载荷 $F=13.5$ kN。

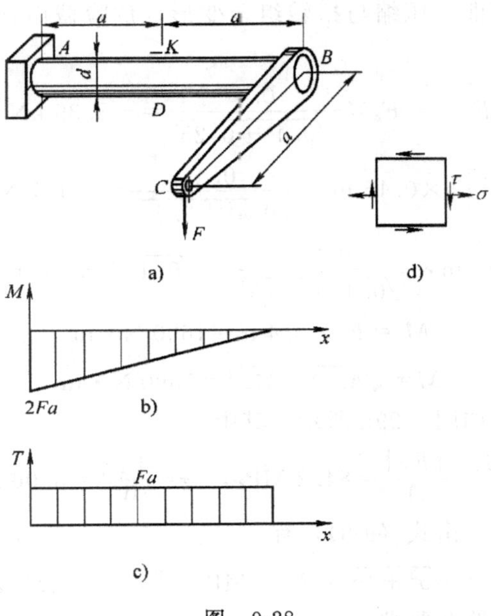

图 9-28

由内力图可知，折杆的危险截面为固定端处截面 A，其上的弯矩、扭矩分别为 $|M|_{\max}=10.8\ \text{kN}\cdot\text{m}$、$T=5.4\ \text{kN}\cdot\text{m}$。

按第三强度理论，由式（9-6），得折杆危险点的相当应力 $\sigma_{r3}=123\ \text{MPa}$。

习题 9-26 如图 9-29a 所示，飞机起落架的折轴为空心圆管。已知圆管内径 $d=70\ \text{mm}$，外径 $D=80\ \text{mm}$；材料的许用应力 $[\sigma]=100\ \text{MPa}$；$F_1=1\ \text{kN}$，$F_2=4\ \text{kN}$，试按第三强度理论校核该折轴的强度。

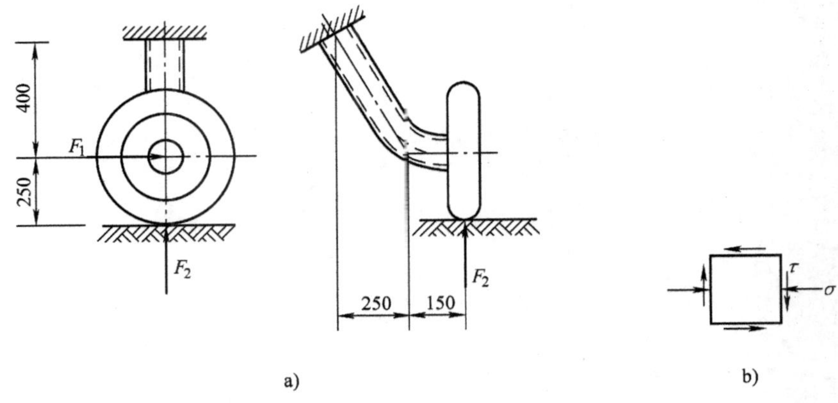

图 9-29

解： 折轴承受弯曲、压缩与扭转组合变形，危险截面在折轴的根部，其上的内力分量依次为

$$F_N=-F_2\times\frac{0.4}{\sqrt{0.4^2+0.25^2}}=-3.39\ \text{kN}$$

$$T=-F_1\times 0.15\ \text{m}\times\frac{0.4}{\sqrt{0.4^2+0.25^2}}=-127\ \text{N}\cdot\text{m}$$

$$M_y=F_1\times\left(0.15\ \text{m}\times\frac{0.25}{\sqrt{0.4^2+0.25^2}}+\sqrt{0.4^2+0.25^2}\ \text{m}\right)=551\ \text{N}\cdot\text{m}$$

$$M_z=F_2\times 0.4\ \text{m}=1600\ \text{N}\cdot\text{m}$$

$$M=\sqrt{M_y{}^2+M_z{}^2}=1690\ \text{N}\cdot\text{m}$$

危险点的单元体如图 9-29b 所示，其中

$$\sigma=\frac{M}{W_z}+\frac{|F_N|}{A}=84.2\ \text{MPa},\quad \tau=\frac{|T|}{W_t}=3.06\ \text{MPa}$$

按第三强度理论，由式（9-8），有

$$\sigma_{r3}=\sqrt{\sigma^2+4\tau^2}=84.4\ \text{MPa}<[\sigma]=100\ \text{MPa}$$

所以，该折轴的强度符合要求。

第十章
压 杆 稳 定

知 识 要 点

一、基本概念

1. 压杆的稳定与失稳

压杆的稳定：压杆能够稳定地保持其原有的直线形式的平衡。

压杆的失稳：压杆丧失了其原有的直线形式的平衡。

2. 压杆的临界力

压杆从稳定平衡过渡到不稳定平衡所对应的轴向压力的临界值，记为 F_{cr}。压杆的临界力亦可理解为使压杆失稳的最小轴向压力。

3. 压杆的临界应力

压杆处于由稳定平衡向不稳定平衡过渡的临界状态时横截面上的平均压应力，记作 σ_{cr}。即临界应力

$$\sigma_{cr}=\frac{F_{cr}}{A} \tag{10-1}$$

其中，F_{cr}为压杆的临界力；A 为压杆的横截面面积。

4. 压杆的柔度

又称为压杆的长细比，定义作

$$\lambda=\frac{\mu l}{i} \tag{10-2}$$

其中，l 为压杆长度；i 为压杆横截面的惯性半径；μ 取决于压杆两端约束形式，称为压杆的长度因数，其值为

$$\mu=\begin{cases}2 & \text{一端固定一端自由}\\ 1 & \text{两端铰支或者两端固定但可横向相对移动}\\ 0.7 & \text{一端固定一端铰支}\\ 0.5 & \text{两端固定但可轴向相对移动}\end{cases}$$

压杆的柔度 λ 综合反映了压杆的长度、截面和杆端约束条件对压杆稳定性的影响。当材料一定，压杆的柔度越大，就越容易失稳。

5. 压杆的临界应力总图

如图 10-1 所示，以压杆的柔度 λ 为横坐标、临界应力 σ_{cr} 为纵坐标，反映压杆的临界应力 σ_{cr} 随柔度 λ 变化规律的曲线。

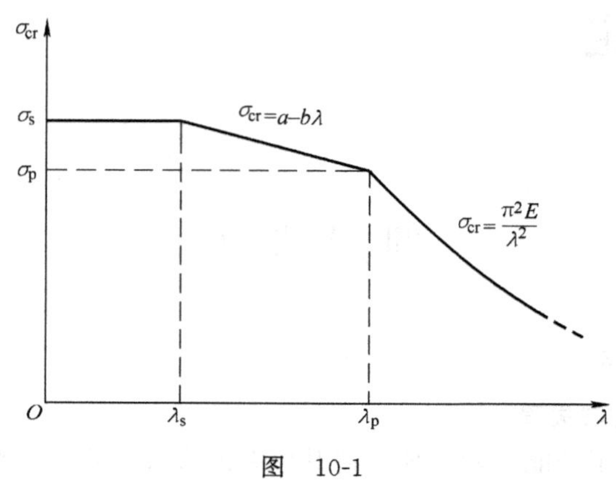

图 10-1

6. 提高压杆稳定性的措施

（1）合理选择截面形状

对于沿各个方向约束性质相同的压杆，应选择沿各个方向截面惯性矩相等且具有较大惯性半径的截面，例如圆环形截面；对于沿各个方向约束性质不同的压杆，则应选择使沿各个方向的柔度相等或相近的截面。

（2）增大杆端约束刚度

增大杆端的约束刚度，以减小压杆的长度因数 μ。

（3）减小压杆长度

增加中间支承，减小压杆长度，以提高其稳定性。

（4）合理选择材料

对于大柔度杆，应选用弹性模量较高的材料；对于中柔度杆，则应选择强度较高的材料。

二、基本公式

1. 压杆临界力的欧拉公式

$$F_{cr}=\frac{\pi^2 EI}{(\mu l)^2} \tag{10-3}$$

式中，E 为材料的弹性模量；I 为压杆横截面沿失稳方向的惯性矩。

2. 压杆临界应力的欧拉公式

$$\sigma_{cr}=\frac{\pi^2 E}{\lambda^2} \tag{10-4}$$

欧拉公式的适用范围：大柔度杆（细长杆），即 $\lambda \geqslant \lambda_p$。其中，$\lambda_p$ 为与材料性质有关的常数，表达式为

$$\lambda_p=\sqrt{\frac{\pi^2 E}{\sigma_p}} \tag{10-5}$$

式中，E 为材料的弹性模量；σ_p 为材料的比例极限。

3. 压杆临界应力的经验公式

（1）直线公式

$$\sigma_{cr}=a-b\lambda \tag{10-6}$$

式中，a、b 为与材料性质有关的常数。

直线公式适用范围：中柔度杆（中长杆），即 $\lambda_s<\lambda<\lambda_p$。其中，$\lambda_s$ 为与材料性质有关的常数，表达式为

$$\lambda_s=\frac{a-\sigma_s}{b} \tag{10-7}$$

式中，σ_s 为材料的屈服极限。

（2）抛物线公式

$$\sigma_{cr}=a_1-b_1\lambda^2 \tag{10-8}$$

式中，a_1、b_1 为与材料性质有关的常数。

抛物线公式的适用范围：$\lambda<\lambda_p$。

4. 压杆的稳定条件·安全因数法

$$n=\frac{F_{cr}}{F}\geqslant n_{st} \tag{10-9}$$

式中，n 为压杆的工作安全因数；n_{st} 为压杆规定的稳定安全因数；F_{cr} 为压杆的临界力；F 为压杆实际承受的轴向压力。

5. 压杆的稳定条件·折减系数法

$$\sigma=\frac{F}{A}\leqslant\varphi[\sigma] \tag{10-10}$$

式中，$[\sigma]$ 为材料的强度许用应力；φ 为一个小于 1、量纲为一的系数，称为折减系数或稳定因数，其表达式为

$$\varphi=\frac{\sigma_{cr}}{n_{st}[\sigma]} \tag{10-11}$$

解题方法

本章习题主要有下列两种类型：

一、计算压杆的临界力（临界应力）

解题步骤——

1. 根据压杆的几何尺寸和约束条件计算压杆的柔度 λ。

2. 根据压杆柔度 λ 确定压杆类型，选择对应计算公式。

3. 根据所选定的公式计算压杆的临界力（临界应力）。

注意点——

1. 在计算压杆临界力（临界应力）之前，一般必须首先计算压杆的柔度。因为只有根据柔度 λ 的大小才能判定压杆类型，从而选择正确的计算公式。

2. 若压杆沿各个方向的约束性质相同但截面惯性矩不同，则在计算中应取惯性矩（惯性半径）的最小值 $I_{\min}$（$i_{\min}$）。

3. 若压杆沿各个方向的截面惯性矩相同但约束性质不同，则在计算中应选择约束最弱的方向，即取长度因数的最大值 $\mu_{\max}$。

4. 若压杆沿各个方向的截面惯性矩与约束性质均不相同，则应分别在所有可能的失稳方向上计算柔度，然后比较其大小，选择最大柔度 $\lambda_{\max}$ 来进行计算。

5. 对于中柔度杆，应先根据经验公式（10-6）或式（10-8）计算临界应力，然后再由式（10-1）计算临界力。

6. 对于大柔度杆，既可以先根据式（10-4）计算临界应力，然后再由式（10-1）计算临界力；又可以先根据式（10-3）计算临界力，然后再由式（10-1）计算临界应力。

7. 压杆局部截面的削弱不会影响其整体的稳定性，故在计算压杆临界力（临界应力）时，应采用无削弱的正常截面的几何参数。

二、压杆的稳定计算

安全因数法解题步骤——

1. 计算压杆实际承受的轴向压力 F。

2. 根据上述介绍的计算压杆临界力的方法和步骤，计算压杆的临界力 F_{cr}。

3. 根据安全因数形式的压杆稳定条件，即式（10-9），进行压杆的稳定计算。

折减系数法解题步骤——

1. 计算压杆实际承受的轴向压力 F。

2. 计算压杆柔度 λ，并根据压杆柔度 λ 和材料查表得折减系数 φ。

3. 根据折减系数形式的压杆稳定条件，即式（10-10），进行压杆的稳定计算。

注意点——

1. 对于等截面压杆，满足稳定条件就一定满足强度条件，因此，压杆设计的主要依据是稳定条件。

2. 压杆局部截面的削弱不会影响其整体的稳定性，故在进行压杆稳定计算时，应采用无削弱的正常截面的几何参数。但此时，应补充在削弱截面处进行强度校核。

3. 对于压杆稳定计算中的截面设计问题，因压杆的截面尺寸未知而无法确定柔度进而选择公式计算临界力或查表得折减系数，故必须采用试算法。

难题解析

【例题 10-1】 图 10-2a 所示平面结构中的两杆均为圆截面钢杆，已知两杆的直径 $d=80\ \text{mm}$，弹性模量 $E=200\ \text{GPa}$，压杆柔度的界限值 $\lambda_p=100$。试求该结构的临界载荷 P_{cr}。

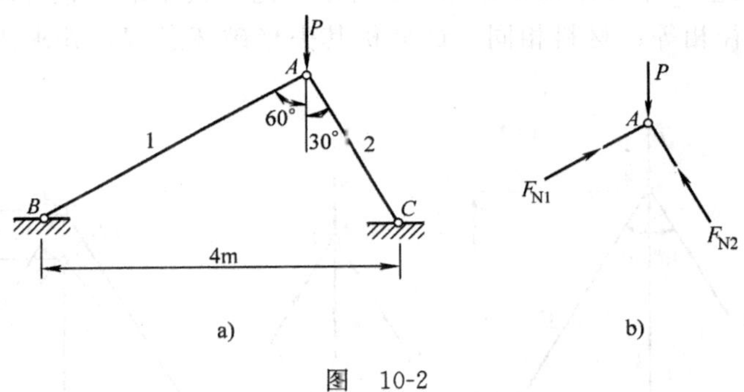

图 10-2

解：(1) 计算两杆承受的轴向压力

截取节点 A 为研究对象（见图 10-2b），由平衡方程得两杆承受的轴向压力分别为

$$F_{N1}=F\cos 60^\circ=\frac{1}{2}P \tag{a}$$

$$F_{N2}=P\sin 60^\circ=\frac{\sqrt{3}}{2}P \tag{b}$$

(2) 计算两杆的临界力

两杆两端均为铰支，长度因数 $\mu_1=\mu_2=1$。杆 AB 的柔度

$$\lambda_1=\frac{\mu_1 l_1}{i_1}=\frac{\mu_1 l_1}{d/4}=\frac{1\times 4000\times\cos 30^\circ}{80/4}=173>\lambda_p$$

故杆 AB 为大柔度杆，其临界力

$$F_{cr1}=\frac{\pi^2 EI}{(\mu_1 l_1)^2}=331\ \text{kN} \tag{c}$$

杆 AC 的柔度

$$\lambda_2=\frac{\mu_2 l_2}{i_2}=\frac{\mu_2 l_2}{d/4}=\frac{1\times 4000\times \sin 30^\circ}{80/4}=100=\lambda_p$$

故杆 AC 同为大柔度杆，其临界力

$$F_{cr2}=\frac{\pi^2 EI}{(\mu_2 l_2)^2}=990\ \text{kN} \tag{d}$$

(3) 确定结构的临界载荷

该结构为静定结构，其中任一杆件失稳，则整个结构失稳。由

$$\frac{F_{cr1}}{F_{cr2}}=\frac{331}{990}=0.334<\frac{F_{N1}}{F_{N2}}=\frac{1}{\sqrt{3}}=0.577$$

可知，杆 AB 所承受的轴向压力 F_{N1} 将首先达到临界值 F_{cr1} 而失稳。因此，结构的临界载荷应根据杆 AB 的临界力 F_{cr1} 确定，由式 (a) 即得该结构的临界载荷

$$P_{cr}=2F_{cr1}=662\ \text{kN}$$

【例题 10-2】 平面结构如图 10-3a 所示，已知其中的三根杆均为大柔度圆截面杆，且直径相等、材料相同。试分析其失稳破坏过程，并求出该结构的临界载荷 P_{cr}。

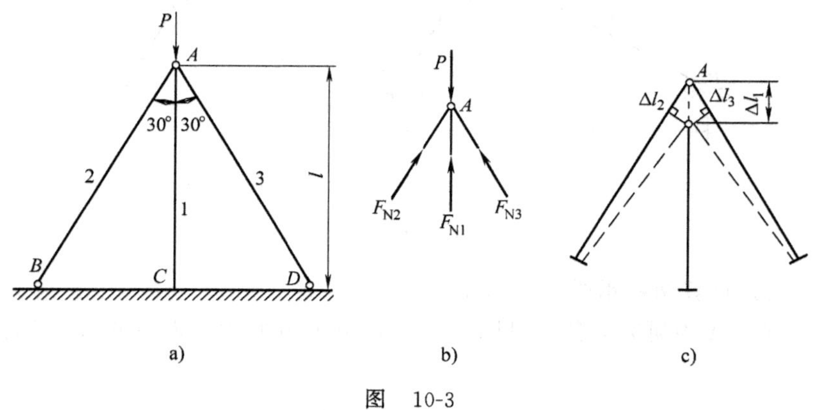

图 10-3

解：(1) 计算三根杆承受的轴向压力

这是一次超静定问题，首先截取节点 A 为研究对象（见图 10-3b），由平衡方程，得

$$F_{N2}=F_{N3} \tag{a}$$

$$F_{N1}+F_{N2}\cos 30^\circ+F_{N3}\cos 30^\circ=P \tag{b}$$

由变形图（见图 10-3c），得变形协调方程

$$\Delta l_2=\Delta l_1\cos 30^\circ$$

借助胡克定律，由上式得补充方程

$$F_{N2}=F_{N1}\cos^2 30^\circ \tag{c}$$

联立式（a）～式（c），解得三根杆承受的轴向压力分别为

$$F_{N2}=F_{N3}=0.326P, \quad F_{N1}=0.435P$$

（2）计算三根杆的临界力

由题意知，三根杆均为大柔度杆，故其临界力为

$$F_{cr1}=\frac{\pi^2 EI}{(\mu_1 l_1)^2}=\frac{\pi^2 EI}{(0.7l)^2}=20.14\frac{EI}{l^2}$$

$$F_{cr2}=F_{cr3}=\frac{\pi^2 EI}{(\mu_2 l_2)^2}=\frac{\pi^2 EI}{(1\times l/\cos 30^\circ)^2}=7.40\frac{EI}{l^2}$$

（3）分析结构的失稳破坏过程

由

$$\frac{F_{cr1}}{F_{cr2}}=2.72>\frac{F_{N1}}{F_{N2}}=1.33$$

可知，杆 2（杆 3）所承受的轴向压力 F_{N2}（F_{N3}）将首先达到临界值 F_{cr2}（F_{cr3}）而失稳。但由于结构为超静定结构，故此时仍具有承载能力，只有当载荷继续增大，直至杆 1 承受的轴向压力 F_{N1} 也达到其临界值 F_{cr1} 时，整个结构才失稳破坏。

（4）计算结构的临界载荷

当杆 2（杆 3）达到失稳状态而杆 1 尚未失稳时，可以认为继续增加的载荷完全由杆 1 承担，而杆 2（杆 3）的轴向压力维持不变，直至杆 1 也达到失稳状态，导致整个结构失稳。此时，三根杆的轴向压力都达到临界值，因此，结构的临界载荷为

$$P_{cr}=F_{cr1}+F_{cr2}\cos 30^\circ+F_{cr3}\cos 30^\circ=32.96\frac{EI}{l^2}$$

【例题 10-3】 如图 10-4a 所示，AB、BC 两杆截面均为正方形，边长分别

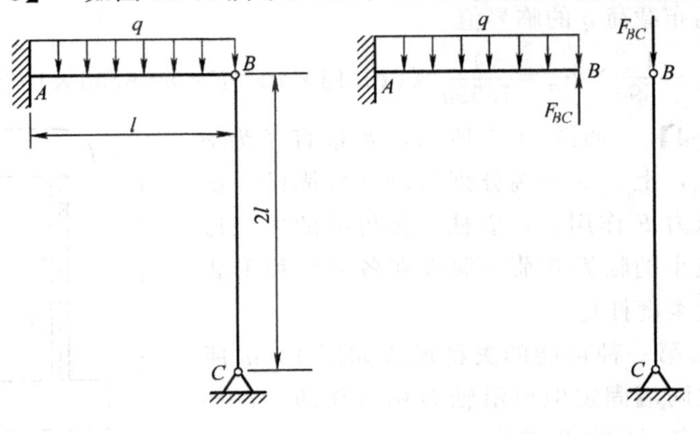

图 10-4

为 a 和 $a/3$。已知 $l=5a$，两杆材料相同，弹性模量为 E，柔度的界限值 $\lambda_p=100$。试求杆 BC 失稳时均布载荷 q 的临界值。

解：(1) 计算杆 BC 承受的轴向压力

这是一次超静定问题。如图 10-4b 所示，其变形协调方程为

$$w_B=\Delta l_{BC},\quad \frac{ql^4}{8EI_{AB}}-\frac{F_{BC}l^3}{3EI_{AB}}=\frac{F_{BC}(2l)}{EA_{BC}}$$

代入已知条件，解得 BC 杆承受的轴向压力

$$F_{BC}=\frac{375}{236}qa=1.59qa$$

(2) 计算 BC 杆的临界力

BC 杆截面的惯性半径

$$i_{BC}=\sqrt{\frac{I_{BC}}{A_{BC}}}=\sqrt{\frac{\frac{1}{12}\left(\frac{a}{3}\right)^4}{\left(\frac{a}{3}\right)^2}}=\frac{\sqrt{3}}{18}a$$

BC 杆的柔度

$$\lambda=\frac{\mu\times(2l)}{i_{BC}}=\frac{1\times10a}{\frac{\sqrt{3}}{18}a}=104>\lambda_p=100$$

故 BC 杆为大柔度杆，由欧拉公式得其临界力

$$F_{cr}=\frac{\pi^2EI_{BC}}{(\mu\times2l)^2}=\frac{\pi^2E\times\frac{1}{12}\left(\frac{a}{3}\right)^4}{(1\times10a)^2}=10.15\times10^{-5}Ea^2$$

(3) 计算均布载荷 q 的临界值

当 BC 杆失稳时，其轴向压力等于临界力，即 $F_{BC}=F_{cr}$。由此，根据上述计算结果即得均布载荷 q 的临界值

$$q_{cr}=\frac{1}{1.59a}\times F_{cr}=\frac{1}{1.59a}\times(10.15\times10^{-5}Ea^2)=6.38\times10^{-5}Ea$$

【例题 10-4】 如图 10-5 所示，两根直径为 d 的圆截面立柱，上、下两端分别与刚性板固结。试分析在轴向压力 F 作用下，立柱各种可能的失稳形式，并确定最小的临界载荷（假设在各种失稳形式下立柱均为大柔度杆）。

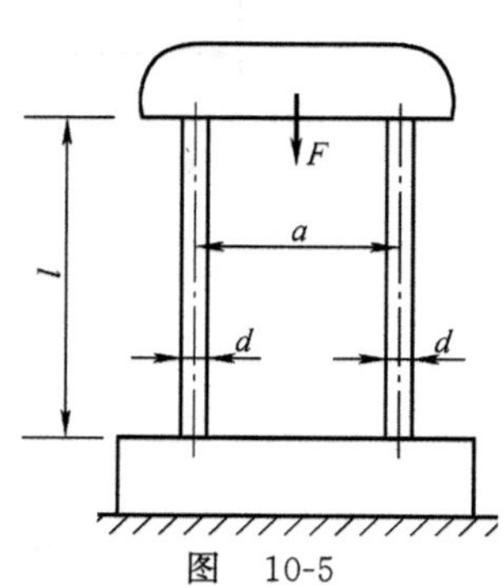

图 10-5

解：(1) 第一种可能的失稳形式如图 10-6a 所示，两根立柱两端固定但可沿轴向相对移动，在平面分别失稳，其对应临界载荷

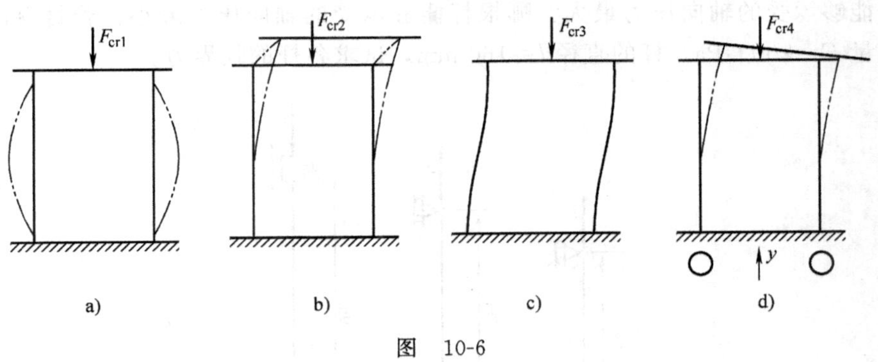

图 10-6

$$F_{cr1}=2\times\frac{\pi^2 EI_1}{(\mu_1 l)^2}=2\times\frac{\pi^2 E\frac{\pi d^4}{64}}{(0.5\times l)^2}=\frac{\pi^3 Ed^4}{8l^2}$$

（2）第二种可能的失稳形式如图 10-6b 所示，两根立柱下端固定、上端自由，出平面分别失稳，其对应临界载荷

$$F_{cr2}=2\times\frac{\pi^2 EI_2}{(\mu_2 l)^2}=2\times\frac{\pi^2 E\frac{\pi d^4}{64}}{(2\times l)^2}=\frac{\pi^3 Ed^4}{128l^2}$$

（3）第三种可能的失稳形式如图 10-6c 所示，两根立柱两端固定但可沿横向相对移动，在平面分别失稳，其对应临界载荷

$$F_{cr3}=2\times\frac{\pi^2 EI_3}{(\mu_3 l)^2}=2\times\frac{\pi^2 E\frac{\pi d^4}{64}}{(1\times l)^2}=\frac{\pi^3 Ed^4}{32l^2}$$

（4）第四种可能的失稳形式如图 10-6d 所示，整体结构下端固定、上端自由，在平面以 y 轴为中性轴弯曲失稳。此时，截面的惯性矩

$$I_4=2\times\left[\frac{\pi}{64}d^4+\left(\frac{a}{2}\right)^2\times\frac{\pi}{4}d^2\right]=\frac{\pi}{32}d^4+\frac{\pi}{8}a^2d^2$$

故其对应的临界载荷

$$F_{cr4}=\frac{\pi^2 EI_4}{(\mu_4 l)^2}=\frac{\pi^2 E(\frac{\pi d^4}{32}+\frac{\pi}{8}a^2d^2)}{(2\times l)^2}=\frac{\pi^3 E(d^4+4a^2d^2)}{128l^2}$$

综合以上计算结果可知，结构将以第二种形式失稳，即最小的临界载荷

$$(F_{cr})_{min}=F_{cr2}=\frac{\pi^3 Ed^4}{128l^2}$$

习 题 解 答

习题 10-1 材料相同、直径相等的圆截面细长杆如图 10-7 所示，试问哪

根杆能够承受的轴向压力最大？哪根杆能够承受的轴向压力最小？若材料的弹性模量 $E=200$ GPa，杆的直径$d=160$ mm，试求各杆的临界力。

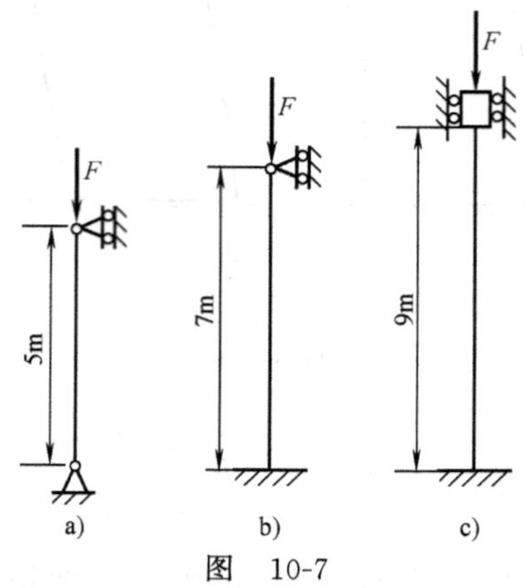

图 10-7

解：对于细长杆，由欧拉公式知，若材料和截面不变，其临界力 F_{cr} 与相当长度 μl 的平方成反比。图 10-7a、b、c 所示三根压杆的相当长度分别为

$$(\mu l)_a=1\times5\text{ m}=5\text{ m},\quad (\mu l)_b=0.7\times7\text{ m}=4.9\text{ m},\quad (\mu l)_c=0.5\times9\text{ m}=4.5\text{ m}$$

由于$(\mu l)_a>(\mu l)_b>(\mu l)_c$，所以，图 10-7c 所示压杆能够承受的轴向压力最大，图 10-7a 所示压杆能够承受的轴向压力最小。

由欧拉公式，计算得各杆的临界力依次为

$$(F_{cr})_a=\frac{\pi^2EI}{(\mu l)_a^2}=2540\text{ kN},\quad (F_{cr})_b=\frac{\pi^2EI}{(\mu l)_b^2}=2645\text{ kN},\quad (F_{cr})_c=\frac{\pi^2EI}{(\mu l)_c^2}=3136\text{ kN}$$

习题 10-2 图 10-8 所示细长压杆的两端为球形铰支，弹性模量 $E=200$ GPa，试计算在如下三种情况下其临界力的大小。(1) 圆形截面：$d=25$ mm，$l=1$ m；(2) 矩形截面：$b=2h=40$ mm，$l=2$ m；(3) No. 16 工字钢，$l=2$ m。

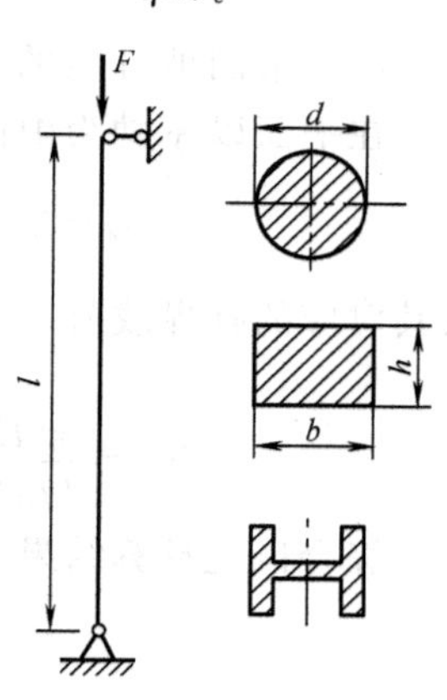

图 10-8

解：细长杆的临界力，可直接采用欧拉公式计算。两端铰支，长度因数$\mu=1$。

(1) 圆形截面杆

截面惯性矩 $I=\frac{\pi}{64}d^4=1.92\times10^{-8}\text{ m}^4$。由欧拉公式，得临界力 $F_{cr}=37.84$ kN。

(2) 矩形截面杆

截面惯性矩的最小值 $I_{min}=\frac{1}{12}bh^3=2.67\times10^{-8}\text{ m}^4$。由欧拉公式，得临界力

$F_{cr}=13.18\text{ kN}$。

(3) No. 16 工字钢

查型钢表，No. 16 工字钢截面惯性矩的最小值 $I_{min}=I_y=93.1\times10^{-8}\text{ m}^4$。由欧拉公式，得临界力 $F_{cr}=459.4\text{ kN}$。

习题 10-3 一木柱两端为球形铰支，横截面为 120 mm×200 mm 的矩形，长度为 4 m，木材的弹性模量 $E=10\text{ GPa}$、比例极限 $\sigma_p=20\text{ MPa}$，直线公式中的常数 $a=28.7\text{ MPa}$、$b=0.19\text{ MPa}$。试求木柱的临界应力。

解：木柱两端铰支，长度因数 $\mu=1$。截面的最小惯性矩 $I_{min}=2.88\times10^{-5}\text{ m}^4$，最小惯性半径 $i_{min}=34.6\text{ mm}$。故得压杆柔度 $\lambda=\dfrac{\mu l}{i_{min}}=115.6$。由式(10-5)，得压杆柔度的界限值 $\lambda_p=70.2$。因为 $\lambda>\lambda_p$，故该木柱为大柔度杆，应采用欧拉公式计算临界应力。

由欧拉公式，得木柱的临界应力 $\sigma_{cr}=\dfrac{\pi^2E}{\lambda^2}=7.39\text{ MPa}$。

习题 10-4 图 10-9 所示压杆的截面为 125×125×8 的等边角钢，材料为 Q235 钢，弹性模量 $E=210\text{ GPa}$。试分别求出当其长度 $l=2\text{ m}$ 和 $l=1\text{ m}$ 时的临界力。

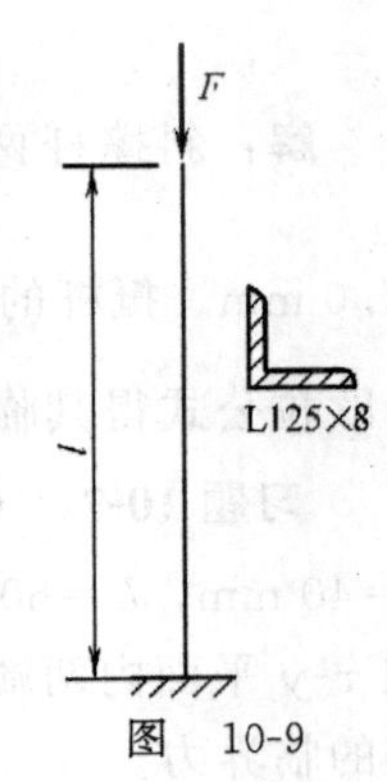

图 10-9

解：压杆一端自由一端固定，长度因数 $\mu=2$。查型钢表，125×125×8 等边角钢截面的最小惯性半径 $i_{min}=2.5\text{ cm}$、面积 $A=19.75\text{ cm}^2$。由教材中的表 10-2 可查得，Q235 钢的柔度界限值 $\lambda_p=100$，$\lambda_s=61.4$；直线公式中的常数 $a=304\text{ MPa}$，$b=1.12\text{ MPa}$。

(1) 长度 $l=2\text{ m}$

压杆柔度 $\lambda=160>\lambda_p$，故压杆为大柔度杆，由欧拉公式得其临界力

$$F_{cr}=\sigma_{cr}A=\frac{\pi^2E}{\lambda^2}A=159.5\text{ kN}$$

(2) 长度 $l=1\text{ m}$

压杆柔度 $\lambda_s<\lambda=80<\lambda_p$，故压杆为中柔度杆，由直线公式得其临界力

$$F_{cr}=\sigma_{cr}A=(a-b\lambda)A=423.4\text{ kN}$$

习题 10-5 某内燃机的挺杆长 $l=25.7\text{ cm}$，圆形截面的直径 $d=8\text{ mm}$，两端球形铰支，材料的弹性模量 $E=210\text{ GPa}$、比例极限 $\sigma_p=240\text{ MPa}$，挺杆所受最大轴向压力 $F=1.76\text{ kN}$。若规定的稳定安全因数 $n_{st}=3$，试校核挺杆的稳定性。

解：挺杆两端铰支，长度因数 $\mu=1$。截面惯性半径 $i=\dfrac{d}{4}=2\text{ mm}$。挺杆的柔度

$$\lambda=\frac{\mu l}{i}=128.5>\lambda_p=\sqrt{\frac{\pi^2 E}{\sigma_p}}=92.9$$

故挺杆为大柔度杆，由欧拉公式得其临界力 $F_{cr}=6.3\ \text{kN}$。

由压杆的稳定条件，$n=\dfrac{F_{cr}}{F}=3.58>n_{st}=3$，故挺杆的稳定性符合要求。

习题 10-6　图 10-10 所示为某飞机起落架中承受轴向压力的斜撑杆。已知斜撑杆两端铰支，用空心钢管制作，其外径 $D=52\ \text{mm}$，内径 $d=44\ \text{mm}$，长度 $l=950\ \text{mm}$；材料的比例极限 $\sigma_p=1200\ \text{MPa}$，强度极限 $\sigma_b=1600\ \text{MPa}$，弹性模量 $E=210\ \text{GPa}$。试求斜撑杆的临界力和临界应力。

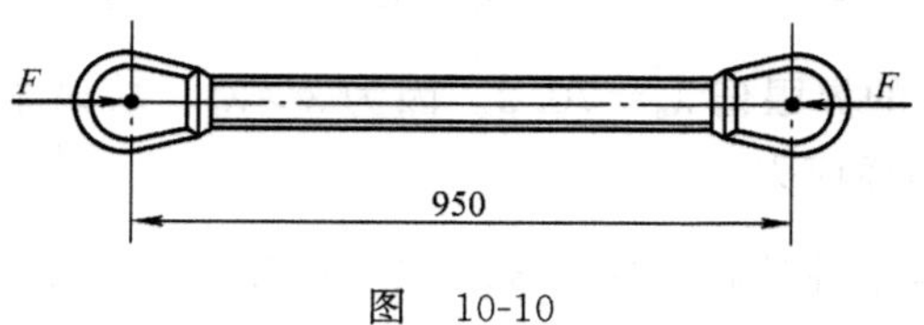

图　10-10

解：斜撑杆两端铰支，长度因数 $\mu=1$。截面惯性半径 $i=\dfrac{1}{4}\sqrt{D^2+d^2}=17.0\ \text{mm}$。挺杆的柔度 $\lambda=\dfrac{\mu l}{i}=55.9>\lambda_p=\sqrt{\dfrac{\pi^2 E}{\sigma_p}}=41.6$。故斜撑杆为大柔度杆，由欧拉公式得其临界应力 $\sigma_{cr}=663\ \text{MPa}$。临界力 $F_{cr}=\sigma_{cr}A=400.1\ \text{kN}$。

习题 10-7　Q235 钢制成的矩形截面压杆如图 10-11 所示。已知 $l=2.3\ \text{m}$，$b=40\ \text{mm}$，$h=60\ \text{mm}$；材料的弹性模量 $E=205\ \text{GPa}$，比例极限 $\sigma_p=200\ \text{MPa}$；在 x-y 平面内两端铰支；在 x-z 平面内为长度因数 $\mu=0.7$ 的弹性固支。试求该杆的临界力。

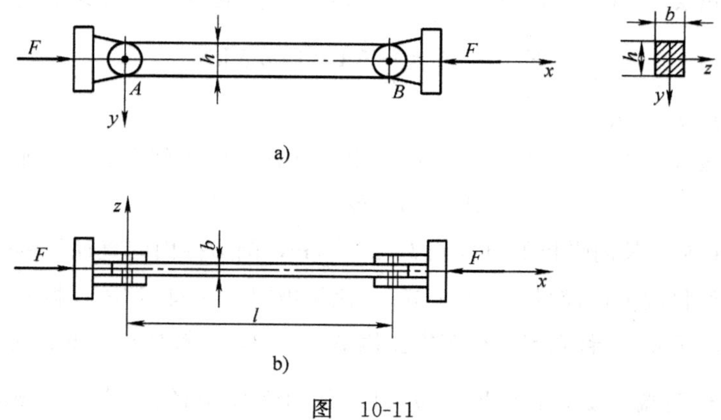

图　10-11

解：在 x-y 平面内（见图 10-11a）：压杆两端铰支，长度因数 $\mu=1$，惯性半径 $i_z=\sqrt{\frac{I_z}{A}}=17.3\ \text{mm}$，压杆柔度 $\lambda_{xy}=\frac{\mu l}{i_z}=132.9$。

在 x-z 平面内（见图 10-11b）：压杆的长度因数 $\mu=0.7$，惯性半径 $i_y=\sqrt{\frac{I_y}{A}}=11.5\ \text{mm}$，压杆柔度 $\lambda_{xz}=\frac{\mu l}{i_y}=140$。

因 $\lambda_{xz}>\lambda_{xy}$，故该杆首先在 x-z 平面内失稳，应根据 λ_{xz} 计算临界力。

由式（10-5），得压杆柔度的界限值 $\lambda_p=100.6$。因 $\lambda_{xz}>\lambda_p$，故该杆为大柔度杆，应采用欧拉公式。

由欧拉公式，得该杆的临界力 $F_{cr}=247.7\ \text{kN}$。

习题 10-8 由三根相同钢管铰接而成的支架如图 10-12a 所示。已知钢管的外径 $D=30\ \text{mm}$，内径 $d=22\ \text{mm}$，长度 $l=2.5\ \text{m}$；材料的弹性模量 $E=210\ \text{GPa}$。若取稳定安全因数 $n_{st}=3$，试求许可载荷 $[F]$。

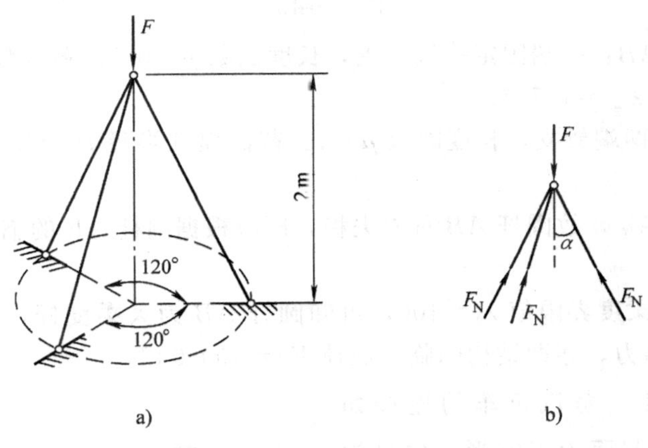

图 10-12

解：对称结构，支架各杆承受的轴向压力相等。如图 10-12b 所示，由平衡方程得各杆承受的轴向压力 $F_N=\frac{F}{3\cos\alpha}=0.417F$。

钢管的柔度 $\lambda=\frac{\mu l}{i}=268.8$，明显大于钢材的柔度界限值 λ_p，故钢管为大柔度杆，由欧拉公式得其临界力 $F_{cr}=9.37\ \text{kN}$。

根据压杆的稳定条件，$n=\frac{F_{cr}}{F_N}=\frac{9.37\ \text{kN}}{0.417F}\geqslant n_{st}=3$，解得 $F\leqslant 7.49\ \text{kN}$。所以，许可载荷 $[F]=7.49\ \text{kN}$。

习题 10-9 试计算可以运用欧拉公式计算临界力的压杆柔度的界限值 λ_p，

如果压杆分别用下列两种材料制成：(1) 比例极限 $\sigma_p=220$ MPa、弹性模量 $E=205$ GPa 的碳钢；(2) 比例极限 $\sigma_p=20$ MPa、弹性模量 $E=11$ GPa 的松木。

解：(1) 碳钢

由式 (10-5)，得其压杆柔度的界限值 $\lambda_p=95.9$。

(2) 松木

由式 (10-5)，得其压杆柔度的界限值 $\lambda_p=73.7$。

习题 10-10 在图 10-13 所示结构中，已知圆形截面杆 AB 的直径 $d=80$ mm，A 端固定、B 端与正方形截面杆 BC 用球铰连接；正方形截面杆 BC 的截面边长 $a=70$ mm，C 端为球铰；长度尺寸 $l=3$ m。若两杆材料均为 Q235 钢，试求该结构的临界载荷。

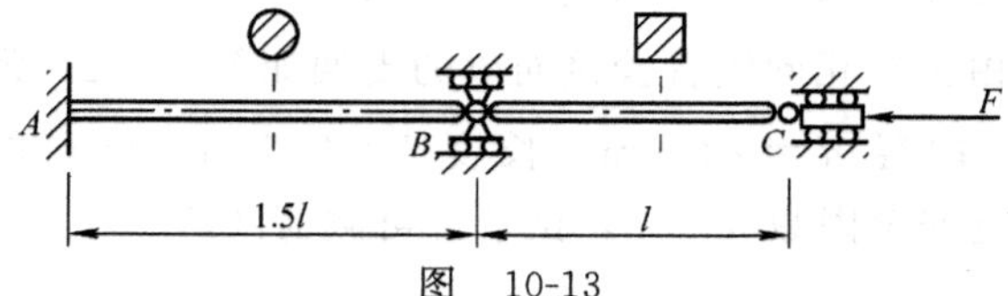

图 10-13

解：圆杆 AB：一端固定一端铰支，长度因数 $\mu=0.7$。截面惯性半径 $i=20$ mm。故得柔度 $\lambda_{AB}=157.5$。

方杆 BC：两端铰支，长度因数 $\mu=1$。截面惯性半径 $i=20.2$ mm。故得柔度 $\lambda_{BC}=148.5$。

由于 $\lambda_{AB}>\lambda_{BC}$，故圆杆 AB 首先失稳，即应根据圆杆 AB 的临界力来确定结构的临界载荷。

Q235 钢的柔度界限值 $\lambda_p=100$，可知圆杆 AB 为大柔度杆，由欧拉公式得圆杆 AB 的临界力，亦即结构的临界载荷 $F_{cr}=400.0$ kN。

习题 10-11 蒸汽机车的连杆如图 10-14所示，截面为工字形，材料为 Q235 钢。连杆所受最大轴向压力为 465 kN。连杆在摆动平面 (x-y 平面) 内发生弯曲时，两端可视为铰支；而在与摆动平面垂直的 x-z 平面内发生弯曲时，两端可视为长度因数 $\mu=0.7$ 的弹性固支。试确定其工作安全因数。

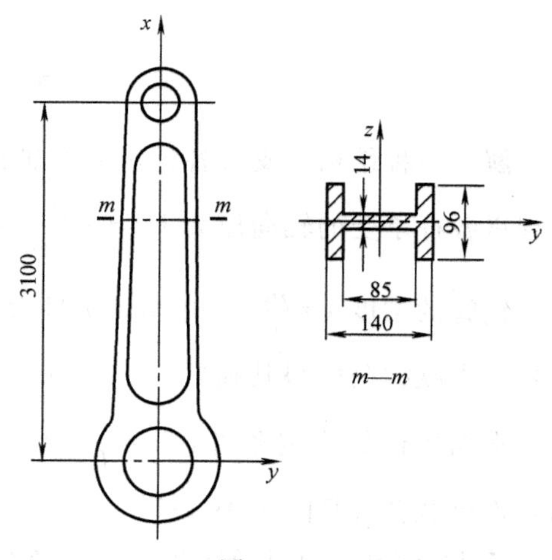

图 10-14

解：计算截面几何性质，可得 $A=64.7\times10^{-4}$ m^2，$I_y=4.07\times10^{-6}$ m^4，$i_y=0.025$ m，$I_z=17.76\times10^{-6}$ m^4，$i_z=0.0524$ m。

在 x-y 平面内（见图 10-14）：压杆两端铰支，长度因数 $\mu=1$。压杆柔度$\lambda_{xy}=59.2$。

在 x-z 平面内（见图 10-14）：压杆的长度因数 $\mu=0.7$。压杆柔度$\lambda_{xz}=86.8$。

因 $\lambda_{xz}>\lambda_{xy}$，故连杆首先在 x-z 平面内失稳，应根据 λ_{xz} 计算其临界力。

由教材中的表 10-2 可查得，Q235 钢的柔度界限值 $\lambda_p=100$，$\lambda_s=61.4$；直线公式中的常数 $a=304$ MPa，$b=1.12$ MPa。

因为 $\lambda_s<\lambda_{xz}<\lambda_p$，故连杆为中柔度压杆。由直线公式，得其临界力 $F_{cr}=1337.9$ kN。所以，连杆的工作安全因数为

$$n=\frac{F_{cr}}{F}=\frac{1337.9\text{ kN}}{465\text{ kN}}=2.88$$

习题 10-12 如图 10-15 所示，万能铣床工作台升降丝杠的根径 $d=22$ mm，螺距 $s=6$ mm，工作台升至最高位置时，丝杠长度 $l=50$ cm。丝杠材料的弹性模量 $E=210$ GPa、比例极限 $\sigma_p=260$ MPa、屈服极限 $\sigma_s=306$ MPa。伞齿轮的传动比为 1∶2（即手轮旋转一周，丝杠旋转半周），手轮的半径 $R=10$ cm，手轮上作用的最大切向力 $F_t=200$ N。若丝杠规定的稳定安全因数 $n_{st}=2.5$，试校核该丝杠的稳定性。

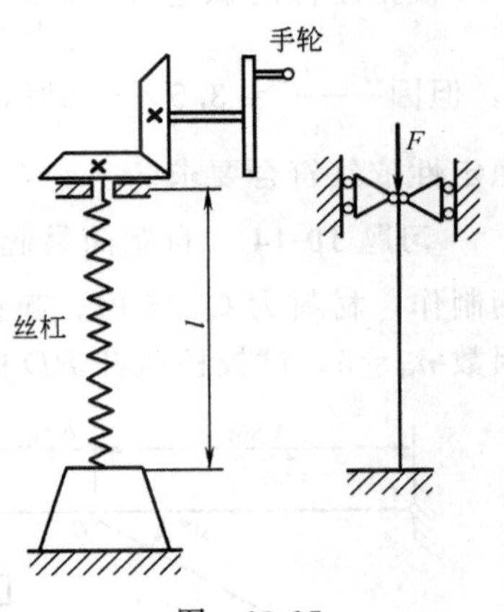

图 10-15

解：由题意，手轮旋转一周，工作台上升的距离 $h=\frac{1}{2}\times s=3\times10^{-3}$ m。忽略摩擦损耗，手轮旋转一周，切向力 F_t 所做的功应等于轴向压力 F 将工作台上升 h 所做的功，即有 $F_t\times(2\pi R)=Fh$，由此解得，丝杠承受的轴向压力 $F=41.9$ kN。

丝杠一端固定一端铰支，长度因数 $\mu=0.7$。柔度 $\lambda=\frac{\mu l}{i}=63.6$。将题中以及教材表 10-2 中给出的有关参数代入式（10-5）、式（10-7），得丝杠柔度的界限值分别为 $\lambda_p=89.3$、$\lambda_s=60.4$。由于 $\lambda_s<\lambda<\lambda_p$，故丝杠为中柔度杆，利用直线公式得临界力 $F_{cr}=113.2$ kN。

根据压杆的稳定条件，$n=\frac{F_{cr}}{F}=2.7>n_{st}=2.5$，故该丝杠的稳定性符合要求。

习题 10-13 已知图 10-16 所示千斤顶的最大起重量 $F=120$ kN，丝杠根径 $d=52$ mm，总长 $l=600$ mm，衬套高度 $h=100$ mm；丝杠用 Q235 钢制成。若规定的稳定安全因数 $n_{st}=4$，试校核该千斤顶的稳定性。

解：由图 10-16 可知，当丝杠升至最高时，稳定性最差。此时，丝杠可视为一端固定一端自由，其相当长度 $\mu l=2\times(0.6-0.1)=1\text{ m}$。丝杠柔度 $\lambda=\dfrac{\mu l}{i}=76.9$。

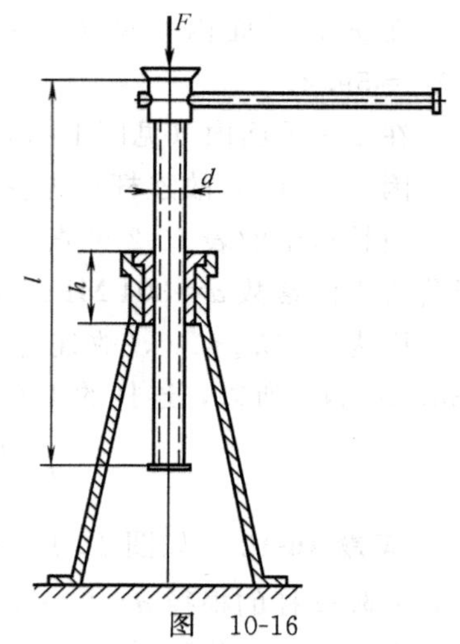

图 10-16

查教材中表 10-2 知，Q235 钢的 $\lambda_p=100$，$\lambda_s=61.4$，$a=304\text{ MPa}$，$b=1.12\text{ MPa}$。由于 $\lambda_s<\lambda<\lambda_p$，故丝杠为中柔度杆，用直线公式得其临界力 $F_{cr}=462.7\text{ kN}$。

根据压杆的稳定条件，$n=\dfrac{F_{cr}}{F}=3.86<n_{st}=4$，但因 $\dfrac{n_{st}-n}{n_{st}}=3.5\%<5\%$，故可认为丝杠的稳定性依然符合要求。

习题 10-14 自制简易起重机如图 10-17a 所示，已知压杆 BD 用 No.20 槽钢制作，材料为 Q235 钢。起重机的最大起重量 $P=40\text{ kN}$。若规定的稳定安全因数 $n_{st}=5$，试校核压杆 BD 的稳定性。

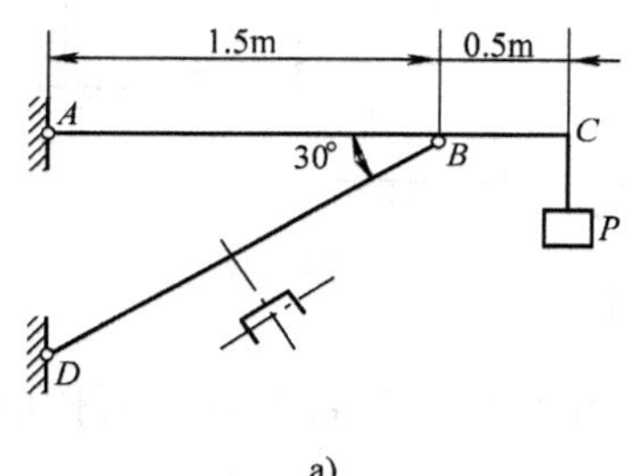

a)

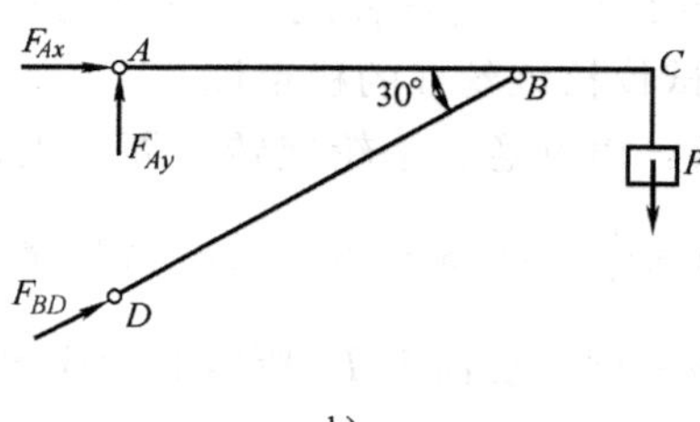

b)

图 10-17

解：简易起重机的受力图如图 10-17b 所示，由平衡方程得压杆 BD 承受的轴向压力 $F_{BD}=106.7\text{ kN}$。

压杆 BD 两端铰支，长度因数 $\mu=1$。由型钢表查得，No.20 槽钢横截面的面积 $A=32.837\text{ cm}^2$、最小惯性半径 $i_{min}=2.09\text{ cm}$。计算得压杆 BD 的柔度 $\lambda=82.9$。

查教材中表 10-2 知，Q235 钢的 $\lambda_p=100$，$\lambda_s=61.4$，$a=304\text{ MPa}$，$b=1.12\text{ MPa}$。由于 $\lambda_s<\lambda<\lambda_p$，故压杆 BD 为中柔度杆，用直线公式得其临界力 $F_{cr}=693.4\text{ kN}$。

根据压杆的稳定条件，$n=\dfrac{F_{cr}}{F}=6.5>n_{st}=5$，故压杆 BD 的稳定性符合

要求。

习题 10-15 托架如图 10-18a 所示，已知压杆 AB 的直径 $d=40$ mm，长度 $l=800$ mm，两端为球铰支承，材料为 Q235 钢，规定的稳定安全因数 $n_{st}=2.0$。(1) 试按压杆 AB 的稳定条件求出托架所能承受的最大载荷 F_{max}；(2) 若已知工作载荷 $F=70$ kN，问此托架是否安全？(3) 若横梁 CD 为 No. 18 普通热轧工字钢，许用应力 $[\sigma]=160$ MPa，试问托架所能承受的最大载荷 F_{max} 有否变化？

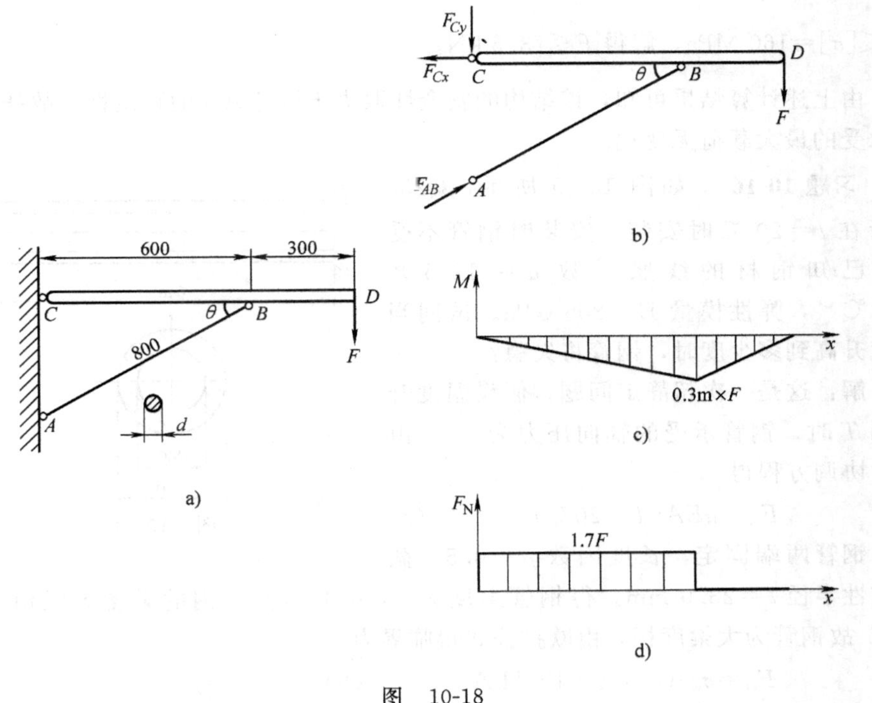

图 10-18

解：(1) 托架的受力图如图 10-18b 所示，由平衡方程得杆 AB 承受的轴向压力 $F_{AB}=2.27F$。

AB 杆两端铰支，长度因数 $\mu=1$。截面惯性半径 $i=0.01$ m。故 AB 杆的柔度 $\lambda=80$。

查教材中表 10-2 知，Q235 钢的 $\lambda_p=100$，$\lambda_s=61.4$，$a=304$ MPa，$b=1.12$ MPa。由于 $\lambda_s<\lambda<\lambda_p$，故压杆 AB 为中柔度杆，用直线公式得其临界力 $F_{cr}=269.4$ kN。

根据压杆的稳定条件，$n=\dfrac{F_{cr}}{F_{AB}}\geqslant n_{st}=2.0$，解得 $F\leqslant 59.3$ kN。所以，托架所能承受的最大载荷 $F_{max}=59.3$ kN。

(2) 由于工作载荷 $F=70\text{ kN}>F_{max}=59.3$ kN，所以，压杆 AB 的稳定性不

符合要求，托架不安全。

(3) 横梁 CD 承受弯曲与拉伸组合变形，分别作出弯矩图、轴力图如图 10-18c、d 所示，可见危险截面为 B 截面，其上轴力、弯矩分别为 $F_N = 1.7F$、$|M| = 0.3\ \text{m} \times F$。

查型钢表知，No. 18 工字钢的截面面积 $A = 30.756\ \text{cm}^2$、抗弯截面系数 $W_z = 185\ \text{cm}^3$。根据弯曲与拉伸组合变形强度条件，即式 (9-3)，$\sigma_{max} = \dfrac{|M|}{W_z} + \dfrac{F_N}{A} \leqslant [\sigma] = 160\ \text{MPa}$，解得 $F \leqslant 73.6\ \text{kN}$。

由上述计算结果可知，该结构的安全性取决于压杆 AB 的稳定性，故托架所能承受的最大载荷无变化。

习题 10-16 如图 10-19 所示，Q235 钢管在 $t = 20\ ℃$ 时安装，安装时钢管不受力。已知钢材的线胀系数 $\alpha = 12.5 \times 10^{-6}\ ℃^{-1}$，弹性模量 $E = 206\ \text{GPa}$。试问当温度升高到多少度时，钢管将失稳？

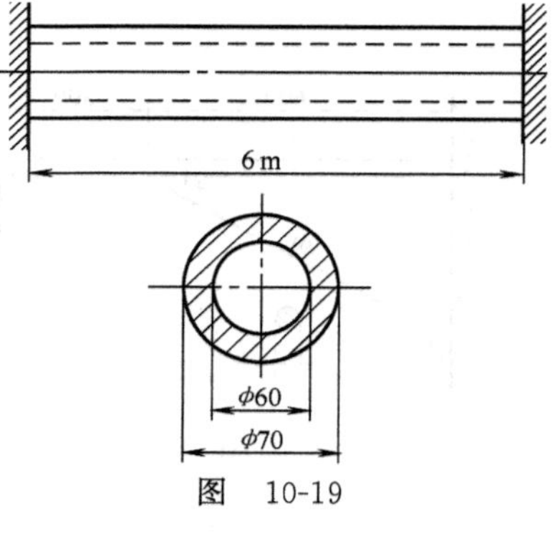

图 10-19

解：这是一次超静定问题。假设温度升高到 T 时，钢管承受的轴向压力为 F_N，由变形协调方程得

$$F_N = \alpha EA(T - 20℃) \qquad (a)$$

钢管两端固定，长度因数 $\mu = 0.5$。截面惯性半径 $i = 23.0\ \text{mm}$。得钢管柔度 $\lambda = 130.4$。Q235 钢的柔度界限值 $\lambda_p = 100$，故钢管为大柔度杆，由欧拉公式得临界力

$$F_{cr} = \sigma_{cr} A = 5.8 \times 10^{-4} EA \qquad (b)$$

当 $F_N \geqslant F_{cr}$ 时，钢管将失稳，联立式 (a)、式 (b)，解得 $T \geqslant 66.4\ ℃$。即当温度升高到 66.4 ℃以上时，钢管将失稳。

习题 10-17 图 10-20 所示立柱长 $l = 6\ \text{m}$，由两根 No. 10 槽钢组成，立柱顶部为球形铰支，根部为固定端。已知材料的弹性模量 $E = 200\ \text{GPa}$、比例极限 $\sigma_p = 200\ \text{MPa}$。试问当 a 多大时立柱的临界力取得最大值？该最大值是多少？

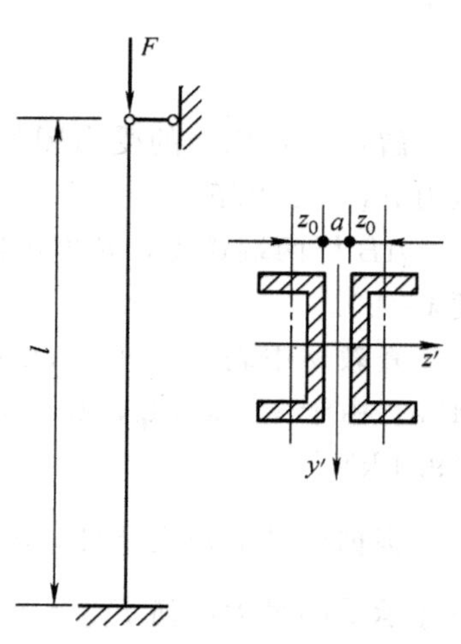

图 10-20

解：查型钢表知，No. 10 槽钢截面的几何参数：$A = 12.748\ \text{cm}^2$，$I_z = 198\ \text{cm}^4$，$I_y = 25.6\ \text{cm}^4$，$z_0 = 1.52\ \text{cm}$。

由题意，要使立柱的临界力取得最大值，则立柱横截面关于 y'、z' 轴（见图 10-20）的惯性矩应相等，即有

$$2I_z=2\left[I_y+\left(\frac{a}{2}+z_0\right)^2A\right]$$

由上式解得 $a=44$ mm。

立柱一端固定一端铰支，长度因数 $\mu=0.7$。截面惯性半径 $i=\sqrt{\frac{2I_z}{2A}}=$ 3.95 cm。得立柱柔度 $\lambda=\frac{\mu l}{i}=106.3$。材料的柔度界限值 $\lambda_p=\sqrt{\frac{\pi^2E}{\sigma_p}}=99.3<\lambda=$ 106.3，立柱为大柔度杆，由欧拉公式得立柱临界力的最大值 $F_{cr\max}=443.1$ kN。

习题 10-18 钢结构如图 10-21a 所示，试求许可载荷 [F]。已知材料的弹性模量 $E=205$ GPa，屈服极限 $\sigma_s=275$ MPa，压杆柔度界限值 $\lambda_p=90$，$\lambda_s=50$；规定的强度安全因数 $n_s=2$，稳定安全因数 $n_{st}=3$；横梁 AB 为 No. 16 工字钢，压杆 BC 为直径等于 60 mm 的圆截面杆。

解：查型钢表，No. 16 工字钢的截面几何参数 $I_z=1130\ \text{cm}^4$，$W_z=141\ \text{cm}^3$。压杆 BC 的截面面积 $A=\frac{\pi\times0.06^2}{4}=2.827\times10^{-3}\ \text{m}^2$。

首先计算压杆 BC 承受的轴向压力。这是一次超静定问题。如图 10-21b 所示，由变形协调条件 $w_B=\Delta l_{BC}$ 得方程

$$\frac{F\times1^3}{3EI_z}+\frac{F\times1^2}{2EI_z}\times1-\frac{F_B\times2^3}{3EI_z}=\frac{F_B\times1}{EA}$$

解得压杆 BC 承受的轴向压力 $F_B=\frac{5}{16}F=0.3125F$。

由横梁 AB 的强度确定许可载荷。作出梁 AB 的弯矩图如图 10-21c 所示，由梁的弯曲正应力强度条件得 $F\leqslant51.7$ kN。

由压杆 BC 的稳定性确定许可载荷。压杆 BC 的柔度 $\lambda=66.7$，由于 $\lambda_s<\lambda<\lambda_p$，故为中柔度杆，其临界应力满足

$$\sigma_p=\frac{\pi^2E}{\lambda_p^2}=249.8\ \text{MPa}<\sigma_{cr}<\sigma_s=275\ \text{MPa}$$

故有

$$F_{cr}=\sigma_{cr}A>249.8\times10^6\ \text{Pa}\times2.827\times10^{-3}\ \text{m}^2=706.2\ \text{kN}$$

根据压杆的稳定条件

$$n=\frac{F_{cr}}{F_B}>\frac{706.2}{0.3125F}\geqslant n_{st}=3$$

得 $F\leqslant753.3$ kN。

综上所述，结构的安全性由横梁 AB 的强度决定，故许可载荷 [F]$=51.7$ kN。

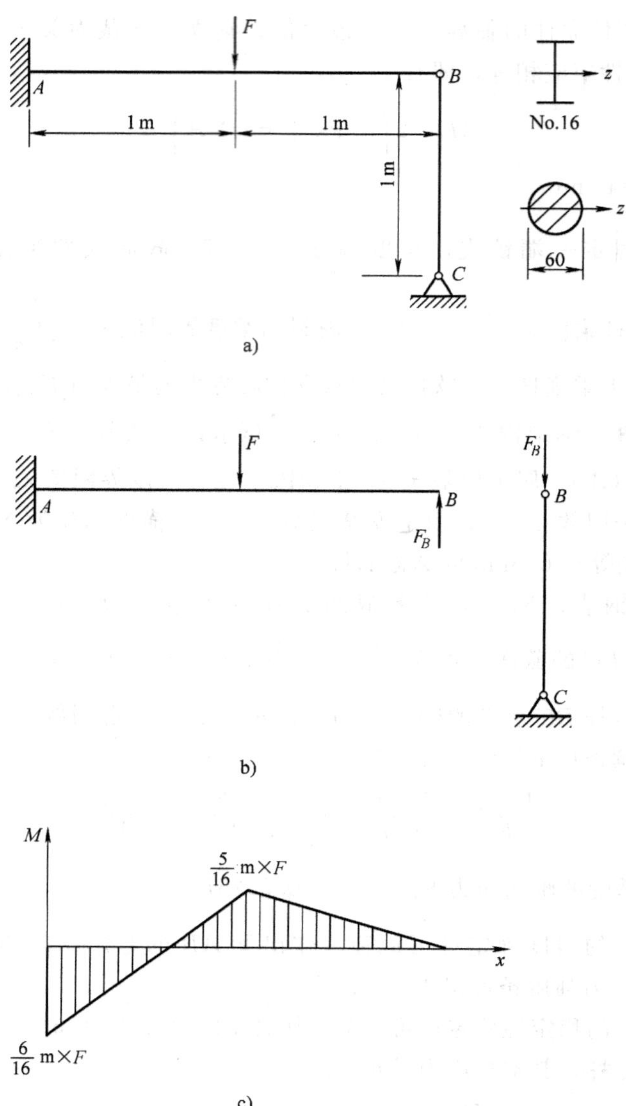

a)

b)

c)

图　10-21

习题 10-19　已知某钢材的比例极限 $\sigma_p=230$ MPa、屈服极限 $\sigma_s=274$ MPa、弹性模量 $E=200$ GPa、直线公式 $\sigma_{cr}=(338-1.22\lambda)$ MPa。试计算其压杆柔度的界限值 λ_p 和 λ_s，并绘制临界应力总图（$0\leqslant\lambda\leqslant150$）。

解：根据式（10-5）、式（10-7），得其压杆柔度的界限值 λ_p、λ_s 分别为

$$\lambda_p=\sqrt{\frac{\pi^2 E}{\sigma_p}}=92.6,\quad \lambda_s=\frac{a-\sigma_s}{b}=52.5$$

临界应力总图如图 10-22 所示。

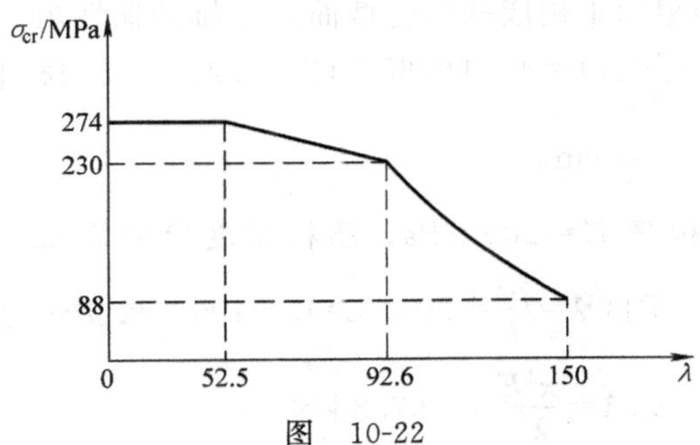

图 10-22

习题 10-20 万能试验机的结构图如图 10-23a 所示。已知四根立柱的长度 $l=3$ m；钢材的弹性模量 $E=210$ GPa，压杆柔度界限值 $\lambda_p=100$；立柱丧失稳定后的弯曲变形曲线如图 10-23b 所示。若力 F 的最大值为 1000 kN，规定的稳定安全因数 $n_{st}=4$，试按稳定条件设计立柱的直径。

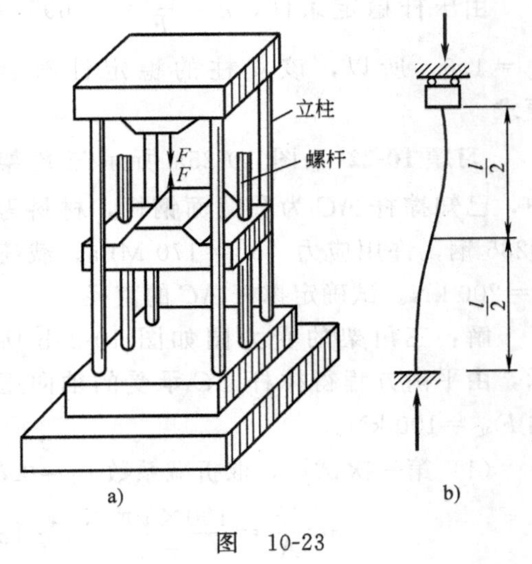

图 10-23

解：由图 10-23b 可知，立柱为两端固定但可沿横向相对移动，长度因数$\mu=1$。假设立柱为大柔度杆，由欧拉公式得其临界力 $F_{cr}=\dfrac{\pi^2 EI}{(\mu l)^2}=11.3\times10^9\,\mathrm{N\cdot m^{-4}}\times d^4$。

由压杆稳定条件，$n=\dfrac{F_{cr}}{F/4}\geqslant n_{st}=4$. 解得立柱直径 $d\geqslant97.0$ mm。

若取立柱直径 $d=97$ mm，则其柔度 $\lambda=\dfrac{\mu l}{i}=123.7>\lambda_p=100$，故原假设成立，即可取立柱直径 $d=97$ mm。

习题 10-21 如图 10-24 所示，已知某立柱由四根 45×45×4 的角钢构成，柱长 $l=8$ m，立柱两端为球形铰支，材料为 Q235 钢，规定的稳定安全因数 $n_{st}=1.6$。当立柱所受轴向压力 $F=40$ kN时，试校核其稳定性。

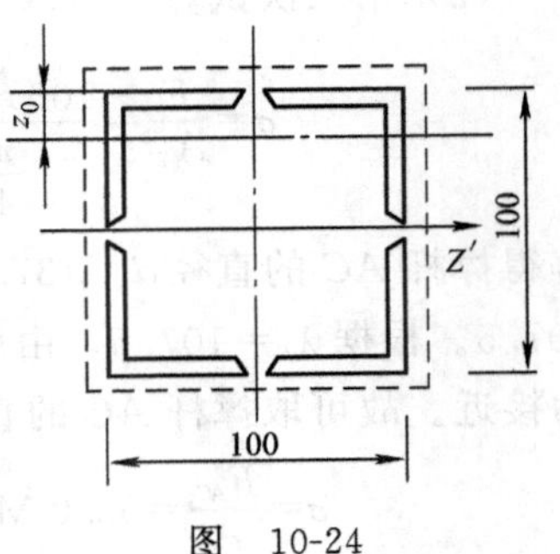

图 10-24

解：查型钢表知，45×45×4 角钢的截面几何参数 $A=3.486\ \mathrm{cm}^2$，$I_z=6.65\ \mathrm{cm}^4$，$z_0=1.26$ cm。

如图 10-24 所示，四根角钢构成的组合截面对 z' 轴的惯性矩

$$I_{z'}=4\times[I_z+(5-z_0)^2A]=4\times[6.65+(5-1.26)^2\times3.486]\ \text{cm}^4=221.6\ \text{cm}^4$$

惯性半径 $i=\sqrt{\dfrac{I_{z'}}{4A}}=3.97\ \text{cm}$。

Q235 钢的弹性模量 $E=200$ GPa，压杆柔度界限值 $\lambda_p=100$。立柱两端铰支，长度因数 $\mu=1$。柔度 $\lambda=\dfrac{\mu l}{i}=201.5>\lambda_p=100$，故立柱为大柔度杆，由欧拉公式得其临界力 $F_{cr}=\sigma_{cr}A=\dfrac{\pi^2E}{\lambda^2}A=67.8\ \text{kN}$。

由压杆稳定条件，$n=\dfrac{F_{cr}}{F}=1.695>n_{st}=1.6$，所以，该立柱的稳定性符合要求。

习题 10-22 图 10-25a 所示三角架中，已知撑杆 AC 为圆截面钢杆，材料为 Q235 钢，许用应力 $[\sigma]=170$ MPa，载荷 $F=200$ kN。试确定撑杆 AC 的直径。

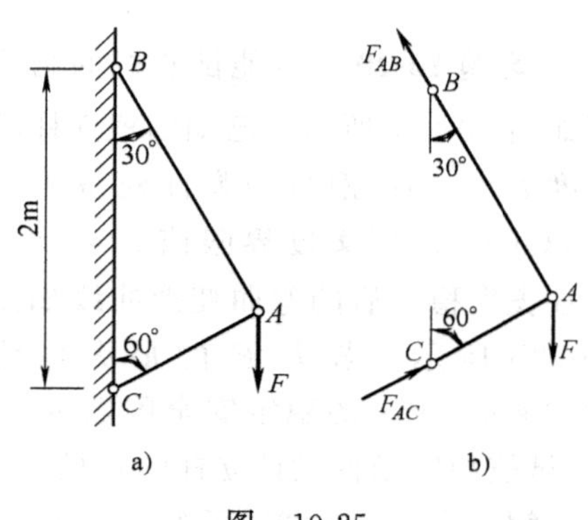

图 10-25

解：三角架的受力图如图 10-25b 所示，由平衡方程得撑杆 AC 承受的轴向压力 $F_{AC}=100$ kN。

（1）第一次试算，取折减系数 $\varphi_1=0.5$。根据稳定条件

$$\sigma=\frac{F}{A_1}=\frac{100\times10^3\ \text{N}}{\frac{\pi}{4}d_1^2}\leqslant\varphi_1[\sigma]=0.5\times170\times10^6\ \text{Pa}$$

解得撑杆 AC 的直径 $d_1\geqslant38.7$ mm。此时，截面惯性半径 $i=9.675$ mm，柔度 $\lambda_1=103.4$。根据 $\lambda_1=103.4$，由教材中表 10-4 查得折减系数 $\varphi_1'=0.584$。由于所得到的 φ_1' 与 φ_1 相差稍大，故需进行第二次试算。

（2）第二次试算，可取 $\varphi_2=\dfrac{\varphi_1+\varphi_1'}{2}=0.542$。根据稳定条件

$$\sigma=\frac{F}{A_2}=\frac{100\times10^3\ \text{N}}{\frac{\pi}{4}d_2^2}\leqslant\varphi_2[\sigma]=0.542\times170\times10^6\ \text{Pa}$$

解得撑杆 AC 的直径 $d_2\geqslant37.2$ mm。此时，截面惯性半径 $i=9.3$ mm，柔度 $\lambda_2=107.5$。根据 $\lambda_2=107.5$，由教材中表 10-4 查得折减系数 $\varphi'_2=0.553$，已与 φ_2 较为接近。故可取撑杆 AC 的直径 $d=37$ mm。最后，再对撑杆 AC 进行稳定校核，

$$\sigma=\frac{F_{AC}}{A}=93.0\ \text{MPa}<\varphi[\sigma]=0.549\times170\ \text{MPa}=93.3\ \text{MPa}$$

符合稳定要求。

习题 10-23　图 10-26 所示立柱用 No. 25a 工字钢制作，材料为 Q235 钢，许用应力 $[\sigma]=170$ MPa。出于需要，在立柱中点处钻有直径 $d=50$ mm 的圆孔。试确定该立柱所能承受的轴向压力的最大值。

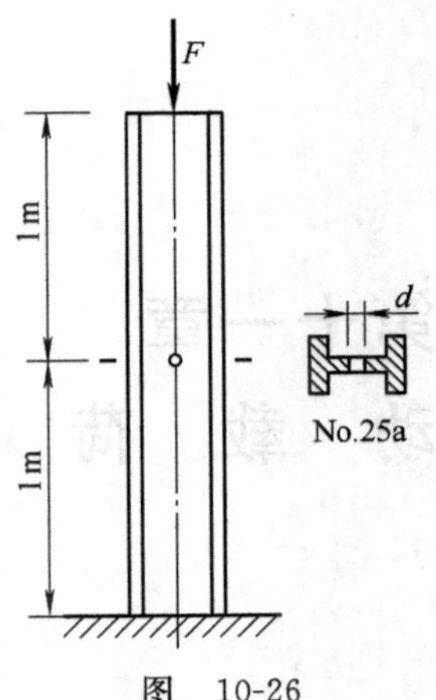

图　10-26

解：(1) 稳定计算

立柱一端固定一端自由，长度因数 $\mu=2$。由型钢表知，No. 25a 工字钢的截面面积 $A=48.541\ \text{cm}^2$，最小惯性半径 $i_{\min}=2.40$ cm，腹板厚度 $\delta=8$ mm。由于压杆的局部削弱不会影响其整体稳定性，故立柱的柔度 $\lambda=\dfrac{\mu l}{i_{\min}}=\dfrac{2\times2}{0.0240}=166.7$。根据 $\lambda=166.7$，由教材中表 10-4 查得折减系数 $\varphi=0.253$。根据压杆的稳定条件

$$\sigma=\frac{F}{A}=\frac{F}{48.541\times10^{-4}\ \text{m}^2}\leqslant\varphi[\sigma]=0.253\times170\times10^{6}\ \text{Pa}$$

得 $F\leqslant208.8$ kN。

(2) 削弱截面处的强度计算

根据钻孔截面处的强度条件，

$$\sigma_{\max}=\frac{F}{A_{\min}}=\frac{F}{(48.541\times10^{-4}-50\times8\times10^{-6})\ \text{m}^2}\leqslant[\sigma]=170\times10^{6}\ \text{Pa}$$

得 $F\leqslant757.2$ kN。

所以，该立柱所能承受的轴向压力的最大值

$$[F]=208.8\ \text{kN}$$

第十一章
动 载 荷

知 识 要 点

一、基本概念

1. 静载荷

作用于构件上的载荷，由零开始，缓慢平稳地增至一定数值后维持不变。

2. 动载荷

作用于构件上的载荷，使构件作加速运动；或者作用于构件上的载荷，在很短的时间内急剧变化。

3. 交变载荷

作用于构件上的载荷，随时间作周期性交替变化。

4. 交变应力

构件内的应力，随时间作周期性交替变化。

5. 交变应力的特征参数

应力循环：交变应力每重复变化一次，称为一个应力循环。

最大应力：一个应力循环中，应力的最大代数值，记作 σ_{max}。

最小应力：一个应力循环中，应力的最小代数值，记作 σ_{min}。

平均应力：一个应力循环中，最大应力与最小应力的代数平均值，记作

$$\sigma_m=\frac{\sigma_{max}+\sigma_{min}}{2}$$

应力幅：一个应力循环中，最大应力与最小应力的代数差的一半，记作

$$\sigma_a=\frac{\sigma_{max}-\sigma_{min}}{2}$$

应力比（循环特性）：一个应力循环中，最小应力与最大应力的比值，记作

$$r=\frac{\sigma_{min}}{\sigma_{max}}$$

对称循环：应力比 $r=-1$ 的应力循环。

非对称循环：应力比 $r\neq-1$ 的应力循环。

脉动循环：应力比 $r=0$ 的应力循环。

6. 疲劳破坏

构件因交变应力的长期作用而引发的低应力脆性断裂现象。疲劳破坏的主要特征为：

（1）低应力

构件所承受的最大应力远远小于材料的强度极限 σ_b 甚至屈服极限 σ_s。

（2）延时性

疲劳破坏需要一定的时间，即承受交变应力的构件都具有一定的寿命。

（3）突发性

疲劳破坏前没有明显的变形预兆，为突发性的脆性断裂，容易造成重大事故。

（4）敏感性

疲劳破坏对导致应力集中的各种缺陷十分敏感，缺陷的存在将大大缩短构件的疲劳寿命。

（5）断口形貌

疲劳破坏的断口分为光滑区和粗糙区，光滑区为位于裂纹源附近的裂纹扩展区域；粗糙区为最终的脆性断裂区域。

7. 疲劳寿命

在交变应力作用下，构件发生疲劳破坏时所经历的应力循环次数，记作 N。

8. 疲劳强度指标

（1）疲劳极限（持久极限）

在某一应力比 r 下，可使材料经历无数次应力循环而不发生疲劳破坏的交变应力的最大应力，记作 σ_r。

（2）条件疲劳极限

在某一应力比 r 下，对应某一指定寿命 N_0（一般取 $N_0=10^7\sim10^8$）的交变应力的最大应力。

9. *S-N* 曲线（应力-疲劳寿命曲线）

在某一应力比 r 下，以交变应力的最大应力 σ_{max} 为纵坐标，以与其对应的疲劳寿命 N 为横坐标，依据试验数据描绘出的 σ_{max} 与 N 之间的关系曲线。

10. 影响实际构件疲劳极限的因素

（1）构件外形的影响·有效应力集中因数

构件外形的突变将引起应力集中，促使疲劳裂纹的形成，从而显著降低构件的疲劳极限。构件外形对构件疲劳极限的影响程度可用有效应力集中因数表征，有效应力集中因数定义为

$$K_\sigma=\frac{\sigma_{-1}}{(\sigma_{-1})_\mathrm{k}}$$

其中，σ_{-1}为用标准光滑小试样测出的材料的疲劳极限；$(\sigma_{-1})_\mathrm{k}$为有应力集中但无其他因素影响的构件的疲劳极限。

（2）构件尺寸的影响·尺寸因数

构件横截面尺寸的增大会降低构件的疲劳极限。构件尺寸对构件疲劳极限的影响程度可用尺寸因数表征，尺寸因数定义为

$$\varepsilon_\sigma=\frac{(\sigma_{-1})_\mathrm{d}}{\sigma_{-1}}$$

其中，σ_{-1}为用标准光滑小试样测出的材料的疲劳极限；$(\sigma_{-1})_\mathrm{d}$为大尺寸试样的疲劳极限。

（3）构件表面状况的影响·表面质量因数

构件表面愈粗糙，其疲劳极限就愈低。构件表面状况对构件疲劳极限的影响程度可用表面质量因数表征，表面质量因数定义为

$$\beta=\frac{(\sigma_{-1})_\beta}{\sigma_{-1}}$$

其中，σ_{-1}为用标准光滑小试样测出的材料的疲劳极限；$(\sigma_{-1})_\beta$为表面状况不同的构件的疲劳极限。

二、基本公式

1. 构件匀加速提升时的动荷因数

$$K_\mathrm{d}=1+\frac{a}{g} \tag{11-1}$$

式中，a为构件提升时的加速度。

2. 垂直冲击时的动荷因数

$$K_\mathrm{d}=1+\sqrt{1+\frac{2h+v_0{}^2/g}{\Delta_\mathrm{st}}} \tag{11-2}$$

式中，h为冲击物相对于被冲击构件的冲击点的高度；v_0为冲击物的初速度；Δ_st为冲击物的重力以静荷方式作用于被冲击构件的冲击点时，所引起的被冲击构件的冲击点沿冲击方向的静位移。

当自由落体冲击时，初速度v_0为零，动荷因数则为

$$K_\mathrm{d}=1+\sqrt{1+\frac{2h}{\Delta_\mathrm{st}}} \tag{11-3}$$

对于突加载荷，h 与 v_0 同时为零，动荷因数则为

$$K_d = 2 \tag{11-4}$$

3. 水平冲击时的动荷因数

$$K_d = \sqrt{\frac{v^2/g}{\Delta_{st}}} \tag{11-5}$$

式中，v 为冲击物速度；Δ_{st} 为冲击物的重力以静荷方式沿水平冲击方向作用于被冲击构件的冲击点时，所引起的被冲击构件的冲击点沿水平冲击方向的静位移。

4. 动载荷作用下的应力与变形计算

动荷应力

$$\sigma_d = K_d \sigma_{st} \tag{11-6}$$

动荷变形

$$\Delta_d = K_d \Delta_{st} \tag{11-7}$$

式中，σ_{st}、σ_d 分别为静荷应力、动荷应力；Δ_{st}、Δ_d 分别为静荷变形、动荷变形；K_d 为动荷因数。

5. 实际构件的疲劳极限

$$\sigma_{-1}^{0} = \frac{\varepsilon_\sigma \beta}{K_\sigma} \sigma_{-1} \tag{11-8}$$

式中，K_σ 为有效应力集中因数；ε_σ 为尺寸因数；β 为表面质量因数；σ_{-1} 为用标准光滑小试样测定的材料的疲劳极限；σ_{-1}^{0} 为实际构件的疲劳极限。

6. 对称循环的疲劳强度条件

$$\sigma_{max} \leqslant [\sigma_{-1}] = \frac{\sigma_{-1}^{0}}{n_f} = \frac{\varepsilon_\sigma \beta}{n_f K_\sigma} \sigma_{-1} \tag{11-9}$$

式中，σ_{max} 为交变应力的最大应力；$[\sigma_{-1}]$ 为在对称循环交变应力作用下构件的许用应力；$n_f > 1$，为规定的疲劳安全因数。

解题方法

本章习题的主要类型有下列三种：

一、构件作加速运动时的动载荷问题

1. 基本方法

采用动静法，在作加速运动的构件上虚加惯性力，转为静载荷问题处理。

2. 构件匀加速提升时的动荷应力与变形计算

此类问题可按照下列步骤直接计算：

(1) 根据式 (11-1) 计算动荷因数 K_d；

（2）计算静荷应力与静荷变形；

（3）根据式（11-6）与式（11-7）计算动荷应力与动荷变形。

3. 构件匀速旋转时的动荷应力与变形计算

根据动静法，对匀速旋转构件虚加离心惯性力，则虚加的离心惯性力与构件上所受的全部外力在形式上构成平衡力系，由平衡方程即可计算动荷内力，从而得到动荷应力与动荷变形。

二、构件受冲击时的动荷问题

1. 基本方法

采用机械能守恒原理，即将冲击物和被冲击构件视为一个系统，认为在冲击前后，该系统的机械能守恒，从而使问题获解。在运用机械能守恒原理分析计算时，需要下列简化假设：

（1）冲击物是刚性的；

（2）被冲击构件的质量忽略不计；

（3）被冲击构件的变形在线弹性范围内；

（4）冲击过程中无能量损耗；

（5）冲击物与被冲击构件接触后无回弹。

2. 垂直冲击问题

此类问题可按照下列步骤直接计算：

（1）计算静位移 Δ_{st}，即将冲击物的重力以静载荷方式作用于被冲击构件的冲击点，计算由其引起的被冲击构件的冲击点沿冲击方向的位移；

（2）将静位移 Δ_{st} 代入式（11-2）～式（11-4），计算相应的动荷因数 K_d；

（3）计算静荷应力与静荷变形；

（4）根据式（11-6）与式（11-7）计算动荷应力与动荷变形。

3. 水平冲击问题

此类问题可按照下列步骤直接计算：

（1）计算静位移 Δ_{st}，即将冲击物的重力以静荷方式沿水平冲击方向作用于被冲击构件的冲击点，计算由其引起的被冲击构件的冲击点沿水平冲击方向的位移；

（2）将静位移 Δ_{st} 代入式（11-5），计算相应的动荷因数 K_d；

（3）计算静荷应力与静荷变形；

（4）根据式（11-6）与式（11-7）计算动荷应力与动荷变形。

三、对称循环下构件的疲劳强度计算

计算步骤为：

（1）查表确定实际构件疲劳极限的影响因数 K_σ、ε_σ 与 β；

(2) 根据式 (11-8)，计算实际构件的疲劳极限 σ_{-1}^{0}；

(3) 计算交变应力的最大应力 $\sigma_{\max}$；

(4) 根据式 (11-9) 进行对称循环下构件的疲劳强度计算。

难题解析

【例题 11-1】 如图 11-1a 所示，机车车轮以转速 $n=300$ r/min 旋转，两轮间的连杆 AB 的横截面为矩形，$b=28$ mm，$h=56$ mm，$r=250$ mm，$l=2$ m，连杆材料的质量密度 $\rho=7750$ kg/m³。试求杆内的最大正应力。

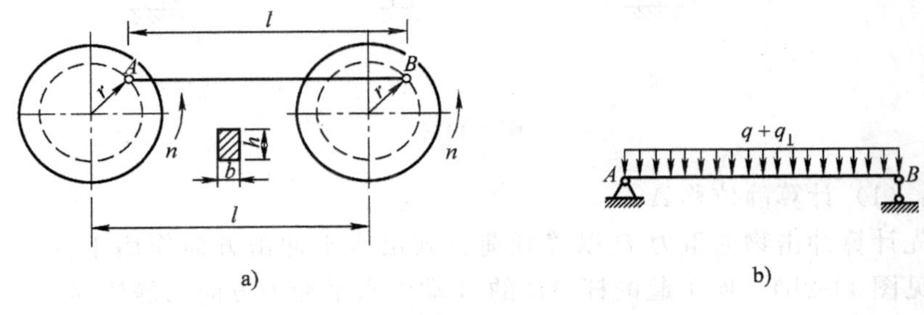

图 11-1

解：(1) 虚加惯性力

连杆 AB 作平移，其上任一点的加速度就等于点 A (B) 绕轮心匀速转动的法向加速度。当连杆转至最低位置时，其惯性力与重力平行同向，使得连杆处于危险位置。此时，连杆 AB 可视为一受均布载荷作用的简支梁（见图 11-1b），其中，自重对应的载荷集度

$$q=\rho bhg$$

惯性力对应的载荷集度

$$q_{\mathrm{I}}=\rho bh\omega^2 r=\rho bh\left(\frac{\pi n}{30}\right)^2 r$$

(2) 计算最大正应力

最大弯矩位于跨中截面，为

$$M_{\max}=\frac{1}{8}(q+q_{\mathrm{I}})l^2$$

所以，杆内的最大弯曲正应力

$$\sigma_{\max}=\frac{M_{\max}}{W_z}=\frac{\frac{1}{8}(q+q_{\mathrm{I}})l^2}{\frac{1}{6}bh^2}=106.4\ \mathrm{MPa}$$

【例题 11-2】 如图 11-2a 所示，杆 AB 在 B 端受到水平运动物体的冲击。

已知物体的重量为 P，与杆接触时的速度为 v，杆的长度为 l，抗弯刚度为 EI，抗弯截面系数为 W_z，弹簧的刚度系数为 k，其中 $kl^3=3EI$。若冲击前弹簧不受力，试求杆 AB 内的最大正应力。

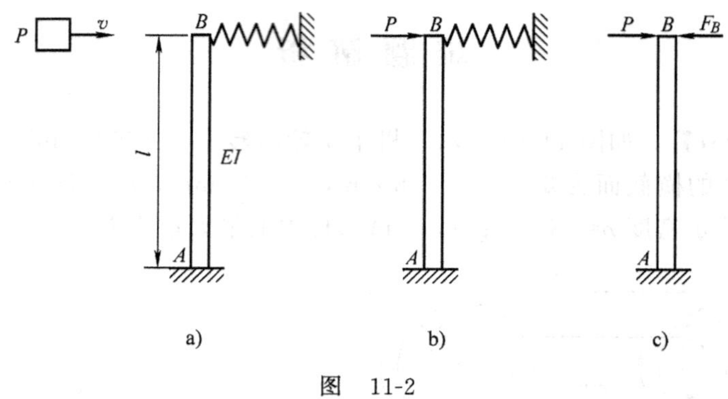

图　11-2

解：(1) 计算静位移 Δ_{st}

首先计算冲击物的重力 P 以静载荷方式沿水平冲击方向作用于杆 AB 的 B 端时（见图 11-2b），所引起的杆 AB 的 B 端沿水平冲击方向的静位移。

这是一次超静定问题。解除 B 端的弹性支撑，代之以约束力 F_B（见图 11-2c），其变形协调方程为

$$\Delta_{st}=\frac{(P-F_B)l^3}{3EI}=\frac{F_B}{k}$$

解得

$$F_B=\frac{P}{2}$$

故得静位移

$$\Delta_{st}=\frac{Pl^3}{6EI}$$

(2) 计算动荷因数

这是水平冲击问题，根据式 (11-5) 得动荷因数

$$K_d=\sqrt{\frac{v^2}{g\Delta_{st}}}=\sqrt{\frac{6EIv^2}{gPl^3}}$$

(3) 计算最大静荷正应力

杆 AB 的最大静荷正应力

$$\sigma_{st}=\frac{|M|_{st\,max}}{W_z}=\frac{Pl}{2W_z}$$

(4) 计算最大动荷正应力

根据式 (11-6)，即得杆 AB 内的最大动荷正应力

$$\sigma_{\mathrm{d}}=K_{\mathrm{d}}\sigma_{\mathrm{st}}=\sqrt{\frac{6EIv^2}{gPl^3}}\cdot\frac{Pl}{2W_z}=\sqrt{\frac{3EIv^2P}{2glW_z^2}}$$

【例题 11-3】 如图 11-3a 所示，两相同梁 AB、CD，自由端间距 $\delta=\frac{Pl^3}{3EI}$，当重为 P 的物体突然加于 AB 梁的 B 点时，试求 CD 梁 C 点的挠度。

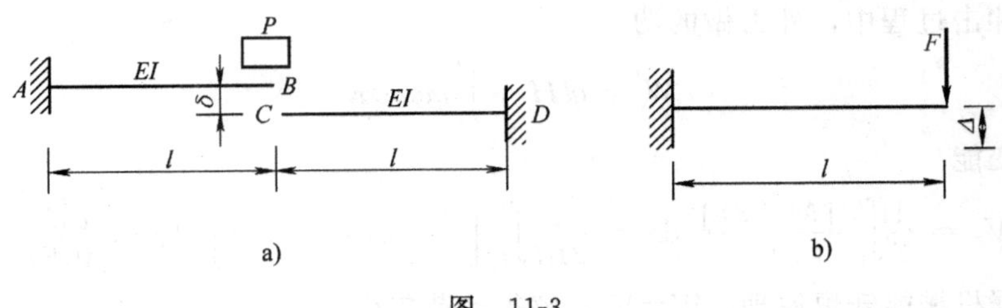

图 11-3

解：该冲击问题不能直接套用现有的动荷因数公式，需运用机械能守恒原理进行分析。对于如图 11-3b 所示简支梁，其自由端挠度

$$\Delta=\frac{Fl^3}{3EI}$$

应变能

$$U=\frac{1}{2}F\Delta=\frac{3EI\Delta^2}{2l^3}$$

故设待求 CD 梁 C 点的挠度为 Δ_C，根据机械能守恒原理即有

$$P(\delta+\Delta_C)=\frac{3EI\ (\delta+\Delta_C)^2}{2l^3}+\frac{3EI\Delta_C^2}{2l^3}$$

从而解得

$$\Delta_C=\frac{\delta}{\sqrt{2}}=\frac{\sqrt{2}Pl^3}{6EI}$$

【例题 11-4】 如图 11-4a 所示，匀质等截面直梁 AB，由高 H 处水平自由坠落在刚性支座 D 上。已知梁长为 $2l$，梁单位长度重量为 q，梁的抗弯刚度为 EI。设梁的变形为线弹性的，试求梁内的最大弯矩。

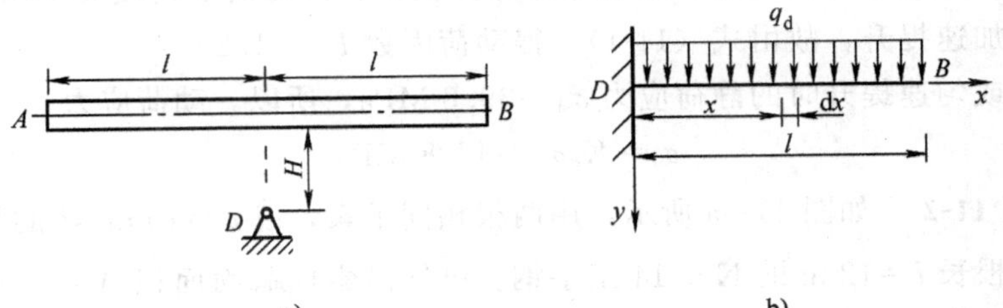

图 11-4

解：该冲击问题不能直接套用现有的动荷因数公式，需运用机械能守恒原理进行分析。这是对称性问题，研究二分之一 DB 段（见图 11-4b），设梁所受动荷集度为 q_d，其动荷挠曲线方程为

$$w_d=\frac{q_d}{24EI}x^2(x^2-4lx+6l^2)$$

在冲击过程中，外力做的功

$$W=qlH+\int_0^l qw_d\mathrm{d}x$$

梁的应变能

$$V_\varepsilon=\frac{1}{2}\int_0^l\frac{[M_d(x)]^2}{EI}\mathrm{d}x=\frac{1}{2EI}\int_0^l\left[-\frac{1}{2}q_d(l-x)^2\right]^2\mathrm{d}x=\frac{q_d^2l^5}{40EI}$$

根据机械能守恒原理，$W=V_\varepsilon$，解得动荷集度

$$q_d=q+\sqrt{q^2+\frac{40EIH}{l^4}q}$$

故得梁内的最大动荷弯矩

$$|M_d|_{\max}=\frac{1}{2}q_dl^2=\frac{1}{2}\left(q+\sqrt{q^2+\frac{40EIH}{l^4}q}\right)l^2$$

讨论：在计算外力功时，若不考虑梁的动荷挠度的影响，即取外力功

$$W=qlH$$

则梁内的最大动荷弯矩为

$$|M_d|_{\max}=\sqrt{10EIHq}$$

习题解答

习题 11-1 用一直径 $d=40$ mm 的缆绳竖直起吊一重 $P=50$ kN 的重物。已知重物在最初 3 s 内按匀加速被提升了 9 m。若不计缆绳自重，试计算在提升过程中缆绳横截面上的动荷应力。

解：首先确定动荷因数。由题意计算得重物提升时的加速度 $a=2\ \text{m/s}^2$。因横梁作匀加速提升，故由式（11-1），得动荷因数 $K_d=1.20$。

静止或匀速提升时的静荷应力 $\sigma_{st}=39.8$ MPa，所以，动荷应力

$$\sigma_d=K_d\sigma_{st}=47.8\ \text{MPa}$$

习题 11-2 如图 11-5a 所示，用两根相同吊索，以 $a=10\ \text{m/s}^2$ 的加速度平行吊起一根长 $l=12$ m 的 No. 14 工字钢。已知吊索横截面面积 $A=72\ \text{mm}^2$。若只考虑工字钢自重而不计吊索自重，试计算吊索内的动荷应力与工字钢内的最大动荷应力。

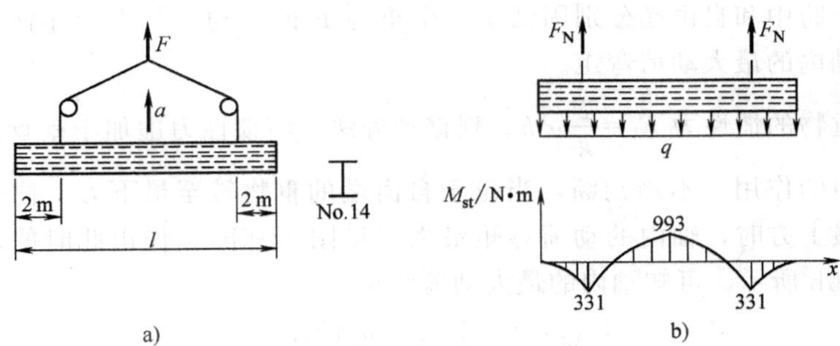

图 11-5

解：首先确定动荷因数。工字钢作匀加速提升，由式（11-1），得动荷因数 $K_d=2.02$。

查型钢表得 No. 14 工字钢的截面面积 $A=21.516\ \text{cm}^2$，抗弯截面系数 $W_z=102\ \text{cm}^3$，自重 $q=16.890\ \text{kg/m}\times9.8\ \text{m/s}^2=165.522\ \text{N/m}$。

吊索受轴向拉伸（见图 11-5b），静止或匀速提吊时横截面上的静荷应力 $\sigma_{st}=13.8\ \text{MPa}$。所以，吊索内的动荷应力 $\sigma_d=K_d\sigma_{st}=27.9\ \text{MPa}$。

工字钢受弯曲变形，作出其静荷弯矩图如图 11-5b 所示。工字钢内的最大静荷应力

$$\sigma_{st\max}=\frac{M_{\max}}{W_z}=9.74\ \text{MPa}$$

所以，工字钢内的最大动荷应力 $\sigma_{d\max}=K_d\sigma_{st\max}=19.67\ \text{MPa}$。

习题 11-3 如图 11-6a 所示，轴 AB 以匀角速度 ω 旋转，在轴的纵向对称

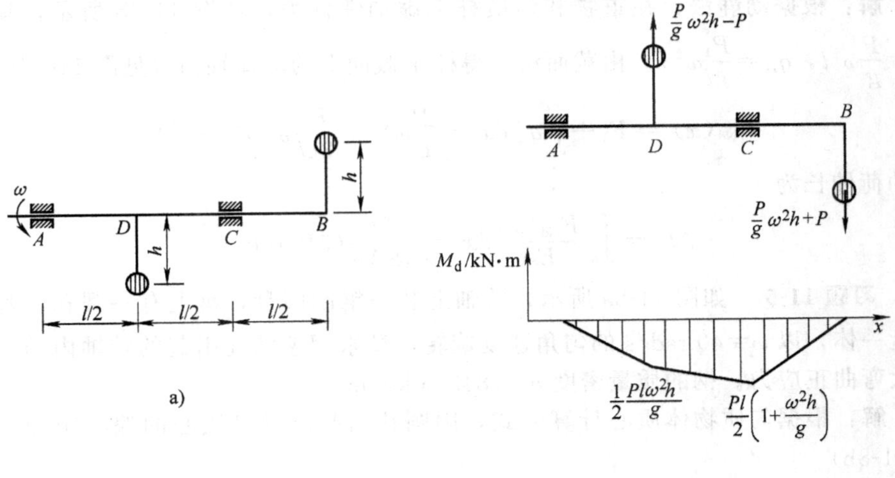

图 11-6

平面内，于跨中和自由端分别固结了一个重为 P 的重物。若不计连杆和轴的自重，试求轴内的最大动荷弯矩。

解：重物的惯性力 $F_{\mathrm{I}}=\dfrac{P}{g}\omega^2 h$。根据动静法，将惯性力虚加于重物上，并考虑重物重力的作用，不难判断，当位于自由端的重物转至最下方、位于跨中的重物转至最上方时，轴内的动荷弯矩最大（见图 11-6b）。作出此时的动荷弯矩图如图 11-6b 所示，可知轴内的最大动荷弯矩

$$M_{\mathrm{d\,max}}=\frac{1}{2}\left(1+\frac{\omega^2 h}{g}\right)Pl$$

习题 11-4 如图 11-7a 所示，一长度为 l、横截面面积为 A、重为 P_1 的匀质杆，以角速度 ω 绕铅垂轴在水平平面内转动。另外，在杆端还固连了一重为 P 的重物。已知材料的弹性模量 E，试求杆的动荷伸长。

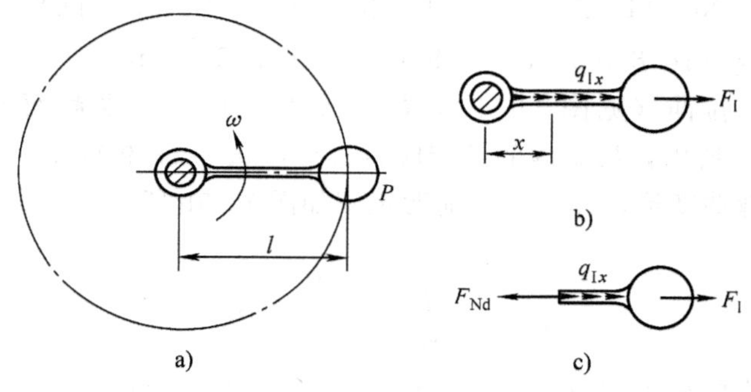

图 11-7

解：根据动静法，在重物和匀质杆上虚加惯性力，如图 11-7b 所示，其中 $F_{\mathrm{I}}=\dfrac{P}{g}\omega^2 l$，$q_{\mathrm{I}x}=\dfrac{P_1}{gl}\omega^2 x$。由截面法，得杆 x 截面上的动荷轴力（见图 11-7c）

$$F_{\mathrm{Nd}}(x)=F_{\mathrm{I}}+\int_x^l q_{\mathrm{I}x}\,\mathrm{d}x=\frac{P}{g}\omega^2 l+\frac{P_1}{2gl}\omega^2(l^2-x^2)$$

故动荷伸长为

$$\Delta l_{\mathrm{d}}=\int_0^l \frac{F_{\mathrm{Nd}}(x)}{EA}\mathrm{d}x=\frac{\omega^2 l^2}{3EAg}(3P+P_1)$$

习题 11-5 如图 11-8a 所示，转轴上装一钢制圆盘，盘上有一圆孔。若轴与盘一体，以 $\omega=40\ \mathrm{rad/s}$ 的匀角速度旋转，试求因该圆孔引起的转轴内的动荷最大弯曲正应力。钢的质量密度 $\rho=7848.6\ \mathrm{kg/m^3}$。

解：根据匀质物体质心计算公式，因圆孔引起的圆盘质心的偏心距为（见图 11-8b）

$$e=\frac{0.4\ \mathrm{m}\times(\pi\times 0.15^2\ \mathrm{m}^2)}{A}$$

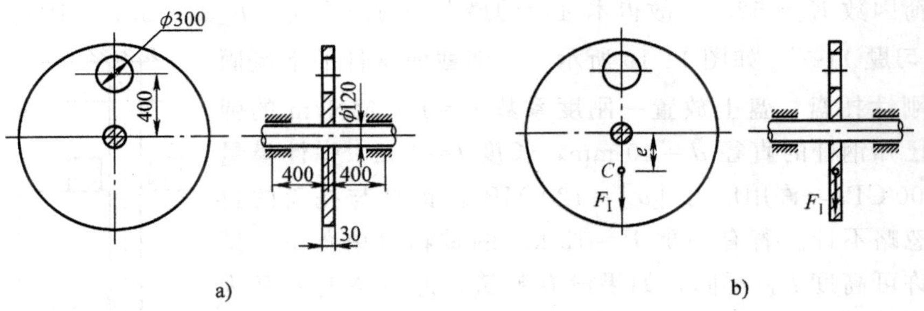

图 11-8

其中，A 为圆盘面积。钢制圆盘的惯性力（见图 11-8b）

$$F_{\mathrm{I}}=ma_C=\rho A\times 0.03\ \mathrm{m}\times\omega^2 e=10652\ \mathrm{N}$$

在惯性力 F_{I} 作用下，转轴承受弯曲变形，最大动荷弯矩发生于跨中截面，为 $M_{\mathrm{d\,max}}=2130.4\ \mathrm{N\cdot m}$。故得转轴内的动荷最大弯曲正应力 $\sigma_{\mathrm{d\,max}}=\dfrac{M_{\mathrm{d\,max}}}{W_z}=12.5\ \mathrm{MPa}$。

习题 11-6 如图 11-9 所示，一直径 $d=30$ cm、长 $l=6$ m 的圆木桩，下端固定，上端受重 $P=5$ kN 的重锤作用。已知木材的弹性模量 $E_1=10$ GPa，试求下列三种情况下，木桩内的最大正应力：(1) 重锤以静载荷方式作用于木桩上（见图 a）；(2) 重锤从离桩顶 1 m 的高度自由落下（见图 b）；(3) 在桩顶放置一直径为 15 cm、厚度为 20 mm、弹性模量 $E_2=8$ MPa 的橡皮垫，重锤从离橡皮垫顶面 1 m 的高度自由落下（见图 c）。

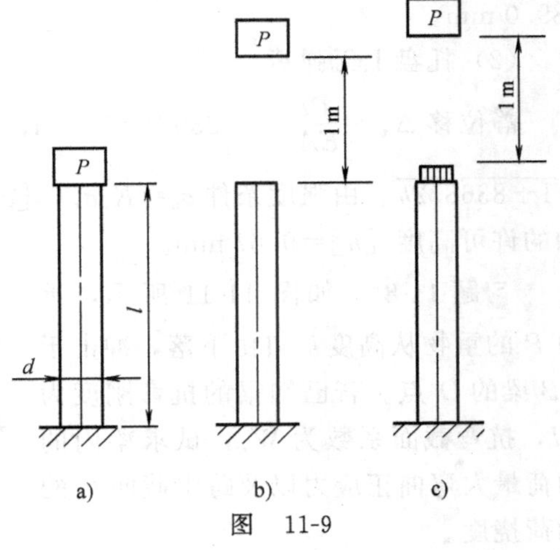

图 11-9

解：(1) 重锤以静荷方式作用于木桩

此时，木桩受到静载荷轴向压缩，木桩内的静荷应力 $\sigma_{\mathrm{st}}=0.0707$ MPa。

(2) 重锤从离桩顶 1 m 的高度自由落下

此时，冲击点的静位移 $\Delta_{\mathrm{st}}=\dfrac{Pl}{E_1A_1}=42.4\times10^{-6}$ m，由式 (11-3)，得动荷因数 $K_{\mathrm{d}}=218.2$。故得木桩内的最大动荷应力 $\sigma_{\mathrm{d}}=K_{\mathrm{d}}\sigma_{\mathrm{st}}=15.4$ MPa。

(3) 重锤从离橡皮垫顶面 1 m 的高度自由落下

此时，冲击点的静位移 $\Delta_{\mathrm{st}}=\dfrac{Pl}{E_1A_1}+\dfrac{Pl_2}{E_2A_2}=749.8\times10^{-6}$ m，由式 (11-3)，

得动荷因数 $K_d=52.7$。故得木桩内的最大动荷应力 $\sigma_d=K_d\sigma_{st}=3.72\ \text{MPa}$。

习题 11-7　如图 11-10 所示，一圆截面钢杆的下端固结一刚性托盘，盘上放置一刚度系数 $k=1.6\ \text{MN/m}$ 的弹簧。已知钢杆的直径 $d=40\ \text{mm}$，长度 $l=4\ \text{m}$，弹性模量 $E=200\ \text{GPa}$，许用应力 $[\sigma]=120\ \text{MPa}$，钢杆与托盘的自重可忽略不计。若有一重 $P=15\ \text{kN}$ 的重物自由落下，试求其许可高度 h。再问，如果没有弹簧，许可高度 h 又为多少？

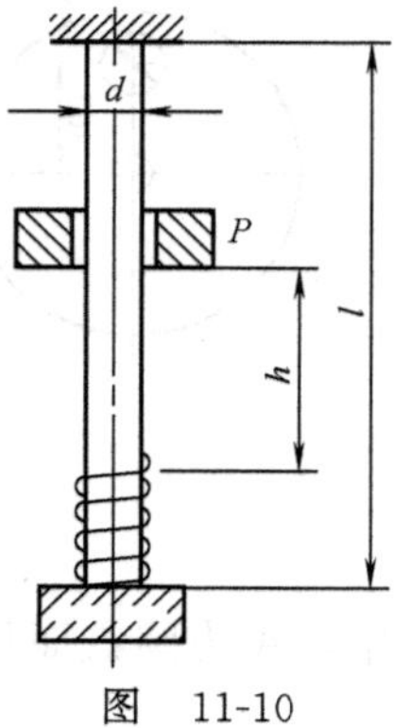

图　11-10

解：(1) 托盘上放置弹簧

静位移 $\Delta_{st}=\dfrac{Pl}{EA}+\dfrac{P}{k}=9.614\times10^{-3}\ \text{m}$，由式 (11-3)，得动荷因数 $K_d=1+\sqrt{1+208.0h}$。静荷应力 $\sigma_{st}=\dfrac{P}{A}=11.94\ \text{MPa}$。由强度条件 $\sigma_d=K_d\sigma_{st}\leqslant[\sigma]$，解得 $h\leqslant389.0\ \text{mm}$。所以，此时重物的许可高度 $[h]=389.0\ \text{mm}$。

(2) 托盘上无弹簧

静位移 $\Delta_{st}=\dfrac{Pl}{EA}=0.239\times10^{-3}\ \text{m}$，由式 (11-3)，得动荷因数 $K_d=1+\sqrt{1+8368.2h}$。由强度条件 $\sigma_d=K_d\sigma_{st}\leqslant[\sigma]$，解得 $h\leqslant9.67\ \text{mm}$。所以，此时重物的许可高度 $[h]=9.67\ \text{mm}$。

习题 11-8　如图 11-11 所示，重为 P 的重物从高度 h 自由下落，冲击于 AB 梁的 D 点。若已知梁的抗弯刚度为 EI，抗弯截面系数为 W_z，试求梁内的动荷最大弯曲正应力以及跨中截面 C 的动荷挠度。

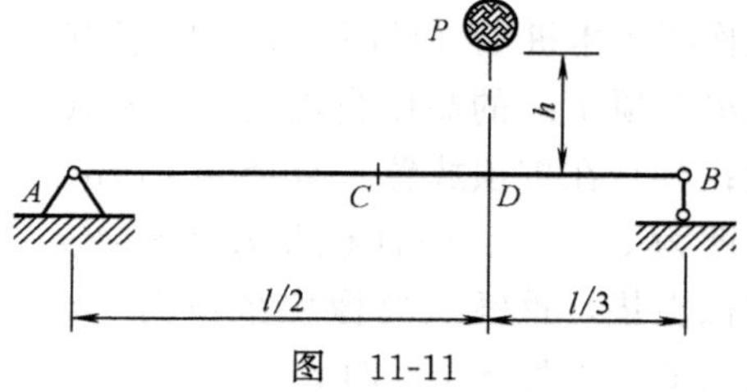

图　11-11

解：首先计算动荷因数。冲击点的静位移 $\Delta_{st}=\Delta_{D\,st}=\dfrac{Pl^3}{90EI}$，由式 (11-3)，得动荷因数 $K_d=1+\sqrt{1+\dfrac{180hEI}{Pl^3}}$。

最大静荷弯矩 $M_{st\,max}=\dfrac{Pl}{5}$，梁内的静荷最大弯曲正应力 $\sigma_{st\,max}=\dfrac{Pl}{5W_z}$。所以，梁内的动荷最大弯曲正应力

$$\sigma_{d\,max}=K_d\sigma_{st\,max}=\left(1+\sqrt{1+\frac{180hEI}{Pl^3}}\right)\frac{Pl}{5W_z}$$

跨中截面 C 的静荷挠度 $\Delta_{C\,st}=\dfrac{59Pl^3}{5184EI}$。所以，跨中截面 C 的动荷挠度

$$\Delta_{C\,d}=K_d\Delta_{C\,st}=\left(1+\sqrt{1+\frac{180hEI}{Pl^3}}\right)\frac{59Pl^3}{5184EI}$$

习题 11-9 图 11-12 所示一外伸梁，一重为 P 的重物从高度 h 处自由下落，落在其自由端 D 上。若已知梁的抗弯刚度 EI，试求截面 C 的动荷挠度。

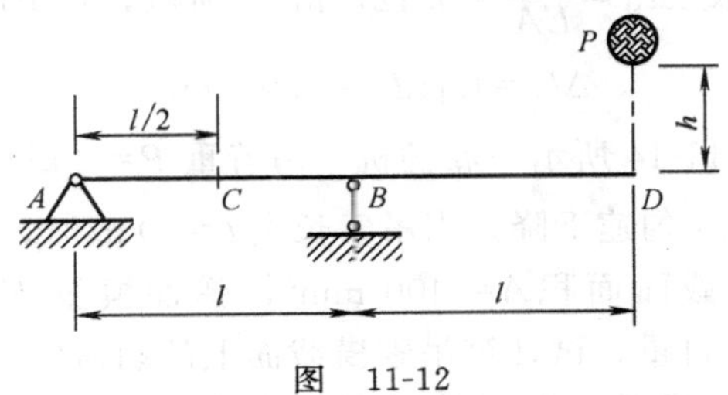

图 11-12

解：首先计算动荷因数。用叠加法，求得冲击点 D 的静位移 $\Delta_{st}=\Delta_{D\,st}=\dfrac{2Pl^3}{3EI}$，

由式（11-3），得动荷因数 $K_d=1+\sqrt{1+\dfrac{3hEI}{Pl^3}}$。

用叠加法，求得截面 C 的静荷挠度 $\Delta_{C\,st}=\dfrac{Pl^3}{16EI}$（↑）。所以，截面 C 的动荷挠度

$$\Delta_{C\,d}=K_d\Delta_{C\,st}=\left(1+\sqrt{1+\frac{3hEI}{Pl^3}}\right)\frac{Pl^3}{16EI}\ (\uparrow)$$

习题 11-10 如图 11-13 所示，矩形截面钢梁 AD 和圆截面钢杆 BD 在 D 点处铰结，一重 $P=1$ kN 的重物自高度 $H=100$ mm 处自由下落，落在梁 AD 的中点 C 处。已知 $l=1$ m，$L=4$ m，$b=40$ mm，$h=60$ mm，$d=10$ mm，弹性模量 $E=200$ GPa。若不计梁和杆的自重，试计算杆 BD 的动荷伸长。

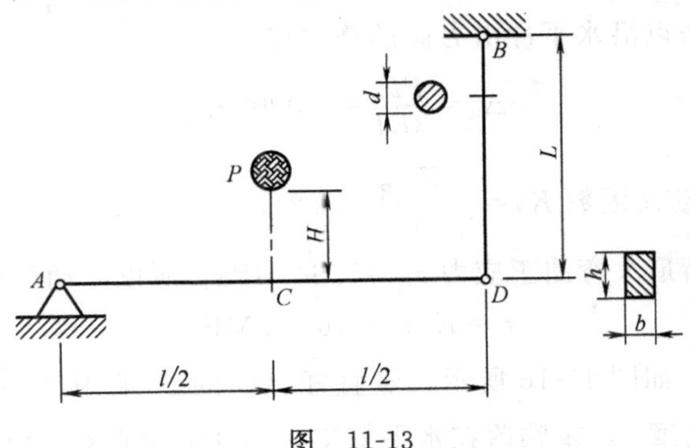

图 11-13

解：首先计算动荷因数。由叠加法，得冲击点 C 的静位移

$$\Delta_{st}=\Delta_{C\,st}=\frac{1}{2}\cdot\frac{\frac{P}{2}L}{EA}+\frac{Pl^3}{48EI}=208.34\times10^{-6}\ \text{m}$$

由式（11-3），得动荷因数 $K_d=32.0$。

杆 BD 的静荷伸长 $\Delta l_{st}=\frac{\frac{P}{2}L}{EA}=0.127\ \text{mm}$。所以，杆 BD 的动荷伸长

$$\Delta l_d=K_d\Delta l_{st}=4.07\ \text{mm}$$

习题 11-11 图 11-14 所示一卷扬机，吊着重 $P=2\ \text{kN}$ 的重物以速度 $v=1.6\ \text{m/s}$ 匀速下降。当吊索长度 $l=60\ \text{m}$ 时，突然刹车。已知吊索横截面面积 $A=400\ \text{mm}^2$，弹性模量 $E=170\ \text{GPa}$。若不计吊索自重，试计算吊索横截面上的动荷应力。

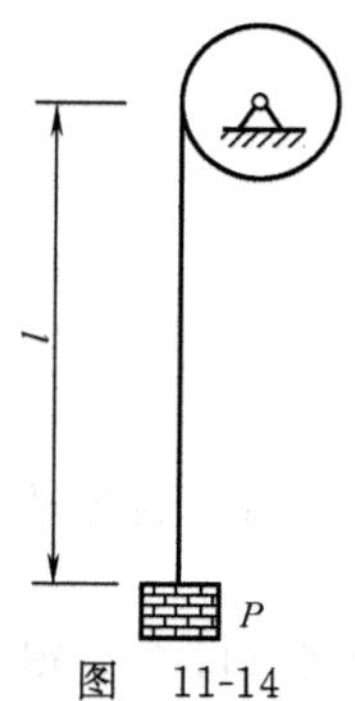

图 11-14

解：首先计算动荷因数。刹车前吊索的静荷伸长为 $\Delta_{st}=\frac{Pl}{EA}=1.7647\times10^{-3}\ \text{m}$，由教材例 11-6，得此时的动荷因数 $K_d=1+\sqrt{\frac{v^2/g}{\Delta_{st}}}=13.2$。

吊索横截面上的静荷应力 $\sigma_{st}=5\ \text{MPa}$。所以，动荷应力 $\sigma_d=K_d\sigma_{st}=66\ \text{MPa}$。

习题 11-12 如图 11-15 所示，重 $P=2\ \text{kN}$ 的冰块，以速度 $v=1\ \text{m/s}$ 沿水平方向冲击一圆木桩的上端。已知木桩长度 $l=3\ \text{m}$，直径 $d=200\ \text{mm}$，弹性模量 $E=11\ \text{GPa}$。不计木桩自重，试计算木桩内的动荷最大弯曲正应力。

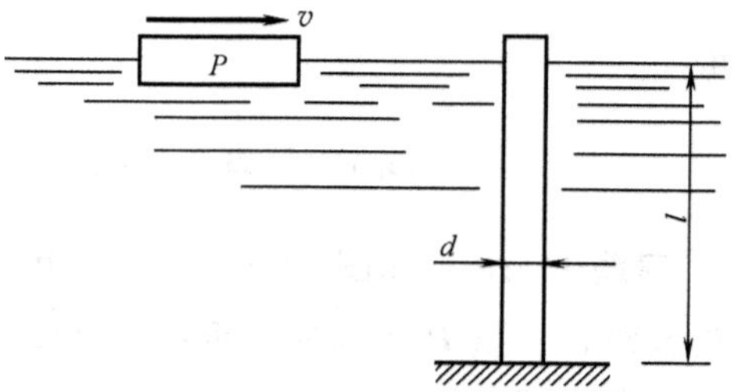

图 11-15

解：首先计算动荷因数。这是水平冲击问题。冲击点沿水平冲击方向的静位移

$$\Delta_{st}=\frac{Pl^3}{3EI}=0.0208\ \text{m}$$

由式（11-5），得动荷因数 $K_d=\sqrt{\frac{v^2/g}{\Delta_{st}}}=2.21$。

木桩内的静荷最大弯曲正应力 $\sigma_{st}=7.64\ \text{MPa}$。所以，动荷最大弯曲正应力

$$\sigma_d=K_d\sigma_{st}=16.88\ \text{MPa}$$

习题 11-13 如图 11-16 所示，竖直杆 AD 的 D 端固结一重为 P 的重物，给重物一水平初速度 v，重物落在水平简支梁 AB 的中点 C。已知梁 AB 的抗弯

刚度为 EI，若不计梁和杆的自重，试求梁 AB 的最大动荷挠度。

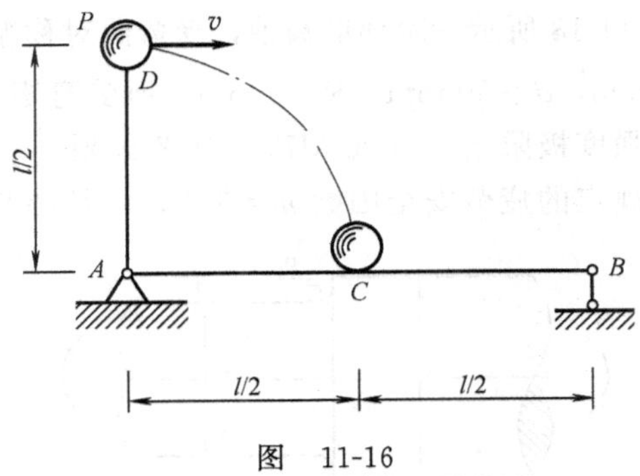

图 11-16

解：首先计算动荷因数。这是垂直冲击问题。梁的冲击点的静位移 $\Delta_{st}=\Delta_{C\,st}=\dfrac{Pl^3}{48EI}$，由式（11-2），得动荷因数

$$K_d=1+\sqrt{1+\frac{2h+v_0^2/g}{\Delta_{st}}}=1+\sqrt{1+\frac{48EI(gl+v^2)}{gPl^3}}$$

最大静荷挠度发生于梁的跨中截面 C 处，即 $\Delta_{st\,max}=\Delta_{C\,st}=\dfrac{Pl^3}{48EI}$。所以，梁 AB 的最大动荷挠度

$$\Delta_{d\,max}=K_d\Delta_{st\,max}=\left(1+\sqrt{1+\frac{48EI(gl+v^2)}{gPl^3}}\right)\frac{Pl^3}{48EI}\ (\downarrow)$$

习题 11-14 如图 11-17 所示，若将上题中的装置顺时针旋转90°，而其他均不变，则此时，梁 AB 的最大动荷挠度是多少？

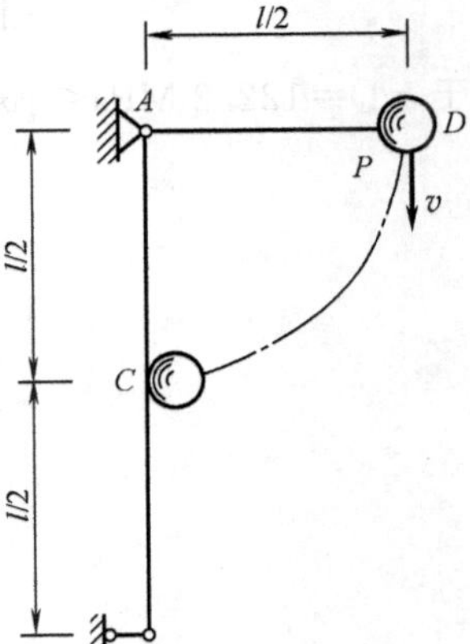

解：首先计算动荷因数。这是水平冲击问题。梁的冲击点沿冲击方向的静荷位移 $\Delta_{st}=\Delta_{C\,st}=\dfrac{Pl^3}{48EI}$。由机械能守恒原理，得水平冲击速度 $v_H=\sqrt{gl+v^2}$。再由式（11-5），得动荷因数

$$K_d=\sqrt{\frac{v_H^2/g}{\Delta_{st}}}=\sqrt{\frac{48EI(gl+v^2)}{gPl^3}}$$

最大静荷挠度发生于梁的跨中截面 C 处，即 $\Delta_{st\,max}=\Delta_{C\,st}=\dfrac{Pl^3}{48EI}$。所以，梁 AB 的最大动荷挠度

图 11-17

$$\Delta_{d\,max}=K_d\Delta_{st\,max}=\sqrt{\frac{48EI(gl+v^2)}{gPl^3}}\frac{Pl^3}{48EI}\ (\leftarrow)$$

习题 11-15 （略）

习题 11-16 图 11-18 所示一阶梯形圆轴，受弯曲对称循环交变应力的作用。已知几何尺寸 $D=60\ \text{mm}$，$d=50\ \text{mm}$，$R=5\ \text{mm}$；所受弯矩 $M=1.5\ \text{kN}\cdot\text{m}$；材料为高强度合金钢，强度极限 $\sigma_b=1000\ \text{MPa}$，疲劳极限 $\sigma_{-1}=550\ \text{MPa}$；轴的表面经过精车加工。若规定的疲劳安全因数 $n_f=1.7$，试校核其疲劳强度。

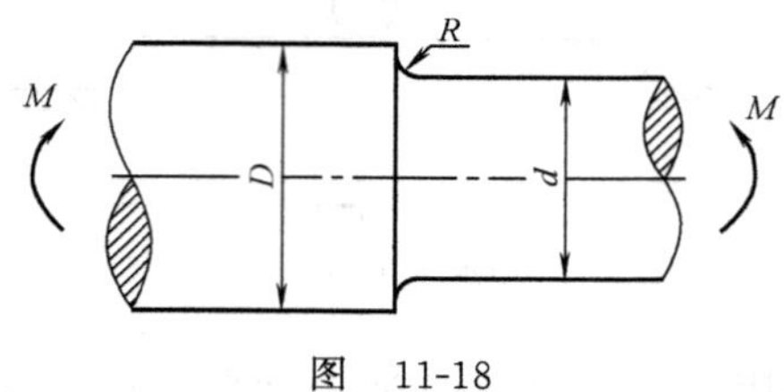

图 11-18

解：根据 $\sigma_b=1000\ \text{MPa}$，$D/d=1.2$，$R/d=0.1$，由教材图 11-18b 查得，其有效应力集中因数约为 $K_\sigma=1.55$。根据 $d=50\ \text{mm}$，由教材图 11-19 查得，其尺寸因数约为 $\varepsilon_\sigma=0.72$。根据精车加工的表面状况，由教材图 11-20 查得，其表面质量因数约为 $\beta=0.87$。

根据最大弯曲正应力计算公式，交变应力的最大应力 $\sigma_{max}=\dfrac{M}{W_z}=122.2\ \text{MPa}$。

由式（11-9），得对称循环交变应力作用下构件的许用应力

$$[\sigma_{-1}]=\frac{\varepsilon_\sigma\beta}{n_f K_\sigma}\sigma_{-1}=130.7\ \text{MPa}$$

由于 $\sigma_{max}=122.2\ \text{MPa}<[\sigma_{-1}]$，所以该阶梯形圆轴的疲劳强度符合要求。

第十二章
能　量　法

知识要点

一、应变能（变形能）

应变能又称为变形能，是指固体因弹性变形而具备的能量，记作 V_ε。

1. 拉（压）杆的应变能计算

$$V_\varepsilon=\int_l \frac{F_N{}^2(x)}{2EA}\mathrm{d}x \tag{12-1}$$

式中，$F_N(x)$ 为杆任一 x 截面上的轴力；EA 为杆的抗拉（压）刚度。若 $\frac{F_N}{EA}$ 为常量，上式则成为

$$V_\varepsilon=\frac{F_N{}^2 l}{2EA} \tag{12-2}$$

2. 轴的应变能计算

$$V_\varepsilon=\int_l \frac{T^2(x)}{2GI_p}\mathrm{d}x \tag{12-3}$$

式中，$T(x)$ 为杆任一 x 截面上的扭矩；GI_p 为杆的抗扭刚度。若 $\frac{T}{GI_p}$ 为常量，上式则成为

$$V_\varepsilon=\frac{T^2 l}{2GI_p} \tag{12-4}$$

3. 梁（刚架）的应变能计算

$$V_\varepsilon=\int_l \frac{M^2(x)}{2EI}\mathrm{d}x \tag{12-5}$$

式中，$M(x)$ 为杆任一 x 截面上的弯矩；EI 为杆的抗弯刚度。

说明：梁（刚架）主要承受弯曲变形，在计算其应变能时，只需考虑弯矩

引起的弯曲应变能。

4. 组合变形杆件的应变能计算

$$V_{\varepsilon}=\int_{l}\frac{F_{N}{}^{2}(x)}{2EA}\mathrm{d}x+\int_{l}\frac{T^{2}(x)}{2GI_{p}}\mathrm{d}x+\int_{l}\frac{M^{2}(x)}{2EI}\mathrm{d}x \tag{12-6}$$

说明：在小变形情况下，假设组合变形杆件各个内力分量只在各自引起的变形上做功。

二、弹性结构的能量守恒原理

在外力作用下，弹性结构的应变能等于在其变形过程中外力所做的功，即

$$V_{\varepsilon}=W \tag{12-7}$$

设线弹性结构在静载 F 的作用下，因变形产生位移 Δ，则外力功

$$W=\frac{1}{2}F\Delta \tag{12-8}$$

式中，F 为广义力；Δ 为 F 的作用点沿 F 作用方向的与之对应的广义位移。

三、卡氏定理

线弹性结构的应变能对任一载荷 F_i 的一阶偏导数，等于 F_i 的作用点沿 F_i 作用方向的位移 Δ_i，即

$$\Delta_i=\frac{\partial V_{\varepsilon}}{\partial F_i} \tag{12-9}$$

式中，F_i 为广义力；Δ_i为与之对应的广义位移。

说明：(1) 对于桁架，卡氏定理可改写为

$$\Delta_i=\sum_{j=1}^{n}\left(\frac{F_{Nj}l_j}{EA_j}\cdot\frac{\partial F_{Nj}}{\partial F_i}\right) \tag{12-10}$$

(2) 对于梁（刚架），卡氏定理可改写为

$$\Delta_i=\int_{l}\frac{M(x)}{EI}\cdot\frac{\partial M(x)}{\partial F_i}\mathrm{d}x \tag{12-11}$$

四、互等定理

1. 功的互等定理

对于线弹性结构，第一组外力在第二组外力所引起的位移上所做的功等于第二组外力在第一组外力所引起的位移上所做的功。

2. 位移互等定理

当外力 F_1 与 F_2 的数值相等时，F_2 所引起的 F_1 的作用点沿 F_1 作用方向的位移就等于 F_1 所引起的 F_2 的作用点沿 F_2 作用方向的位移。

五、单位载荷法

对于在静载荷作用下的线弹性结构，若需求某处位移 Δ，则可先单独在该处添加一个与待求位移 Δ 对应的单位载荷，然后根据下列公式计算对应位移 Δ：

1. 桁架

$$\Delta = \sum_{i=1}^{n} \frac{F_{Ni}\overline{F}_{Ni}l_i}{EA_i} \tag{12-12}$$

式中，F_N 为实际载荷引起的轴力；$\overline{F}_N$ 为单位载荷引起的轴力。

2. 梁（刚架）

$$\Delta = \int_l \frac{M(x)\overline{M}(x)}{EI}dx \tag{12-13}$$

式中，$M(x)$ 为实际载荷引起的弯矩；$\overline{M}(x)$ 为单位载荷引起的弯矩。

3. 轴

$$\Delta = \int_l \frac{T(x)\overline{T}(x)}{GI_p}dx \tag{12-14}$$

式中，$T(x)$ 为实际载荷引起的扭矩；$\overline{T}(x)$ 为单位载荷引起的扭矩。

4. 组合变形杆件

$$\Delta = \sum_{i=1}^{n} \frac{F_{Ni}\overline{F}_{Ni}l_i}{EA_i} + \int_l \frac{T(x)\overline{T}(x)}{GI_p}dx + \int_l \frac{M(x)\overline{M}(x)}{EI}dx \tag{12-15}$$

六、图乘法

在运用单位载荷法计算梁（刚架）位移时，若满足以下三个条件：(1) 直杆；(2) 抗弯刚度 EI 为常数；(3) 单位载荷引起的弯矩图（简称 $\overline{M}$ 图）为单一直线，则式（12-13）可改写为

$$\Delta = \frac{\omega \overline{M}_C}{EI} \tag{12-16}$$

式中，ω 为实际载荷引起的弯矩图（简称 M 图）的面积；$\overline{M}_C$ 为 M 图的形心对应位置上 $\overline{M}$ 图的竖标。

解题方法

一、运用能量守恒原理计算结构位移

计算步骤——

1. 计算杆件内力；

2. 将内力代入相应公式，式（12-1）～式（12-6），计算结构应变能；

3. 根据能量守恒原理计算结构位移，其中，外力功由式（12-8）确定。

注意点——

1. 适用于线弹性结构。

2. 适用于仅受单个载荷作用，且待求位移为载荷作用点沿载荷作用方向的位移的场合。

二、运用卡氏定理计算结构位移

计算步骤——

1. 若结构上没有与待求位移 Δ_i 所对应的外力作用，则在结构的相应位置上附加一个与待求位移 Δ_i 对应的外力 F_i；

2. 计算杆件内力（需考虑附加外力 F_i 的影响）；

3. 求内力对与待求位移 Δ_i 对应的外力（或附加外力）F_i 的一阶偏导数；

4. 若 F_i 为附加外力，则在杆件内力及其对 F_i 一阶偏导数的表达式中，令 $F_i=0$；

5. 将内力及其对 F_i 一阶偏导数的表达式代入相应公式，即式（12-10）或式（12-11），计算结构位移。

注意点——

1. 适用于线弹性结构。

2. Δ_i 为广义位移，F_i 为与之对应的广义力。

3. 若结构上作用有若干个相同外力，而待求位移与其中某一外力相应，则应首先对这些相同外力重新编号，以便于对相应外力求一阶偏导数。

4. 计算过程中要注意内力的正负号。

三、运用单位载荷法计算结构位移

计算步骤——

1. 在结构上单独添加与待求位移相对应的单位载荷；

2. 计算实际载荷单独作用时所引起的杆件内力；

3. 计算单位载荷单独作用时所引起的杆件内力；

4. 将内力代入相应公式，即式（12-12）～式（12-15），计算结构位移。

注意点——

1. 适用于线弹性结构。

2. 添加的单位载荷是广义的，必须与待求位移相对应。

3. 计算过程中要注意内力的正负号。

四、运用图乘法计算梁（刚架）位移

计算步骤——

1. 在梁（刚架）上单独添加与待求位移相对应的单位载荷；
2. 作出实际载荷单独作用时所引起的弯矩图；
3. 作出单位载荷单独作用时所引起的弯矩图；
4. 按式（12-16）计算梁（刚架）位移。

注意点——

1. 适用于线弹性结构。
2. 添加的单位载荷是广义的，必须与待求位移相对应。
3. 在式（12-16）中，若 M 与 $\overline{M}$ 的正负号相同，乘积 $\omega\overline{M}_C$ 取正号；若 M 与 $\overline{M}$ 的正负号相反，乘积 $\omega\overline{M}_C$ 则取负号。
4. 若 $\overline{M}$ 图由几段直线构成，或者抗弯刚度 EI 为分段常数，则应分段运用式（12-16），然后代数相加，即有

$$\Delta=\sum_{i=1}^{n}\left(\frac{\omega\overline{M}_C}{EI}\right)_i \tag{12-17}$$

5. 对于抗弯刚度 EI 为常数的直杆，若 M 图为单一直线，式（12-13）亦可改写为

$$\Delta=\frac{\overline{\omega}M_C}{EI} \tag{12-18}$$

式中，$\overline{\omega}$ 为 $\overline{M}$ 图的面积；M_C 为 $\overline{M}$ 图的形心对应位置上 M 图的竖标。

难题解析

【例题 12-1】 如图 12-1a 所示，两刚性梁 AB 和 CD 用抗拉（压）刚度同为 EA 的两根弹性杆 EC 和 BG 铰结在一起，试求在 F 力作用下 C 点的竖直位移。

解：方法一：能量守恒原理

（1）计算内力

分别截取上、下两根横梁为研究对象（见图 12-1b），由平衡方程 $\sum M_A=0$ 和 $\sum M_D=0$ 联立解得，两根弹性杆的轴力

$$F_{\mathrm{N}EC}=\frac{9}{8}F,\quad F_{\mathrm{N}BG}=-\frac{3}{8}F$$

（2）计算结构应变能

因横梁是刚性的，两根弹性杆的应变能即为结构的应变能，将两杆轴力代入式（12-2）即得结构应变能

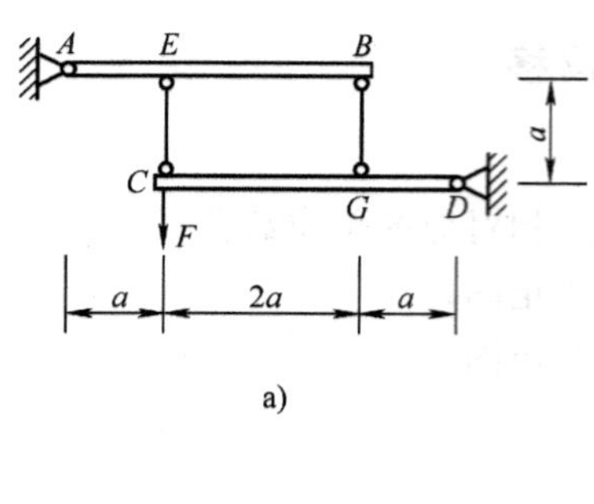

a)

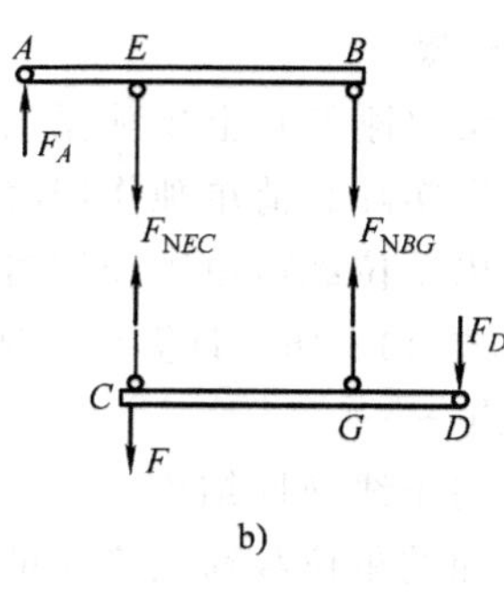

b)

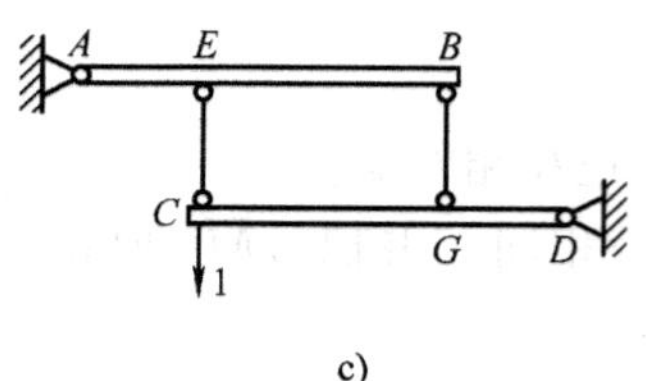

c)

图 12-1

$$V_\varepsilon = \frac{45F^2 a}{64EA}$$

（3）计算位移

根据能量守恒原理

$$V_\varepsilon = W = \frac{1}{2}F\Delta_{C\mathrm{V}}$$

得 C 点的竖直位移

$$\Delta_{C\mathrm{V}} = \frac{45Fa}{32EA}\ (\downarrow)$$

方法二：卡氏定理

由于待求位移 $\Delta_{C\mathrm{V}}$ 就是外力 F 的作用点沿 F 作用方向的位移，因此可直接运用卡氏定理。

（1）两杆轴力

$$F_{\mathrm{N}EC} = \frac{9}{8}F,\quad F_{\mathrm{N}BG} = -\frac{3}{8}F$$

（2）两杆轴力对 F 的一阶偏导数

$$\frac{\partial F_{\mathrm{N}EC}}{\partial F} = \frac{9}{8},\quad \frac{\partial F_{\mathrm{N}BG}}{\partial F} = -\frac{3}{8}$$

（3）根据卡氏定理，式（12-10），即得 C 点的竖直位移

$$\Delta_{C\mathrm{V}} = \frac{45Fa}{32EA}\ (\downarrow)$$

方法三：单位载荷法

(1) 单独在结构 C 点沿竖直方向施加一单位力（见图 12-1c）

(2) 实际载荷引起的两杆轴力

$$F_{\mathrm{N}EC}=\frac{9}{8}F,\quad F_{\mathrm{N}BG}=-\frac{3}{8}F$$

(3) 单位载荷引起的两杆轴力

$$\overline{F}_{\mathrm{N}EC}=\frac{9}{8},\quad \overline{F}_{\mathrm{N}BG}=-\frac{3}{8}$$

(4) 将求得的轴力代入式（12-12），即得 C 点的竖直位移

$$\Delta_{C\mathrm{V}}=\frac{45Fa}{32EA}(\downarrow)$$

该题利用结构的变形协调关系亦可求解，但与能量法相比，要麻烦不少。读者可以自行尝试。

【例题 12-2】 如图 12-2a 所示，直径为 d 的圆截面曲杆 AB 的轴线是半径为 R 的四分之一圆弧，且 $d\ll R$，曲杆的 A 端固定、B 端自由，在自由端 B 受垂直于杆轴线所在平面的集中力 F 作用。已知材料的弹性模量为 E，切变模量为 G，试求其自由端 B 绕杆轴线的转角。

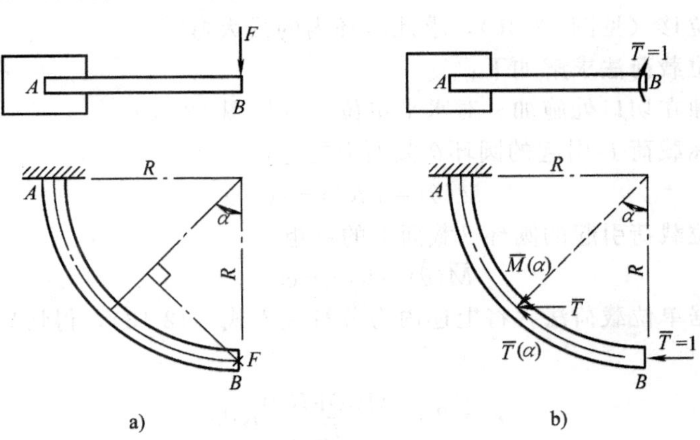

图 12-2

解：采用单位载荷法求解。

(1) 在自由端 B 处施加一个单位扭矩 $\overline{T}=1$（见图 12-2b）。

(2) 实际载荷 F 引起的杆 α 截面上的内力（忽略剪力的影响）有

弯矩：$M(\alpha)=-FR\sin\alpha$

扭矩：$T(\alpha)=-FR(1-\cos\alpha)$

(3) 单位扭矩 $\overline{T}$ 引起的杆 α 截面上的内力有

弯矩：$\overline{M}(\alpha)=1\times\sin\alpha$

扭矩：$\overline{T}(\alpha)=-1\times\cos\alpha$

（4）根据单位载荷法，将上述求得的内力分量代入式（12-15），计算得自由端 B 绕杆轴线的转角

$$\theta_B=\int_0^{\frac{\pi}{2}}\frac{M(\alpha)\overline{M}(\alpha)}{EI}R\,d\alpha+\int_0^{\frac{\pi}{2}}\frac{T(\alpha)\overline{T}(\alpha)}{GI_p}R\,d\alpha=\frac{16FR^2}{d^4}\left(-\frac{1}{E}+\frac{4-\pi}{2\pi G}\right)$$

【例题 12-3】 如图 12-3a 所示，将平均半径为 R 的细圆环在某处切开，并在切口处嵌入一厚度为 e 的小块体，试求环内的最大弯矩。已知圆环的抗弯刚度为 EI。

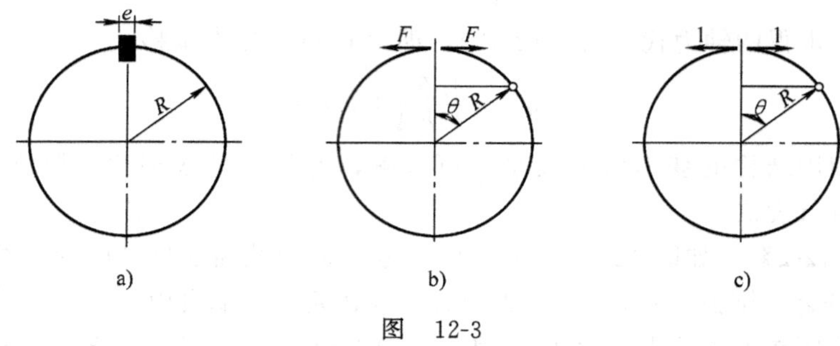

图 12-3

解：该问题相当于在圆环切口处施加一对水平力 F，使得切口两面产生为 e 的水平相对位移（见图 12-3b），求此时环内的最大弯矩。

运用单位载荷法求解如下：

（1）单独在切口处施加一对水平单位力（见图 12-3c）。

（2）实际载荷 F 引起的圆环 θ 截面上的弯矩

$$M(\theta)=FR(1-\cos\theta)$$

（3）单位载荷引起的圆环 θ 截面上的弯矩

$$\overline{M}(\theta)=R(1-\cos\theta)$$

（4）根据单位载荷法，将上述内力分量代入式（12-13），得切口处的水平相对位移

$$e=2\int_0^{\pi}\frac{M(\theta)\overline{M}(\theta)}{EI}R\,d\theta$$

由此解得

$$F=\frac{EIe}{3\pi R^3}$$

（5）当 $\theta=\pi$ 时，环内弯矩最大，为

$$M_{\max}=F\times 2R=\frac{2EIe}{3\pi R^2}$$

习题解答

习题 12-1 试计算图 12-4 所示阶梯形拉杆的应变能，已知 AB 段杆的抗拉

刚度为EA_1，长度为l_1；BC段杆的抗拉刚度为EA_2，长度为l_2。

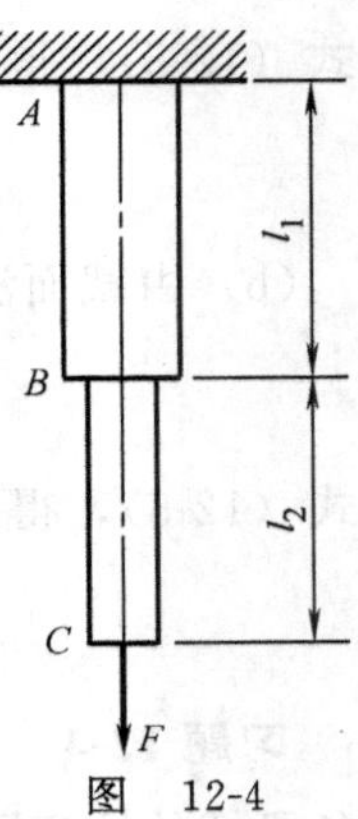

图　12-4

解：两段杆的轴力$F_{N1}=F_{N2}=F$。由式（12-2），得阶梯形拉杆的应变能

$$V_\varepsilon=\frac{F_{N1}{}^2l_1}{2EA_1}+\frac{F_{N2}{}^2l_2}{2EA_2}=\frac{F^2}{2E}\left(\frac{l_1}{A_1}+\frac{l_2}{A_2}\right)$$

习题 12-2　图 12-5a 所示圆轴AB受集度为m_e（N·m/m）的均布转矩的作用，已知圆轴的长度为l、直径为d，材料的切变模量为G，试计算其应变能。

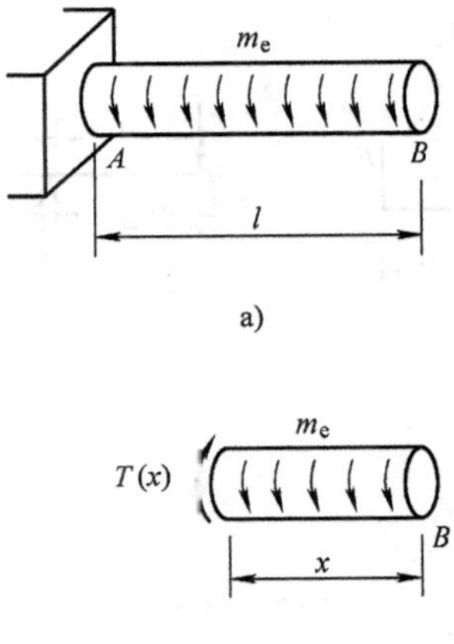

a)

b)

图　12-5

解：由截面法，轴任一截面上的扭矩（见图 12-5b）$T(x)=m_ex$。由式（12-3），得该轴的应变能

$$V_\varepsilon=\int_0^l\frac{T^2(x)}{2GI_p}\mathrm{d}x=\frac{16m_e^2l^3}{3\pi Gd^4}$$

习题 12-3　已知图 12-6 所示梁的抗弯刚度为EI，试计算梁的应变能。

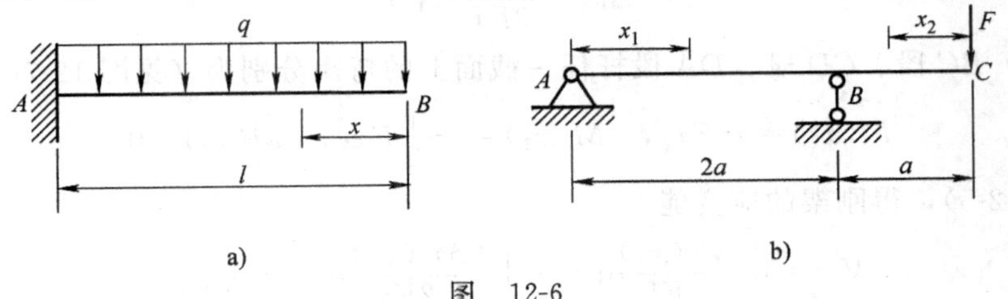

图　12-6

解：(a) 由截面法，梁任一截面上的弯矩（见图 12-6a）$M(x)=-\frac{1}{2}qx^2$。

由式（12-5），得该梁的应变能

$$V_{\varepsilon}=\int_0^l \frac{M^2(x)}{2EI}\mathrm{d}x=\frac{q^2l^5}{40EI}$$

（b）由截面法，AB 段、BC 段梁任一截面上的弯矩分别为（见图 12-6b）

$$M(x_1)=-\frac{1}{2}Fx_1,\quad M(x_2)=-Fx_2$$

由式（12-5），得该梁的应变能

$$V_{\varepsilon}=\int_0^{2a}\frac{M^2(x_1)}{2EI}\mathrm{d}x_1+\int_0^a\frac{M^2(x_2)}{2EI}\mathrm{d}x_2=\frac{F^2a^3}{2EI}$$

习题 12-4 试求图 12-7 所示各刚架的应变能以及截面 B 的竖直位移。已知各段杆的抗弯刚度均为 EI。

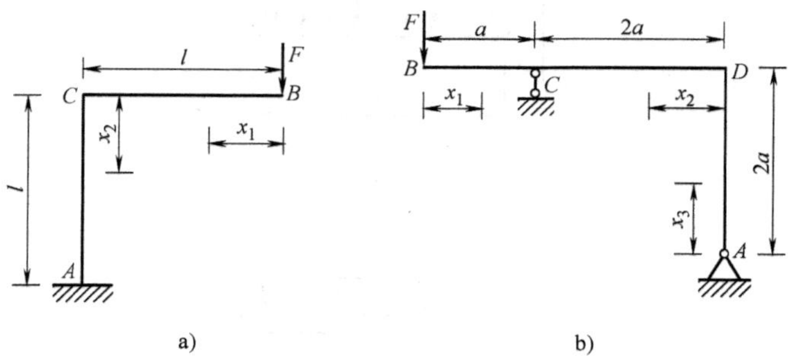

图 12-7

解：（a）CB 段、AC 段杆任一截面上的弯矩分别为（见图 12-7a）

$$M(x_1)=-Fx_1,\quad M(x_2)=-Fl$$

由式（12-5），得刚架的应变能

$$V_{\varepsilon}=\int_0^l\frac{M^2(x_1)}{2EI}\mathrm{d}x_1+\int_0^l\frac{M^2(x_2)}{2EI}\mathrm{d}x_2=\frac{2F^2l^3}{3EI}$$

根据能量守恒原理，得截面 B 的竖直位移

$$\Delta_{BV}=\frac{4Fl^3}{3EI}\ (\downarrow)$$

（b）BC 段、CD 段、DA 段杆任一截面上的弯矩分别为（见图 12-7b）

$$M(x_1)=-Fx_1,\quad M(x_2)=-\frac{1}{2}Fx_2,\quad M(x_3)=0$$

由式（12-5），得刚架的应变能

$$V_{\varepsilon}=\int_0^a\frac{M^2(x_1)}{2EI}\mathrm{d}x_1+\int_0^{2a}\frac{M^2(x_2)}{2EI}\mathrm{d}x_2=\frac{F^2a^3}{2EI}$$

根据能量守恒原理，得截面 B 的竖直位移

$$\Delta_{BV}=\frac{Fa^3}{EI}\ (\downarrow)$$

习题 12-5　图 12-8 所示桁架，已知各杆的抗拉（压）刚度均为 EA，试计算桁架的应变能以及节点 B 的竖直位移。

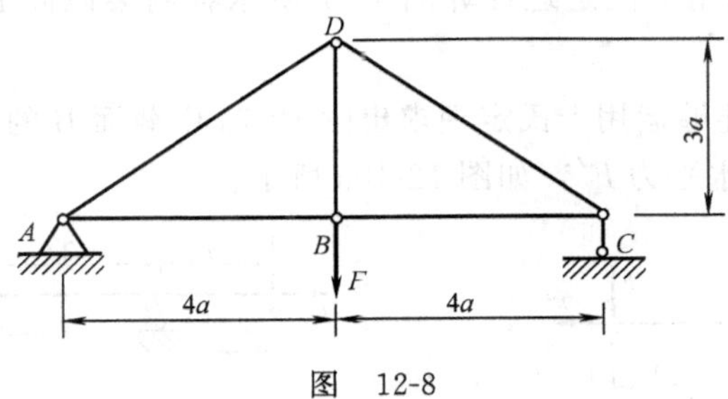

图　12-8

解：各杆轴力

$$F_{\mathrm{N}AD}=F_{\mathrm{N}CD}=-\frac{5}{6}F, \quad F_{\mathrm{N}AB}=F_{\mathrm{N}CB}=\frac{2}{3}F, \quad F_{\mathrm{N}BD}=F$$

由式（12-2），得桁架的应变能

$$V_{\varepsilon}=\sum\frac{F_{\mathrm{N}}{}^{2}l}{2EA}=\frac{27F^{2}a}{4EA}$$

根据能量守恒原理，得节点 B 的竖直位移

$$\Delta_{B\mathrm{V}}=\frac{27Fa}{2EA}\ (\downarrow)$$

习题 12-6　试用卡氏定理计算图 12-6b 所示外伸梁 C 截面的挠度和转角。

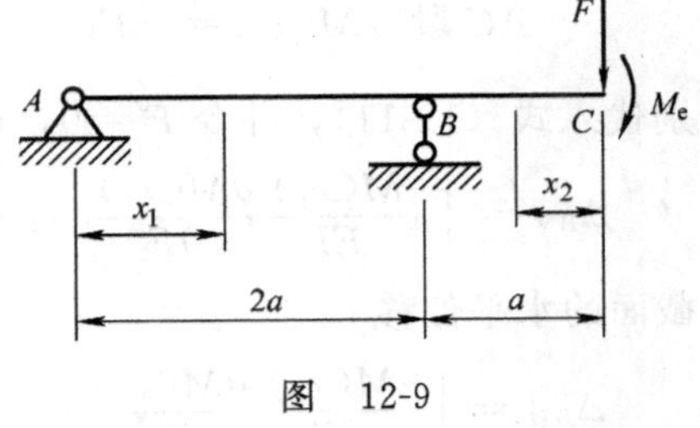

图　12-9

解：为了能够运用卡氏定理求出 C 截面的转角，首先在 C 截面处添加一个矩为 M_{e} 的力偶，如图 12-9 所示。

在载荷 F 和 M_{e} 的共同作用下，梁的弯矩方程及其对 F、M_{e} 的一阶偏导数分别为

AB 段　$M(x_1)=-\dfrac{1}{2}Fx_1-\dfrac{M_{\mathrm{e}}}{2a}x_1$，　$\dfrac{\partial M(x_1)}{\partial F}=-\dfrac{1}{2}x_1$，　$\dfrac{\partial M(x_1)}{\partial M_{\mathrm{e}}}=-\dfrac{1}{2a}x_1$

BC 段　$M(x_2)=-Fx_2-M_{\mathrm{e}}$，　$\dfrac{\partial M(x_2)}{\partial F}=-x_2$，　$\dfrac{\partial M(x_2)}{\partial M_{\mathrm{e}}}=-1$

分别代入式（12-11），并令 $M_{\mathrm{e}}=0$，得 C 截面的挠度

$$\Delta_{C\mathrm{V}}=\int_0^{2a}\frac{M(x_1)}{EI}\frac{\partial M(x_1)}{\partial F}\mathrm{d}x_1+\int_0^{a}\frac{M(x_2)}{EI}\frac{\partial M(x_2)}{\partial F}\mathrm{d}x_2=\frac{Fa^3}{EI}\ (\downarrow)$$

C 截面的转角

$$\theta_C = \int_0^{2a} \frac{M(x_1)}{EI} \frac{\partial M(x_1)}{\partial M_e} dx_1 + \int_0^{a} \frac{M(x_2)}{EI} \frac{\partial M(x_2)}{\partial M_e} dx_2 = \frac{7Fa^2}{6EI} \text{（顺时针）}$$

习题 12-7　试用卡氏定理计算图 12-7 所示各刚架截面 B 的竖直位移和水平位移。

解：(a) 为了能够运用卡氏定理求出图 12-7a 中截面 B 的水平位移，首先在截面 B 处添加一个水平力 F'，如图 12-10a 所示。

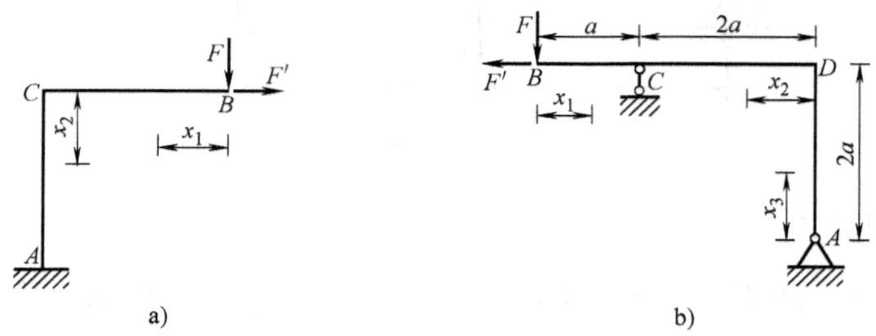

图　12-10

在载荷 F 和 F' 的共同作用下，刚架的弯矩方程及其对 F、F' 的一阶偏导数分别为

$$CB\text{ 段}\quad M(x_1) = -Fx_1,\quad \frac{\partial M(x_1)}{\partial F} = -x_1,\quad \frac{\partial M(x_1)}{\partial F'} = 0$$

$$AC\text{ 段}\quad M(x_2) = -Fl - F'x_2,\quad \frac{\partial M(x_2)}{\partial F} = -l,\quad \frac{\partial M(x_2)}{\partial F'} = -x_2$$

分别代入式 (12-11)，并令 $F'=0$，得 B 截面的竖直位移

$$\Delta_{BV} = \int_0^{l} \frac{M(x_1)}{EI} \frac{\partial M(x_1)}{\partial F} dx_1 + \int_0^{l} \frac{M(x_2)}{EI} \frac{\partial M(x_2)}{\partial F} dx_2 = \frac{4Fl^3}{3EI}\ (\downarrow)$$

B 截面的水平位移

$$\Delta_{BH} = \int_0^{l} \frac{M(x_1)}{EI} \frac{\partial M(x_1)}{\partial F'} dx_1 + \int_0^{l} \frac{M(x_2)}{EI} \frac{\partial M(x_2)}{\partial F'} dx_2 = \frac{Fl^3}{2EI}\ (\rightarrow)$$

(b) 为了能够运用卡氏定理求出图 12-7b 中 B 截面的水平位移，首先在 B 截面处添加一个水平力 F'，如图 12-10b 所示。

在载荷 F 和 F' 的共同作用下，刚架的弯矩方程及其对 F、F' 的一阶偏导数分别为

$$BC\text{ 段}\quad M(x_1) = -Fx_1,\quad \frac{\partial M(x_1)}{\partial F} = -x_1,\quad \frac{\partial M(x_1)}{\partial F'} = 0$$

$$CD\text{ 段}\quad M(x_2) = -\frac{1}{2}Fx_2 + F'(2a - x_2),\quad \frac{\partial M(x_2)}{\partial F} = -\frac{1}{2}x_2,\quad \frac{\partial M(x_2)}{\partial F'} = 2a - x_2$$

$$DA\text{ 段}\quad M(x_3) = F'x_3,\quad \frac{\partial M(x_3)}{\partial F} = 0,\quad \frac{\partial M(x_3)}{\partial F'} = x_3$$

分别代入式（12-11），并令 $F'=0$，得 B 截面的竖直位移

$$\Delta_{BV}=\int_0^a \frac{M(x_1)}{EI}\frac{\partial M(x_1)}{\partial F}\mathrm{d}x_1+\int_0^{2a}\frac{M(x_2)}{EI}\frac{\partial M(x_2)}{\partial F}\mathrm{d}x_2=\frac{Fa^3}{EI}\ (\downarrow)$$

B 截面的水平位移

$$\Delta_{BH}=\int_0^{2a}\frac{M(x_2)}{EI}\frac{\partial M(x_2)}{\partial F'}\mathrm{d}x_2+\int_0^{2c}\frac{M(x_3)}{EI}\frac{\partial M(x_3)}{\partial F'}\mathrm{d}x_3=-\frac{2Fa^3}{3EI}\ (\rightarrow)$$

习题 12-8 试用卡氏定理计算图 12-8 所示桁架节点 D 的竖直位移。

解：为了能够运用卡氏定理求出节点 D 的竖直位移，首先在节点 D 上添加一个竖直力 F'，如图 12-11 所示。

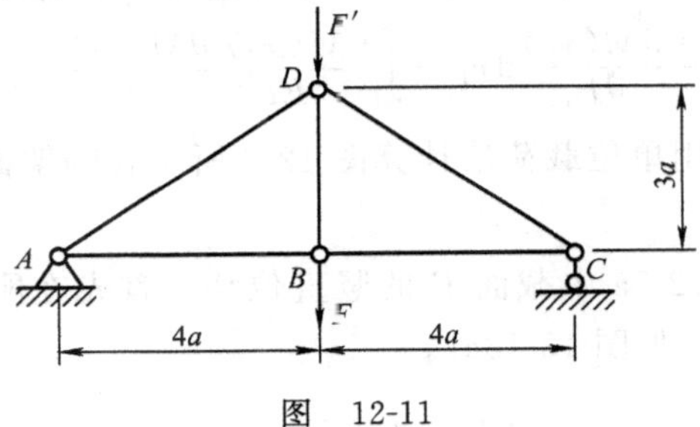

图 12-11

在载荷 F 和 F' 的共同作用下，各杆轴力

$$F_{NAD}=F_{NCD}=-\frac{5}{6}(F+F'),\quad F_{NAB}=F_{NCB}=\frac{2}{3}(F+F'),\quad F_{NBD}=F$$

各杆轴力对 F' 的一阶偏导数

$$\frac{\partial F_{NAD}}{\partial F'}=\frac{\partial F_{NCD}}{\partial F'}=-\frac{5}{6},\quad \frac{\partial F_{NAB}}{\partial F'}=\frac{\partial F_{NCB}}{\partial F'}=\frac{2}{3},\quad \frac{\partial F_{NBD}}{\partial F'}=0$$

代入式（12-10），并令 $F'=0$，即得节点 D 的竖直位移

$$\Delta_{DV}=\sum\left(\frac{F_N l}{EA}\cdot\frac{\partial F_N}{\partial F'}\right)=\frac{21Fa}{2EA}\ (\downarrow)$$

习题 12-9 试用卡氏定理计算如图 12-12a 所示外伸梁截面 B 的挠度，已知梁的抗弯刚度为 EI。

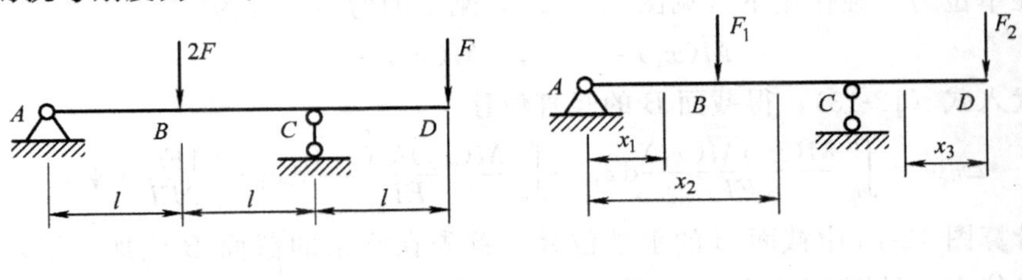

图 12-12

解：为了能够运用卡氏定理求出截面 B 的挠度，分别记作用在截面 B 处的竖直力 $2F$ 为 F_1、作用在截面 D 处的竖直力 F 为 F_2，如图 12-12b 所示。

在替换力的符号后，梁的弯矩方程及其对 F_1 的一阶偏导数分别为

$$AB\text{ 段}\quad M(x_1)=\left(\frac{F_1}{2}-\frac{F_2}{2}\right)x_1,\quad \frac{\partial M(x_1)}{\partial F_1}=\frac{1}{2}x_1$$

$$BC\text{ 段}\quad M(x_2)=\left(\frac{F_1}{2}-\frac{F_2}{2}\right)x_2-F_1(x_2-l),\quad \frac{\partial M(x_2)}{\partial F_1}=-\frac{1}{2}x_2+l$$

$$CD\text{ 段}\quad M(x_3)=-F_2x_3,\quad \frac{\partial M(x_3)}{\partial F_1}=0$$

代入式（12-11），并令 $F_1=2F$、$F_2=F$，即得截面 B 的挠度

$$\Delta_{BV}=\int_0^l \frac{M(x_1)}{EI}\frac{\partial M(x_1)}{\partial F_1}\mathrm{d}x_1+\int_l^{2l}\frac{M(x_2)}{EI}\frac{\partial M(x_2)}{\partial F_1}\mathrm{d}x_2=\frac{Fl^3}{12EI}(\downarrow)$$

习题 12-10 试用单位载荷法计算图 12-7 所示各刚架截面 B 的竖直位移和水平位移。

解：(a) 计算图 12-7a 中截面 B 的竖直位移。首先在刚架的截面 B 施加一沿竖直方向的单位力（见图 12-13a）。

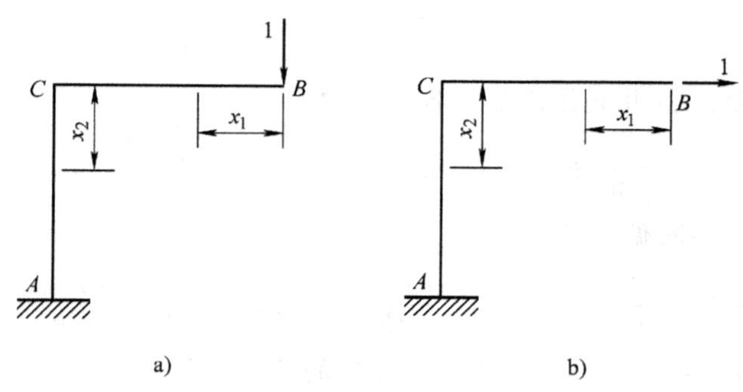

图 12-13

在实际载荷单独作用下（见图 12-7a），刚架的弯矩方程为

$$M(x_1)=-Fx_1,\quad M(x_2)=-Fl$$

在单位力单独作用下（见图 12-13a），刚架的弯矩方程为

$$\overline{M}(x_1)=-x_1,\quad \overline{M}(x_2)=-l$$

代入式（12-13），得截面 B 的竖直位移

$$\Delta_{BV}=\int_0^l \frac{M(x_1)\overline{M}(x_1)}{EI}\mathrm{d}x_1+\int_0^l \frac{M(x_2)\overline{M}(x_2)}{EI}\mathrm{d}x_2=\frac{4Fl^3}{3EI}(\downarrow)$$

计算图 12-7a 中截面 B 的水平位移。首先在刚架的截面 B 施加一沿水平方向的单位力（见图 12-13b）。在单位力单独作用下，刚架的弯矩方程为

$$\overline{M}(x_1)=0,\quad \overline{M}(x_2)=-x_2$$

代入式（12-13），得截面 B 的水平位移

$$\Delta_{BH}=\int_0^l \frac{M(x_2)\overline{M}(x_2)}{EI}\mathrm{d}x_2=\frac{Fl^3}{2EI}\ (\rightarrow)$$

(b) 计算图 12-7b 中截面 B 的竖直位移。首先在刚架的截面 B 施加一沿竖直方向的单位力（见图 12-14a）。

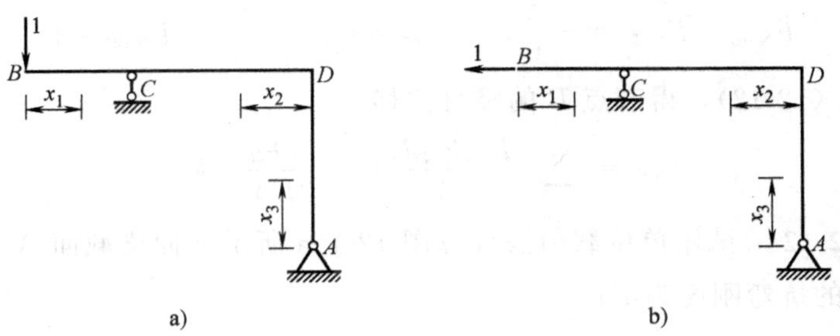

图　12-14

在实际载荷单独作用下（见图 12-7b），刚架的弯矩方程为

$$M(x_1)=-Fx_1,\quad M(x_2)=-\frac{1}{2}Fx_2,\quad M(x_3)=0$$

在单位力单独作用下（见图 12-14a），刚架的弯矩方程为

$$\overline{M}(x_1)=-x_1,\quad \overline{M}(x_2)=-\frac{1}{2}x_2,\quad \overline{M}(x_3)=0$$

代入式（12-13），得截面 B 的竖直位移

$$\Delta_{BV}=\int_0^a \frac{M(x_1)\overline{M}(x_1)}{EI}\mathrm{d}x_1+\int_0^{2a}\frac{M(x_2)\overline{M}(x_2)}{EI}\mathrm{d}x_2=\frac{Fa^3}{EI}\ (\downarrow)$$

计算图 12-7b 中截面 B 的水平位移。首先在刚架的截面 B 施加一沿水平方向的单位力（见图 12-14b）。在单位力单独作用下，刚架的弯矩方程为

$$\overline{M}(x_1)=0,\quad \overline{M}(x_2)=2a-x_2,\quad \overline{M}(x_3)=x_3$$

代入式（12-13），得截面 B 的水平位移

$$\Delta_{BH}=\int_0^{2a}\frac{M(x_2)\overline{M}(x_2)}{EI}\mathrm{d}x_2=-\frac{2Fa^3}{3EI}\ (\rightarrow)$$

习题 12-11　试用单位载荷法计算图 12-8 所示桁架节点 B 的竖直位移。

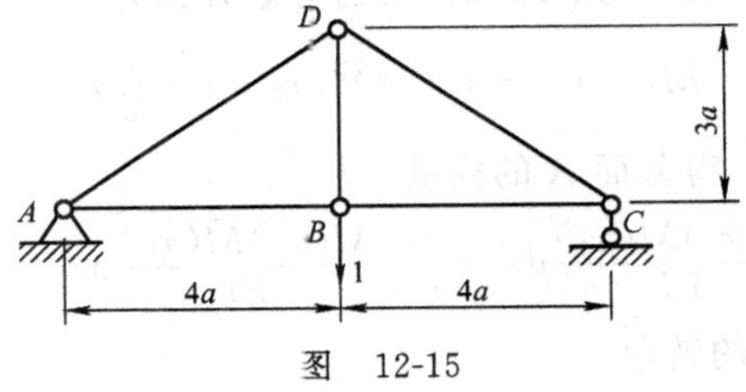

图　12-15

解：首先在桁架的节点 B 上施加一沿竖直方向的单位力（见图 12-15）。

在实际载荷作用下（见图 12-8），各杆轴力分别为

$$F_{\mathrm{N}AD}=F_{\mathrm{N}CD}=-\frac{5}{6}F,\quad F_{\mathrm{N}AB}=F_{\mathrm{N}CB}=\frac{2}{3}F,\quad F_{\mathrm{N}BD}=F$$

在单位力作用下（见图 12-15），各杆轴力分别为

$$\overline{F}_{\mathrm{N}AD}=\overline{F}_{\mathrm{N}CD}=-\frac{5}{6},\quad \overline{F}_{\mathrm{N}AB}=\overline{F}_{\mathrm{N}CB}=\frac{2}{3},\quad \overline{F}_{\mathrm{N}BD}=1$$

代入式（12-12），得节点 B 的竖直位移

$$\Delta_{B\mathrm{V}}=\sum\left(\frac{F_{\mathrm{N}i}\overline{F}_{\mathrm{N}i}l_i}{EA_i}\right)=\frac{27Fa}{2EA}\ (\downarrow)$$

习题 12-12　试用单位载荷法计算图 12-16a 所示外伸梁截面 A 的挠度和转角，已知梁的抗弯刚度为 EI。

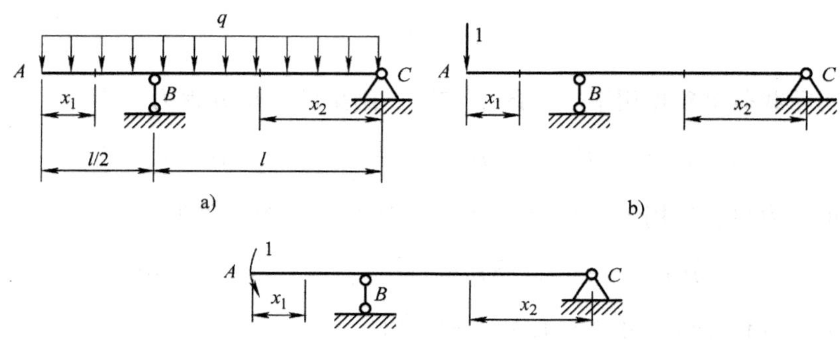

图　12-16

解：(1) 计算截面 A 的挠度

首先在梁的截面 A 施加一沿竖直方向的单位力（见图 12-16b）。在实际载荷作用下（见图 12-16a），梁的弯矩方程为

$$M(x_1)=-\frac{1}{2}qx_1^2,\quad M(x_2)=\frac{3}{8}qlx_2-\frac{1}{2}qx_2^2$$

在单位力作用下（见图 12-16b），梁的弯矩方程为

$$\overline{M}(x_1)=-x_1,\quad \overline{M}(x_2)=-\frac{1}{2}x_2$$

代入式（12-13），得截面 A 的挠度

$$\Delta_{A\mathrm{V}}=\int_0^{l/2}\frac{M(x_1)\overline{M}(x_1)}{EI}\mathrm{d}x_1+\int_0^{l}\frac{M(x_2)\overline{M}(x_2)}{EI}\mathrm{d}x_2=\frac{ql^4}{128EI}\ (\downarrow)$$

(2) 计算截面 A 的转角

首先在梁的截面 A 施加一单位力偶（见图 12-16c）。在单位力偶作用下，梁的弯矩方程为

$$\overline{M}(x_1)=-1, \quad \overline{M}(x_2)=-\frac{1}{l}x_2$$

代入式（12-13），得截面 A 的转角

$$\theta_A=\int_0^{l/2}\frac{M(x_1)\overline{M}(x_1)}{EI}\mathrm{d}x_1+\int_0^{l}\frac{M(x_2)\overline{M}(x_2)}{EI}\mathrm{d}x_2=\frac{ql^3}{48EI}\text{（逆时针）}$$

习题 12-13 试用单位载荷法，计算图 12-17 所示各悬臂梁截面 B 的挠度和转角，已知各梁的抗弯刚度均为 EI。

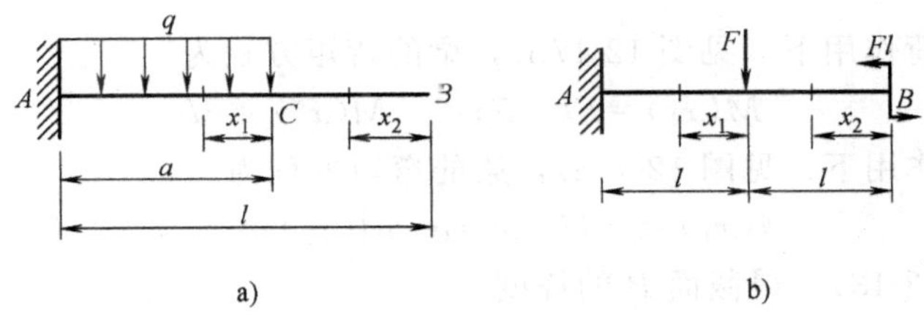

图 12-17

解：(a) 计算图 12-17a 中截面 B 的挠度。首先在梁的截面 B 施加一沿竖直方向的单位力（见图 12-18a）。

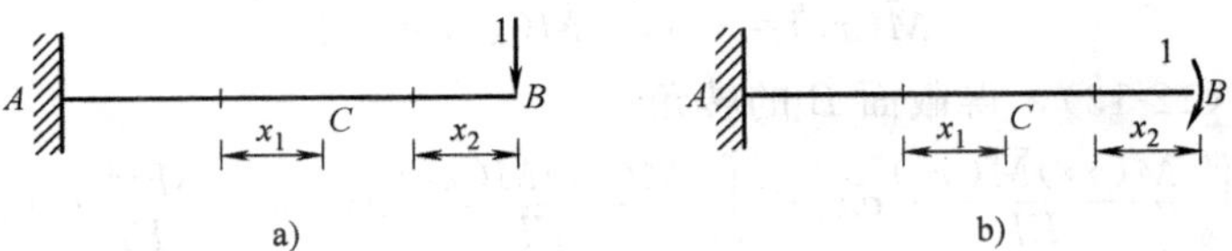

图 12-18

在实际载荷作用下（见图 12-17a），梁的弯矩方程为

$$M(x_1)=-\frac{1}{2}qx_1^2, \quad M(x_2)=0$$

在单位力作用下（见图 12-18a），梁的弯矩方程为

$$\overline{M}(x_1)=-(l-a+x_1), \quad \overline{M}(x_2)=-x_2$$

代入式（12-13），得截面 B 的挠度

$$\Delta_{BV}=\int_0^{a}\frac{M(x_1)\overline{M}(x_1)}{EI}\mathrm{d}x_1=\frac{qa^3}{24EI}(4l-a)(\downarrow)$$

计算图 12-17a 中截面 B 的转角。首先在梁的截面 B 施加一单位力偶（见图 12-18b）。在单位力偶作用下，梁的弯矩方程为

$$\overline{M}(x_1)=-1, \quad \overline{M}(x_2)=-1$$

代入式（12-13），得截面 B 的转角

$$\theta_B=\int_0^a \frac{M(x_1)\overline{M}(x_1)}{EI}\mathrm{d}x_1=\frac{qa^3}{6EI}\text{（顺时针）}$$

（b）计算图12-17b中截面B的挠度。首先在梁的截面B施加一沿竖直方向的单位力（见图12-19a）。

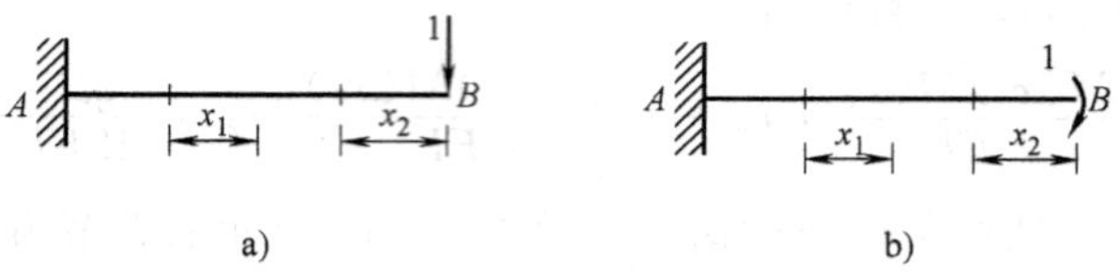

图 12-19

在实际载荷作用下（见图12-17b），梁的弯矩方程为

$$M(x_1)=Fl-Fx_1,\quad M(x_2)=Fl$$

在单位力作用下（见图12-19a），梁的弯矩方程为

$$\overline{M}(x_1)=-(l+x_1),\quad \overline{M}(x_2)=-x_2$$

代入式（12-13），得截面B的挠度

$$\Delta_{BV}=\int_0^l \frac{M(x_1)\overline{M}(x_1)}{EI}\mathrm{d}x_1+\int_0^l \frac{M(x_2)\overline{M}(x_2)}{EI}\mathrm{d}x_2=-\frac{7Fl^3}{6EI}\ (\uparrow)$$

计算图12-17b中截面B的转角。首先在梁的截面B施加一单位力偶（见图12-19b）。在单位力偶作用下，梁的弯矩方程为

$$\overline{M}(x_1)=-1,\quad \overline{M}(x_2)=-1$$

代入式（12-13），得截面B的转角

$$\theta_B=\int_0^l \frac{M(x_1)\overline{M}(x_1)}{EI}\mathrm{d}x_1+\int_0^l \frac{M(x_2)\overline{M}(x_2)}{EI}\mathrm{d}x_2=-\frac{3Fl^2}{2EI}\text{（逆时针）}$$

习题 12-14 试用单位载荷法计算图12-20所示各桁架节点A的竖直位移，已知各杆的抗拉（压）刚度均为EA。

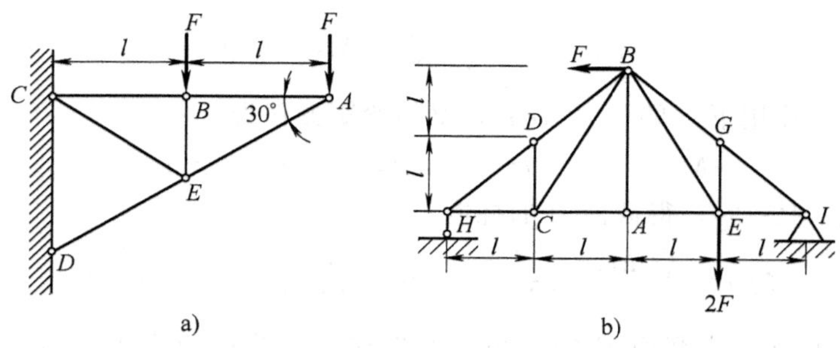

图 12-20

解：（a）首先在桁架的节点A上施加一沿竖直方向的单位力（见图12-21a）。在实际载荷作用下（见图12-20a），各杆轴力分别为

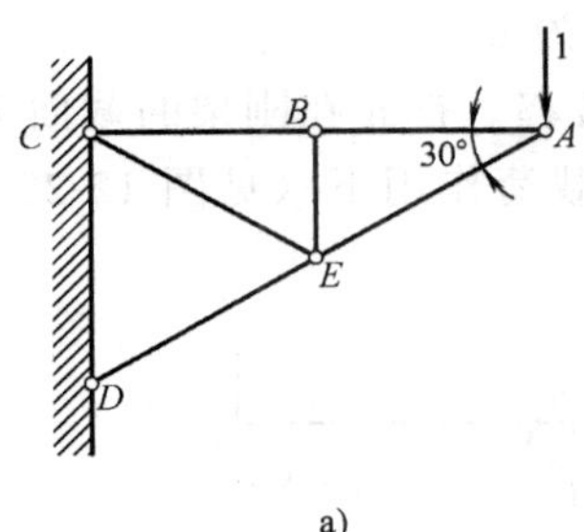

a)

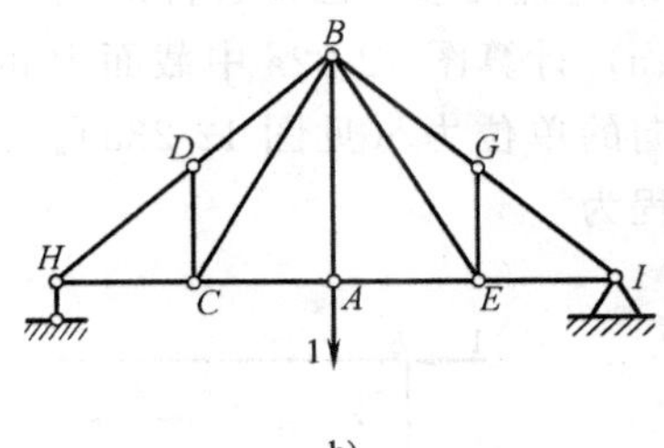

b)

图 12-21

$F_{NAB}=F_{NBC}=\sqrt{3}F$， $F_{NBE}=-F$， $F_{NCE}=F$， $F_{NAE}=-2F$， $F_{NED}=-3F$

在单位力作用下（见图 12-21a），各杆轴力分别为

$$\overline{F}_{NAB}=\overline{F}_{NBC}=\sqrt{3}，\quad \overline{F}_{NBE}=\overline{F}_{NCE}=0，\quad \overline{F}_{NAE}=\overline{F}_{NED}=-2$$

代入式（12-12），得节点 A 的竖直位移

$$\Delta_{AV}=\sum\left(\frac{F_{Ni}\overline{F}_{Ni}l_i}{EA_i}\right)=\frac{18+20\sqrt{3}}{3}\frac{Fl}{EA}(\downarrow)$$

（b）首先在桁架的节点 A 上施加一沿竖直方向的单位力（见图 12-21b）。

在实际载荷作用下（见图 12-20b），各杆轴力分别为

$$F_{NHD}=F_{NDB}=F_{NGI}=F_{NGB}=-\sqrt{2}F，\quad F_{NHC}=F_{NCA}=F_{NAE}=F$$

$$F_{NDC}=F_{NBC}=F_{NAB}=F_{NGE}=0，\quad F_{NEI}=2F，\quad F_{NBE}=\sqrt{5}F$$

在单位力作用下（见图 12-21b），各杆轴力分别为

$$\overline{F}_{NHD}=\overline{F}_{NDB}=\overline{F}_{NGI}=\overline{F}_{NGB}=-\sqrt{2}/2，\quad \overline{F}_{NHC}=\overline{F}_{NCA}=\overline{F}_{NAE}=\overline{F}_{NEI}=1/2$$

$$\overline{F}_{NDC}=\overline{F}_{NBC}=\overline{F}_{NGE}=\overline{F}_{NBE}=0，\quad \overline{F}_{NAB}=1$$

代入式（12-12），得节点 A 的竖直位移

$$\Delta_{AV}=\sum\left(\frac{F_{Ni}\overline{F}_{Ni}l_i}{EA_i}\right)=\frac{5+8\sqrt{2}}{2}\frac{Fl}{EA}(\downarrow)$$

习题 12-15 试用单位载荷法计算图 12-22 所示各刚架截面 B 的水平位移

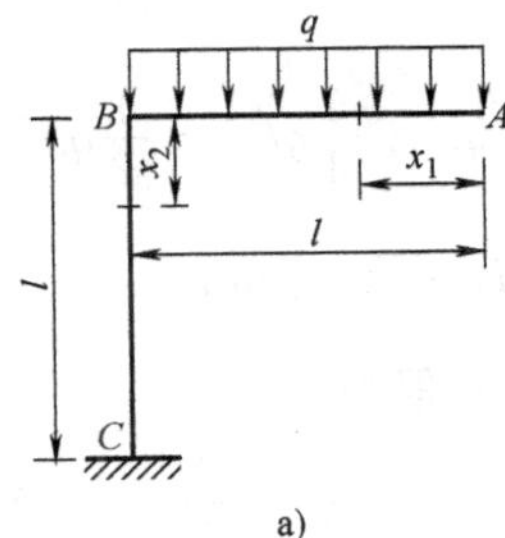

a)

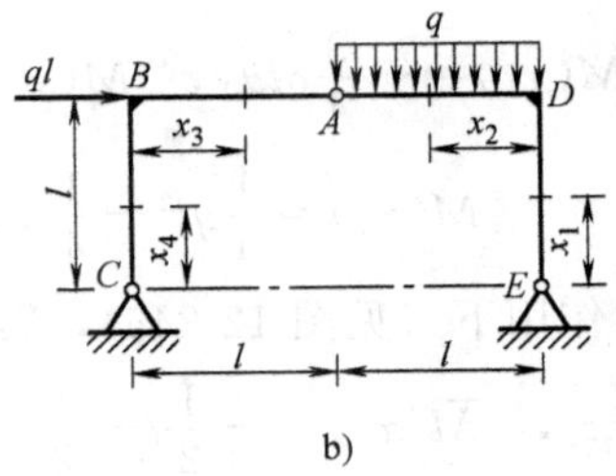

b)

图 12-22

与截面 A 的竖直位移，已知各杆的抗弯刚度均为 EI。

解：(a) 计算图 12-22a 中截面 B 的水平位移。首先在刚架的截面 B 施加一沿水平方向的单位力（见图 12-23a）。在实际载荷作用下（见图 12-22a），刚架的弯矩方程为

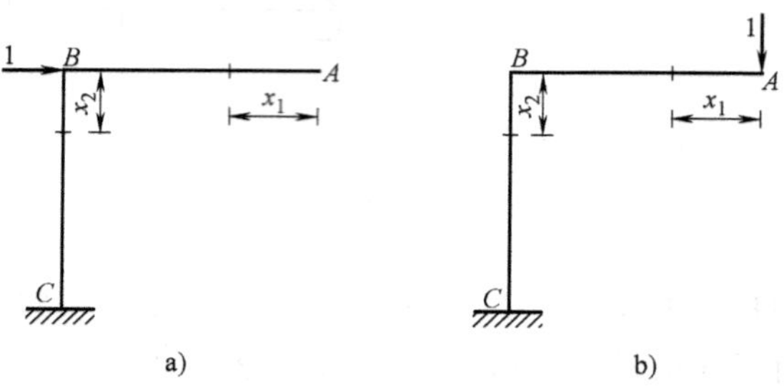

图 12-23

$$M(x_1)=-\frac{1}{2}qx_1^2,\quad M(x_2)=-\frac{1}{2}ql^2$$

在单位力作用下（见图 12-23a），梁的弯矩方程为

$$\overline{M}(x_1)=0,\quad \overline{M}(x_2)=-x_2$$

代入式 (12-13)，得截面 B 的水平位移

$$\Delta_{BH}=\int_0^l\frac{M(x_2)\overline{M}(x_2)}{EI}\mathrm{d}x_2=\frac{ql^4}{4EI}\ (\rightarrow)$$

计算图 12-22a 中截面 A 的竖直位移。首先在刚架的截面 A 施加一沿竖直方向的单位力（见图 12-23b）。在单位力作用下，梁的弯矩方程为

$$\overline{M}(x_1)=-x_1,\quad \overline{M}(x_2)=-l$$

代入式 (12-13)，得截面 A 的竖直位移

$$\Delta_{AV}=\int_0^l\frac{M(x_1)\overline{M}(x_1)}{EI}\mathrm{d}x_1+\int_0^l\frac{M(x_2)\overline{M}(x_2)}{EI}\mathrm{d}x_2=\frac{5ql^4}{8EI}\ (\downarrow)$$

(b) 计算图 12-22b 中截面 B 的水平位移。首先在刚架的截面 B 施加一沿水平方向的单位力（见图 12-24a）。在实际载荷作用下（见图 12-22b），刚架的弯矩方程为

$$M(x_1)=-\frac{3}{4}qlx_1,\quad M(x_2)=-\frac{3}{4}ql^2+\frac{5}{4}qlx_2-\frac{1}{2}qx_2^2$$

$$M(x_3)=\frac{1}{4}ql^2-\frac{1}{4}qlx_3,\quad M(x_4)=\frac{1}{4}qlx_4$$

在单位力作用下（见图 12-24a），梁的弯矩方程为

$$\overline{M}(x_1)=-\frac{1}{2}x_1,\quad \overline{M}(x_2)=-\frac{1}{2}l+\frac{1}{2}x_2,\quad \overline{M}(x_3)=\frac{1}{2}l-\frac{1}{2}x_3,\quad \overline{M}(x_4)=\frac{1}{2}x_4$$

代入式 (12-13)，得截面 B 的水平位移

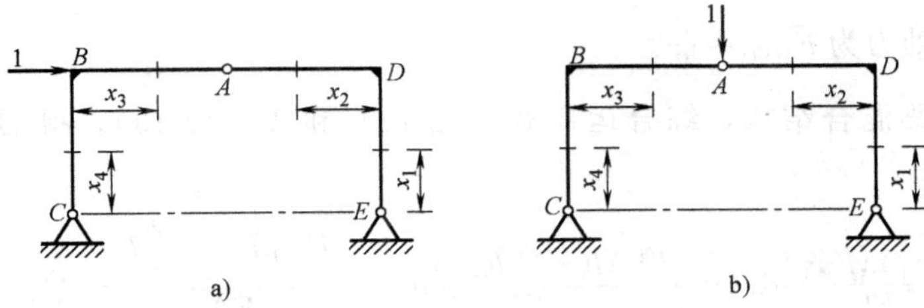

图 12-24

$$\Delta_{BH}=\sum_{i=1}^{4}\int_0^l \frac{M(x_i)\overline{M}(x_i)}{EI}\mathrm{d}x_i=\frac{15ql^4}{48EI}\ (\rightarrow)$$

计算截面 A 的竖直位移。首先在刚架的截面 A 施加一沿竖直方向的单位力（见图 12-24b）。在单位力作用下，梁的弯矩方程为

$$\overline{M}(x_1)=-\frac{1}{2}x_1,\quad \overline{M}(x_2)=-\frac{1}{2}l+\frac{1}{2}x_2,\quad \overline{M}(x_3)=-\frac{1}{2}l+\frac{1}{2}x_3,\quad \overline{M}(x_4)=-\frac{1}{2}x_4$$

代入式（12-13），得截面 A 的竖直位移

$$\Delta_{AV}=\sum_{i=1}^{4}\int_0^l \frac{M(x_i)\overline{M}(x_i)}{EI}\mathrm{d}x_i=\frac{7ql^4}{48EI}\ (\downarrow)$$

习题 12-16 如图 12-25a 所示结构，已知横梁 AB 的抗弯刚度为 EI，拉杆 CD 的抗拉刚度为 EA，试求 B 端的竖直位移。

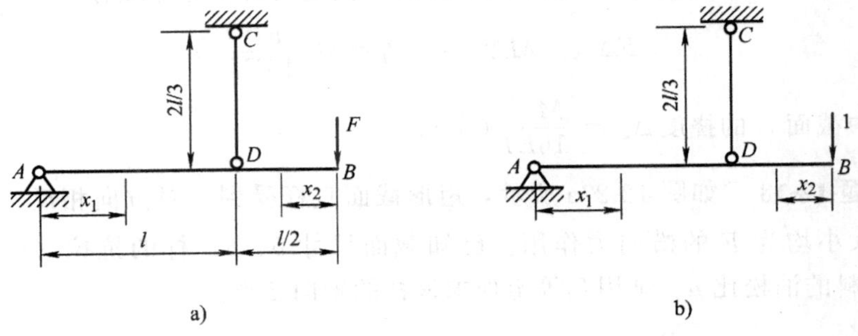

图 12-25

解：首先在 B 端施加一沿竖直方向的单位力（见图 12-25b）。在实际载荷作用下，横梁 AB 的弯矩方程为

$$M(x_1)=-\frac{1}{2}Fx_1,\quad M(x_2)=-Fx_2$$

拉杆 CD 的轴力为 $F_{NCD}=\frac{3}{2}F$。

在单位力作用下，横梁 AB 的弯矩方程为

$$\overline{M}(x_1)=-\frac{1}{2}x_1,\quad \overline{M}(x_2)=-x_2$$

拉杆 CD 的轴力为 $\overline{F}_{NCD}=\dfrac{3}{2}$。

这是桁梁混合结构，综合运用式（12-12）和式（12-13），得 B 端的竖直位移

$$\Delta_{BV}=\int_0^l\frac{M(x_1)\overline{M}(x_1)}{EI}\mathrm{d}x_1+\int_0^{l/2}\frac{M(x_2)\overline{M}(x_2)}{EI}\mathrm{d}x_2+\frac{F_{NCD}\overline{F}_{NCD}\dfrac{2}{3}l}{EA}=\frac{Fl^3}{8EI}+\frac{3Fl}{2EA}\ (\downarrow)$$

习题 12-17 如图 12-26a 所示，外伸梁在自由端 D 处受矩为 M_e 的外力偶作用，试用互等定理求跨中截面 C 的挠度，已知梁的抗弯刚度为 EI。

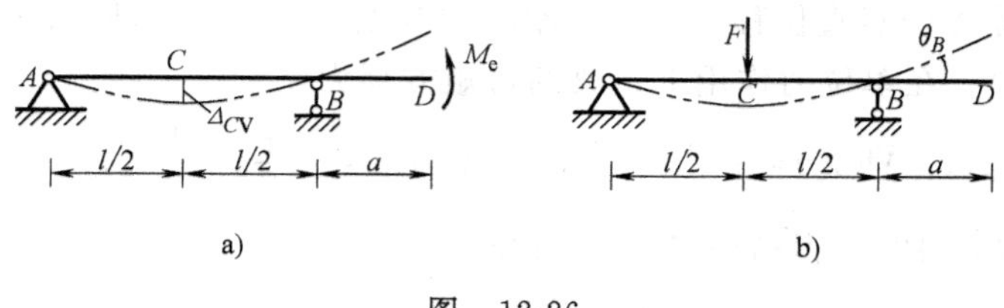

图 12-26

解：为了利用功的互等定理，设想在外伸梁的跨中 C 作用一沿竖直方向的集中力 F，如图 12-26b 所示。以矩为 M_e 的力偶作为第一组外力（见图 12-26a），以集中力 F 作为第二组外力（见图 12-26b），根据功的互等定理有

$$F\Delta_{CV}=M_e\theta_D=M_e\theta_B=M_e\frac{Fl^2}{16EI}$$

故得跨中截面 C 的挠度 $\Delta_{CV}=\dfrac{M_e l^2}{16EI}$（↓）。

习题 12-18 如图 12-27a 所示，矩形截面直杆受到一对方向相反、作用线相同、大小均为 F 的横向力作用。已知截面尺寸 b、h，杆的抗拉（压）刚度 EA，材料的泊松比 μ。试用互等定理求该杆的轴向变形。

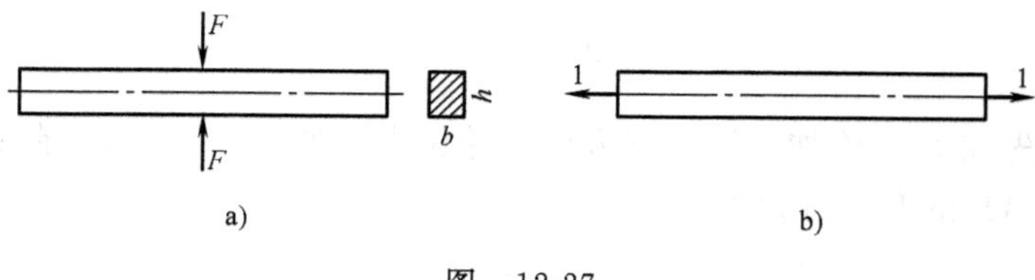

图 12-27

解：为了利用功的互等定理，设想杆受到一对轴向单位力的作用，如图 12-27b 所示。以一对横向力 F 作为第一组外力（见图 12-27a），以一对轴向单位力作为第二组外力（见图 12-27b），根据功的互等定理有

$$1\times\Delta l=F\times\mu\frac{1}{EA}\times h=\frac{\mu F}{Eb}$$

故得该杆的轴向变形 $\Delta l=\dfrac{\mu F}{Eb}$。

习题 12-19 试用图乘法计算习题 12-9。

解：首先在外伸梁的截面 B 处施加一竖直单位力（见图 12-28b）。

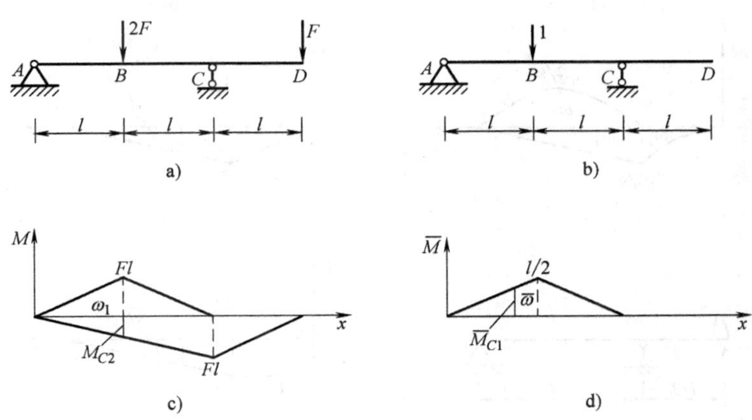

图 12-28

分别作出梁的 M 图、$\overline{M}$ 图如图 12-28c、d 所示，为了便于图乘，M 图用叠加法作出。根据图乘法，得截面 B 的挠度

$$\Delta_{BV}=\frac{1}{EI}(2\omega_1\overline{M}_{C1}+\bar{\omega}M_{C2})$$

$$=\frac{1}{EI}\left[2\times\left(\frac{1}{2}\times l\times Fl\right)\times\left(\frac{2}{3}\times\frac{l}{2}\right)-\left(\frac{1}{2}\times 2l\times\frac{l}{2}\right)\times\left(\frac{1}{2}Fl\right)\right]=\frac{Fl^3}{12EI}\ (\downarrow)$$

习题 12-20 试用图乘法计算习题 12-12。

解：计算截面 A 的挠度。首先在外伸梁的截面 A 处施加一竖直单位力（见图 12-29b）。

分别作出梁的 M 图、$\overline{M}$ 图如图 12-29c、d 所示，为了便于图乘，M 图用叠加法作出。根据图乘法，得截面 A 的挠度

$$\Delta_{AV}=\frac{1}{EI}\sum_{i=1}^{3}(\omega_i\overline{M}_{Ci})$$

$$=\frac{1}{EI}\left[\left(\frac{1}{3}\times\frac{l}{2}\times\frac{ql^2}{8}\right)\times\left(\frac{3}{4}\times\frac{l}{2}\right)+\left(\frac{1}{2}\times l\times\frac{ql^2}{8}\right)\times\left(\frac{2}{3}\times\frac{l}{2}\right)-\left(\frac{2}{3}\times l\times\frac{ql^2}{8}\right)\times\left(\frac{1}{2}\times\frac{l}{2}\right)\right]$$

$$=\frac{ql^4}{128EI}\ (\downarrow)$$

计算截面 A 的转角。首先在外伸梁的截面 A 处施加一单位力偶（见

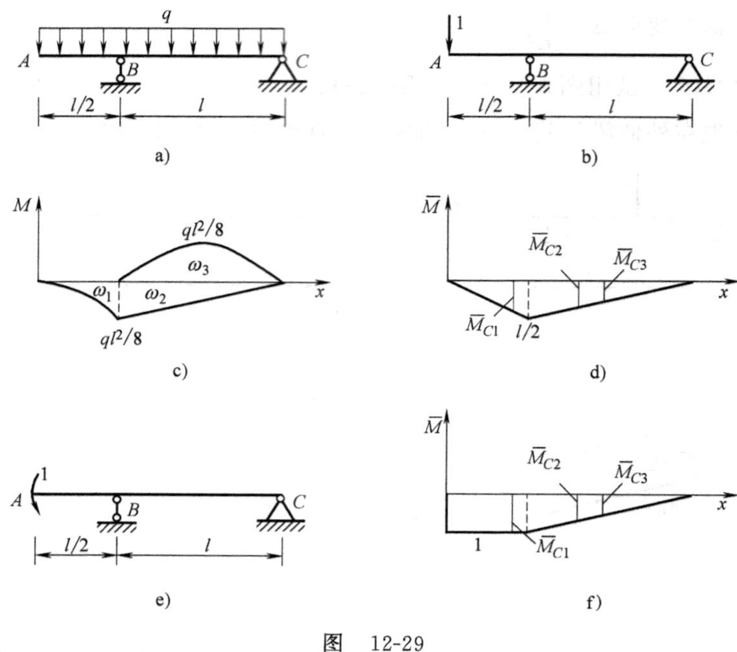

图 12-29

图 12-29e)。作出对应的 $\overline{M}$ 图如图 12-29f 所示。根据图乘法，得截面 A 的转角

$$
\begin{aligned}
\varphi_A &= \frac{1}{EI}\sum_{i=1}^{3}(\omega_i \overline{M}_{Ci}) \\
&= \frac{1}{EI}\left[\left(\frac{1}{3}\times\frac{l}{2}\times\frac{ql^2}{8}\right)\times 1+\left(\frac{1}{2}\times l\times\frac{ql^2}{8}\right)\times\left(\frac{2}{3}\times 1\right)-\right. \\
&\left.\left(\frac{2}{3}\times l\times\frac{ql^2}{8}\right)\times\left(\frac{1}{2}\times 1\right)\right] \\
&= \frac{ql^3}{48EI}\text{（逆时针）}
\end{aligned}
$$

习题 12-21 试用图乘法计算习题 12-13。

解：(a) 计算截面 B 的挠度。首先在悬臂梁的截面 B 处施加一竖直单位力（见图 12-30b）。

分别作出梁的 M 图、$\overline{M}$ 图如图 12-30c、d 所示。根据图乘法，得截面 B 的挠度

$$
\Delta_{BV}=\frac{1}{EI}\omega\,\overline{M}_C=\frac{1}{EI}\left[\left(\frac{1}{3}\times a\times\frac{qa^2}{2}\right)\times\left(l-a+\frac{3}{4}a\right)\right]=\frac{qa^3}{24EI}(4l-a)\ (\downarrow)
$$

计算截面 B 的转角。首先在悬臂梁的截面 B 处施加一单位力偶（见图 12-30e）。作出对应的 $\overline{M}$ 图如图 12-30f 所示。根据图乘法，得截面 B 的转角

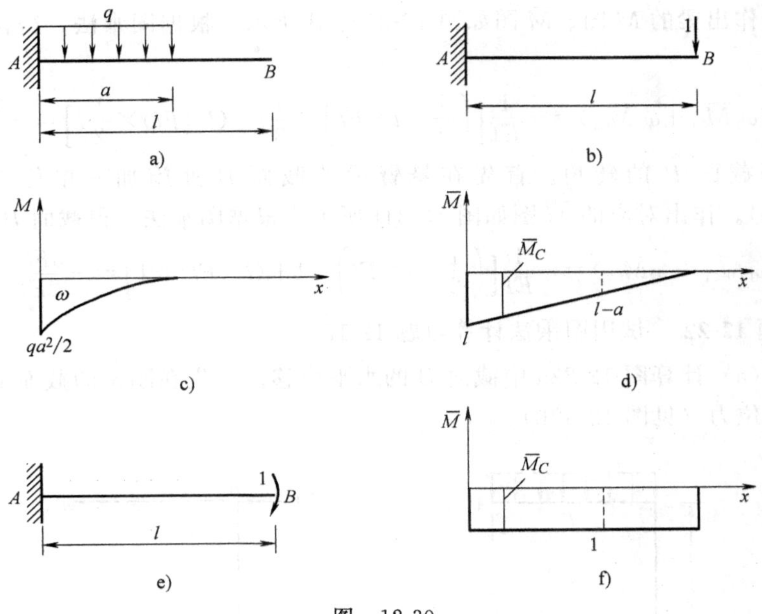

图 12-30

$$\varphi_B=\frac{1}{EI}\omega\,\overline{M}_C=\frac{1}{EI}\left[\left(\frac{1}{3}\times a\times\frac{qa^2}{2}\right)\times 1\right]=\frac{qa^3}{6EI}\text{（顺时针）}$$

（b）计算截面 B 的挠度。首先在悬臂梁的截面 B 处施加一竖直单位力（见图 12-31b）。

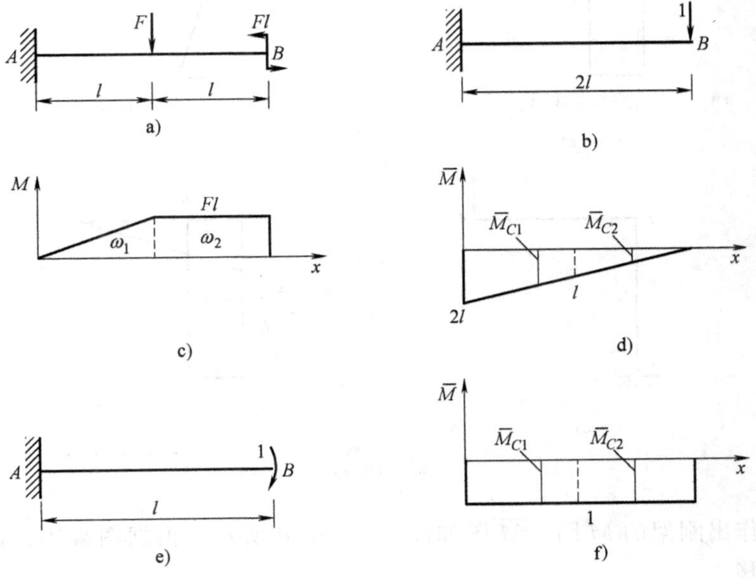

图 12-31

分别作出梁的 M 图、$\overline{M}$ 图如图 12-31c、d 所示。根据图乘法，得截面 B 的挠度

$$\Delta_{BV}=\frac{1}{EI}(\omega_1\overline{M}_{C1}+\omega_2\overline{M}_{C2})=-\frac{1}{EI}\left[\left(\frac{1}{2}\times l\times Fl\right)\times\frac{4}{3}l+(l\times Fl)\times\frac{1}{2}l\right]=-\frac{7Fl^3}{6EI}\ (\uparrow)$$

计算截面 B 的转角。首先在悬臂梁的截面 B 处施加一单位力偶（见图 12-31e）。作出对应的 $\overline{M}$ 图如图 12-31f 所示。根据图乘法，得截面 B 的转角

$$\varphi_B=\frac{1}{EI}(\omega_1\overline{M}_{C1}+\omega_2\overline{M}_{C2})=-\frac{1}{EI}\left[\left(\frac{1}{2}\times l\times Fl\right)\times 1+(l\times Fl)\times 1\right]=-\frac{3Fl^2}{2EI}\ \text{（逆时针）}$$

习题 12-22　试用图乘法计算习题 12-15。

解：（a）计算图 12-22a 中截面 B 的水平位移。首先在刚架的截面 B 处施加一水平单位力（见图 12-32b）。

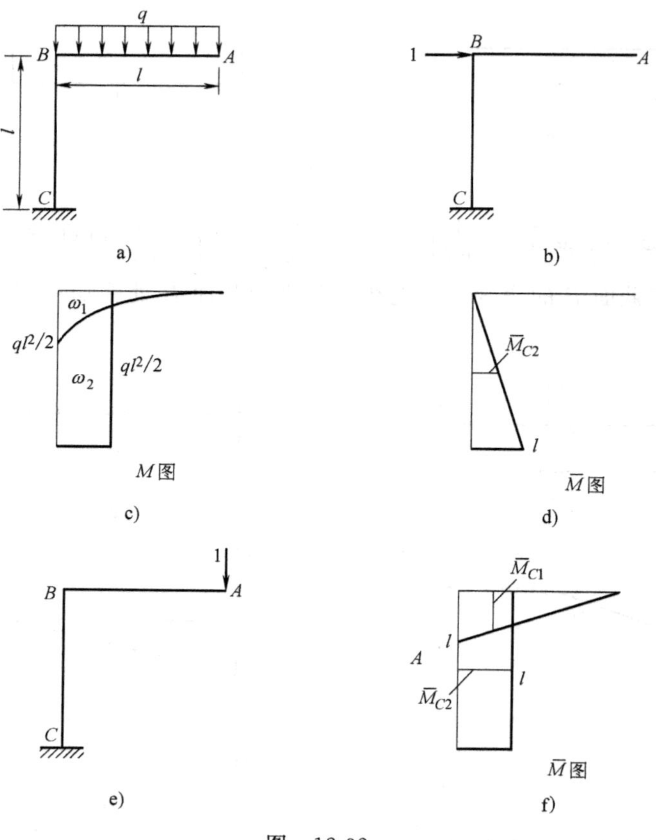

图　12-32

分别作出刚架的 M 图、$\overline{M}$ 图如图 12-32c、d 所示。根据图乘法，得截面 B 的水平位移

$$\Delta_{BH}=\frac{1}{EI}\omega_2\overline{M}_{C2}=\frac{1}{EI}\left[\left(l\times\frac{ql^2}{2}\right)\times\frac{l}{2}\right]=\frac{ql^4}{4EI}\ (\rightarrow)$$

计算截面 A 的竖直位移。首先在刚架的截面 A 处施加一竖直单位力（见图 12-32e）。作出对应的 $\overline{M}$ 图如图 12-32f 所示。根据图乘法，得截面 A 的竖直位移

$$\Delta_{AV}=\frac{1}{EI}(\omega_1\overline{M}_{C1}+\omega_2\overline{M}_{C2})=\frac{1}{EI}\left[\left(\frac{1}{3}\times l\times\frac{ql^2}{2}\right)\times\frac{3}{4}l+\left(l\times\frac{ql^2}{2}\right)\times l\right]=\frac{5ql^4}{8EI}\ (\downarrow)$$

（b）计算图 12-22b 中截面 B 的水平位移。首先在刚架的截面 B 处施加一水平单位力（见图 12-33b）。

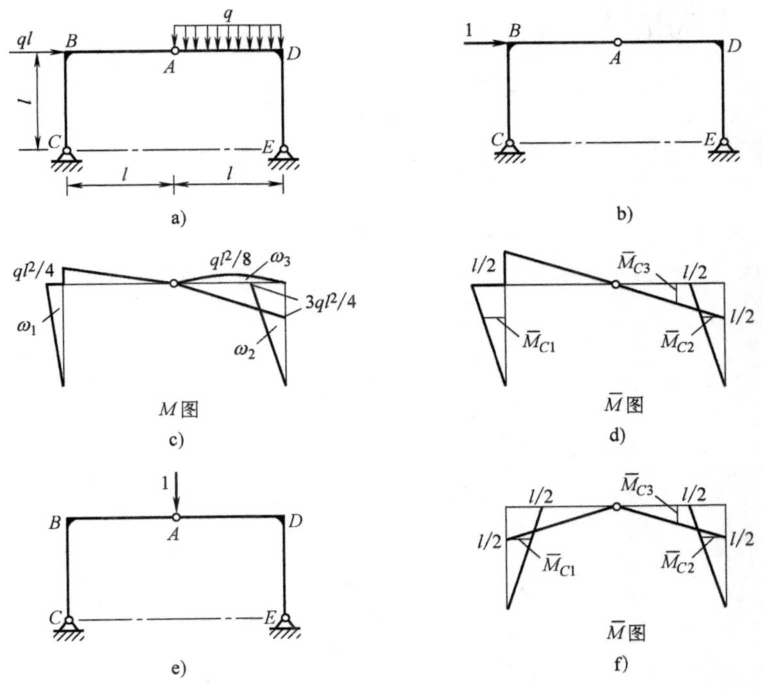

图　12-33

分别作出刚架的 M 图、$\overline{M}$ 图如图 12-33c、d 所示，为了便于图乘，M 图用叠加法作出。根据图乘法，得截面 B 的水平位移

$$\Delta_{BH}=\frac{1}{EI}[2\omega_1\overline{M}_{C1}+2\omega_2\overline{M}_{C2}+\omega_3\overline{M}_{C3}]$$

$$=\frac{1}{EI}\left[2\left(\frac{l}{2}\times\frac{ql^2}{4}\right)\times\left(\frac{2}{3}\times\frac{l}{2}\right)+2\left(\frac{l}{2}\times\frac{3ql^2}{4}\right)\times\left(\frac{2}{3}\times\frac{l}{2}\right)-\left(\frac{2}{3}\times l\times\frac{ql^2}{8}\right)\times\left(\frac{1}{2}\times\frac{l}{2}\right)\right]$$

$$=\frac{15ql^4}{48EI}\ (\rightarrow)$$

计算截面 A 的竖直位移。首先在刚架的截面 A 处施加一竖直单位力（见图 12-33e）。作出对应的 $\overline{M}$ 图如图 12-33f 所示。根据图乘法，得截面 A 的竖直位移

$$\begin{aligned}\Delta_{A\mathrm{V}} &= \frac{1}{EI}[2\omega_1\overline{M}_{C1}+2\omega_2\overline{M}_{C2}+\omega_3\overline{M}_{C3}]\\ &= \frac{1}{EI}\left[-2\left(\frac{l}{2}\times\frac{ql^2}{4}\right)\times\left(\frac{2}{3}\times\frac{l}{2}\right)+2\left(\frac{l}{2}\times\frac{3ql^2}{4}\right)\times\left(\frac{2}{3}\times\frac{l}{2}\right)-\right.\\ &\quad\left.\left(\frac{2}{3}\times l\times\frac{ql^2}{8}\right)\times\left(\frac{1}{2}\times\frac{l}{2}\right)\right]\\ &= \frac{7ql^4}{48EI}(\downarrow)\end{aligned}$$

第十三章 超静定结构与力法

知识要点

一、超静定结构

超静定结构：支座反力或者内力不能由静力平衡方程完全求出的结构。

外力超静定结构：支座反力不能由静力平衡方程完全求出的结构。

内力超静定结构：内力不能由静力平衡方程完全求出的结构。

多余约束：将超静定结构中的某些约束撤除后，超静定结构即可变为静定结构，这些约束称为多余约束。

多余未知力：取代多余约束作用的未知力。

超静定次数：超静定结构中，未知力超出独立平衡方程的数目，亦即多余未知力的数目。

基本静定结构（基本静定体系）：超静定结构撤除多余约束后得到的静定结构。

二、力法

1. 力法基本原理

力法是求解超静定结构的一种基本方法。它以多余未知力作为基本未知量，并根据多余约束处的位移条件，由叠加法建立力法典型方程，再通过力法典型方程求出多余未知力，从而将超静定问题转变为静定问题。

2. 力法典型方程（力法正则方程）

一次超静定结构：

$$\delta_{11}X_1+\Delta_{1F}=0 \tag{13-1}$$

二次超静定结构：

$$\left.\begin{aligned}\delta_{11}X_1+\delta_{12}X_2+\Delta_{1F}=0\\ \delta_{21}X_1+\delta_{22}X_2+\Delta_{2F}=0\end{aligned}\right\}\tag{13-2}$$

n 次超静定结构：

$$\left.\begin{aligned}\delta_{11}X_1+\delta_{12}X_2+\cdots+\delta_{1n}X_n+\Delta_{1F}=0\\ \delta_{21}X_1+\delta_{22}X_2+\cdots+\delta_{2n}X_n+\Delta_{2F}=0\\ \vdots\qquad\qquad\\ \delta_{n1}X_1+\delta_{n2}X_2+\cdots+\delta_{nn}X_n+\Delta_{nF}=0\end{aligned}\right\}\tag{13-3}$$

式中，δ_{ij} 为与第 j 个多余未知力 X_j 同方向的单位力单独作用于基本静定结构上，所引起的第 i 个多余未知力 X_i 的作用点沿 X_i 作用方向的位移，称为力法典型方程中的系数，并有 $\delta_{ij}=\delta_{ji}$；Δ_{iF} 为实际载荷单独作用于基本静定结构上，所引起的第 i 个多余未知力 X_i 的作用点沿 X_i 作用方向的位移，称为力法典型方程中的自由项。

三、对称性问题、反对称性问题及其性质

1. 对称性问题及其性质

对称性问题：结构对称，且载荷对称。

对称性问题的性质：对称结构在对称载荷作用下，支座反力一定对称于结构的对称轴；在对称截面上，内力一定对称于结构的对称轴；在位于对称轴的截面上，反对称内力（剪力）一定为零。

2. 反对称性问题及其性质

反对称性问题：结构对称，且载荷反对称。

反对称性问题的性质：对称结构在反对称载荷作用下，支座反力一定反对称于结构的对称轴；在对称截面上，内力一定反对称于结构的对称轴；在位于对称轴的截面上，对称内力（轴力与弯矩）一定为零。

解 题 方 法

本章习题的主要类型是运用力法求解超静定结构。

一、计算步骤

1. 解除多余约束，得基本静定结构，并以相应的多余未知力来代替多余约束的作用；

2. 根据多余约束处的位移条件，由叠加法，建立相应的力法典型方程，即式（13-1）～式（13-3）；

3. 运用卡氏定理或单位载荷法等方法，计算基本静定结构的位移，确定力

法典型方程中的系数 δ_{ij} 和自由项 Δ_{iF}；

4. 解力法典型方程，求出多余未知力，使之转变为静定问题。

二、注意点

1. 解除多余约束后，要保证获得的是静定结构；

2. 基本静定结构可以有多种选择，应选择较为简单的；

3. 一定要切实理解 δ_{ij} 和 Δ_{iF} 的意义（详见上述“知识要点”中的相应内容），以避免计算出错；

4. 对于对称性问题和反对称性问题，应利用其性质来降低超静定次数，简化计算过程。

难题解析

【例题 13-1】 试用力法求解图 13-1a 所示超静定梁，并作出梁的剪力图和弯矩图，已知梁的 EI 为常量。

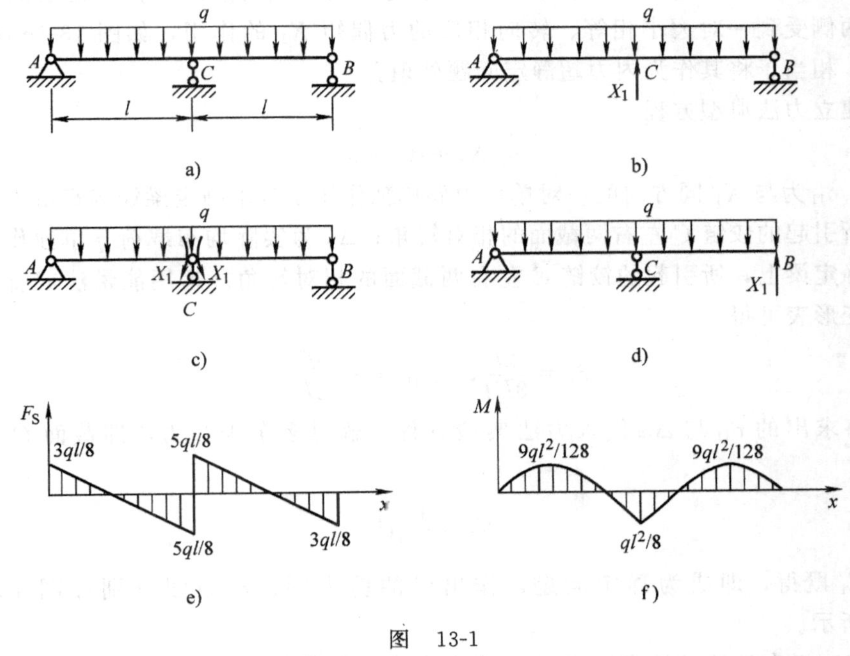

图 13-1

解：这是一次超静定梁，其对应的基本静定梁可以有三种形式，依次分析如下：

(1) 以中间活动铰支座 C 作为多余约束，将其撤除，得基本静定梁为简支梁（见图 13-1b），多余约束的作用以相应的多余未知力 X_1 代替。

建立力法典型方程

$$\delta_{11}X_1+\Delta_{1F}=0$$

此时，δ_{11}为与 X_1 同方向的单位力单独作用于基本静定梁的截面 C，所引起的截面 C 的挠度；Δ_{1F}为实际均布载荷 q 单独作用于基本静定梁上，所引起的截面 C 的挠度。运用能量法或直接查梁的变形表可得

$$\delta_{11}=\frac{l^3}{6EI},\quad \Delta_{1F}=-\frac{5ql^4}{24EI}$$

将求出的 δ_{11} 与 Δ_{1F} 代入力法典型方程，解得多余未知力，即支座 C 的支反力

$$X_1=\frac{5}{4}ql$$

X_1 既得，即成为静定问题，作出梁的剪力图、弯矩图分别如图 13-1e、13-1f所示。

（2）在中间铰支座 C 的上方，将梁切开并装上铰链，以截面 C 上的弯矩作为多余未知力，得到的基本静定梁为两根简支梁组成的连续梁，并在铰链 C 的左右两侧受到一对大小相等、转向相反的力偶矩 X_1 的作用，如图 13-1c 所示。此时，相当于将其作为内力超静定问题处理。

建立力法典型方程

$$\delta_{11}X_1+\Delta_{1F}=0$$

此时，δ_{11}为与 X_1 同方向的一对单位力偶单独作用于基本静定梁铰链 C 的左右两侧，所引起的铰链 C 左右两截面的相对转角；Δ_{1F}为实际均布载荷 q 单独作用于基本静定梁上，所引起的铰链 C 左右两截面的相对转角。运用能量法或直接查梁的变形表可得

$$\delta_{11}=\frac{2l}{3EI},\quad \Delta_{1F}=-\frac{ql^3}{12EI}$$

将求出的 δ_{11} 与 Δ_{1F} 代入力法典型方程，解得多余未知力，即截面 C 上的弯矩

$$X_1=\frac{1}{8}ql^2$$

X_1 既得，即成为静定问题，作出梁的剪力图、弯矩图分别如图 13-1e、13-1f所示。

（3）以右端活动铰支座 B 作为多余约束，将其撤除，得基本静定梁为外伸梁（见图 13-1d），多余约束的作用以相应的多余未知力 X_1 代替。

建立力法典型方程

$$\delta_{11}X_1+\Delta_{1F}=0$$

此时，δ_{11}为与 X_1 同方向的单位力单独作用于基本静定梁的截面 B，所引起的截面 B 的挠度；Δ_{1F}为实际均布载荷 q 单独作用于基本静定梁上，所引起的截面 B 的挠度。运用能量法或叠加法可得

$$\delta_{11}=\frac{2l^3}{3EI},\quad \Delta_{1F}=-\frac{ql^4}{4EI}$$

将求出的 δ_{11} 与 Δ_{1F} 代入力法典型方程，解得多余未知力，即支座 B 的支反力

$$X_1=\frac{3}{8}ql$$

X_1 既得，即成为静定问题，作出梁的剪力图、弯矩图分别如图 13-1e、f 所示。

从计算过程来看，最为简单的是（2）中解除多余约束的方式。

【例题 13-2】 总跨度为 $2l$ 的三支座等截面梁如图 13-2a 所示，已知梁的抗弯刚度为 EI、抗弯截面系数为 W_z，若支座 B 高出了 δ，试计算梁中的最大弯曲正应力。

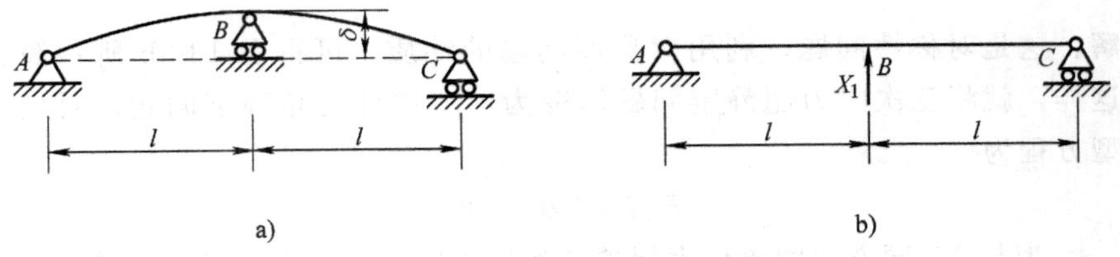

图 13-2

解：这是一次超静定梁。以中间活动铰支座 B 作为多余约束，将其撤除，得基本静定梁为简支梁（见图 13-2b），多余约束的作用以相应的多余未知力 X_1 代替。

建立力法典型方程

$$\delta_{11}X_1=\delta$$

注意到，在此题中，多余约束 B 处的位移不为零，应为 δ；梁上没有外载荷，故 $\Delta_{1F}=0$；δ_{11}为与 X_1 同方向的单位力单独作用于基本静定梁的截面 B，所引起的截面 B 的挠度。运用能量法或直接查梁的变形表得

$$\delta_{11}=\frac{l^3}{6EI}$$

将求出的 δ_{11} 代入力法典型方程，解得多余未知力，即支座 B 的支反力

$$X_1=\frac{6EI\delta}{l^3}$$

X_1 既得，即成为静定问题。梁中的最大弯矩

$$|M|_{\max}=\frac{1}{4}X_1\times 2l=\frac{3EI\delta}{l^2}$$

梁中的最大弯曲正应力

$$\sigma_{\max}=\frac{|M|_{\max}}{W_z}=\frac{3EI\delta}{W_z l^2}$$

【例题 13-3】 试用力法求解图 13-3a 所示超静定刚架，并作出弯矩图，已知各杆的抗弯刚度均为 EI。

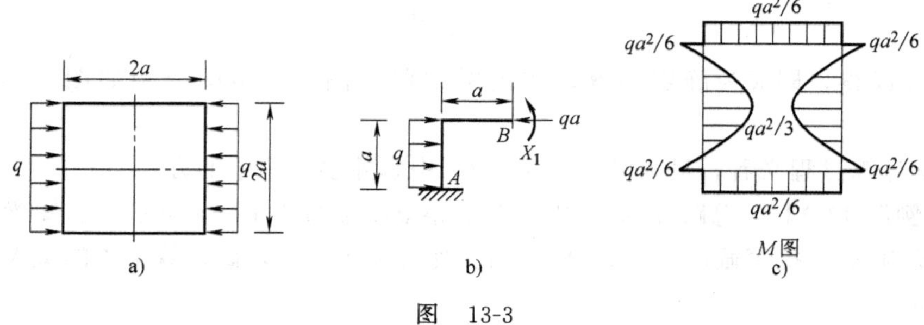

图 13-3

解：这是对称性问题。利用对称性问题的性质，可得图 13-3b 所示简化模型。这样，就将三次内力超静定问题转变为了一次外力超静定问题，对应的力法典型方程为

$$\delta_{11}X_1+\Delta_{1F}=0$$

式中，δ_{11} 为与 X_1 同方向的单位力偶单独作用于图 13-3b 所示静定悬臂刚架的截面 B，所引起的截面 B 的转角；Δ_{1F} 为均布载荷 q 和集中力 qa 作用于静定悬臂刚架（见图 13-3b），所引起的截面 B 的转角。运用单位载荷法可得

$$\delta_{11}=\frac{2a}{EI},\quad \Delta_{1F}=\frac{qa^3}{3EI}$$

将求出的 δ_{11} 与 Δ_{1F} 代入力法典型方程，解得多余未知力，即截面 B 的弯矩

$$X_1=-\frac{1}{6}qa^2$$

X_1 既得，即成为静定问题。首先作出简化模型的弯矩图，然后再根据对称性，即得该超静定刚架的弯矩图如图 13-3c 所示。

习题解答

习题 13-1 试用力法求解图 13-4a 所示超静定梁，并作出弯矩图，已知梁的抗弯刚度为 EI。

解：一次超静定问题。以铰支座 B 作为多余约束，将其撤除，得基本静定

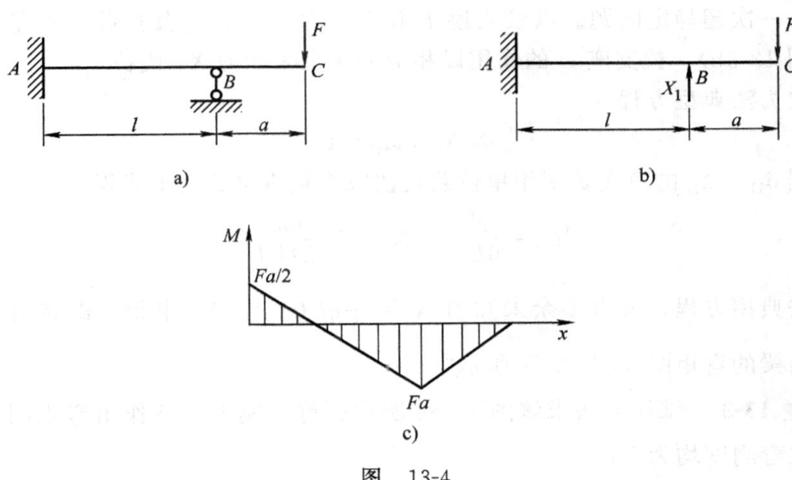

图　13-4

梁（见图 13-4b），铰支座 B 的作用以相应的多余未知力 X_1 代替。

建立力法典型方程

$$\delta_{11} X_1 + \Delta_{1F} = 0$$

根据 δ_{11}、X_1 的意义，采用单位载荷法或直接查梁的变形表得

$$\delta_{11} = \frac{l^3}{3EI}, \quad \Delta_{1F} = -\frac{Fl^2}{6EI}(2l + 3a)$$

代入力法典型方程，解得多余未知力 $X_1 = \dfrac{2l + 3a}{2l}F$（↑）。$X_1$ 求得，即转为静定问题，作出梁的弯矩图如图 13-4c 所示。

习题 13-2　试用力法求解图 13-5a 所示超静定梁，并作出弯矩图，已知梁的抗弯刚度为 EI。

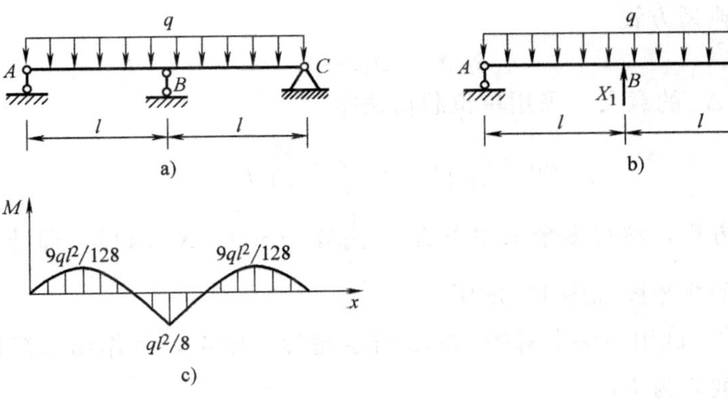

图　13-5

解：一次超静定问题。以铰支座 B 作为多余约束，将其撤除，得基本静定梁（见图 13-5b），铰支座 B 的作用以相应的多余未知力 X_1 代替。

建立力法典型方程

$$\delta_{11}X_1+\Delta_{1F}=0$$

根据 δ_{11}、Δ_{1F} 的意义，采用单位载荷法或直接查梁的变形表得

$$\delta_{11}=\frac{l^3}{6EI},\quad \Delta_{1F}=-\frac{5ql^4}{24EI}$$

代入力法典型方程，解得多余未知力 $X_1=\frac{5}{4}ql$（↑）。X_1 求得，即转为静定问题，作出梁的弯矩图如图 13-5c 所示。

习题 13-3 试用力法求解图 13-6a 所示超静定刚架，并作出弯矩图，已知各杆的抗弯刚度均为 EI。

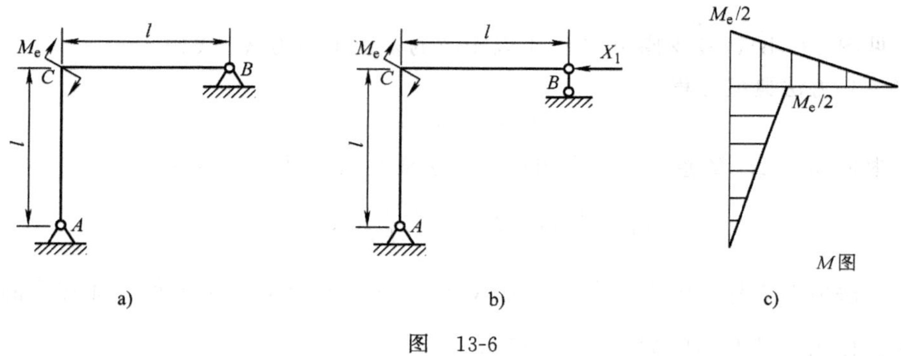

图 13-6

解：一次超静定问题。以固定铰支座 B 作为多余约束，将其变为活动铰支座，得基本静定刚架（见图 13-6b），其作用以相应的多余未知力 X_1 代替。

建立力法典型方程

$$\delta_{11}X_1+\Delta_{1F}=0$$

根据 δ_{11}、Δ_{1F} 的意义，采用单位载荷法得

$$\delta_{11}=\frac{2l^3}{3EI},\quad \Delta_{1F}=-\frac{M_e l^2}{3EI}$$

代入力法典型方程，解得多余未知力 $X_1=\frac{1}{2l}M_e$（←）。X_1 求得，即转为静定问题，作出刚架的弯矩图如图 13-6c 所示。

习题 13-4 试用力法求解图 13-7a 所示超静定刚架，并作出弯矩图，已知各杆的抗弯刚度均为 EI。

解：一次超静定问题。以活动铰支座 C 作为多余约束，将其撤除，得基本静定刚架（见图 13-7b），其作用以相应的多余未知力 X_1 代替。

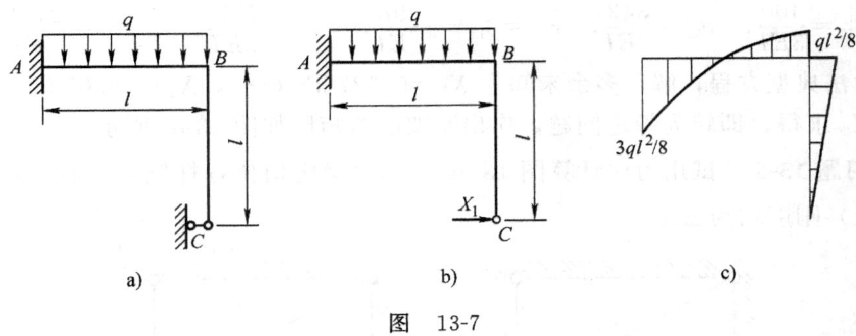

图 13-7

建立力法典型方程

$$\delta_{11}X_1+\Delta_{1F}=0$$

根据 δ_{11}、Δ_{1F} 的意义，采用单位载荷法得

$$\delta_{11}=\frac{4l^3}{3EI},\quad \Delta_{1F}=-\frac{ql^4}{6EI}$$

代入力法典型方程，解得多余未知力 $X_1=\frac{1}{8}ql$（→）。X_1 求得，即转为静定问题，作出刚架的弯矩图如图 13-7c 所示。

习题 13-5 试用力法求解图 13-8a 所示超静定刚架，并作出弯矩图，已知各杆的抗弯刚度均为 EI。

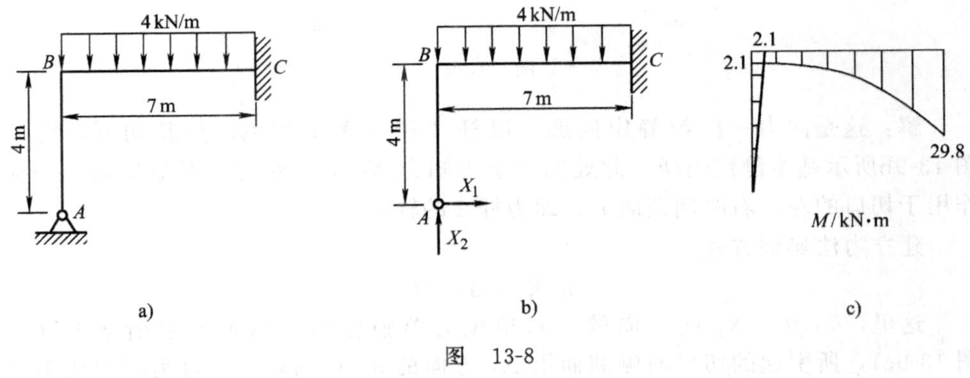

图 13-8

解：二次超静定问题。以固定铰支座 A 作为多余约束，将其撤除，得基本静定刚架（见图 13-8b），其作用以相应的多余未知力 X_1、X_2 代替。

建立力法典型方程

$$\left.\begin{aligned}\delta_{11}X_1+\delta_{12}X_2+\Delta_{1F}=0\\ \delta_{21}X_1+\delta_{22}X_2+\Delta_{2F}=0\end{aligned}\right\}$$

根据 δ_{11}、δ_{12}（δ_{21}）、δ_{22}、Δ_{1F} 和 Δ_{2F} 的意义，采用单位载荷法得

$$\delta_{11}=\frac{400}{3EI},\quad \delta_{22}=\frac{343}{3EI},\quad \delta_{21}=\delta_{12}=-\frac{98}{EI},\quad \Delta_{1F}=\frac{2744}{3EI},\quad \Delta_{2F}=-\frac{2401}{2EI}$$

代入力法典型方程，解得多余未知力 $X_1=0.527\ \mathrm{kN}$ (→)，$X_2=10.05\ \mathrm{kN}$ (↑)。X_1、X_2 求得，即转为静定问题，作出刚架的弯矩图如图 13-8c 所示。

习题 13-6　试用力法计算图 13-9a 所示超静定桁架各杆轴力，假设各杆抗拉（压）刚度均为 EA。

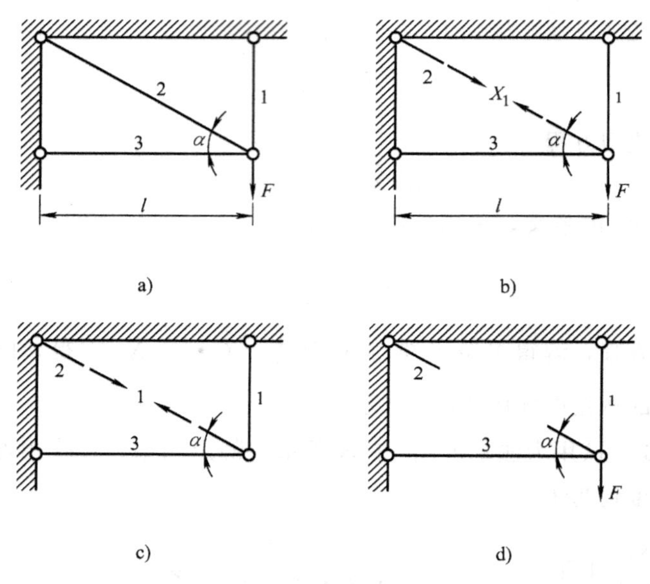

图　13-9

解：这是内力一次超静定问题。以杆 2 作为多余约束，将其切开，得如图 13-9b所示基本静定桁架。此处的多余未知力 X_1 为一对力，等值反向，分别作用于切口的左、右两侧截面上，即为杆 2 的轴力。

建立力法典型方程

$$\delta_{11}X_1+\Delta_{1F}=0$$

这里，δ_{11} 为与 X_1 同方向的一对单位力单独作用于基本静定桁架上（见图 13-9c），所引起的切口两侧截面沿 X_1 方向的相对位移；Δ_{1F} 为实际载荷单独作用于基本静定桁架上（见图 13-9d），所引起的切口两侧截面沿 X_1 方向的相对位移。采用单位载荷法计算如下：

在实际载荷作用下，基本静定桁架中各杆轴力分别为 $F'_{N1}=F$，$F'_{N2}=F'_{N3}=0$；在单位载荷作用下，基本静定桁架中各杆轴力分别为 $\overline{F}_{N1}=-\sin\alpha$，$\overline{F}_{N2}=1$，$\overline{F}_{N3}=-\cos\alpha$。根据式 (12-12)，即得

$$\delta_{11}=\sum_{i=1}^{3}\frac{\overline{F}_{Ni}\overline{F}_{Ni}l_i}{EA_i}=\frac{1+\cos^3\alpha+\sin^3\alpha}{EA\cos\alpha}l,\quad \Delta_{1F}=\sum_{i=1}^{3}\frac{F'_{Ni}\overline{F}_{Ni}l_i}{EA_i}=-\frac{Fl\ \sin^2\alpha}{EA\cos\alpha}$$

代入力法典型方程，解得多余未知力，即杆 2 轴力

$$F_{N2}=X_1=\frac{\sin^2\alpha}{1-\cos^3\alpha+\sin^3\alpha}F$$

再由平衡方程，即得该超静定桁架其余两杆的轴力分别为

$$F_{N1}=\frac{1+\cos^3\alpha}{1+\cos^3\alpha+\sin^3\alpha}F,\quad F_{N3}=-\frac{\sin^2\alpha\cos\alpha}{1+\cos^3\alpha+\sin^3\alpha}F$$

习题 13-7　超静定桁架如图 13-10a 所示，已知杆 CA、AB 与 BG 的横截面面积为 30 cm²，其余各杆的横截面面积均为 15 cm²，尺寸 $a=6$ m，载荷 $F=130$ kN，各杆的弹性模量均为 E。试计算杆 AB 的轴力。

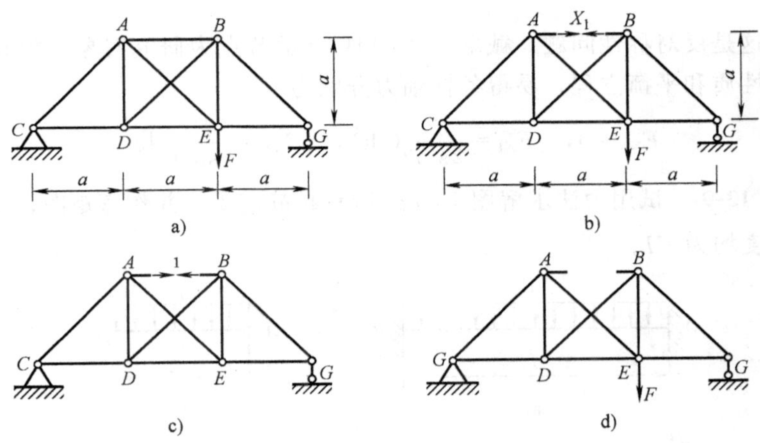

图　13-10

解：这是内力一次超静定问题。以杆 AB 作为多余约束，将其切开，得如图 13-10b所示基本静定桁架。此处的多余未知力 X_1 为一对力，等值反向，分别作用于切口的左、右两侧截面上，即为杆 AB 的轴力。

建立力法典型方程

$$\delta_{11}X_1+\Delta_{1F}=0$$

这里，δ_{11}为与 X_1 同方向的一对单位力单独作用于基本静定桁架上（见图 13-10c)，所引起的切口两侧截面沿 X_1 方向的相对位移；Δ_{1F}为实际载荷单独作用于基本静定桁架上（见图 13-10d)，所引起的切口两侧截面沿 X_1 方向的相对位移。采用单位载荷法计算得

$$\delta_{11}=\frac{(7+8\sqrt{2})a}{2EA},\quad \Delta_{1F}=\frac{(3+2\sqrt{2})Fa}{EA}$$

代入力法典型方程，解得多余未知力，即杆 AB 的轴力

$$F_{N\,AB}=X_1=-82.75\ \text{kN}$$

习题 13-8 超静定桁架如图 13-11a 所示，已知各杆的抗拉（压）刚度均为 EA，试求各杆轴力。

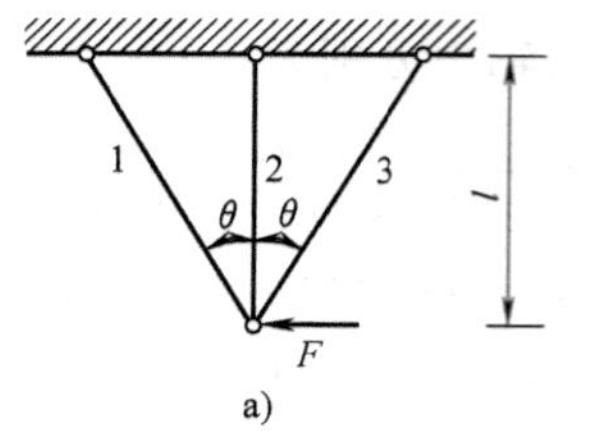

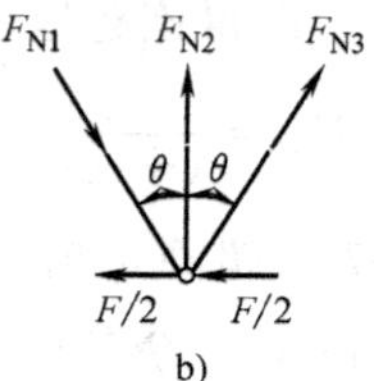

图 13-11

解：这是反对称性问题。截取图 13-11b 所示节点为研究对象，根据反对称性问题的性质和平衡方程，易得各杆轴力分别为

$$F_{N2}=0,\quad F_{N1}=\frac{F}{2\sin\theta}(\text{压}),\quad F_{N3}=\frac{F}{2\sin\theta}(\text{拉})$$

习题 13-9 试用力法求解图 13-12a 所示超静定梁，并作弯矩图，已知各杆的抗弯刚度均为 EI。

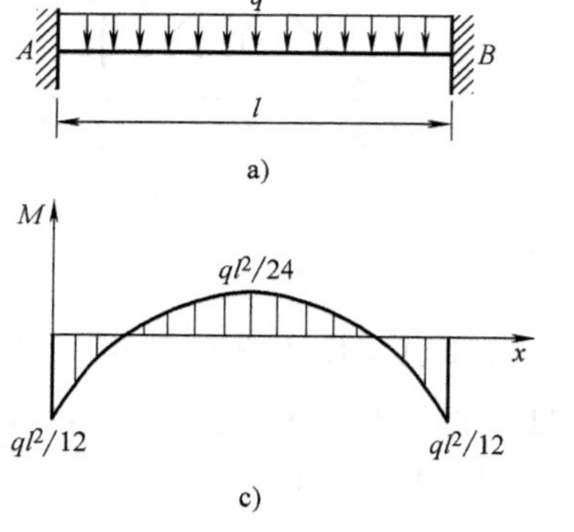

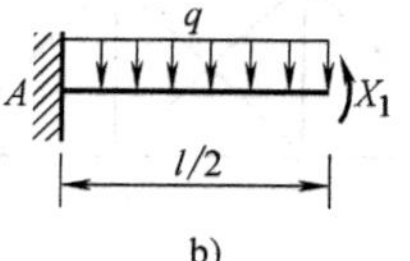

图 13-12

解：这是对称性问题。截取梁的一半为研究对象，利用对称性问题的性质，可将其转化为一次超静定问题，如图 13-12b 所示。

建立力法典型方程

$$\delta_{11}X_1+\Delta_{1F}=0$$

根据 δ_{11}、Δ_{1F} 的意义，采用单位载荷法或直接查梁的变形表得

$$\delta_{11}=\frac{l}{2EI},\quad \Delta_{1F}=-\frac{ql^3}{48EI}$$

代入力法典型方程，解得多余未知力，即梁的跨中截面弯矩

$$X_1=\frac{1}{24}ql^2$$

X_1 既得，即成为静定问题。首先作出图 13-12b 所示简化模型的弯矩图，然后再根据对称性，即得该超静定梁的弯矩图如图 13-12c 所示。

习题 13-10　试用力法求解图 13-13a 所示超静定刚架，并确定最大弯矩，已知各杆的抗弯刚度均为 EI。

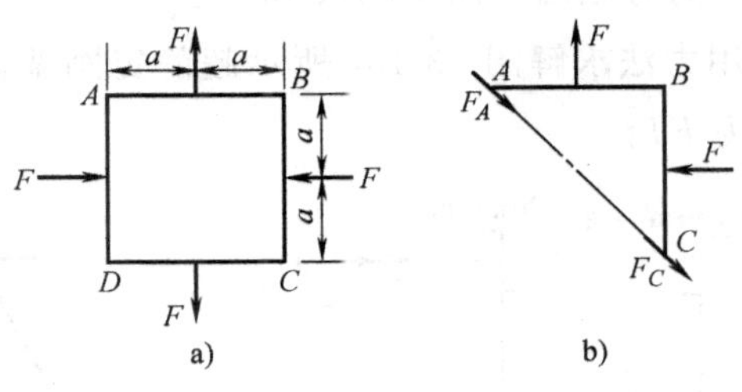

图　13-13

解：注意到，这是关于45°轴线 AC（BD）的反对称性问题。截取刚架的一半为研究对象，利用反对称性问题的性质，可将其转化为静定问题，如图 13-13b 所示。由平衡方程易得

$$F_A=F_C=\frac{F}{2\sin 45^\circ}=\frac{\sqrt{2}}{2}F$$

显然，在载荷 F 所在截面处，其弯矩最大，由截面法得 $|M|_{\max}=\dfrac{Fa}{2}$。

习题 13-11　试用力法求解图 13-14a 所示超静定刚架，并作出弯矩图，已知各杆的抗弯刚度均为 EI。

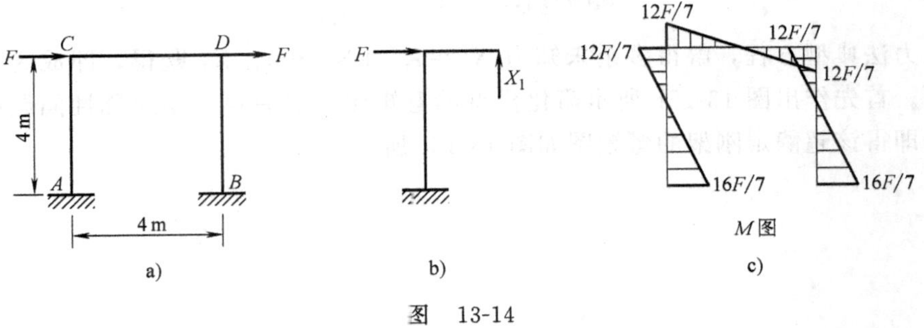

图　13-14

解：这是反对称性问题。截取刚架的一半为研究对象，利用反对称性问题的性质，可将其转化为一次超静定问题，如图 13-14b 所示。

建立力法典型方程

$$\delta_{11}X_1+\Delta_{1F}=0$$

根据 δ_{11}、Δ_{1F}的意义，采用单位载荷法得

$$\delta_{11}=\frac{56}{3EI},\quad \Delta_{1F}=-\frac{16F}{EI}$$

代入力法典型方程，解得多余未知力 $X_1=\frac{6}{7}F$（↑）。X_1 既得，即成为静定问题。首先作出图 13-14b 所示简化模型的弯矩图，然后再根据反对称性问题的性质，即得该超静定刚架的弯矩图如图 13-14c 所示。

习题 13-12 试用力法求解图 13-15a 所示超静定刚架，并作出弯矩图，已知各杆的抗弯刚度均为 EI。

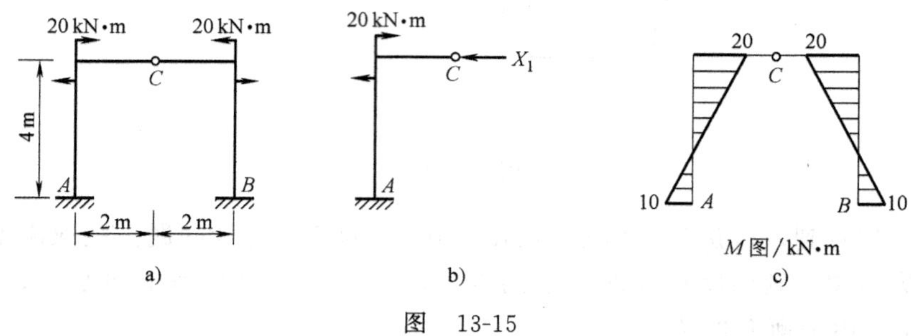

图 13-15

解：这是对称性问题。截取刚架的一半为研究对象，利用对称性问题的性质，可将其转化为一次超静定问题，如图 13-15b 所示。

建立力法典型方程

$$\delta_{11}X_1+\Delta_{1F}=0$$

根据 δ_{11}、Δ_{1F}的意义，采用单位载荷法得

$$\delta_{11}=\frac{64}{3EI},\quad \Delta_{1F}=-\frac{160}{EI}$$

代入力法典型方程，解得多余未知力 $X_1=7.5\ \text{kN}$（←）。X_1 既得，即成为静定问题。首先作出图 13-15b 所示简化模型的弯矩图，然后再根据对称性问题的性质，即得该超静定刚架的弯矩图如图 13-15c 所示。

第十四章 电测法简介

知识要点

1. 电测法

电测法是一种常用的实验应力分析方法。

电测法以电阻应变片为传感元件，以电阻应变仪为测试仪器。实际测量时，将电阻应变片粘贴在被测构件的表面，使其随同构件变形，将构件测点处的应变量转换为应变片的电阻变化量；通过电阻应变仪测出构件测点处的实际应变；最后再由胡克定律，得到构件测点处的实际应力。

2. 电阻应变片

简称应变片，是电测法的基本传感元件。应变片是用专门的栅状金属丝或金属箔粘贴在两层绝缘薄膜中制作而成。应变片中的栅状金属丝或金属箔称为敏感栅。

3. 应变片的灵敏系数

在一定条件下，应变片敏感栅的电阻变化率 $\Delta R/R$ 与敏感栅沿长度方向的线应变 ε 成正比，即

$$\frac{\Delta R}{R}=K\varepsilon \tag{14-1}$$

式中，比例系数 K 称为应变片的灵敏系数，其值与敏感栅的材料以及应变片构造有关，可通过实验测定。常用应变片的灵敏系数 K 为 1.7～3.6。

4. 电阻应变仪

简称应变仪，是电测法的测试仪器，用来读取构件测点的实际应变。应变仪的基本测试电路为如图 14-1 所示的惠斯登电桥，简称电桥。

5. 电桥平衡

如图 14-1 所示，当惠斯登电桥的四个桥臂电阻满足 $R_1R_4=R_2R_3$ 时，电桥的输出电压 $\Delta U=0$。这种情况称为电桥平衡。

6. 全桥接线

将测量电桥的四个桥臂都接上应变片。

7. 半桥接线

将测量电桥的其中两个桥臂接上应变片，另两个桥臂接上应变仪内部的固定电阻。

8. 电桥基本特性

（1）应变仪的读数应变等于电桥四个桥臂上应变片实际感受应变的线性叠加，其中，相邻桥臂的应变异号，相对桥臂的应变同号，即有

$$\varepsilon_R=\varepsilon_1-\varepsilon_2-\varepsilon_3+\varepsilon_4 \qquad (14\text{-}2)$$

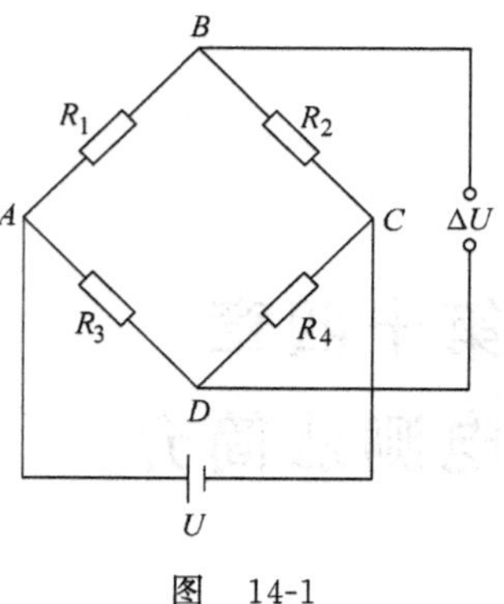

图 14-1

式中，ε_R 为应变仪的读数应变；ε_1、ε_2、ε_3、ε_4 分别为四个桥臂 R_1、R_2、R_3、R_4 的实际感受应变（见图 14-1）。

（2）若将 n 个电阻值相同的应变片串联在同一桥臂 k 上，则该桥臂的输出应变等于这 n 个应变片实际感受应变的算术平均值，即

$$\varepsilon_k=\frac{1}{n}\sum_{i=1}^{n}\varepsilon_i \qquad (14\text{-}3)$$

式中，ε_k 为该桥臂的输出应变；ε_i 为串联在该桥臂上的第 i 个应变片的实际感受应变。

难题解析

【例题 14-1】 如图 14-2a 所示，正方形截面的等截面超静定刚架受到未知水平力 F 的作用，已知截面边长为 a，材料的弹性模量为 E、泊松比为 μ，试用电测法测出 F。要求提供测试方案，并给出未知水平力 F 与应变仪读数应变 ε_R 之间的关系式。

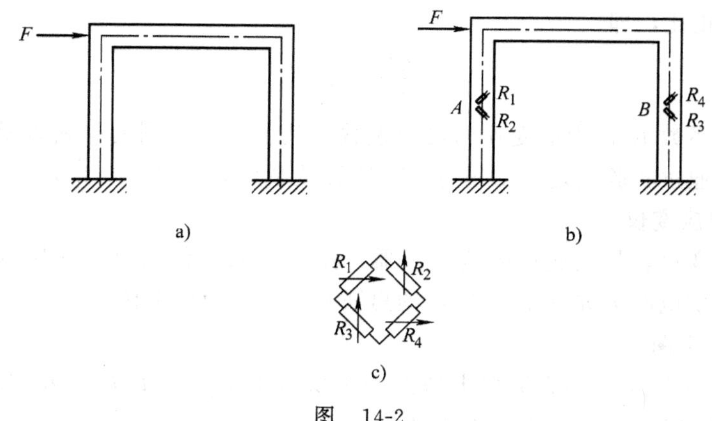

图 14-2

解：方法一　采用切应力片测量

(1) 布片方案

在左、右立柱 A、B 截面的正中沿 $\pm45°$ 方向各粘贴一应变片，如图 14-2b 所示。

(2) 组桥方案

采用全桥接线，如图 14-2c 所示。

(3) 应力应变分析

测点为纯剪切应力状态，有

$$\sigma_{45°}^{A}=\tau_A=\frac{3F_{SA}}{2a^2},\quad \sigma_{-45°}^{A}=-\tau_A=-\frac{3F_{SA}}{2a^2} \tag{a}$$

$$\sigma_{45°}^{B}=\tau_B=\frac{3F_{SB}}{2a^2},\quad \sigma_{-45°}^{B}=-\tau_B=-\frac{3F_{SB}}{2a^2} \tag{b}$$

式中，F_{SA}、F_{SB} 分别为 A、B 截面上的剪力。

应变仪读数应变

$$\begin{aligned}\varepsilon_R&=\varepsilon_1-\varepsilon_2-\varepsilon_3+\varepsilon_4\\&=(\varepsilon_{45°}^{A}+\varepsilon_T)-(\varepsilon_{-45°}^{A}+\varepsilon_T)-(\varepsilon_{-45°}^{B}+\varepsilon_T)+(\varepsilon_{45°}^{B}+\varepsilon_T)\\&=(\varepsilon_{45°}^{A}+\varepsilon_{45°}^{B})-(\varepsilon_{-45°}^{A}-\varepsilon_{-45°}^{B})\end{aligned} \tag{c}$$

利用广义胡克定律，并代入式（ε）和式（b）整理得

$$\varepsilon_R=\frac{3(1+\mu)}{Ea^2}(F_{SA}+F_{SB})=\frac{3(1+\mu)}{Ea^2}F$$

所以，未知水平力 F 与应变仪读数应变 ε_R 之间的关系式为

$$F=\frac{Ea^2}{3(1+\mu)}\varepsilon_R$$

方法二　采用正应力片测量

(1) 布片方案

分别在两根立柱相距为 l 的两截面的左右两侧面上沿轴向对称贴片，如图 14-3a所示。

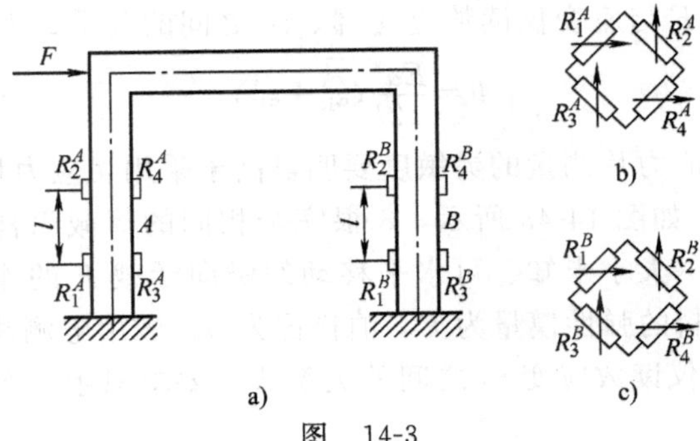

图　14-3

（2）组桥方案

采用全桥接线，如图 14-3b、c 所示。

（3）应力应变分析

测点为单向应力状态，有

$$\sigma_1^A-\sigma_2^A=-(\sigma_3^A-\sigma_4^A)=\frac{\Delta M_A}{W_z}=\frac{6F_{SA}l}{a^3} \tag{a}$$

$$\sigma_1^B-\sigma_2^B=-(\sigma_3^B-\sigma_4^B)=\frac{\Delta M_B}{W_z}=\frac{6F_{SB}l}{a^3} \tag{b}$$

式中，F_{SA}、F_{SB}分别为左、右立柱截面上的剪力。

应变仪读数应变

$$\begin{aligned}\varepsilon_R^A&=\varepsilon_1-\varepsilon_2-\varepsilon_3+\varepsilon_4\\&=(\varepsilon_1^A+\varepsilon_T)-(\varepsilon_2^A+\varepsilon_T)-(\varepsilon_3^A+\varepsilon_T)+(\varepsilon_4^A+\varepsilon_T)\\&=(\varepsilon_1^A-\varepsilon_2^A)-(\varepsilon_3^A-\varepsilon_4^A)\\&=\frac{1}{E}[(\sigma_1^A-\sigma_2^A)-(\sigma_3^A-\sigma_4^A)]\end{aligned} \tag{c}$$

$$\begin{aligned}\varepsilon_R^B&=\varepsilon_1-\varepsilon_2-\varepsilon_3+\varepsilon_4\\&=(\varepsilon_1^B+\varepsilon_T)-(\varepsilon_2^B+\varepsilon_T)-(\varepsilon_3^B+\varepsilon_T)+(\varepsilon_4^B+\varepsilon_T)\\&=(\varepsilon_1^B-\varepsilon_2^B)-(\varepsilon_3^B-\varepsilon_4^B)\\&=\frac{1}{E}[(\sigma_1^B-\sigma_2^B)-(\sigma_3^B-\sigma_4^B)]\end{aligned} \tag{d}$$

将式（a）代入式（c），式（b）代入式（d），整理得

$$\varepsilon_R^A=\frac{12l}{Ea^3}F_{SA} \tag{e}$$

$$\varepsilon_R^B=\frac{12l}{Ea^3}F_{SB} \tag{f}$$

式（e）与式（f）相加，得

$$\varepsilon_R^A+\varepsilon_R^A=\frac{12l}{Ea^3}(F_{SA}+F_{SB})=\frac{12l}{Ea^3}F$$

所以，未知水平力 F 与应变仪读数应变 ε_R^A、ε_R^B 之间的关系式为

$$F=\frac{Ea^3}{12l}(\varepsilon_R^A+\varepsilon_R^A)$$

说明：采用正应力片测量的灵敏度要明显高于采用切应力片测量的灵敏度。

【例题 14-2】 如图 14-4a 所示，8 根完全相同的等截面杆悬挂一水平刚性横梁，横梁上受到一大小未知、可水平移动的竖向活载 F 的作用。已知杆的横截面面积为 A，材料的弹性模量为 E、泊松比为 μ。试用电测法测出活载 F，并给出活载 F 与应变仪读数应变 ε_R 之间的关系式。要求只组一个电桥，且灵敏度较高。

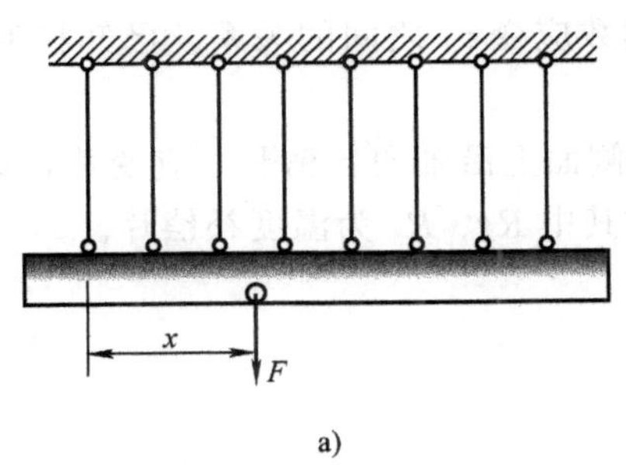

a)

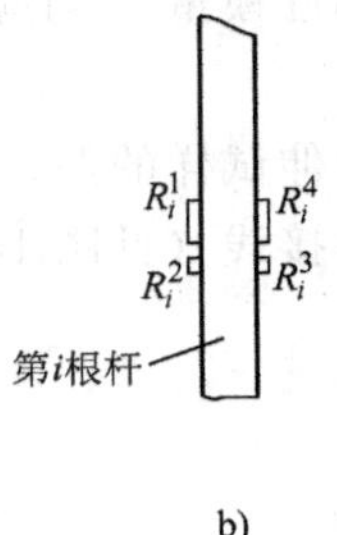

b)

图　14-4

解：(1) 布片方案

在每根杆的左右对称两侧面上沿轴向、横向各粘贴一应变片，如图 14-4b 所示。

(2) 组桥方案

全桥接线，将 R_i^1 串联在第 1 桥臂上、R_i^2 串联在第 2 桥臂上、R_i^3 串联在第 3 桥臂上、R_i^4 串联在第 4 桥臂上。

(3) 应力应变分析

R_i^1 的实际感受应变　　$\varepsilon_i^1=\varepsilon_{iN}+\varepsilon_{iM}+\varepsilon_T$

R_i^2 的实际感受应变　　$\varepsilon_i^2=\varepsilon'_{iN}+\varepsilon'_{iM}+\varepsilon_T$

R_i^3 的实际感受应变　　$\varepsilon_i^3=\varepsilon'_{iN}-\varepsilon'_{iM}+\varepsilon_T$

R_i^4 的实际感受应变　　$\varepsilon_i^4=\varepsilon_{iN}-\varepsilon_{iM}+\varepsilon_T$

式中，ε_{iN}、ε'_{iN} 分别为第 i 根杆的轴力引起的轴向应变、横向应变；ε_{iM}、ε'_{iM} 分别为第 i 根杆因杆件可能的初始曲率导致的附加弯矩引起的轴向应变、横向应变。

由上述 4 式，并根据电桥的两个基本特性，即得应变仪读数应变

$$\varepsilon_R=\varepsilon_1-\varepsilon_2-\varepsilon_3+\varepsilon_4=\frac{1}{4}\sum_{i=1}^{8}(\varepsilon_{iN}-\varepsilon'_{iN})=\frac{1+\mu}{4}\sum_{i=1}^{8}\varepsilon_{iN}$$

式中，

$$\sum_{i=1}^{8}\varepsilon_{iN}=\frac{1}{E}\sum_{i=1}^{8}\sigma_{iN}=\frac{1}{EA}\sum_{i=1}^{8}F_{Ni}=\frac{1}{EA}F$$

故得活载 F 与应变仪读数应变 ε_R 之间的关系式为

$$F=\frac{4EA}{1+\mu}\varepsilon_R$$

习 题 解 答

习题 14-1　用电测法通过拉伸实验测量材料的弹性模量 E，试确定测试方

案，并建立弹性模量 E 与应变仪读数应变 ε_R 之间的关系。已知拉伸试样横截面面积为 A。

解：在拉伸试样的左、右对称侧面上沿轴向各粘贴一应变片，如图 14-5a 所示。采用全桥接线（见图 14-5b），其中 R_2、R_3 为温度补偿片。

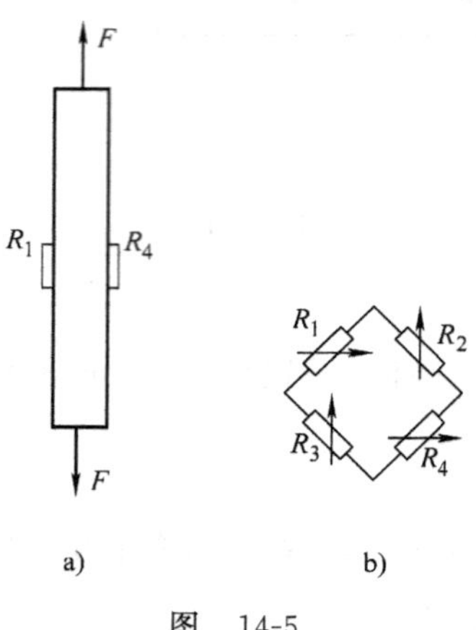

图　14-5

应变仪的读数应变为

$$\varepsilon_R=\varepsilon_1-\varepsilon_2-\varepsilon_3+\varepsilon_4=(\varepsilon_N+\varepsilon_M+\varepsilon_T)-\varepsilon_T-\varepsilon_T+(\varepsilon_N-\varepsilon_M+\varepsilon_T)=2\varepsilon_N$$

式中，ε_N 为轴向拉力 F 引起的应变；ε_M 为因拉伸试样可能存在的初始曲率导致的附加弯矩引起的应变。再利用胡克定律和拉（压）杆正应力计算公式，即得材料的弹性模量

$$E=\frac{2F}{A\varepsilon_R}$$

习题 14-2　用电测法通过拉伸实验测量材料的泊松比 μ，试确定测试方案，并建立泊松比 μ 与应变仪读数应变 ε_R 之间的关系。已知材料的弹性模量为 E，拉伸试样横截面面积为 A。

解：在拉伸试样的左、右对称两侧面上沿轴向、横向各粘贴一应变片，如图 14-6a 所示。采用全桥接线（见图 14-6b）。

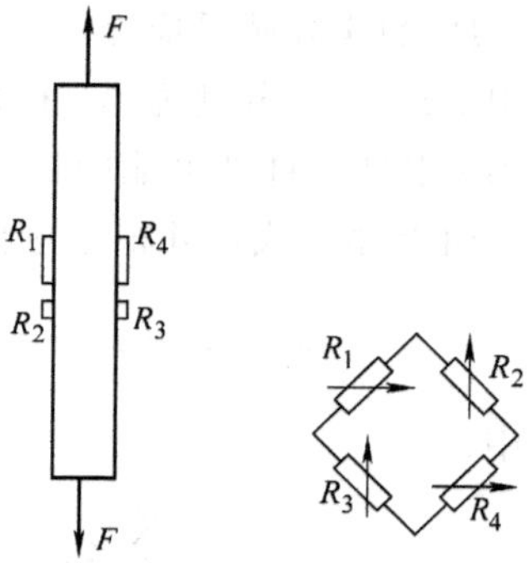

a)　　b)

图　14-6

应变仪的读数应变为

$$\begin{aligned}\varepsilon_R&=\varepsilon_1-\varepsilon_2-\varepsilon_3+\varepsilon_4\\&=(\varepsilon_N+\varepsilon_M+\varepsilon_T)-(\varepsilon'_N+\varepsilon'_M+\varepsilon_T)-(\varepsilon'_N-\varepsilon'_M+\varepsilon_T)+(\varepsilon_N-\varepsilon_M+\varepsilon_T)\\&=2(\varepsilon_N-\varepsilon'_N)=2(1+\mu)\varepsilon_N\end{aligned}$$

式中，ε_N、ε'_N 分别为轴向拉力 F 引起的轴向应变、横向应变；ε_M、ε'_M 分别为因

拉伸试样可能存在的初始曲率导致的附加弯矩引起的轴向应变、横向应变。再利用胡克定律和拉（压）杆正应力计算公式，即得材料的泊松比

$$\mu=\frac{EA\varepsilon_{R}-2F}{2F}$$

请读者思考，能否不用任何已知参数，直接测出材料的泊松比 μ。

习题 14-3 如图 14-7a 所示，具有初始曲率的杆件承受轴向载荷 F 的作用，要求用电测法测定轴向载荷 F。试确定测试方案，并建立轴向载荷 F 与应变仪读数应变 ε_{R} 之间的关系。已知材料的弹性模量为 E，拉伸试样横截面面积为 A。

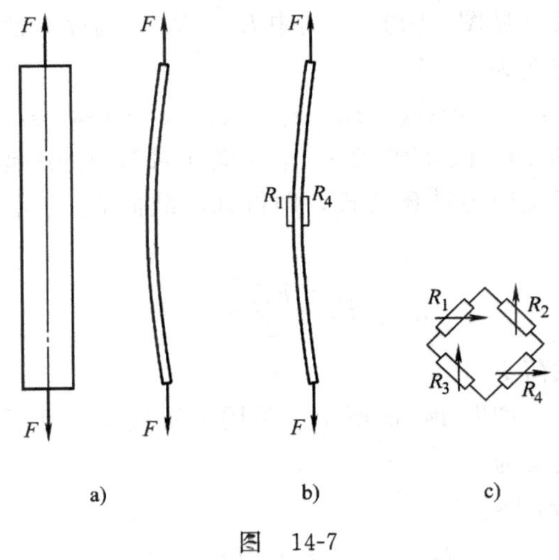

图 14-7

解：在杆件的左、右对称两侧面上沿轴向各粘贴一应变片，如图 14-7b 所示。采用全桥接线（见图 14-7c），其中 R_2、R_3 为温度补偿片。

应变仪的读数应变为

$$\varepsilon_{R}=\varepsilon_{1}-\varepsilon_{2}-\varepsilon_{3}+\varepsilon_{4}=(\varepsilon_{N}+\varepsilon_{M}+\varepsilon_{T})-\varepsilon_{T}-\varepsilon_{T}+(\varepsilon_{N}-\varepsilon_{M}+\varepsilon_{T})=2\varepsilon_{N}$$

式中，ε_{N} 为轴向载荷 F 引起的应变；ε_{M} 为因杆件的初始曲率导致的附加弯矩引起的应变。再利用胡克定律和拉（压）杆正应力计算公式，即得轴向载荷 F 与应变仪读数应变 ε_{R} 之间的关系式

$$F=\frac{EA}{2}\varepsilon_{R}$$

习题 14-4 如图 14-8a 所示，悬臂梁同时承受轴向载荷 F_1 和横向载荷 F_2 的作用，要求用电测法分别测出轴向载荷 F_1 和横向载荷 F_2。试确定测试方案，并分别给出轴向载荷 F_1、横向载荷 F_2 与应变仪读数应变 ε_{R} 之间的关系。已知材料的弹性模量为 E，悬臂梁的横截面面积为 A、抗弯截面系数为 W_z。

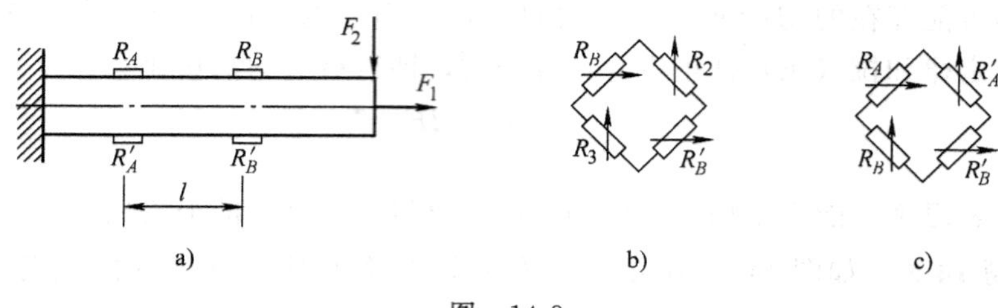

图 14-8

解：(1) 测量轴向载荷 F_1

在相距为 l 的两截面处的上、下表面，沿轴向各粘贴一应变片，如图 14-8a 所示。采用全桥接线（见图 14-8b），其中 R_2、R_3 为温度补偿片。

应变仪的读数应变为

$$\varepsilon_R=\varepsilon_1-\varepsilon_2-\varepsilon_3+\varepsilon_4=(\varepsilon_N+\varepsilon_M+\varepsilon_T)-\varepsilon_T-\varepsilon_T+(\varepsilon_N-\varepsilon_M+\varepsilon_T)=2\varepsilon_N$$

式中，ε_N 为轴向载荷 F_1 引起的应变；ε_M 为横向载荷 F_2 引起的应变。再利用胡克定律和拉（压）杆正应力计算公式，即得轴向载荷 F_1 与应变仪读数应变 ε_R 之间的关系式

$$F_1=\frac{EA}{2}\varepsilon_R$$

(2) 测量横向载荷 F_2

布片方案同 (1)，如图 14-8a 所示。采用全桥接线（见图 14-8c）。

应变仪的读数应变为

$$\begin{aligned}\varepsilon_R&=\varepsilon_1-\varepsilon_2-\varepsilon_3+\varepsilon_4\\&=(\varepsilon_N+\varepsilon_M^A+\varepsilon_T)-(\varepsilon_N-\varepsilon_M^A+\varepsilon_T)-(\varepsilon_N+\varepsilon_M^B+\varepsilon_T)+(\varepsilon_N-\varepsilon_M^B+\varepsilon_T)\\&=2(\varepsilon_M^A-\varepsilon_M^B)=2\Delta\varepsilon_M\end{aligned}$$

式中，ε_M^A、ε_M^B 分别为 A、B 截面的弯曲轴向应变。

根据胡克定律和弯曲正应力计算公式，有

$$\Delta\varepsilon_M=\frac{\Delta\sigma_M}{E}=\frac{\Delta M}{EW_z}=\frac{F_2 l}{EW_z}$$

联立上述两式，即得横向载荷 F_2 与应变仪读数应变 ε_R 之间的关系式

$$F_2=\frac{EW_z}{2l}\varepsilon_R$$

习题 14-5 如图 14-9a 所示悬臂梁，同时承受横向载荷 F 和弯矩 M 的作用，要求用电测法测出横向载荷 F。试确定测试方案，并建立横向载荷 F 与应变仪读数应变 ε_R 之间的关系。已知材料的弹性常数和悬臂梁的截面尺寸。

解：在相距为 l 的两截面处的上、下表面，沿轴向各粘贴一应变片，如图 14-9a所示。采用全桥接线（见图 14-9b）。

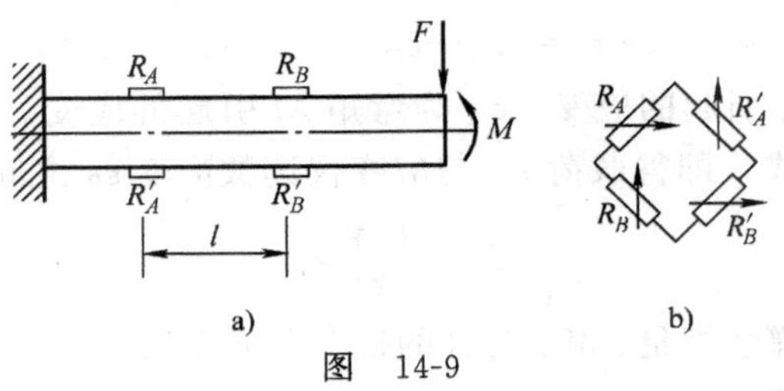

图 14-9

应变仪的读数应变为

$$\begin{aligned}\varepsilon_R &= \varepsilon_1 - \varepsilon_2 - \varepsilon_3 + \varepsilon_4 \\ &= (\varepsilon_M + \varepsilon_F^A + \varepsilon_T) - (-\varepsilon_M - \varepsilon_F^A + \varepsilon_T) - (\varepsilon_M + \varepsilon_F^B + \varepsilon_T) + (-\varepsilon_M - \varepsilon_F^B + \varepsilon_T) \\ &= 2(\varepsilon_F^A - \varepsilon_F^B) = 2\Delta\varepsilon_F\end{aligned}$$

式中，ε_M 为弯矩 M 引起的应变，ε_F^A、ε_F^B 为横向载荷 F 分别在 A、B 截面处引起的应变。再利用胡克定律和弯曲正应力计算公式，即得横向载荷 F 与应变仪读数应变 ε_R 之间的关系式

$$F = \frac{EW_z}{2l}\varepsilon_R$$

式中，E 为材料的弹性模量；W_z 为梁的抗弯截面系数。

习题 14-6 等截面杆构成的平面刚架如图 14-10a 所示，试用电测法分别测出载荷 F_1 和 F_2。试确定测试方案，并分别建立载荷 F_1、F_2 与应变仪读数应变 ε_R 之间的关系。已知材料的弹性常数和杆件的截面尺寸。

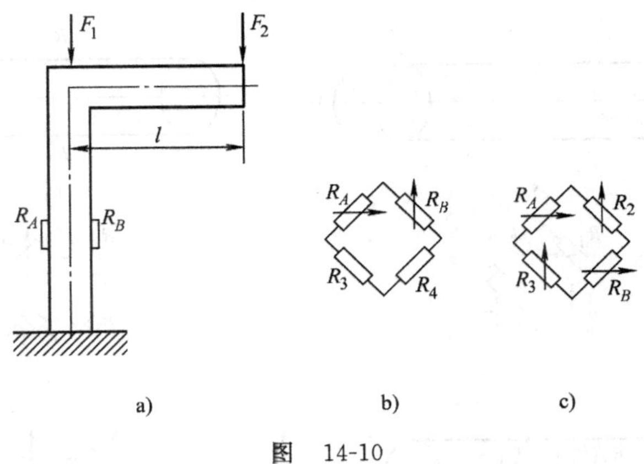

图 14-10

解：(1) 测量载荷 F_2

在立柱左、右对称两侧面上沿轴向各粘贴一应变片，如图 14-10a 所示。采用半桥接线（见图 14-10b），其中 R_3、R_4 为应变仪内部的固定电阻。

应变仪的读数应变为

$$\varepsilon_R=\varepsilon_1-\varepsilon_2-\varepsilon_3+\varepsilon_4=(\varepsilon_N+\varepsilon_M+\varepsilon_T)-(\varepsilon_N-\varepsilon_M+\varepsilon_T)=2\varepsilon_M$$

式中，ε_N 为轴力 F_N 引起的应变；ε_M 为弯矩 M 引起的应变。再利用胡克定律和弯曲正应力计算公式，即得载荷 F_2 与应变仪读数应变 ε_R 之间的关系式

$$F_2=\frac{EW_z}{2l}\varepsilon_R$$

式中，E 为材料的弹性模量；W_z 为杆的抗弯截面系数。

（2）测量载荷 F_1

布片方案同（1），如图 14-10a 所示。采用全桥接线（见图 14-10c），其中 R_2、R_3 为温度补偿片。

应变仪的读数应变为

$$\varepsilon_R=\varepsilon_1-\varepsilon_2-\varepsilon_3+\varepsilon_4=(\varepsilon_N+\varepsilon_M+\varepsilon_T)-\varepsilon_T-\varepsilon_T+(\varepsilon_N-\varepsilon_M+\varepsilon_T)=2\varepsilon_N$$

再利用胡克定律和拉（压）杆正应力计算公式，即得载荷 F_1 与应变仪读数应变 ε_R 之间的关系式

$$F_1=\frac{EA}{2}\varepsilon_R-F_2$$

式中，E 为材料的弹性模量；A 为杆的横截面面积。

习题 14-7　如图 14-11a 所示，等截面圆杆同时承受轴力 F_N、扭矩 T 和弯矩 M 的作用，试用电测法分别测定轴力 F_N、扭矩 T 和弯矩 M。试确定各自的测试方案，并分别建立轴力 F_N、扭矩 T 和弯矩 M 与应变仪读数应变 ε_R 之间的关系。已知材料的弹性常数和杆件的截面尺寸。

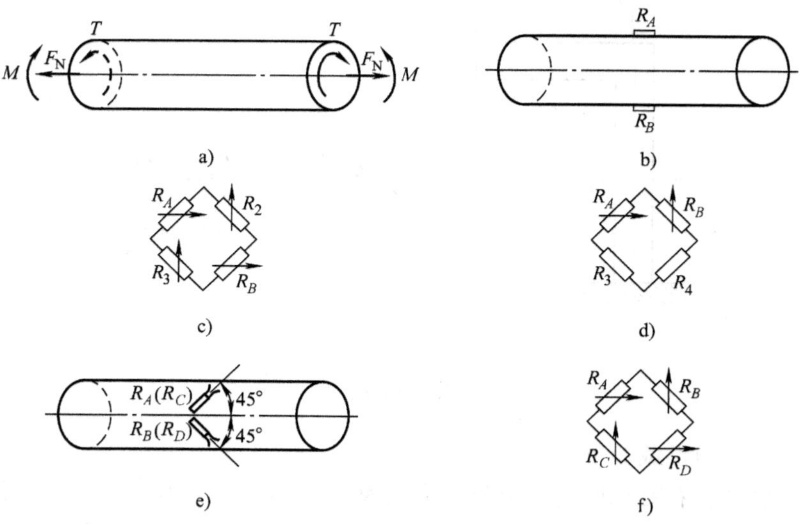

图　14-11

解：(1) 测量轴力 F_N

在圆杆的上、下表面对称位置上，沿轴向各粘贴一应变片，如图 14-11b 所示。采用全桥接线（见图 14-11c)，其中 R_2、R_3 为温度补偿片。

应变仪的读数应变为

$$\varepsilon_R=\varepsilon_1-\varepsilon_2-\varepsilon_3+\varepsilon_4=(\varepsilon_N+\varepsilon_M+\varepsilon_T)-\varepsilon_T-\varepsilon_T+(\varepsilon_N-\varepsilon_M+\varepsilon_T)=2\varepsilon_N$$

式中，ε_N 为轴力 F_N 引起的应变；ε_M 为弯矩 M 引起的应变。再利用胡克定律和拉（压）杆正应力计算公式，即得轴力 F_N 与应变仪读数应变 ε_R 之间的关系式

$$F_N=\frac{EA}{2}\varepsilon_R$$

式中，E 为材料的弹性模量；A 为杆的横截面面积。

(2) 测量弯矩 M

贴片方案同 (1)，如图 14-11b 所示。采用半桥接线（见图 14-11d)，其中 R_3、R_4 为应变仪内部的固定电阻。

应变仪的读数应变为

$$\varepsilon_R=\varepsilon_1-\varepsilon_2-\varepsilon_3+\varepsilon_4=(\varepsilon_N+\varepsilon_M+\varepsilon_T)-(\varepsilon_N-\varepsilon_M+\varepsilon_T)=2\varepsilon_M$$

再利用胡克定律和弯曲正应力计算公式，即得弯矩 M 与应变仪读数应变 ε_R 之间的关系式

$$M=\frac{EW_z}{2}\varepsilon_R$$

式中，E 为材料的弹性模量；W_z 为杆的抗弯截面系数。

(3) 测量扭矩 T

布片方案如图 14-11e 所示，分别在杆前、后两侧面的中性轴处，沿 $\pm45°$ 方向各粘贴一应变片 R_A、R_B 与 R_C、R_D。采用全桥接线（见图 14-11f)。

应变仪的读数应变为

$$\begin{aligned}\varepsilon_R&=\varepsilon_1-\varepsilon_2-\varepsilon_3+\varepsilon_4\\&=(\varepsilon_A+\varepsilon_T)-(\varepsilon_B-\varepsilon_T)-(\varepsilon_C+\varepsilon_T)+(\varepsilon_D+\varepsilon_T)\\&=\varepsilon_A-\varepsilon_B-\varepsilon_C+\varepsilon_D\end{aligned}$$

通过应力分析，并利用广义胡克定律可得

$$\varepsilon_A=\frac{1+\mu}{E}\tau,\quad \varepsilon_B=-\frac{1+\mu}{E}\tau,\quad \varepsilon_C=-\frac{1+\mu}{E}\tau,\quad \varepsilon_D=\frac{1+\mu}{E}\tau$$

式中，μ 为材料的泊松比；τ 为扭矩 T 引起的最大切应力。联立上述各式，整理有

$$\varepsilon_R=\frac{4(1+\mu)}{E}\tau$$

再利用扭转切应力计算公式，即得扭矩 T 与应变仪读数应变 ε_R 之间的关系式

$$T=\frac{EW_t}{4(1+\mu)}\varepsilon_R$$

式中，E 为材料的弹性模量；W_t 为杆的抗扭截面系数。

习题 14-8 如图 14-12a 所示简支梁，所承受的活载 F 在 l 范围内移动，要求用电测法测定活载 F。试确定测试方案，并建立活载 F 与应变仪读数应变 ε_R 之间的关系。已知材料的弹性常数和梁的截面尺寸。

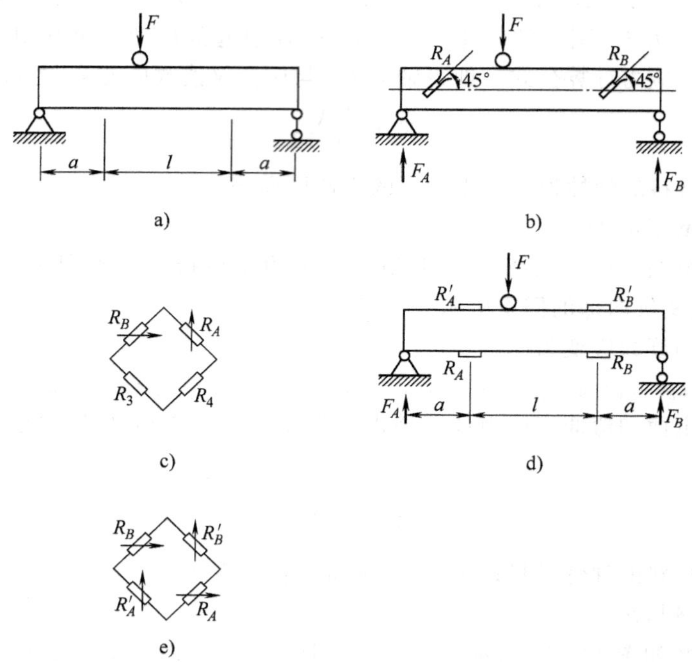

图 14-12

解：方法一 用切应力片测量

在活载 F 活动范围之外的左右两侧梁的中性层处，沿45°方向各粘贴一应变片（见图 14-12b）。采用半桥接线（见图 14-12c），其中 R_3、R_4 为应变仪内部的固定电阻。

应变仪的读数应变为

$$\varepsilon_R=\varepsilon_1-\varepsilon_2-\varepsilon_3+\varepsilon_4=(\varepsilon_B+\varepsilon_T)-(\varepsilon_A+\varepsilon_T)=\varepsilon_B-\varepsilon_A$$

根据广义胡克定律和最大弯曲切应力计算公式，有

$$\varepsilon_B=\frac{1+\mu}{E}\tau_B=\frac{k(1+\mu)}{EA}F_B,\quad \varepsilon_A=-\frac{1+\mu}{E}\tau_A=-\frac{k(1+\mu)}{EA}F_A$$

式中，E 为材料的弹性模量；A 为梁的截面面积；k 取决于截面形状。联立上述各式，整理有

$$\varepsilon_R=\frac{k(1+\mu)}{EA}(F_B+F_A)=\frac{k(1+\mu)}{EA}F$$

故得活载 F 与应变仪读数应变 ε_R 之间的关系式

$$F=\frac{EA}{k(1+\mu)}\varepsilon_R$$

方法二　用正应力片测量

在活载 F 活动区域两侧边界截面的上、下表面处，沿轴向各粘贴一应变片，如图 14-12d 所示。采用全桥接线（见图 14-12e）。

应变仪的读数应变为

$$\begin{aligned}\varepsilon_R&=\varepsilon_1-\varepsilon_2-\varepsilon_3+\varepsilon_4\\&=(\varepsilon_B+\varepsilon_T)-(-\varepsilon_B+\varepsilon_T)-(-\varepsilon_A+\varepsilon_T)+(\varepsilon_A+\varepsilon_T)\\&=2(\varepsilon_B+\varepsilon_A)\end{aligned}$$

根据胡克定律和最大弯曲正应力计算公式，有

$$\varepsilon_B=\frac{\sigma_B}{E}=\frac{M_B}{EW_z}=\frac{F_Ba}{EW_z},\quad \varepsilon_A=\frac{\sigma_A}{E}=\frac{M_A}{EW_z}=\frac{F_Aa}{EW_z}$$

式中，E 为材料的弹性模量；W_z 为梁的抗弯截面系数。联立上述各式，整理有

$$\varepsilon_R=\frac{2a}{EW_z}(F_B+F_A)=\frac{2a}{EW_z}F$$

故得活载 F 与应变仪读数应变 ε_R 之间的关系式

$$F=\frac{EW_z}{2a}\varepsilon_R$$

习题 14-9　如图 14-13a 所示薄壁圆筒，同时承受内压 p 和扭转外力偶矩

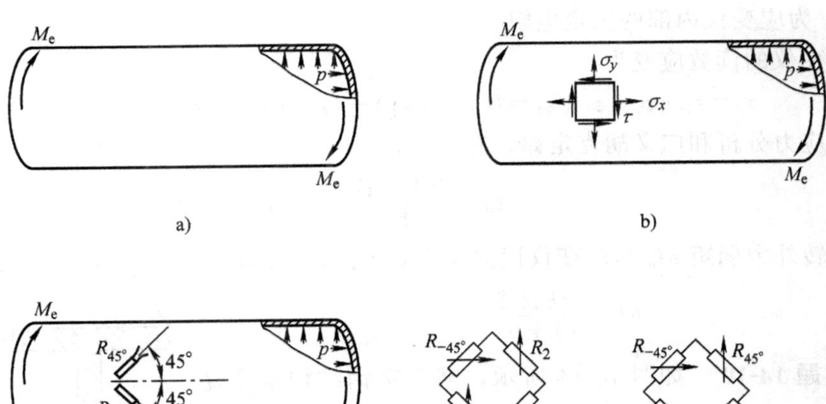

图　14-13

M_e的作用。已知圆筒截面的平均半径为R、壁厚为δ，材料的弹性模量为E、泊松比为μ。试用电测法测出内压p和扭转外力偶矩M_e。要求提供测试方案，并分别给出p、M_e与应变仪读数应变ε_R之间的关系。

解：在薄壁圆筒筒壁的任一点处取如图14-13b所示单元体，其四侧面上应力为

$$\sigma_x=\frac{p(2R-\delta)}{4\delta},\quad \sigma_y=\frac{p(2R-\delta)}{2\delta},\quad \tau=\frac{M_e}{2\pi R^2\delta}$$

（1）测定内压p

布片方案见图14-13c。采用全桥接线（见图14-13d），其中R_2、R_3为温度补偿片。

应变仪的读数应变为

$$\varepsilon_R=\varepsilon_1-\varepsilon_2-\varepsilon_3+\varepsilon_4=(\varepsilon_{-45°}+\varepsilon_T)-\varepsilon_T-\varepsilon_T+(\varepsilon_{45°}+\varepsilon_T)=\varepsilon_{-45°}+\varepsilon_{45°}$$

式中，$\varepsilon_{45°}$、$\varepsilon_{-45°}$分别为沿±45°方向的线应变；ε_T为因温度变化引起的温度应变。再根据应力分析和广义胡克定律，有

$$\varepsilon_R=\frac{1-\mu}{E}(\sigma_x+\sigma_y)$$

故得内压p与应变仪读数应变ε_R之间的关系式

$$p=\frac{4E\delta}{3(1-\mu)(2R-\delta)}\varepsilon_R$$

（2）测定扭转外力偶矩M_e

布片方案同（1），如图14-13c所示。采用半桥接线（见图14-13e），其中R_3、R_4为应变仪内部的固定电阻。

应变仪的读数应变为

$$\varepsilon_R=\varepsilon_1-\varepsilon_2-\varepsilon_3+\varepsilon_4=(\varepsilon_{-45°}+\varepsilon_T)-(\varepsilon_{45°}+\varepsilon_T)=\varepsilon_{-45°}-\varepsilon_{45°}$$

再根据应力分析和广义胡克定律，有

$$\varepsilon_R=\frac{2(1+\mu)}{E}\tau$$

故得扭转外力偶矩M_e与应变仪读数应变ε_R之间的关系式

$$M_e=\frac{\pi ER^2\delta}{(1+\mu)}\varepsilon_R$$

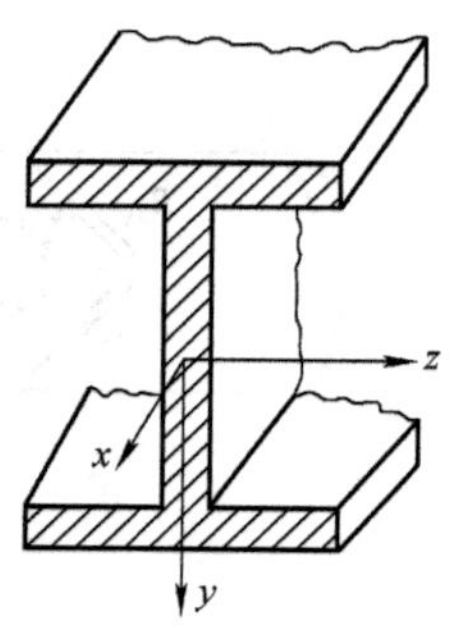

图 14-14

习题14-10 如图14-14所示，某工字钢结构承受复杂载荷，在其横截面上，同时存在着轴力F_x、剪力F_y、扭矩M_x和弯矩M_z。已知材料的弹性模量为E、泊松比为μ，试用电测法分别测出这四个内力分量各自引起的最大应力（不计扭矩M_x引起的扭转约束正应力）。要求给出测试方案，并建立各个应力分量与应变仪读数应变ε_R之间的

关系。

解：(1) 测定轴力 F_x 引起的正应力

轴力 F_x 引起的正应力在横截面上均布，记作 σ_x。

布片方案如图 14-15a 所示，分别在上、下表面正中央的对称点 A、B 处，沿 x 轴向各粘贴一应变片 R_A、R_B。采用全桥接线（见图 14-15b），其中 R_2、R_3 为温度补偿片。

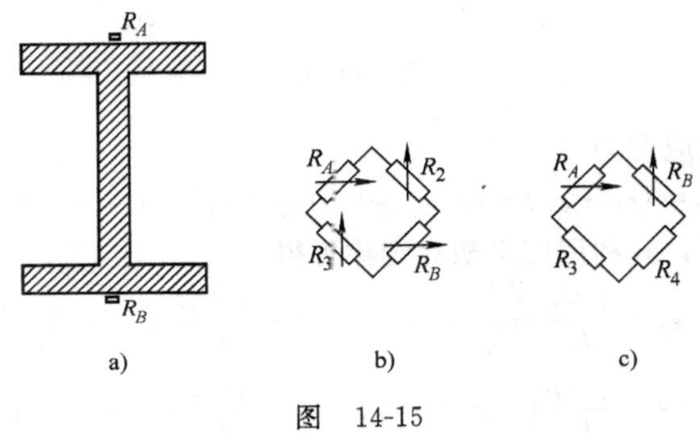

图 14-15

应变仪的读数应变为

$$\varepsilon_{\mathrm{R}}=\varepsilon_1-\varepsilon_2-\varepsilon_3+\varepsilon_4=(\varepsilon_{F_x}+\varepsilon_{M_z}+\varepsilon_{\mathrm{T}})-\varepsilon_{\mathrm{T}}-\varepsilon_{\mathrm{T}}+(\varepsilon_{F_x}-\varepsilon_{M_z}+\varepsilon_{\mathrm{T}})=2\varepsilon_{F_x}$$

式中，ε_{F_x} 为轴力 F_x 引起的应变；ε_{M_z} 为弯矩 M_z 引起的应变。再利用胡克定律，即得轴力 F_x 引起的正应力与应变仪读数应变 ε_{R} 之间的关系式

$$\sigma_x=\frac{E}{2}\varepsilon_{\mathrm{R}}$$

(2) 测定弯矩 M_z 引起的最大正应力

弯矩 M_z 引起的最大正应力位于工字钢上下表面层，记作 σ_z。

布片方案同 (1)，如图 14-15a 所示。采用半桥接线（见图 14-15c），其中 R_3、R_4 为应变仪内部的固定电阻。

应变仪的读数应变为

$$\varepsilon_{\mathrm{R}}=\varepsilon_1-\varepsilon_2-\varepsilon_3+\varepsilon_4=(\varepsilon_{F_x}-\varepsilon_{M_z}+\varepsilon_{\mathrm{T}})-(\varepsilon_{F_x}-\varepsilon_{M_z}+\varepsilon_{\mathrm{T}})=2\varepsilon_{M_z}$$

再利用胡克定律，即得弯矩 M_z 引起的最大正应力与应变仪读数应变 ε_{R} 之间的关系式

$$\sigma_z=\frac{E}{2}\varepsilon_{\mathrm{R}}$$

(3) 测定剪力 F_y 引起的最大切应力

剪力 F_y 引起的最大切应力位于中性轴 z 处，记作 τ_{S}。

布片方案如图 14-16a、b 所示，分别在腹板两侧面正中位置沿 $\pm45°$ 方向各粘贴一应变片 R_A、R_B 与 R_C、R_D。采用全桥接线（见图 14-16c）。

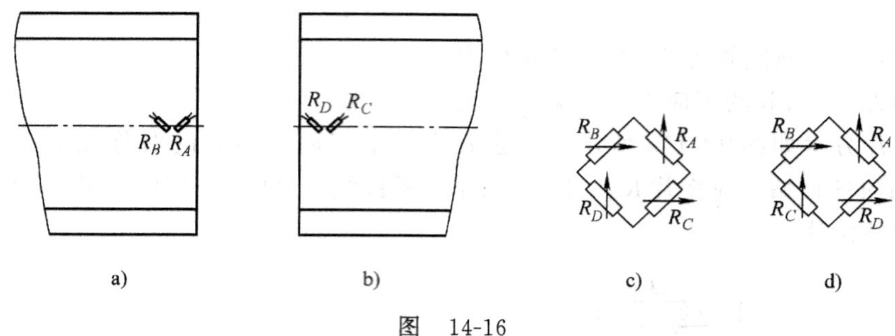

图 14-16

应变仪的读数应变为

$$\varepsilon_R=\varepsilon_1-\varepsilon_2-\varepsilon_3+\varepsilon_4=(\varepsilon_B+\varepsilon_T)-(\varepsilon_A+\varepsilon_T)-(\varepsilon_D+\varepsilon_T)+(\varepsilon_C+\varepsilon_T)=\varepsilon_B-\varepsilon_A-\varepsilon_D+\varepsilon_C$$

通过应力分析，并利用广义胡克定律可得

$$\varepsilon_B=\frac{1+\mu}{E}(\tau_S+\tau_T),\quad \varepsilon_A=-\frac{1+\mu}{E}(\tau_S+\tau_T)$$

$$\varepsilon_C=-\frac{1+\mu}{E}(-\tau_S+\tau_T),\quad \varepsilon_D=\frac{1+\mu}{E}(-\tau_S+\tau_T)$$

式中，τ_T 为扭矩 M_x 引起的最大切应力。联立上述各式，整理有

$$\varepsilon_R=\frac{4(1+\mu)}{E}\tau_S$$

故得剪力 F_y 引起的最大切应力与应变仪读数应变 ε_R 之间的关系式

$$\tau_S=\frac{E}{4(1+\mu)}\varepsilon_R$$

（4）测定扭矩 M_x 引起的最大切应力

扭矩 M_x 引起的最大切应力位于腹板两侧中点处，记作 τ_T。

布片方案同（3），如图 14-16a、b 所示。采用全桥接线（见图 14-16d）。

应变仪的读数应变为

$$\varepsilon_R=\varepsilon_1-\varepsilon_2-\varepsilon_3+\varepsilon_4=(\varepsilon_B+\varepsilon_T)-(\varepsilon_A+\varepsilon_T)-(\varepsilon_C+\varepsilon_T)+(\varepsilon_D+\varepsilon_T)=\varepsilon_B-\varepsilon_A-\varepsilon_C+\varepsilon_D$$

从而整理有

$$\varepsilon_R=\frac{4(1+\mu)}{E}\tau_T$$

故得扭矩 M_x 引起的最大切应力与应变仪读数应变 ε_R 之间的关系式

$$\tau_T=\frac{E}{4(1+\mu)}\varepsilon_R$$

参 考 文 献

[1] 王永廉．材料力学［M]. 2版．北京：机械工业出版社，2011.
[2] 刘鸿文．材料力学［M]. 4版．北京：高等教育出版社，2004.
[3] 孙训方，方孝淑，关来泰．材料力学［M]. 4版．北京：高等教育出版社，2002.
[4] 江苏省力学学会教育科普委员会．理论力学材料力学考研与竞赛试题精解［M]. 徐州：中国矿业大学出版社，2006.
[5] 荀文选．材料力学教与学［M]. 北京：高等教育出版社，2007.
[6] 陈平．材料力学辅导及习题精解［M]. 西安：陕西师范大学出版社，2004.
[7] 单辉祖．材料力学［M]. 2版．北京：高等教育出版社，2004.